"十二五"职业教育国家规划教材
经全国职业教育教材审定委员会审定

Windows Server 2008 网络组建项目化教程

第四版

新世纪高职高专教材编审委员会 组编
主 编 夏笠芹 方 颂
副主编 李灿军 蒋星军 李 敏

大连理工大学出版社

图书在版编目(CIP)数据

Windows Server 2008 网络组建项目化教程 / 夏笠芹，方颂主编. — 4 版. — 大连 ：大连理工大学出版社，2017.7(2023.7 重印)

新世纪高职高专网络专业系列规划教材

ISBN 978-7-5685-0737-0

Ⅰ. ①W… Ⅱ. ①夏… ②方… Ⅲ. ①Windows 操作系统－网络服务器－高等职业教育－教材 Ⅳ. ①TP316.86

中国版本图书馆 CIP 数据核字(2017)第 052192 号

大连理工大学出版社出版

地址:大连市软件园路 80 号　邮政编码:116023

发行:0411-84708842　邮购:0411-84708943　传真:0411-84701466

E-mail:dutp@dutp.cn　URL:https://www.dutp.cn

辽宁星海彩色印刷有限公司印刷　　大连理工大学出版社发行

幅面尺寸:185mm×260mm　印张:19.75　字数:473 千字

附件:光盘 1 张

2009 年 12 月第 1 版　　2017 年 7 月第 4 版

2023 年 7 月第 7 次印刷

责任编辑:马　双　　责任校对:李　红

封面设计:张　莹

ISBN 978-7-5685-0737-0　　定　价:48.80 元

《Windows Server 2008网络组建项目化教程》(第四版)是“十二五”职业教育国家规划教材，也是新世纪高职高专教材编审委员会组编的网络专业系列规划教材之一。

网络操作系统(Network Operation System，NOS)是网络的心脏和灵魂，是能够控制和管理网络资源的特殊的操作系统。熟练使用一种网络操作系统已成为计算机网络技术、信息安全与管理、云计算技术与应用、物联网应用技术、计算机应用技术、计算机信息管理和电子商务技术等专业学生的核心技能。《Windows Server 2008网络组建项目化教程》(第四版)以目前流行的微软的Windows Server 2008网络操作系统为例，通过四个教学情境全面地介绍了Windows Server 2008的应用，其中：

教学情境1——系统管理：讲述了Windows Server 2008安装与基本配置、工作组及资源共享的管理、域网络构建与组策略应用、磁盘与数据存储管理。

教学情境2——网络服务：讲述了DHCP服务器的架设、DNS服务器的架设、WWW服务器的架设、FTP服务器的架设、Exchange邮件服务器的架设、Media流媒体服务器的架设、软路由器与NAT服务器的架设。

教学情境3——安全维护：讲述了使用权限、备份与恢复实现存储安全，使用安全策略和防火墙构筑访问安全，使用PKI证书和VPN保障传输安全。

教学情境4——综合案例：通过一个真实的综合案例，讲述了项目背景与需求分析、项目的规划设计和综合项目施工任务书的有关内容。

本教材从中小企业网络服务器的管理及部署角度出发，按照高等职业教育“理论够用、注重实践”的原则，遵循“教学做合一”教学模式的要求，采用“任务驱动”的编写方式，以培养高端技能型专门人才为目的来进行编写。

本教材的编写特点如下：

1. 建设基于项目导向、任务驱动的工学结合教材。本教材以 14 个实际工程项目、79 个典型工作任务和 1 个实景的综合案例为内容载体，力求体现“以企业需求为导向，注重学生技能的培养”，学生学完本教材内容后能较容易地构建中小企业的网络应用环境。

2. 本教材以工程实践为基础，将理论知识与实际操作融为一体，按照“项目背景”→“项目知识准备”→“项目实施”→“项目实训”→“项目习作”的梯次，充分体现“教学做合一”的内容组织与安排，为实施“教学做合一”的教学模式提供有力支撑。

3. 本书配套的光盘为师生双方提供了丰富的数字化教学资源，包括：课程标准（教学大纲）、教学设计方案（教案）、PPT 课件、项目习作参考答案、模拟试卷及评分标准和参考答案（4 套）、网络管理员职责、相关认证考试介绍与往年试卷、计算机有关专业全国技能竞赛试题、知识拓展资料、经典工程案例与解决方案等。

4. 力求语言精练，浅显易懂，书中采用图文并茂的方式，以完整清晰的操作过程，配以大量演示图例，读者对照正文内容即可上机实践。

5. 编写内容丰富，不仅融合了《计算机网络管理员国家职业标准（2008 修订）》中有关 Windows 网络操作系统的内容，而且覆盖了教育部行业指导委员会于 2012 年组织制定和颁发的《计算机网络技术专业》教学标准中相应课程的全部内容以及全国职业院校技能大赛高职组“计算机网络应用”赛项有关网络操作系统的内容。

6. 按照职业教育学历证书与职业资格证书相互贯通的“双证”人才培养要求，本教材编写内容覆盖了人力资源和社会保障部全国计算机信息高新技术考试高级网络管理员的考试内容。

7. 本教材最后给出了一套完整的综合项目实训任务书，它是校企双方人员在实际网络工程实践和长期教学过程中积累下来的。对于综合本课程所学的知识和提高学生实际工程能力具有很大的益处，也为网络专业中本课程的课程设计或综合项目实训提供了实用模板。

8. 目前，Windows Server 2008 仍然是中小企事业单位使用的主流服务器操作系统，本教材所述 Windows Server 2008 的全部内容既可在 32 位计算机上实现，又可在 64 位计算机上实现，不受学校或读者所购置的计算机设备条件的限制。对于仍然讲授 Windows Server 2003 系统的学校，可以无条件转入本教材介绍的 Windows Server 2008 内容的学习，以便使学生或读者掌握现在的主流技术。

本教材编写人员有来自教学第一线的，也有来自企业第一线的。其中，学校方有：湖南网络工程职业学院夏笠芹和方颂，湖南网络工程职业学院李灿军和蒋星军，安阳师范学院李敏，大连市轻工业学校王丹；企业方有：向云龙。编写安排如下：夏笠芹负责本教材大纲、项目 10～项目 14 的编写及全书统稿和修订，方颂负责项目 5～项目 7 的编写，李灿军负责项目 8、项目 9 的编写，蒋星军负责项目 3 的编写，李敏负责项目 2、项目 4 的编写，王丹负责项目 1 的编写，向云龙负责项目 15 的编写。

本教材可作为高等职业院校计算机网络技术、信息安全与管理、云计算技术与应用、物联网应用技术、计算机应用技术、计算机信息管理、电子商务技术等专业学生的网络课程教材，也可供从事计算机网络工程设计、网络管理和维护等工程技术人员使用，同时还可作为网络爱好者的自学读本或网络技术培训班的培训教材。

由于编者的水平有限，书中难免还有疏漏之处，恳请读者批评指正，不吝赐教。

编　者

2017 年 7 月

所有意见和建议请发往：dutpgz@163.com

欢迎访问职教数字化服务平台：https://www.dutp.cn/sve/

联系电话：0411-84707492　84706671

教学情境1　系统管理

教学情境 2　网络服务

教学情境 3 安全维护

教学情境 4　综合案例

教学情境 1
系统管理

名人名言

在学校，老师会帮助你学习，到公司却不会。如果你认为学校的老师对你的要求很严格，那是因为你还没有进入公司打工。因为，如果公司对你不严厉，你就要失业了。（你必须清醒地认识到：在公司比在学校更要严格地要求自己）

比尔·盖茨：1975 年从哈佛辍学，拥有 900 亿美元个人财富的全球首富、微软联合创始人和著名的慈善家，虽然比尔·盖茨从来没有获得大学学位，但他对全世界年轻人的影响力无疑是非常大的。

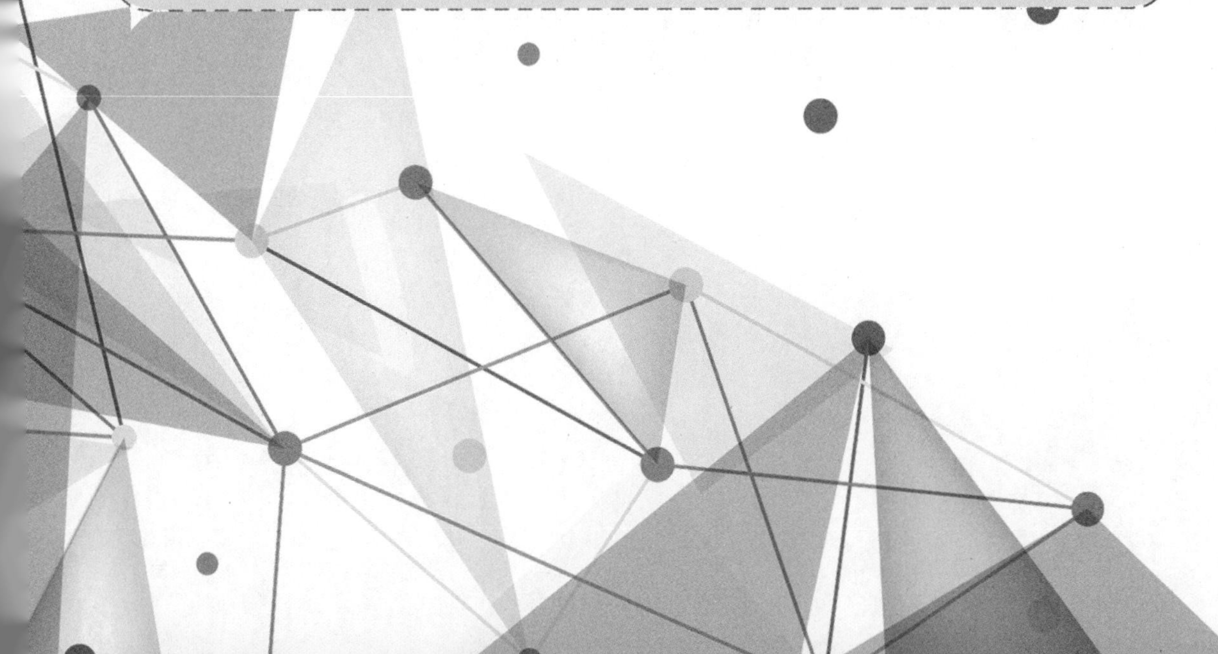

项目01 Windows Server 2008安装与基本配置

1.1 项目背景

迅达公司是一家电子商务服务公司，内设财务部、销售部、技术支持部和客户服务部，员工共约 300 人。目前，公司拥有 80 台计算机，其中，用于支持电子商务运营和实现共享上网的服务器各一台，内网带宽是 1000 MB，公司申请了一条 100 MB 的光纤接入 Internet。为了满足业务发展的需要，公司决定重新部署企业网络。

在规模上，公司计划将计算机的数量从 80 台增加到 200 台来构建内部局域网，为了减少内部网络流量并把服务器和不同管理要求的客户机隔离，计划将内部网络划分为四个子网，服务器在一个子网，客户机在另外三个子网。此外，公司还向承建网络的某计算机系统集成商提出了以下功能需求，见表 1-1。

表 1-1　　企业网络功能需求与教学单元对照表

企业网络功能需求		教学单元
系统管理需求	公司网络建成后，作为企业的网络管理员要熟练掌握服务器和客户机操作系统的安装和基本配置，在公司员工使用计算机过程中随时对其遇到的故障予以排除	项目 1
	对于公司网络中的资源和用户，有些可以实施分散管理，而另一些重要的资源和用户则需要按部门归类后实行集中管理。公司需要将业务技术资料、计划任务书等文件资源共享	项目 2 项目 3
	对服务器硬盘中存储的信息要有容错保护，用户在磁盘上的存储要进行限量控制	项目 4
网络服务需求	由于客户机数量较多，手动配置 IP 地址易发生冲突，需要自动分配 IP 地址	项目 5
	公司内外的客户机要通过形如“www.163.com”的域名访问公司内的服务器	项目 6
	为了提高公司的知名度，在 Internet 上宣传公司形象、产品及服务	项目 7
	公司员工能通过 Internet 上传、下载公司资料库中的文档	项目 8
	需要为内部员工以及上游供货商客户群构建一个快速、安全、企业专属的交流平台	项目 9
	公司不仅要在 Internet 上发布文本、图片信息，还要发布视频信息来更加直观地推销和展示公司形象	项目 10
	公司内部局域网划分为四个子网，各个子网不能成为孤岛，要实现互联互通；公司内所有计算机均能访问 Internet；Internet 上的用户能访问公司内的网站	项目 11
安全维护需求	考虑到信息资料的安全，对公司网络中的资源，不同帐户其访问权限要有所不同	项目 12
	确保服务器安全、稳定、高效地运行，对于重要的资料要实现自动定期备份	项目 13
	作为专业的电子商务公司，为了保护客户利益和防止他人仿冒公司网站，在访问本公司网站某些页面（如接收用户帐号登录信息）时，需要通过数字签名和加密认证后方可访问；公司员工出差在外时，能通过 Internet 安全地访问公司内部网络中的资源	项目 14

小刘是公司的网络管理员，根据公司的要求，经过与几家计算机系统集成商技术员的几轮磋商，最终形成了如图 1-1 所示的中小型企业网总体规划示意图。接下来经过邀请招标，其中一家公司中标后按期进入施工环节。这里，对子网 1 中服务器群的网络操作系统的选择、安装和基本配置是本项目承担的主要工作任务。

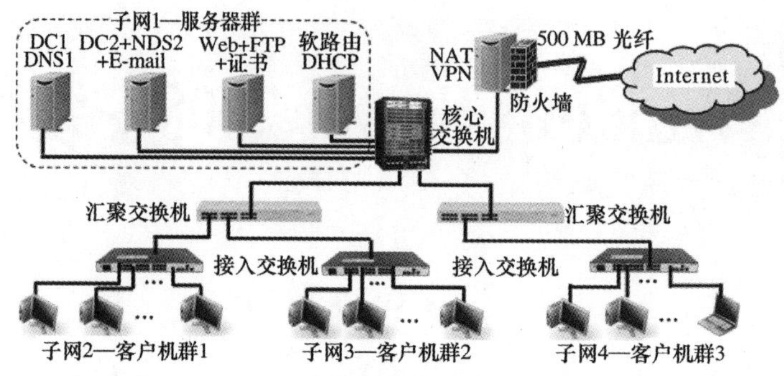

图 1-1 中小型企业网总体规划示意图

1.2 项目知识准备

1.2.1 网络中计算机的角色

从物理结构来看，网络是由计算机和网络互联设备通过网络传输线连接起来的集合体。根据所具备的功能不同，网络中的计算机可分为服务器和客户机。

1. 服务器

服务器是计算机的一种。它在网络操作系统的控制下，不仅能将与其相连的硬盘、磁带、打印机、Modem 及各种专用通信设备提供给网络上的客户机共享，还能够为网络用户提供集中计算、信息发布及数据管理等服务。

从广义上讲，服务器是指网络中能为其他计算机或智能终端提供某些服务的计算机系统。对服务器硬件并没有硬性的规定，在中小型企业，它们的服务器可能就是一台性能较好的个人计算机(PC)，不同的只是在其中安装了专门的服务器版的网络操作系统。

从狭义上讲，服务器是指网络中能为其他计算机提供某些服务的高性能计算机。相对于普通 PC 来说，服务器在运算能力、存储数据的容量和 I/O 数据吞吐能力，以及稳定性、可靠性、安全性、可扩展性等方面都要求较高。因此，服务器在 CPU、芯片组、内存、磁盘系统、网络等硬件方面和普通 PC 有所不同。

发展到今天，适应各种不同功能、环境的服务器不断地出现，分类标准也多种多样，以下是几种常见的服务器分类标准及其类型：

- 外形结构：台式(塔式)服务器、机架式服务器、机柜式服务器、刀片式服务器。
- 处理器架构：CISC(复杂指令集计算)架构服务器、RISC(精简指令集计算)架构服务器、VLIW(超长指令字)架构服务器。
- 应用层次：入门级服务器、工作组级服务器、部门级服务器、企业级服务器。
- 用途：专用型服务器、通用型服务器。
- 应用领域：DHCP 服务器、域名服务器、Web 服务器、FTP 服务器、数据库服务器、邮件服务器等。

其中，按外形结构(机箱结构)分类的服务器样式如图 1-2 所示。

图 1-2　按外形结构(机箱结构)分类的服务器样式

2. 客户机

客户机是网络中向服务器提出服务和数据请求的计算机或智能终端(如智能手机)，网络中的用户便是通过客户机来使用网络资源的。

1.2.2　网络的灵魂——网络操作系统

为了实现客户机和服务器的通信，除了需要网络硬件外，还需要有网络操作系统及网络传输协议的支持。

网络操作系统(Network Operation System，NOS)是使网络上的计算机能方便有效地共享网络资源，为网络用户提供所需服务的软件以及通信协议的集合。网络操作系统运行在称为服务器的计算机上，人们常常称之为服务器操作系统。

网络操作系统是网络的心脏和灵魂，其主要功能是进行服务器和整个网络范围内的任务管理、资源管理、安全管理与任务分配。它帮助用户通过各自主机的界面，对网络中的资源进行有效地开发和利用，对网络中的设备进行存取访问，并支持各用户间的通信。除此之外，它还必须兼顾网络协议，为协议的实现创造条件和提供支持。目前在局域网上采用的传输协议主要有 TCP/IP 协议和 SPX/IPX 协议。

客户机操作系统的功能是协调管理本地的硬件资源，让用户能够方便地使用本地资源，控制与处理本地的命令和应用程序，以及实现客户机与服务器的通信。

1.2.3　常见的网络操作系统

目前应用较为广泛的网络操作系统有 UNIX、Linux 和 Windows 等。

1. UNIX 操作系统

UNIX 操作系统是美国麻省理工学院在一种分时操作系统的基础上开发并发展起来的网络操作系统。UNIX 是一个集中式分时多用户多任务操作系统，是目前功能最强、安全性和稳定性最高的网络操作系统。UNIX 操作系统通常与硬件服务器产品一起捆绑销售。目前常用的 UNIX 操作系统产品主要有：IBM 的 AIX、惠普的 HP-UX、SUN 的 Solaris 以及基于 x86 平台的 SCO Unix/UnixWare 等。UNIX 一般用于大型网站或大型企事业局域网中。因体系结构不够合理，其市场占有率呈下降趋势。

2. Linux 操作系统

Linux 操作系统是芬兰赫尔辛基大学的学生 Linus Torvalds 开发的具有 UNIX 特征的新一代网络操作系统。Linux 的最大特点在于其源代码完全向用户公开，任何用户都可根据自己的需要修改 Linux 操作系统的内核。目前它已经进入成熟阶段，越来越多的人认识到它的价值，并将其广泛应用到从 Internet 服务器到用户桌面、从图形工作站到 PDA（个人数码助理）的各种领域。Linux 下有大量的免费应用软件，包括系统工具、开发工具、网络应用、休闲娱乐等。更重要的是，它是计算机可安装的最可靠的操作系统。Linux 已可与各种传统的商业操作系统相竞争，占据了相当大的市场份额。

3. Windows 操作系统

Windows 操作系统是 Microsoft（微软）公司开发的一种界面友好、操作简便的操作系统。Windows 操作系统不仅在个人操作系统中占有绝对优势，在网络操作系统中也具有强劲的实力。Windows 操作系统在中小型局域网配置中最为常见，但因其对服务器的硬件要求较高，一般用在中低档服务器中。Windows 操作系统中的客户端操作系统有 Windows XP/7/8/10 等，服务器端产品主要有 Windows Server 2003/2008/2012/2016 等。

1.2.4 Windows Server 2008 的版本

Windows Server 2008 操作系统是微软公司 2008 年推出的一款企业级服务器操作系统，在 Server Core、PowerShell 命令行、虚拟化技术、硬件错误架构、随机地址空间分布、SMB2 网络文件系统、核心事务管理器、快速关机服务、并行 session 创建、自修复 NTFS 文件系统等多个方面有了不小的改进。微软宣称 Windows Server 2008 是该公司最后一个支持 32 位服务器的操作系统，从 Windows Server 2008 R2 起只支持 64 位。

Windows Server 2008 操作系统发行版本主要有 9 个，即 Windows Server 2008 Web 版、标准版、企业版、数据中心版、安腾版、标准版（无 Hyper-V）、企业版（无 Hyper-V）、数据中心版（无 Hyper-V）和 Windows HPC Server 2008。除安腾版只有 64 位版本外，其余 8 个都包含 32 位（x86）和 64 位两个版本。

- Windows Web Server 2008（Web 版）：该版本功能比较单一，主要用于搭建 Web 服务器，让用户能快速部署 Web 网页、网站、Web 应用及服务。

- Windows Server 2008 Standard（标准版）：该版本具有基础的 Web、虚拟化、安全性、可靠性和生产特性。其简化设定和管理工作的工具，拥有更好的服务器控制能力；而增强的安全功能则可协助保护数据和网络，并为企业提供扎实且高度可信赖的基础。

- Windows Server 2008 Enterprise（企业版）：该版本提供了强大的可靠性和可扩展性，相对标准版功能更加全面，可满足大中型企业的需要，其所具备的群集和热添加（Hot-Add）处理器功能，可协助改善可用性，而整合的身份管理功能，可协助改善安全性，利用虚拟化授权权限整合应用程序，则可减少基础架构的成本，为高度动态、可扩充的 IT 架构提供良好的基础。

- Windows Server 2008 Datacenter（数据中心版）：该版本是 Windows Server 2008 中的最高级版本，是针对要求最高级别的可伸缩性、可用性和可靠性的企业而设计的产品。它所提供的企业级平台，可在小型和大型服务器上部署企业关键应用，如 ERP、数据库等商业应用。其所具备的群集和动态硬件分割功能，可改善可用性，更适合大规模虚拟化和快速迁移等应用。此版本可支持 2 到 64 颗处理器。

- Windows Server 2008 for Itanium-Based Systems（安腾版）：该版本是专为 Intel Itanium 64 位处理器设计的，可提供高可用性和可扩充性，能符合高级别且满足关键性的解决方案的需求。安腾版最多可支持 64 位处理器和最多 2 TB 内存。

• Windows HPC Server 2008(高性能计算版):该版本为高效率的 HPC(High-Performance Computing)环境提供了企业级的工具、性能和扩展性,可以有效地利用上千个处理器核心。它能提供新的高速网络、面向服务的体系结构(SOA)工程进度安排,支持合作伙伴的集群文件系统,可用于计算流体力学、水利枢纽模拟等大规模并行项目。

1.2.5　Windows Server 2008 的硬件需求

安装不同版本的 Windows Server 2008,对硬件的要求也不相同,见表 1-2。

表 1-2　Windows Server 2008 各版本硬件需求

硬件需求	标准版(32 位/64 位)	企业版(32 位/64 位)	数据中心版(32 位/64 位)	安腾版(只有 64 位)
CPU 最低速度	1 GHz/1.4 GHz	1 GHz/1.4 GHz	1 GHz/1.4 GHz	Itanium 2 系列处理器
CPU 建议速度	2 GHz 或更快	2 GHz 或更快	2 GHz 或更快	2 GHz 或更快
内存最小容量	512 MB	512 MB	1 GB	1 GB
内存建议容量	2 GB 或更大	3 GB 或更大	2 GB 或更大	2 GB 或更大
内存最大容量	4 GB/32 GB	64 GB/2 TB	64 GB/2 TB	2 TB
支持 CPU 个数	1～4	1～8	8～32	1～64
所需硬盘空间	最小 10 GB 推荐 40 GB 及以上	最小 10 GB 推荐 40 GB 及以上	最小 10 GB 推荐 40 GB 及以上	最小 10 GB 推荐 40 GB 及以上
群集节点数	不支持	最多 8 个	最多 8 个	无

1.2.6　Windows Server 2008 的安装方式

根据不同的安装环境,用户可以在以下 Windows Server 2008 安装方式中进行选择。

1. 从 DVD 启动的全新安装

这种安装方式是最常见的,当计算机上没有安装 Windows Server 2008 之前的版本(如,Windows Server 2003)或者需要把原有的操作系统删除时,这种方式很合适。

2. 升级安装

当计算机已安装了 Windows Server 2008 以前的 Windows Server 版本,可以在不破坏以前的各种设置和已经安装的各种应用程序的前提下对系统进行升级。不同的 Windows Server 2003 版本升级到 Windows Server 2008 版本会不同,其升级关系见表 1-3。

表 1-3　Windows Server 2008 升级关系

当前系统版本	可以升级到 Windows Server 2008 版本
Windows Server 2003 标准版 Windows Server 2003 R2 标准版	Windows Server 2008 标准版 Windows Server 2008 企业版
Windows Server 2003 企业版 Windows Server 2003 R2 企业版	Windows Server 2008 企业版

3. 通过远程安装服务(RIS)进行安装

若网络中已经配置了 Windows 部署服务,则可通过网络远程方式安装 Windows Server 2008。使用这种安装方式要确保计算机网卡具有 PXE(预启动执行环境)芯片,支持远程启动功能。否则就需要使用 rbfg.exe 程序生成启动软盘来启动计算机再执行远程安装。

4. 服务器核心(Server Core)安装

Server Core 安装方式只安装必要的服务和应用程序,没有图形界面,只能通过命令行方式配置和管理服务器,增加了管理难度,但可以提高运行效率、安全性和稳定性。

1.3 项目实施

任务 1-1 搭建 Windows Server 2008 学习环境

搭建 Windows Server 2008 学习环境有以下三种方式:

(1)安装独立的 Windows Server 2008 系统,即在一台计算机上只安装 Windows Server 2008 系统,不再安装 Windows 其他版本或 Linux 等其他操作系统。

(2)安装 Windows 与 Linux 并存的多操作系统,即在一台计算机上同时安装 Windows 与 Linux 操作系统,在系统启动时通过菜单选择本次要启动的操作系统。

(3)在虚拟机中安装 Windows Server 2008 系统。虚拟机即通过虚拟机软件在一台计算机(宿主机或物理机)上模拟出若干台虚拟的计算机,这些虚拟机就像真正的计算机那样进行工作,可以安装和运行各自独立的操作系统且互不干扰,可将多台虚拟机连成一个网络。这些虚拟机各自拥有独立的 CMOS 和硬盘等设备,可以像使用物理机一样对它们进行分区、格式化、安装系统和应用软件等操作,在虚拟系统崩溃之后可直接将其删除而不影响宿主机系统。宿主机操作系统可采用 Windows XP/7 等,虚拟机软件可采用 VMware Workstation(可从官方网站下载),安装时双击可执行的安装文件,然后按默认方式进行安装即可,其运行后的主界面如图 1-3 所示。

图 1-3 VMware Workstation 12 PRO 主界面

在 VMware Workstation 上创建虚拟机的步骤如下:

步骤 1:在 VMware Workstation 主界面单击【文件】菜单项→选择【新建虚拟机】,在打开的【新建虚拟机向导】对话框中选择【自定义(高级)】→单击【下一步】按钮,如图 1-4 所示。

步骤 2:在打开的【选择虚拟机硬件兼容性】对话框中单击【下一步】按钮→在打开的【安装客户机操作系统】对话框中单击【稍后安装操作系统】→单击【下一步】按钮,如图 1-5 所示。

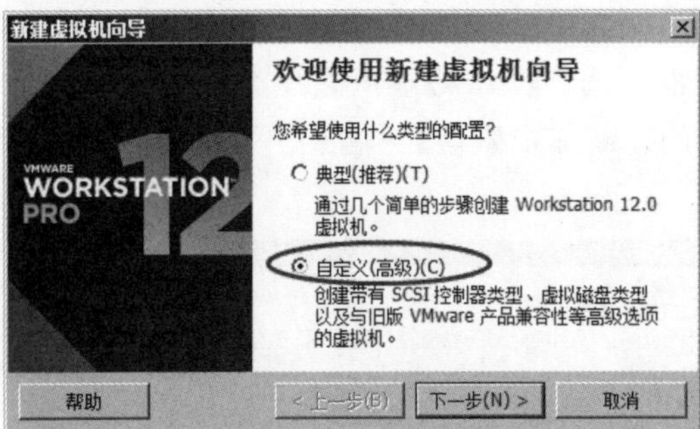

图 1-4　新建虚拟机向导

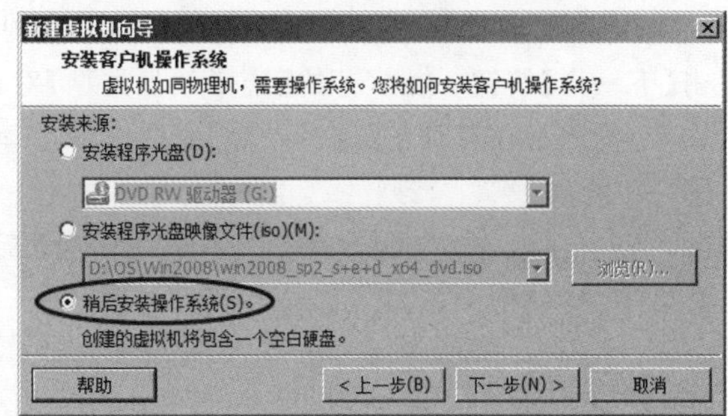

图 1-5　【安装客户机操作系统】对话框

步骤 3：打开【选择客户机操作系统】对话框，在【客户机操作系统】列表中选择【Microsoft Windows】→在【版本】下拉列表中选择【Windows Server 2008】→单击【下一步】按钮→在打开的【命名虚拟机】对话框中设置虚拟机名称和文件的存放位置→单击【下一步】按钮→在打开的【处理器配置】对话框中设置处理器的数量和每个处理器的核心数量→单击【下一步】按钮，如图 1-6 所示。

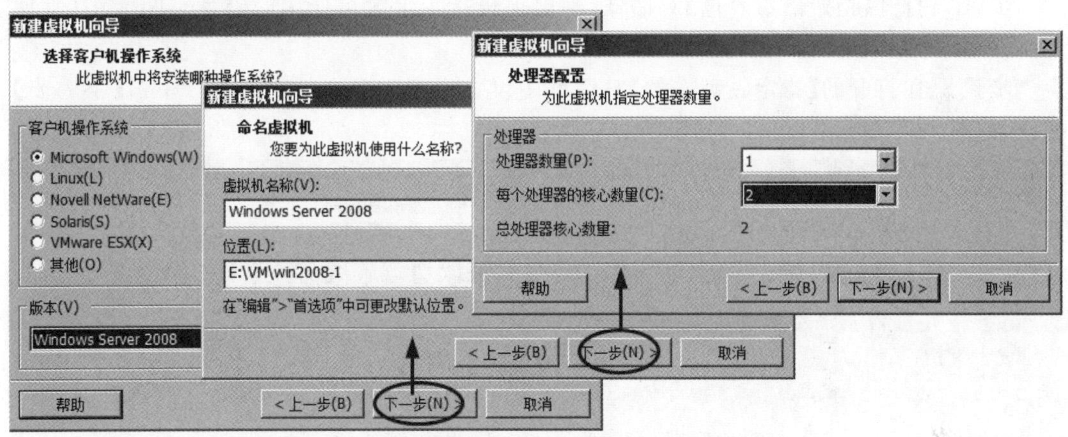

图 1-6　【选择客户机操作系统】【命名虚拟机】和【处理器设置】对话框

步骤 4：在打开的【此虚拟机的内存】对话框中设置虚拟机的内存大小→单击【下一步】按钮，如图 1-7 所示。

步骤 5：打开【网络类型】对话框，将网络连接的类型设置为【使用桥接网络】→单击【下一步】按钮，如图 1-8 所示。

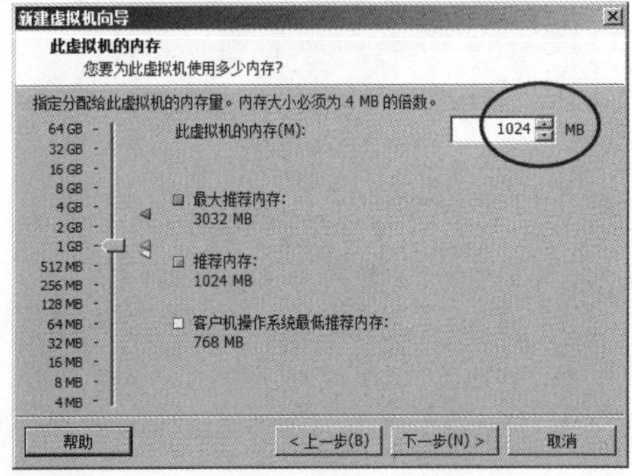

图 1-7　设置虚拟机的内存大小

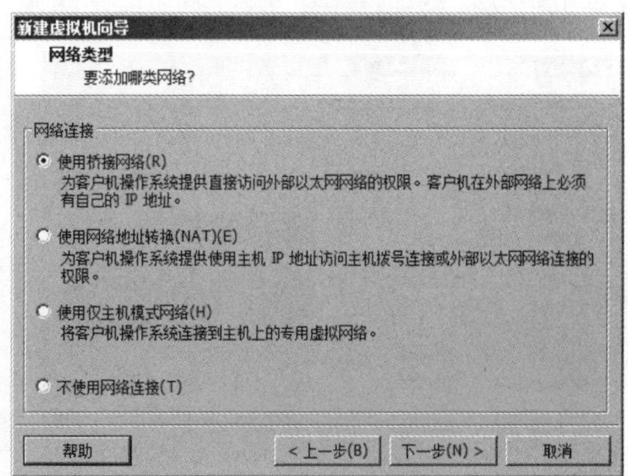

图 1-8　设置网络类型

步骤 6：在打开的【选择 I/O 控制器类型】对话框中设置虚拟机的 I/O 控制器类型→单击【下一步】按钮→在打开的【选择磁盘类型】对话框中选择【SCSI】虚拟磁盘类型→单击【下一步】按钮→在打开的【选择磁盘】对话框中选择【创建新虚拟磁盘】→单击【下一步】按钮，如图 1-9 所示。

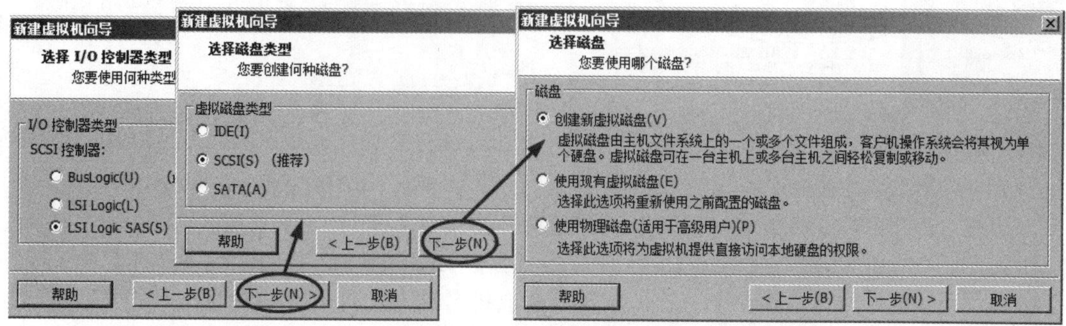

图 1-9　【选择 I/O 控制器类型】【选择磁盘类型】和【选择磁盘】对话框

步骤 7：打开【指定磁盘容量】对话框，为虚拟机指定最大可使用的磁盘空间大小（默认为 40 GB）→单击【下一步】按钮，如图 1-10 所示。

步骤 8：在打开的【指定磁盘文件】对话框中设置指定磁盘文件的名称→单击【下一步】按钮，如图 1-11 所示。

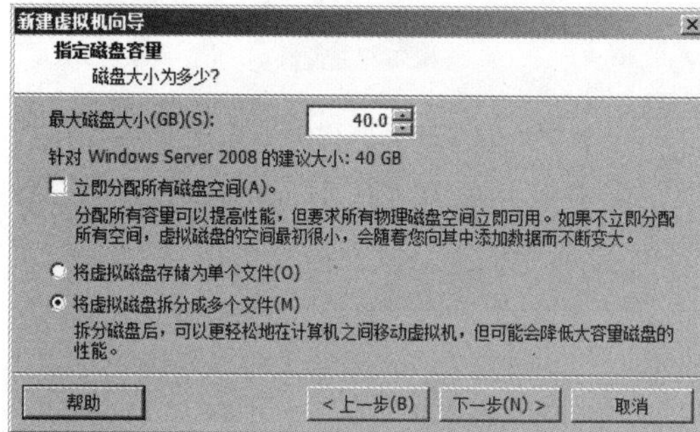

图 1-10　指定磁盘容量

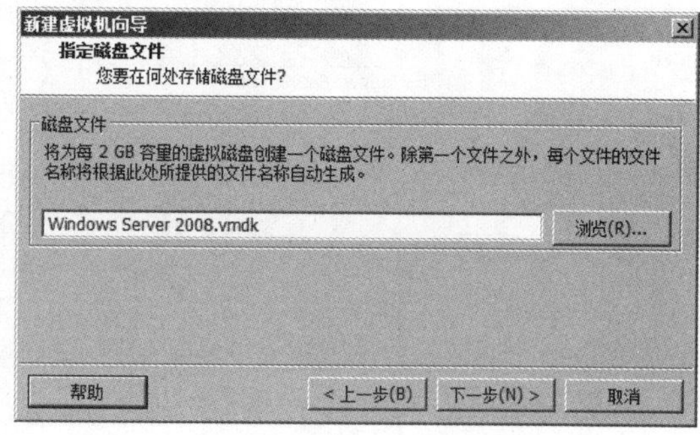

图 1-11　指定磁盘文件的名称

步骤 9：打开【已准备好创建虚拟机】对话框，单击【完成】按钮→创建完成后的虚拟机主界面如图 1-12 所示。在虚拟机的主界面单击【编辑虚拟机设置】→打开如图 1-13 所示的【虚拟机设置】对话框，在此，可添加或移除硬件设备并修改设备参数。

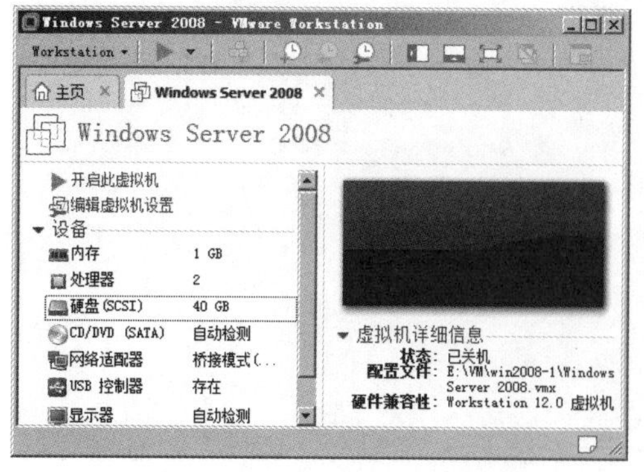

图 1-12　创建完成后的虚拟机主界面

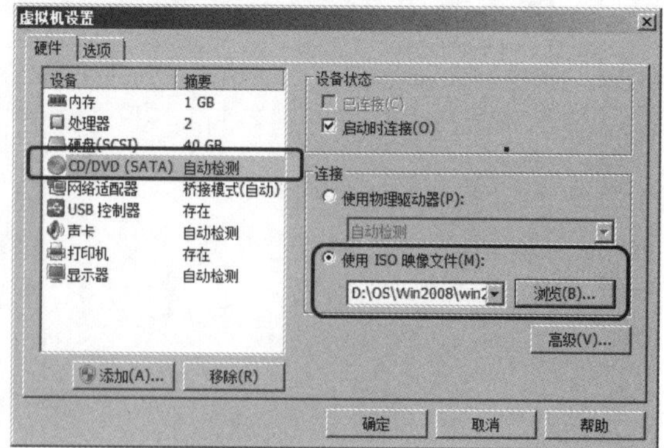

图 1-13　【虚拟机设置】对话框

任务 1-2　安装与启动 Windows Server 2008

本任务介绍最常用的，利用光盘（DVD-ROM）启动计算机实施安装的方法，具体步骤如下：

步骤 1：计算机电源打开后进入 CMOS 设置界面，将光驱设置为第一启动设备，然后把 Windows Server 2008 SP2 安装光盘放入光驱，保存设置并重启计算机。

步骤 2：若硬盘内没有安装任何操作系统，计算机会直接进入光盘启动；若硬盘内安装了其他操作系统，则会显示“Press any key to boot from CD”的提示信息，此时在键盘上按任意键，系统就会从光盘启动。

步骤 3：系统从光盘启动后，打开【安装 Windows】对话框→选择【要安装的语言】【时间和货币格式】【键盘和输入方法】→单击【下一步】按钮，如图 1-14 所示。

步骤 4：安装向导会询问是否现在安装，单击【现在安装】，如图 1-15 所示。

图 1-14　语言、时间和货币格式、键盘和输入方法设置

图 1-15　单击【现在安装】

步骤 5：打开【选择要安装的操作系统】对话框，在【操作系统】列表框中选择安装合适的版本，这里选择【Windows Server 2008 Enterprise（完全安装）】→单击【下一步】按钮，如图 1-16 所示。

步骤 6：在打开的【请阅读许可条款】对话框中勾选【我接受许可条款】选项→单击【下一步】按钮，如图 1-17 所示。

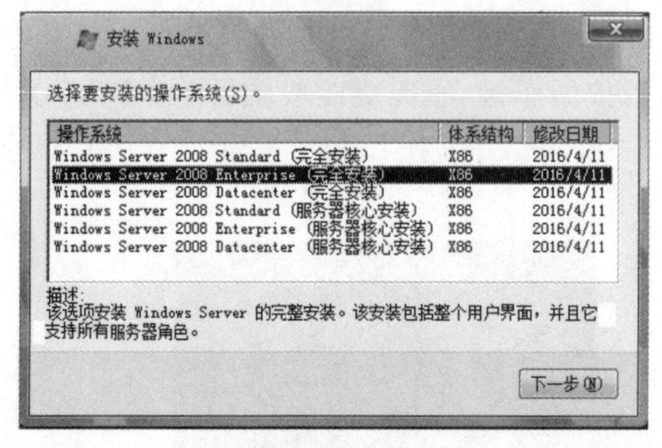

图 1-16　选择 Windows Server 2008 版本

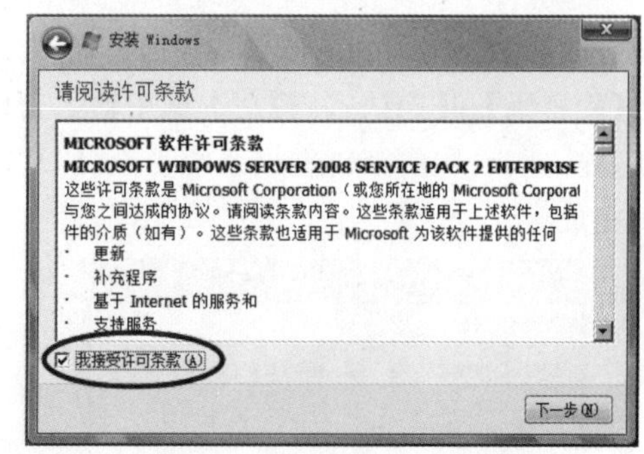

图 1-17　勾选【我接受许可条款】

步骤 7：打开【您想进行何种类型的安装?】对话框，单击【自定义（高级）】选项开始全新安装。其中【升级】选项用于从旧版本 Windows Server 2003 升级到 Windows Server 2008，

若计算机中未安装任何操作系统，则该选项不可用，如图 1-18 所示。

步骤 8：打开【您想将 Windows 安装在何处?】对话框，在此，可以编辑计算机上的硬盘分区信息（若计算机上安装了多块硬盘，则依次显示磁盘 0、磁盘 1 等），单击【驱动器选项（高级）】链接，开始对硬盘进行分区，如图 1-19 所示。

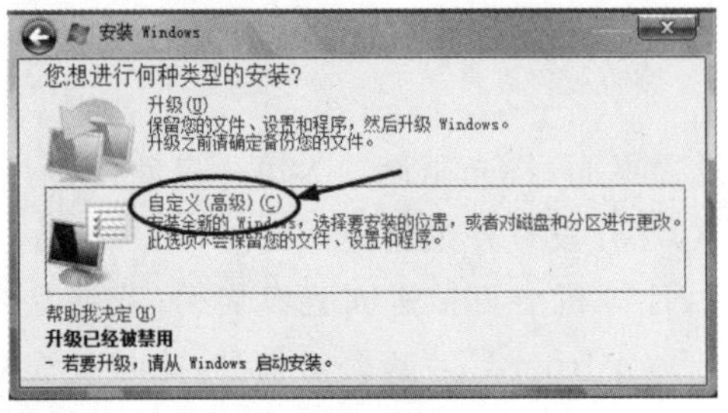

图 1-18 选择安装类型

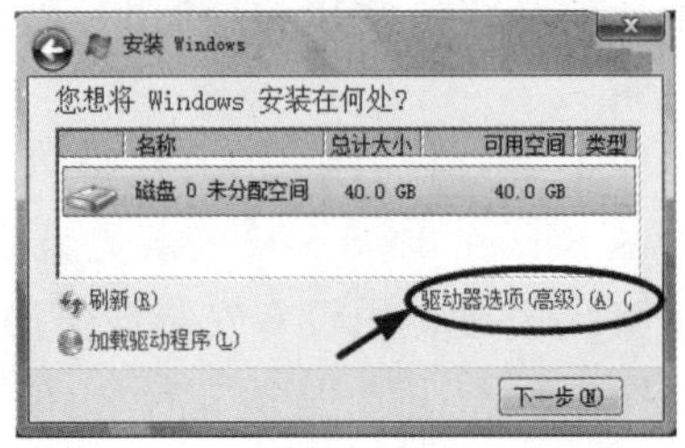

图 1-19 单击【驱动器选项（高级）】

步骤 9：在列表框中选择【磁盘 0 未分配空间】选项→单击【新建】按钮→在弹出的【大小】编辑框中输入新建分区的大小（如 12000 MB）→单击【应用】按钮，完成第一个主分区的创建，如图 1-20 所示。

步骤 10：重复步骤 9 可创建其他分区→在分区列表框中单击安装系统的主分区（如【磁盘 0 分区 1】）→单击【下一步】按钮，如图 1-21 所示。

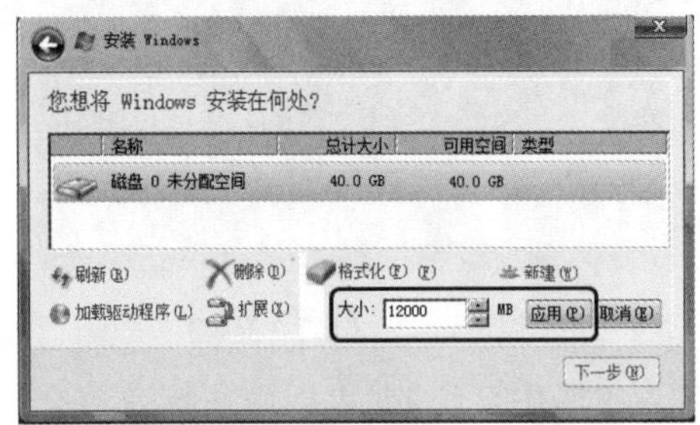

图 1-20 设置分区的大小

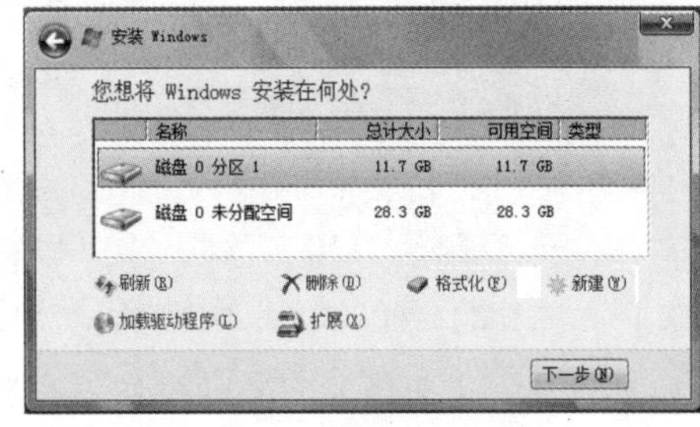

图 1-21 选择安装系统的分区

步骤 11：打开【正在安装 Windows…】对话框，系统开始复制文件并将 Windows Server 2008 安装到选定的磁盘分区中，如图 1-22 所示。

步骤 12：安装完毕后，系统自动重启并进入首次登录，在首次登录之前系统要求用户必须更改管理员（Administrator）密码，如图 1-23 所示。单击【确定】按钮，在打开的对话框中的【新密码】和【确认密码】文本框中输入密码，然后按回车键，密码更改成功后单击【确定】按钮，输入刚设置的密码登录系统。至此，Windows Server 2008 操作系统安装和首次登录全部完成。

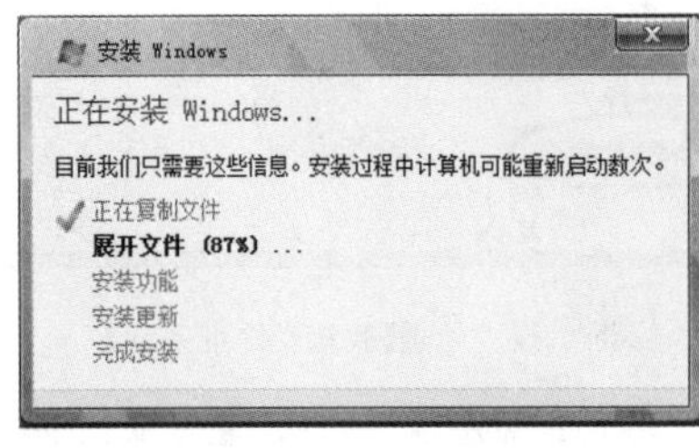

图 1-22 安装进度

图 1-23 首次登录要求更改系统管理员帐户密码

提示：用户以后登录与在安装系统过程中的首次登录略有不同，系统启动的后期会显示如图 1-24 所示的登录界面，此时，同时按下【Ctrl＋Alt＋Del】组合键→在打开的对话框中，选择登录用户并输入相应的密码，回车后便可登录到系统，如图 1-25 所示。

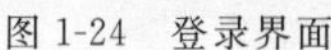
图 1-24　登录界面

图 1-25　选择登录用户

任务 1-3　Windows Server 2008 的基本配置

Windows Server 2008 与旧版本在安装上的明显区别是：在整个安装过程中，不会提示用户设置计算机名、网络配置等信息，使安装所需时间大大减少。但作为服务器，这些信息又是必不可少的。因此，在 Windows Server 2008 系统首次登录后，默认会打开【初始配置任务】窗口（也可通过单击【开始】→【运行】→输入“oobe”命令打开），用户可以在此对服务器的时区、网络连接、计算机名称、远程桌面、Windows 更新和 Windows 防火墙等进行配置（也可从其他操作位置进行配置）。若要在以后登录时不再显示【初始配置任务】窗口，可在该窗口的左下角勾选【登录时不显示此窗口】，如图 1-26 所示。

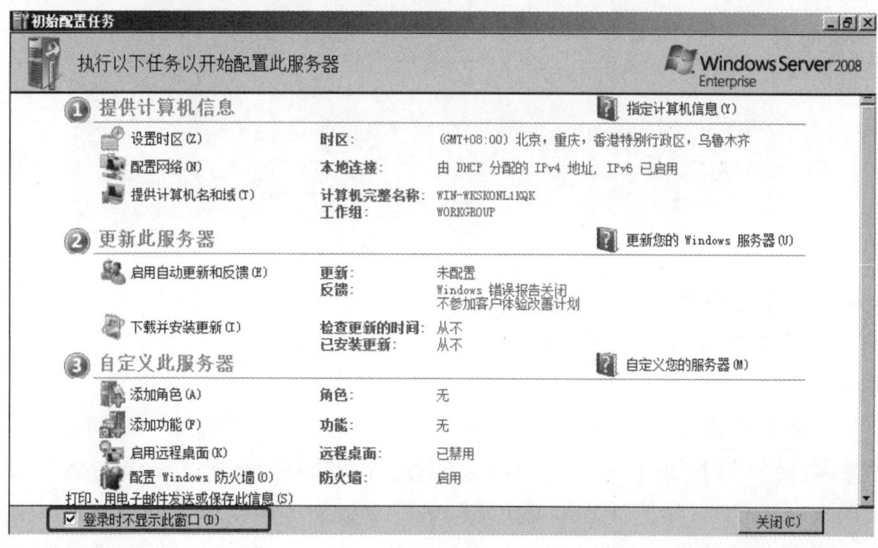

图 1-26　【初始配置任务】窗口

1. 更改计算机名

在安装 Windows Server 2008 时，系统会随机生成一个冗长且不便记忆的计算机名，为了便于标识，需要用户对该计算机名进行更改。其步骤如下：

步骤 1：在桌面上依次单击【开始】→【管理工具】→【服务器管理器】，打开【服务器管理器】窗口，在右窗格的【计算机信息】区域中单击【更改系统属性】链接，如图 1-27 所示。

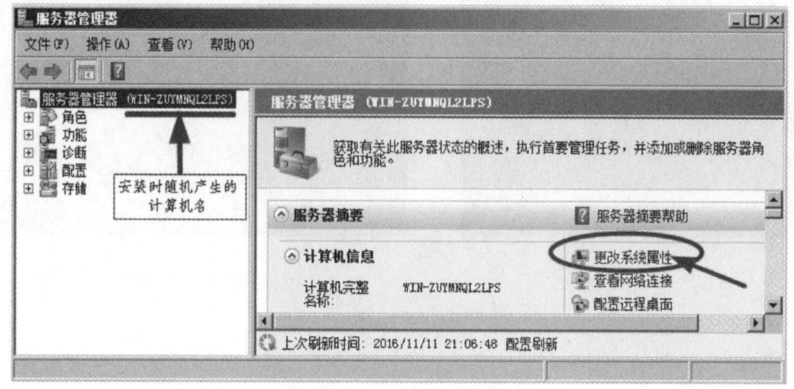

图 1-27 【服务器管理器】窗口

步骤 2：在打开的【系统属性】对话框中选择【计算机名】选项卡，单击【更改】按钮，打开【计算机名/域更改】对话框→在【计算机名】编辑框中输入计算机的名称（如：SERVER1）→单击【确定】按钮，系统弹出【您必须重新启动计算机才能应用这些更改】提示框→单击【确定】按钮→单击【关闭】按钮→单击【立即重新启动】按钮，如图 1-28 所示。

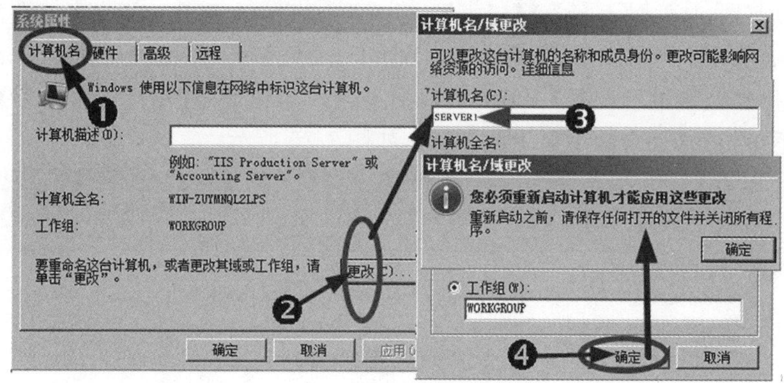

图 1-28 更改计算机名

2. 网络的设置与测试

网络的设置，包括网络位置、网络发现和网络连接的设置。

（1）网络位置的设置

当计算机接入网络时，需要根据不同的网络环境和连通要求选择一种网络位置。不同的网络位置，会使计算机处于不同的网络发现状态，不同的网络发现状态会开启不同的 Windows 防火墙端口，进而使计算机处于不同的安全级别。网络位置的类型有以下三种：

- 公用：是指将计算机放置于机场、咖啡厅等公共场合。在此位置下，系统会自动关闭网络发现，即本机对周围的计算机不可见，从而保护计算机免受来自 Internet 的任何恶意软件的攻击。

• 专用:是指计算机在办公室、家庭等专用场所。默认情况下,网络发现处于启用状态,它允许本机与网络上的其他计算机和设备相互查看。

• 域:是指本机连接到域作为域中的成员,此时,本机用户将无法更改网络位置类型,由域管理员控制,本书项目3将专门介绍域的管理。

更改网络位置类型的步骤如下:

步骤1:在桌面上右击【网络】图标→在弹出的快捷菜单中选择【属性】→打开【网络和共享中心】窗口→单击【自定义】链接,如图1-29所示。

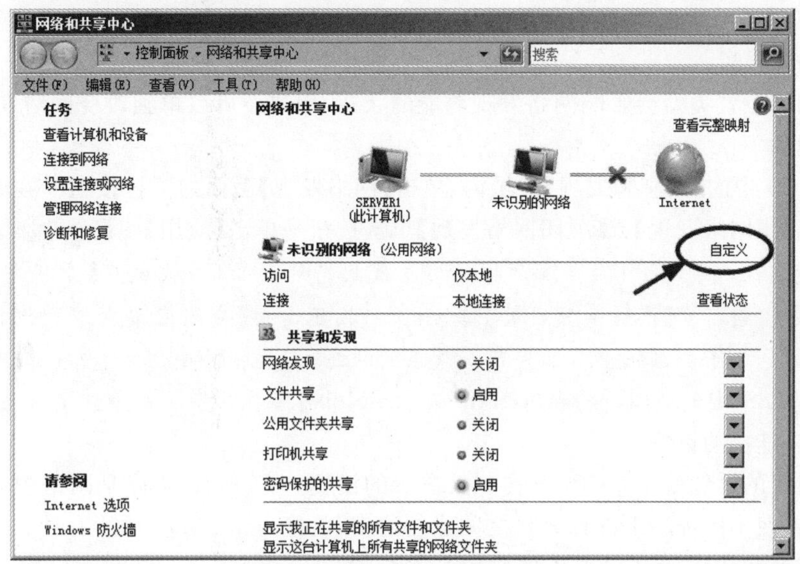

图1-29 【网络和共享中心】窗口

步骤2:打开【设置网络位置】对话框,在此,可以根据网络的不同环境和连通选择【公用】或【专用】单选按钮("域"网络位置类型必须将本机加入域后才能提供选项),如图1-30所示。

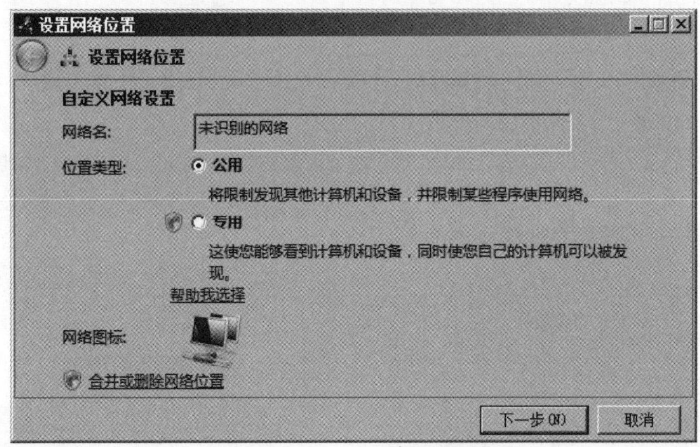

图1-30 【设置网络位置】对话框

(2)网络发现的设置

网络发现是一组协议或者功能,能使计算机和其他计算机互相发现对方,网络发现通常是计算机之间文件共享的基础,要能发现对方才能方便地使用对方的共享文件。

网络发现具有以下三种状态:

- 启用:该状态下允许本机与其他计算机和网络设备实现双向查看。要想访问局域网中的其他计算机上的资源,就必须启用"网络发现"功能。
- 关闭:此状态下阻止本机查看其他计算机和网络设备,并阻止其他计算机上的用户查看本机。
- 自定义:这是一种混合状态,在此状态下与网络发现有关的部分设置已启用,但不是所有设置都启用。例如,可以启用网络发现,但用户或系统管理员可能已经更改了影响网络发现的防火墙设置。

改变网络位置类型会影响网络发现功能的状态,用户还可以单独改变网络发现的状态,其更改过程如下:

在图 1-29 中的【共享和发现】区域内,单击【网络发现】后面的下拉按钮→在弹出的展开区内选择【启用网络发现】或【关闭网络发现】单选按钮→单击【应用】使设置生效。

提示:默认情况下,不能保存对网络发现状态的更改(每次选择【启用网络发现】后保存修改,但重新打开【高级共享设置】对话框,仍然显示为【关闭网络发现】,但实际上该功能已经启用)。为了使系统重启后保留修改后的状态,需要将【Function Discovery Resource Publication】【SSDP Discovery】和【UPnP Device Host】三个服务设置为自动启动。

(3)网络连接的设置

网络连接的设置就是 TCP/IP 协议及参数的设置。TCP/IP 协议是网络中使用的标准通信协议,可使不同环境下的计算机之间进行通信,是接入 Internet 的所有计算机在网络上进行信息交换和传输所必须采用的协议。安装 Windows Server 2008 时已默认安装此协议,在此只要针对该协议的相关参数进行设置即可使用。

网络连接的设置步骤如下:

步骤 1:在如图 1-29 所示的【网络和共享中心】窗口中,单击【管理网络连接】→在打开的【网络连接】对话框中右击网络连接设备(如,网卡的"本地连接")→在弹出的快捷菜单中选择【属性】,如图 1-31 所示。

步骤 2:在打开的【本地连接 属性】对话框中选择【Internet 协议版本 4(TCP/IPv4)】→单击【属性】按钮,如图 1-32 所示。

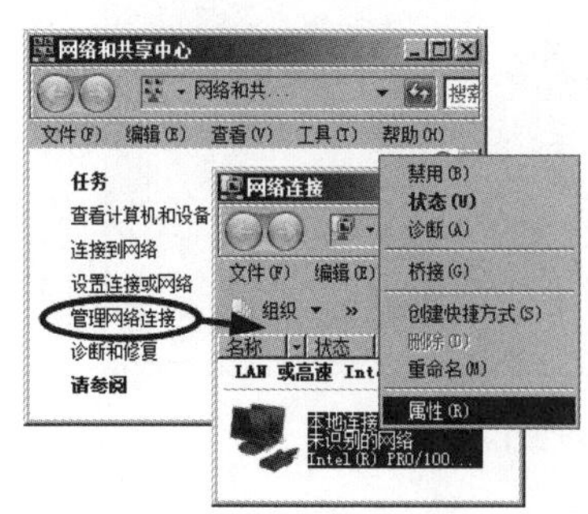

图 1-31 有关网络连接的设置窗口

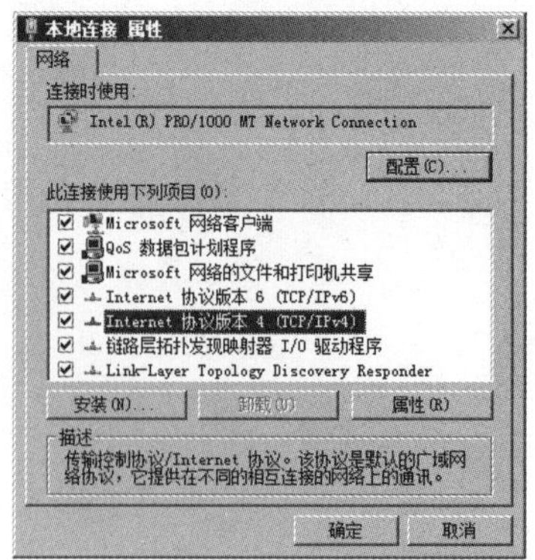

图 1-32 【本地连接 属性】对话框

步骤3:在打开的【Internet 协议版本4(TCP/IPv4)属性】对话框中单击【使用下面的IP地址】单选按钮,如图1-33所示。然后输入以下网络参数:

- 【IP地址】:是该计算机所在的网络中一个未被其他计算机使用的静态IP地址。
- 【子网掩码】:与IP地址相配套用于判断IP地址所属的网段(子网)。
- 【默认网关】:当该计算机要与其他网段的计算机通信时需要此设置,它是从本网段到其他网段的出口IP地址,通常为本网段路由器的IP地址。
- 【首选DNS服务器】和【备用DNS服务器】:域名解析服务器的IP地址。

提示:在图1-33中,单击【高级】按钮可在一块网卡上设置多个IP地址。

(4)利用ipconfig命令检查TCP/IP设置

ipconfig命令可以显示当前TCP/IP配置的设置值。这些信息一般用来检验手动配置的TCP/IP设置值是否正确。单击【开始】→【所有程序】→【附件】→【命令提示符】,当输入不带任何参数的ipconfig时,则显示每个已经配置且处于活动状态的连接的有关信息,如图1-34所示。当输入ipconfig/all时,则显示更为详细的信息,如图1-35所示。

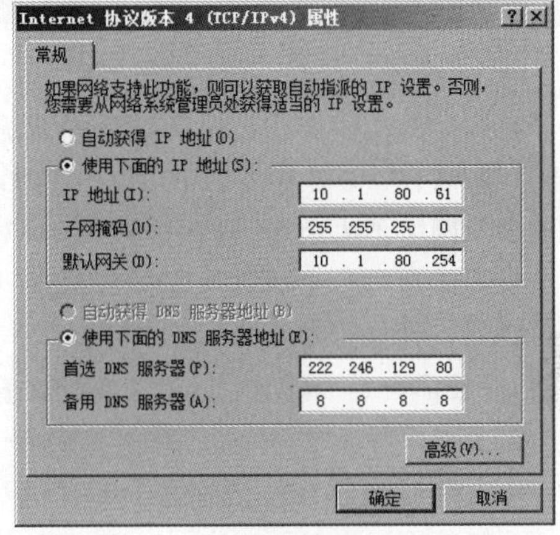

图1-33 【Internet 协议版本4(TCP/IPv4)属性】对话框

(5)利用ping命令检测网络连通性

ping命令的功能是检测网络的连通情况和分析网速,可用于网卡、TCP/IP配置、通信线路等的网络故障检测,或者缩小故障范围。它是一个使用频率极高的网络实用程序。其功能如下:

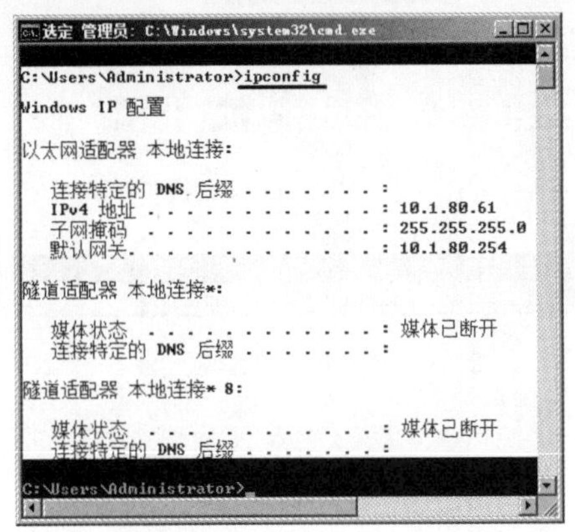

图1-34 执行ipconfig的显示画面

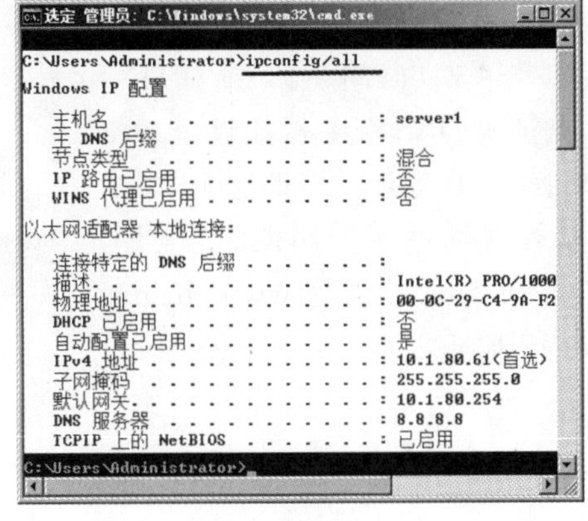

图1-35 执行ipconfig/all的显示画面

- 功能1:验证网卡工作状态是否正常。这是计算机出现不能上网等故障时最简单的判断手段。在命令提示符下输入"ping 127.0.0.1"或"ping 本地计算机的IP地址"。若返回四行"来自 127.0.0.1 的回复:字节=32 时间<1 ms TTL=128",则说明本网卡安装正常,如图1-36所示;若返回"传输失败",则说明本网卡工作不正常。
- 功能2:判断网络连接状态。通常的做法是输入"ping 网关地址或远程主机地址",以此判断出网络故障发生地。如果"ping 网关地址"出现"目标主机无法访问",就说明本地网卡发出的数据包不能到达网关,是内部网络出现了问题;如果ping网关连接正常,如图1-37

所示，那么可以执行“ping 远程主机地址”，这时若出现“目标主机无法访问”，则可能是外部连接出现问题。

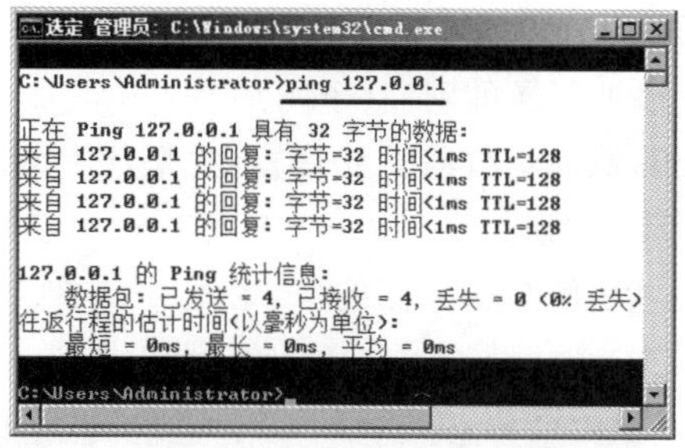

图 1-36　ping 127.0.0.1 的画面

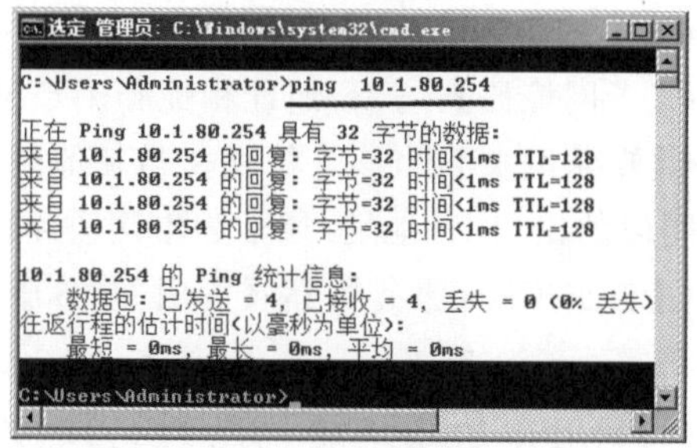

图 1-37　ping 网关连接正常

在实际的应用中还会出现这样的情况，在 ping 执行过程中，会同时包含“目标主机无法访问”和“来自 10.1.80.254 的回复：字节＝32 时间＜1 ms TTL＝255”这样的信息。该情况则表示网络不太稳定，存在丢包现象，对此可以使用“ping IP 地址 -t”，这样 ping 命令就会连续尝试与目标主机进行连接(若要停止连接按【Ctrl＋C】组合键)，以此观察网络的稳定性。此外，返回的“时间＜1 ms”也是一个重要的信息。若网络畅通，例如测试与内网主机的连接，一般都会是“时间＜1 ms”，若该数值比较大，说明网络不够稳定，可能是设备不兼容，可能是节点接触不好，也可能是网络内有大量病毒导致堵塞等。

• 功能 3：验证 DNS 服务器。DNS 服务器负责将域名转换成 IP 地址，可用 ping 命令判断其配置是否正确以及工作是否正常。其方法是在命令提示符下输入“ping　域名”，例如“ping　www.baidu.com”。如果出现“ping　请求找不到主机”则表明不能到达。若返回提示“来自 112.80.248.73 的回复：字节＝32　时间＝28 ms TTL＝128”，则证明 DNS 服务器能够成功将域名转换为 IP 地址。借助这个方法，也可以查看网站所使用的 IP 地址，如：112.80.248.73 就是 www.baidu.com 的 IP 地址之一。如图 1-38 所示。

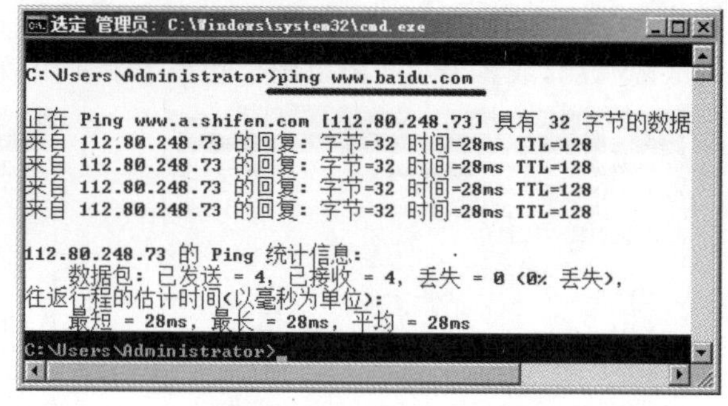

图 1-38　验证 DNS 服务器

任务 1-4　利用 MMC 管理日常事务

MMC(Microsoft Management Console，微软管理控制台)是一个可以集成各种管理工具的工作平台，它通过提供在不同工具间通用的导航栏、菜单、工具栏和工作流，来统一管理和维护网络、计算机、服务、应用程序和其他系统组件。

如图 1-39 所示是将设备管理器、计算机管理、磁盘管理和事件查看器等管理工具集成到一个控制台的实例。MMC 的界面由两个窗格组成，左窗格中是一个树状的层次结构，树中显示了目前可以添加的项目。这些项目可以是文件夹、管理单元、控件、Web 页以及其他一些工具。右窗格是详细资料窗格，当在左窗格的树中选择某选项时，右窗格将显示相应的详细信息，改变左窗格中的选项，右窗格中的详细信息会发生相应的改变。

MMC 本身并不执行管理功能，它只是集成众多的管理工具，接纳并管理执行各种系统功能的工具。可以添加到控制台中的主要工具类型称为管理单元。用户(特别是网络管理员)应该把经常使用的管理单元或者管理单元的部分组合起来，创建自定义控制台来方便快捷地使用这些管理工具。

创建自定义 MMC 的步骤如下：

步骤 1：在服务器桌面上单击【开始】→【运行】→在打开的【运行】对话框中输入“mmc”命令→单击【确定】按钮→打开 MMC，在菜单栏上单击【文件】→选择【添加/删除管理单元】，如图 1-40 所示。

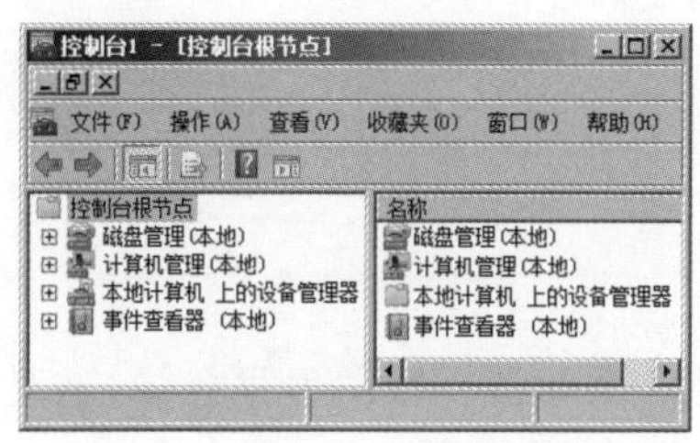

图 1-39　集成了多个管理工具的 MMC

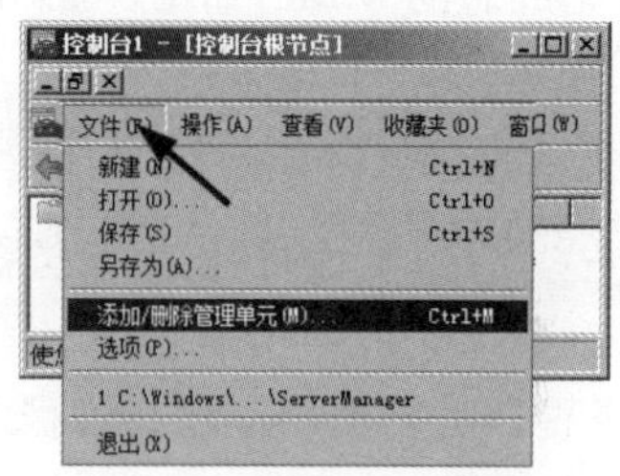

图 1-40　新建 MMC 窗口

步骤 2：打开【添加或删除管理单元】对话框，在【可用的管理单元】列表框中单击需要添加的管理单元(如，磁盘管理)→单击【添加】按钮→在打开的【磁盘管理】对话框中选择磁盘所在的计算机，若管理本地计算机的磁盘，则单击【这台计算机】；若管理远程计算机的磁盘，则单击【以下计算机】，并输入该计算机的名称→单击【完成】按钮，如图 1-41 所示。

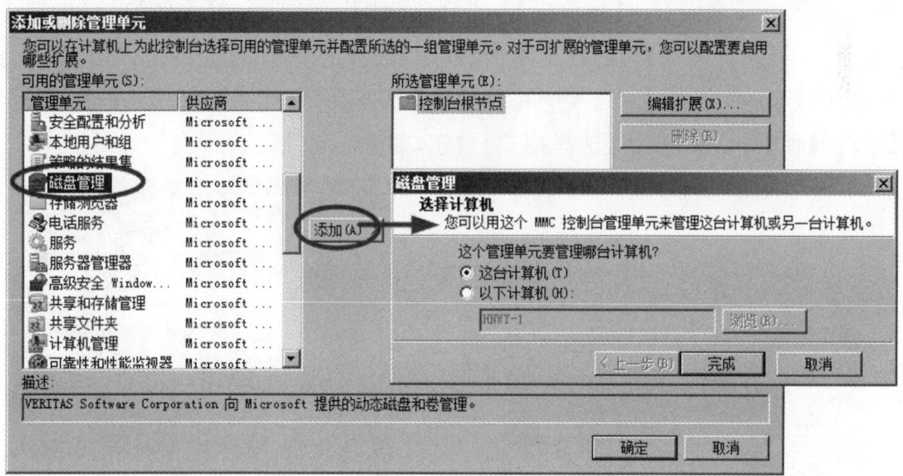

图 1-41　【添加或删除管理单元】对话框

步骤 3：利用同样的方法，继续添加其他管理单元，添加完后单击【完成】按钮，返回【添加或删除管理单元】对话框→单击【确定】按钮，如图 1-42 所示。

步骤 4：返回 MMC，在菜单栏单击【文件】→【保存】，确定控制台保存的位置(如，桌面、“开始”菜单或“管理工具”中)→输入控制台名称(如，我的控制台)→单击【保存】按钮，添

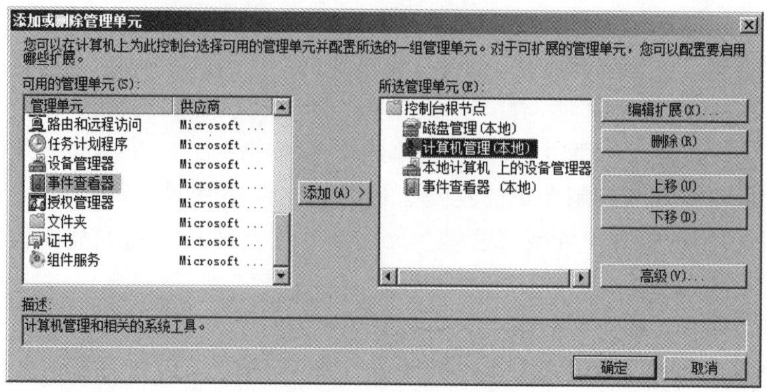

图 1-42 添加的管理单元

加、保存完成后的 MMC 如图 1-43 所示。

任务 1-5 远程登录服务器

网络管理员可使用本地和远程两种方式登录服务器。所谓远程登录，就是允许用户通过网络中的另一台计算机登录 Windows Server 2008 服务器。一旦进入服务器，用户就像在现场操作一样，可以操作服务器允许的任何操作，比如：读文件、编辑或删除文件等。

实现远程登录的方式有远程桌面连接、终端服务等。下面以远程桌面连接方式为例，介绍其配置和使用的过程。

1. 服务器端开启远程桌面和选择登录用户

步骤 1：在服务器桌面右击【计算机】→选择【属性】→在打开的【系统】窗口中单击【远程设置】→在打开的【系统属性】对话框中单击【远程】选项卡→单击【允许运行任意版本远程桌面的计算机连接(较不安全)】单选项→在打开的【远程桌面】对话框上单击【确定】按钮→系统返回【系统属性】对话框，单击【选择用户】按钮，如图 1-44 所示。

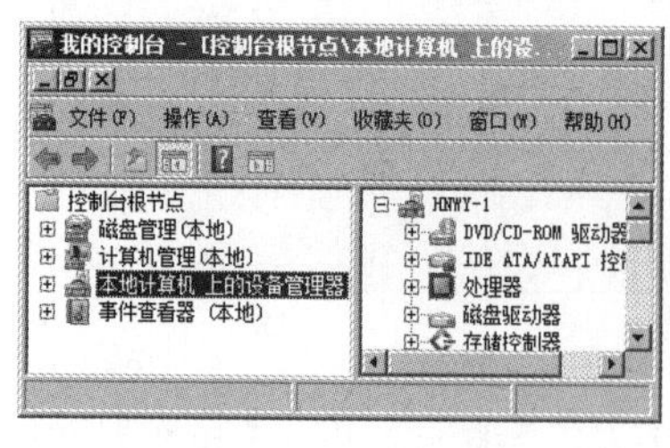

图 1-43 添加、保存完成后的 MMC

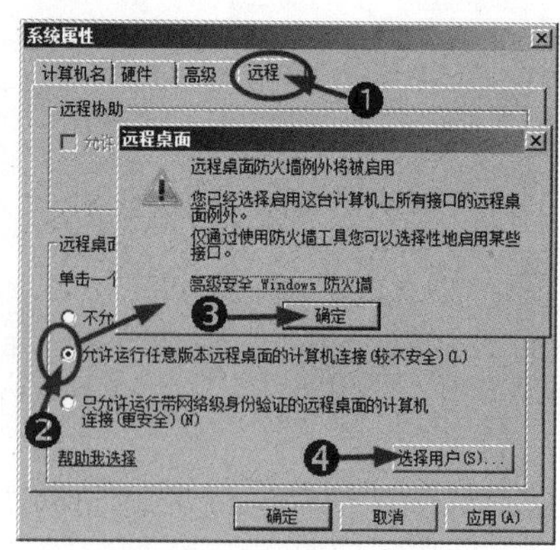

图 1-44 开启远程桌面

步骤 2：在打开的【远程桌面用户】对话框中单击【添加】按钮→在打开的【选择用户】对话框中单击【高级】按钮，如图 1-45 所示。

步骤 3：单击【立即查找】按钮→在【搜索结果】列表框中选择用于进行远程登录的用户→单击【确定】按钮，如图 1-46 所示。

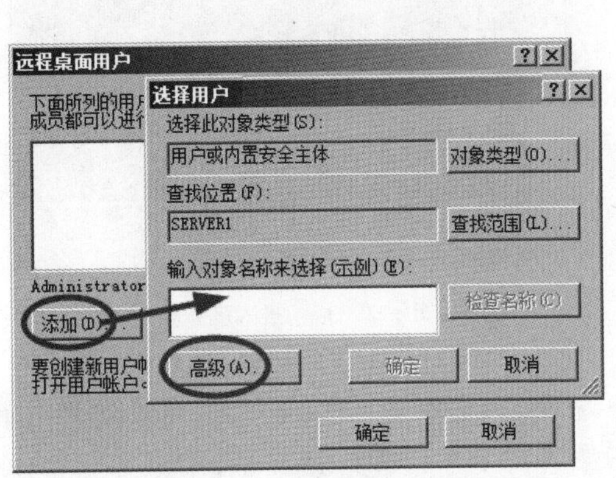

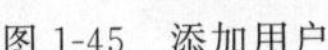
图 1-45　添加用户

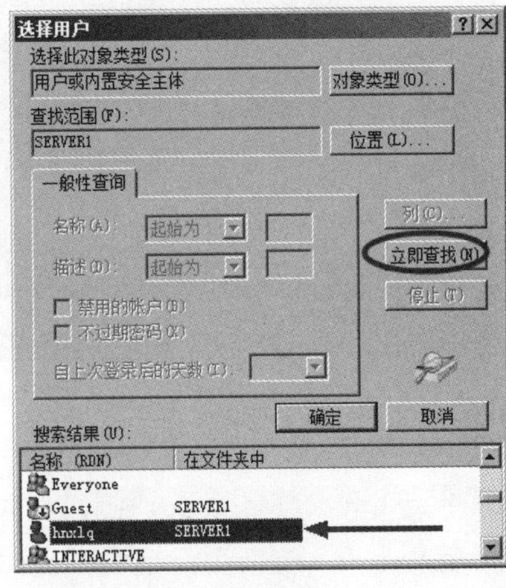

图 1-46　选择用户

步骤 4：在返回的【选择用户】对话框上单击【确定】按钮→在返回的【远程桌面用户】对话框上单击【确定】按钮，如图 1-47 所示，在返回的【系统属性】对话框上单击【确定】按钮。

2. 从客户机登录到远程的服务器

如果客户机安装的是 Windows XP 及以上版本或者 Windows Server 2008 系统，用户不用安装任何程序便可使用远程桌面连接方式登录服务器。

登录步骤如下(以 Windows 7 客户端为例)：

步骤 1：在客户机桌面上单击【开始】→【所有程序】→【附件】→【远程桌面连接】→弹出【远程桌面连接】窗口→在【计算机】编辑框中输入远程服务器的名称或 IP 地址→单击【连接】按钮→弹出【输入您的凭据】对话框→在密码编辑框中输入密码或单击【使用其他帐户】后输入新的可登录用户的用户名和密码→单击【确定】按钮，如图 1-48 所示。

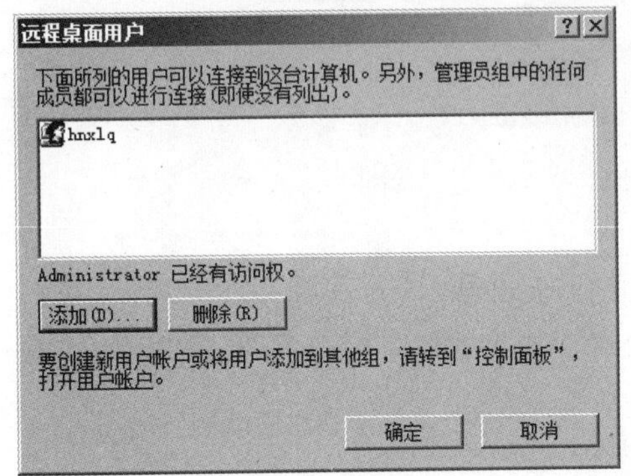

图 1-47　完成用户的添加

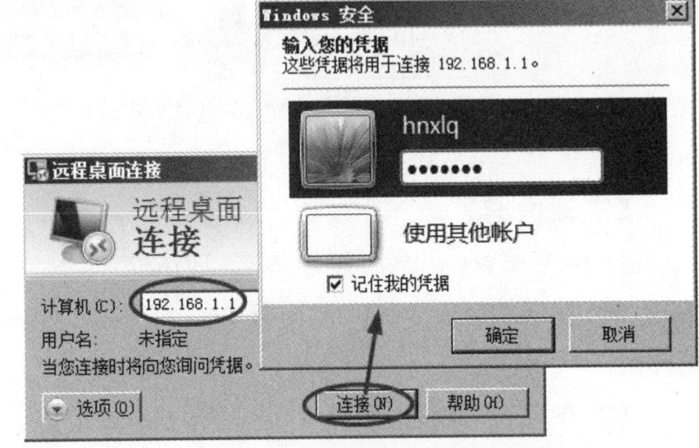

图 1-48　输入远程服务器的 IP 地址和用户名及密码

步骤 2：打开【无法验证此远程计算机的身份。是否仍要连接?】提示框，勾选【不再询问我是否连接到此计算机】→单击【是】按钮，如图 1-49 所示。

步骤 3：打开【远程桌面连接】窗口，该窗口内即服务器桌面，如图 1-50 所示。

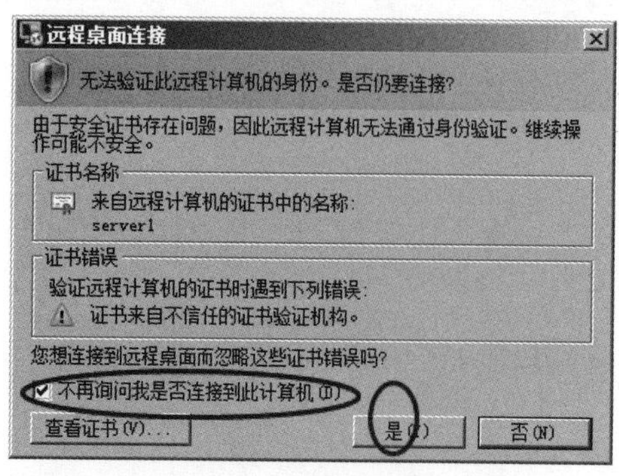

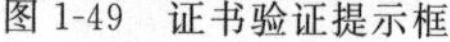

图 1-49 证书验证提示框

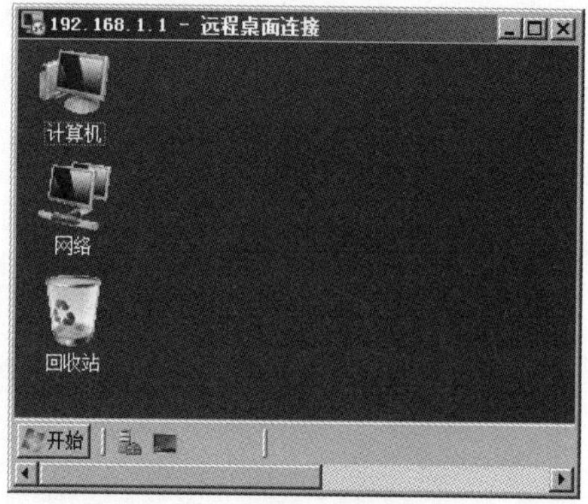

图 1-50 成功进入服务器桌面

提示：使用“远程桌面连接”连接服务器后，操作就像本地机一样，非常方便。如果是系统管理员用户登录，可以拥有管理远程服务器的全部权限。若退出远程连接，只需在登录桌面注销用户即可。

项目实训 1 安装与配置Windows Server 2008

【实训目的】

学会安装和配置 Windows Server 2008 系统；能使用 MMC 管理常用工具；能够远程登录服务器。

【实训环境】

每人 1 台 Windows XP/7 物理机，Windows Server 2008 SP2 版 ISO 文件(32 位/64 位)，VMware Workstation 虚拟机安装软件，虚拟机网卡连接至虚拟交换机 VMnet0。

【实训拓扑】

实训示意图如图 1-51 所示。

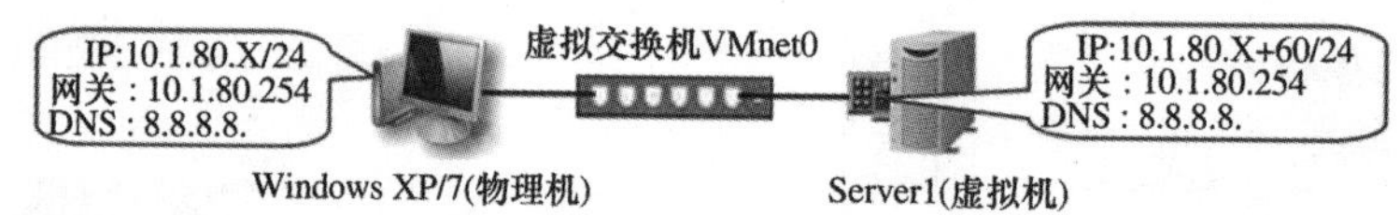

图 1-51 实训示意图

【实训内容】

1. 在 VMware 虚拟机中安装 Windows Server 2008 企业版(通过镜像文件方式)。

(1)在 Windows XP/7 物理机上启动 VMware Workstation 虚拟机软件，新建一台虚拟机；

(2)在新建的虚拟机中安装 Windows Server 2008。

2. 配置 Windows Server 2008 虚拟机的 TCP/IP 参数，实现使用虚拟机接入互联网。

3. 在命令提示符窗口使用以下命令：

(1)通过 ipconfig 命令查看本机网卡的信息；

(2)通过 ping 命令测试本地回环、网关和外网地址的连通性。注意显示信息内容的变化。

4. 建立用户自定义 MMC，其中包括“磁盘管理”“服务”“设备管理器”等管理工具，并以“my 控制台”为名保存至桌面。

5. 从客户机(物理机)端通过远程桌面连接方式登录服务器(虚拟机)。

项目习作 1

一、选择题

1. 网络操作系统是一种(　　)。

A. 系统软件　　B. 系统硬件　　C. 应用软件　　D. 工具软件

2. 下列选项哪个不属于网络操作系统的基本功能？(　　)

A. 数据共享　　B. 设备共享　　C. 文字处理　　D. 网络管理

3. 下列选项中哪一项列出的完全是网络操作系统？(　　)

A. Windows Server 2008、Windows 7、Linux

B. Windows Server 2008、Windows Server 2003、DOS

C. Windows Server 2008、UNIX、Linux

D. Active Directory、Windows Server 2008、Windows Server 2012

4. 企业版的 Windows Server 2008 最多支持(　　)个 CPU。

A. 2　　B. 4　　C. 8　　D. 32

5. 你在局域网中设置某台机器的 IP，该局域网的所有机器都属于同一个网段，你想让该机器和其他机器通信，至少应该设置哪些 TCP/IP 参数？(　　)

A. IP 地址　　B. 默认网关　　C. 子网掩码　　D. 首选 DNS 服务器

6. (　　)命令能显示本机所有网络适配器的详细信息。

A. ipconfig　　B. ping　　C. ipconfig/all　　D. showip

7. 下列关于计算机名称说法正确的是(　　)。

A. 计算机名称最长能输入 15 个字符

B. 计算机名称的字符可以全部是数字字符

C. 计算机名称在同一网段内不能重复

D. 计算机名称修改后可以马上生效

8. 网络管理员要远程管理服务器，当登录时如果出现“由于用户限制，您无法登录”的提示，最可能的原因是(　　)。

A. 用户名和密码错误　　B. 该用户没有加入远程桌面用户

C. 该用户密码为空　　D. 该用户不是远程计算机的管理员用户

二、简答题

1. 什么是网络操作系统？目前有哪些常用的网络操作系统？

2. Windows Server 2008 的版本有哪些？

3. 使用 MMC 有哪些好处？

4. 什么是远程登录？远程登录 Windows Server 2008 系统有哪些方式？

项目02 工作组及资源共享的管理

2.1 项目背景

迅达公司下属的技术支持部有10台计算机，均有共享资料的需求，为了控制成本，不购买专门的服务器，而是将这10台计算机组成一个简单的网络，通过设置各自的共享文件夹并发布到网上供其他用户访问。另外，公司的网络中搭建了5台Windows Server 2008服务器，除了公司网络管理员使用管理员用户登录服务器进行维护管理外，公司其他员工也需要通过合法的用户帐户来登录访问服务器，而新安装的Windows Server 2008服务器，只有管理员帐户可以登录，管理员帐户访问权限太大，不宜交给其他员工使用，否则会威胁到系统的安全。为此，网络管理员要为其他员工创建各自的用户帐户并设置合适的访问权限。如果创建的用户较多，逐一地为每个用户帐户设置权限，就显得烦琐。为了简化管理操作，管理员可以创建组，并将不同部门不同访问权限的用户帐户归类到不同的组中，然后，针对组指派权限，这样，组中的用户成员的访问权限也就自动地被设置好了。综上所述，就是本项目所要承担的工作任务。

2.2 项目知识准备

2.2.1 工作组及其特征

在Windows的环境中系统提供了两种不同的组网模式：工作组和域。工作组属于分布式管理模式，每台计算机的管理员都分别管理各自的计算机，安全级别低（只具备访问权限的安全机制）；而域为集中式管理模式，域管理员可以集中管理整个域的所有资源，安全级别高。工作组由多台通过网络连接在一起的计算机组成，计算机之间直接通信，不需要专门的服务器来管理网络资源，也不需要通过其他组件来提高网络的性能。工作组网络的典型结构如图2-1所示。

工作组网络具有如下特点：

(1)资源和帐户（用户和组）的管理是分散的。每台计算机的管理员都能够完全实现对自己计算机的资源与帐户的管理。

图 2-1　工作组网络典型结构

(2)工作组中每台计算机的地位都是平等的，没有管理与被管理之分，没有主从之别。在网络应用中，各计算机既可以做服务器，为其他计算机提供访问服务，也可以做客户机，访问其他计算机。“工作组”网络也称为“对等网”。

(3)网络安全并不是它最看重的问题。

(4)不需要特定的操作系统，也就是说，任意安装了 Windows 系列产品的计算机都能构建工作组结构的网络。

工作组网络的主要优点有：组网成本低、网络配置和维护简单。它的缺点也相当明显，主要有：网络安全性较低、资源管理分散、数据保密性差。

工作组网络是根据用户自定义的分组标准(如不同的部门、爱好等)把网络中的许多计算机分门别类地纳入到不同的工作组中。划分工作组的主要目的是便于浏览、查找。试想一下，若网络中有上百台计算机，在进行资源共享时，如果不分组的话，要通过“网上邻居”来查找某台计算机上的共享资源，就需要在上百台计算机中查看。如果事先按某种标准划分成了不同的工作组，就可先找到该计算机所在的工作组，再到工作组内查找，显然，这样分层级地查找就会容易多了。

2.2.2　本地帐户

无论是在本地使用计算机，还是从网络中的其他计算机远程访问该计算机，都必须登录该计算机，也就是要提供该计算机内的有效的本地帐户信息。本地帐户包括本地用户帐户和本地组帐户。

1. 本地用户帐户

在工作组中，每台计算机都有一个独立的安全范围。如果一个使用者希望能够访问工作组中某台计算机的资源，首先要在该计算机的 SAM(Security Accounts Management，安全帐户管理)数据库中创建一个用户帐户，然后，使用者使用该用户帐户登录该帐户所在的计算机，由这台计算机通过查询本机的 SAM 数据库进行身份验证。身份验证成功后，该用户帐户只能访问本机中的资源而不能访问其他计算机的资源。因此这样的用户帐户被称为“本地用户帐户”，简称“本地用户”或“用户”。在工作组中每一台 Windows 计算机都有一个本地 SAM 数据库。

SAM 数据库中存放了本地计算机上的用户帐户和组帐户的信息，该数据库存放在“%systemroot%\System32\Config”文件夹下，文件名为 SAM(“%systemroot%”表示系统根目录，例如，Windows Server 2008 系统安装在“C:\”，则“%systemroot%”为“C:\Windows”)。

当以默认设置方式安装完 Windows Server 2008 后，系统会自动地建立具有特殊用途和权限的以下两个内置用户：

- Administrator(系统管理员)：该用户帐户具有管理本台计算机的所有权利，能执行本台计算机的所有工作。

• Guest(来宾)：供在这台计算机上没有实际用户帐户的人使用；拥有很低的权限；不需要密码。默认情况下，Guest 用户帐户是禁用的，需要时可以启用。

提示：Administrator 和 Guest 都不能被删除，但可以被重命名。建议在使用 Administrator 用户帐户时不要设置空密码或过于简单的密码。

2. 本地组帐户

建立完用户以后，就要为其分配相应的权利和权限，从而限制用户执行某些操作。权利可授权用户在计算机上执行某些操作，如备份文件(夹)或者关机。权限是与对象(通常是文件、文件夹或打印机)相关联的一种规则，它规定哪些用户可以访问该对象以及以何种方式访问。为了减轻权限分配工作的负担，引入了组帐户概念。例如，50 个用户具有相同的权限，如果没有建立组的话，就需要手动对每个用户进行相同设置，这样将耗费大量的时间和精力。如果建立组的话，并将 50 个用户加入到同一个组中，再对这个组设置权限，将极大减轻管理负担。

在一个工作组中，每台计算机的管理员可以在本地计算机的 SAM 数据库中创建组帐户，组帐户可以对本地计算机上的本地用户帐户进行组织，拥有本地计算机内的资源访问权限和权利。因此，这种组帐户被称为"本地组帐户"，简称"本地组"或"组"。

组具有以下特征：

• 组是用户的集合。组的概念相当于公司中部门的概念，各个部门相当于各个组。每个部门中员工的工作都由部门统一分配。组是用来管理一组对特定资源具有同一访问权限的用户的集合。

• 方便管理(例如，赋权限)。

• 当一个用户加入到一个组后，该用户会继承该组所拥有的权限。

• 一个用户可以同时加入多个组。

当 Windows Server 2008 安装完毕后，会自动创建一些具有各种用途的内置组，这些组本身已被赋予了不同的权限，用户只要加入该组，就拥有了该组的权限。

下面介绍 Windows Server 2008 中的一些常用内置组：

• Administrators 组：属于该组的用户都具备系统管理员的权限，拥有对这台计算机完全控制的权限，可以执行所有的管理任务。内置的系统管理员帐号 Administrator 就是本组的成员，该组不能被删除。

• Backup Operators 组：在该组内的成员，不论是否有权访问这台计算机中的文件夹或文件，都可以备份与还原这些文件夹与文件。该组不能被删除。

• Cryptographic Operators 组：该组的成员可以执行加密操作。

• Distributed COM Users 组：该组的成员可以在计算机上启动、激活和使用 DCOM 对象。

• Guests 组：该组供没有用户帐户，但是需要临时访问本地计算机内资源的使用者使用，该组最常见的默认成员为用户 Guest。该组不能被删除。

• IIS_IUSRS 组：如果安装了 IIS，属于该组的用户可以运行各种 Web 应用程序。该组不能被删除。

• Network Configuration Operators 组：Windows Server 2008 中新增的用户组，属于该组的成员可以更改 TCP/IP 设置，并且可以更新和发布 TCP/IP 地址。该组不能被删除。

• Performance Log Users 组:Windows Server 2008 中新增的用户组,该组的成员可以从本地服务器和远程客户端监视性能计数器、日志和警报。该组不能被删除。

• Performance Monitor Users 组:Windows Server 2008 中新增的用户组,该组的成员可以从本地服务器和远程客户端管理性能计数器。该组不能被删除。

• Power Users 组:为了简化组,这个在旧版 Windows 系统中存在的组即将被淘汰。Windows Server 2008 虽然还保留着这个组,不过并没有像旧版 Windows 系统一样被赋予较多的特殊权限,即其权限没有比一般用户大。该组不能被删除。

• Remote Desktop Users 组:该组的成员可以通过远程计算机登录,例如,利用终端服务器从远程计算机登录。该组不能被删除。

• Users 组:该组的成员可以执行一些常见任务,例如运行应用程序、使用本地和网络打印机以及锁定计算机,但不能修改操作系统的设置、无法设置共享目录或创建本地打印机、不能更改其他用户的数据、不能关闭服务器级的计算机。所有添加的用户都自动加入该组。该组不能被删除。

提示:以上可以删除的内置组,被删除后,在下次重新启动系统后会自动重新添加。但是属于该组的用户都会从组中删除。

2.2.3 资源共享

资源共享是计算机网络建设中最重要的目的之一。设置资源共享就是使用户能够通过网络远程访问到该资源。可以共享的资源包括软件资源和硬件资源。软件资源一般以文件的形式来组织其内容,如系统文件、数据库文件、应用程序文件等。硬件资源如打印机、扫描仪(在 Windows 操作系统中被视为设备文件)等。

2.3 项目实施

任务 2-1 把计算机加入指定工作组

在默认情况下,计算机已经位于“WORKGROUP”工作组中,若希望把计算机加入到指定的工作组中,其具体操作步骤为:

步骤 1:在计算机桌面上右击【计算机】→在弹出的快捷菜单中选择【属性】→在打开的【系统】窗口中单击【改变设置】链接→在打开的【系统属性】对话框中选择【计算机名】选项卡→单击【更改】按钮,如图 2-2 所示。

步骤 2:在打开的【计算机名/域更改】对话框中单击【工作组】单选按钮→在【工作组】编辑框中输入指定的工作组的名称→单击【确定】按钮,如图 2-3 所示。输入修改后,需要重新启动计算机才能使变更生效。

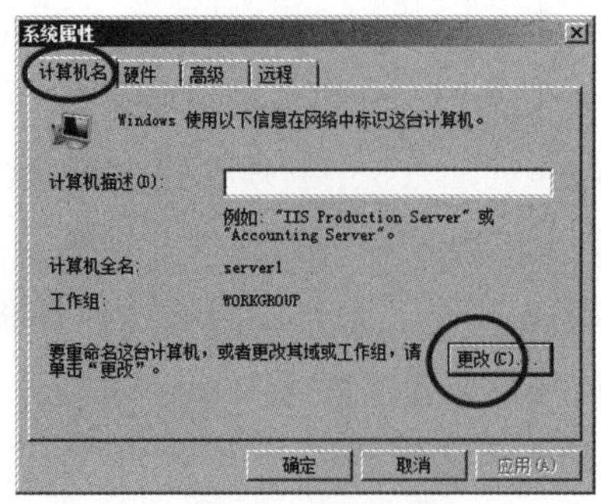

图 2-2 【计算机名】选项卡

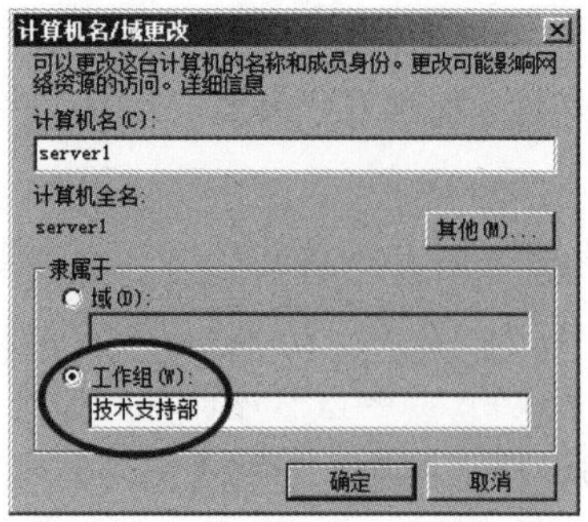

图 2-3 【计算机名/域更改】对话框

提示:要让计算机退出某个工作组,只要更改工作组名称即可。这时网络中其他用户仍然可以访问该组共享资源,只是换了一个工作组而已。

任务 2-2 本地用户的创建与维护

1. 创建本地用户

系统内置的用户是不能满足日常使用和管理需要的,系统管理员应根据不同的使用者为其创建相应的用户。创建用户的步骤如下:

步骤 1:以 Administrator 身份登录系统→在桌面上右击【计算机】→选择【管理】→打开【服务器管理器】窗口,在左窗格中展开【配置】→【本地用户和组】→单击【用户】→在右窗格内右击空白处→在弹出的快捷菜单中选择【新用户】,如图 2-4 所示。

步骤 2:在打开的如图 2-5 所示的对话框中输入该用户帐户的以下信息:

- 【用户名】:在此处输入想建立的用户名称。以后,用户可以此用户名登录系统。用户名不能与本计算机上任何其他用户名或组名相同。用户名最多 20 个字符,不区分大小写,可使用中文,但不可以包含下列特殊字符:/\"[ ]:;|=,+*? < >@。用户名也不能只由句点(.)和空格组成。
- 【全名】:登录用户的全名,属于辅助性的描述信息,不影响系统的功能。
- 【描述】:对所建用户进行简要的说明,方便管理员识别用户。
- 【密码】与【确认密码】:用户登录时所使用的密码,输入两次而且必须相同。密码最多 127 位,区分大小写。
- 【用户下次登录时须更改密码】:强制用户在下次登录时更新密码。如果选择此复选框,用户在使用该帐户首次登录时,将提示更改密码。当去除"用户下次登录时须更改密码"前的勾选后,"用户不能更改密码"和"密码永不过期"这两个选项将由灰变实。
- 【用户不能更改密码】:用户密码由管理员统一设置,用户自己不能修改。
- 【密码永不过期】:设置用户密码是否可以永久使用,如未勾选此复选框,密码使用期限将默认为"用户策略"中的"密码最长存留期"。
- 【帐户已禁用】:暂时性的停用此用户,禁止在一段时间内使用该用户名登录。例如此用户的使用者出差或请假时,可以利用此功能暂时停用该用户。

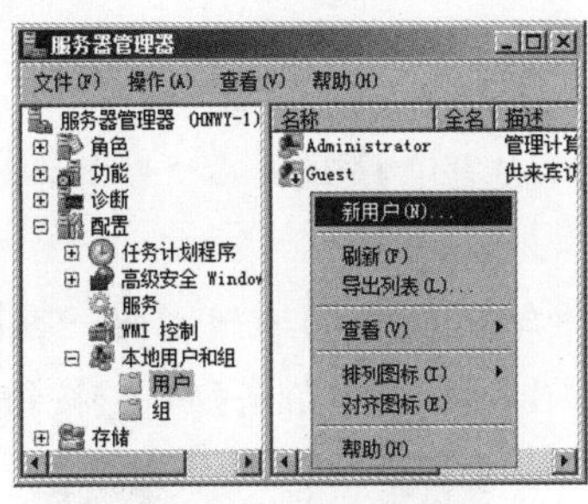

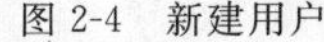
图 2-4　新建用户

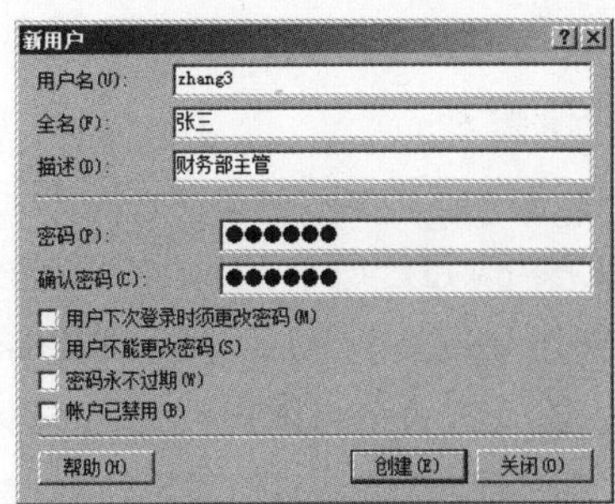

图 2-5　输入用户信息

步骤 3：单击【创建】按钮，便在计算机的 SAM 中创建了一个用户，如图 2-6 所示。

2. 设置用户的属性

为了满足使用者的个性化功能需求，用户建立后，可以对用户设置多方面的属性。其设置方法是：在图 2-6 中，右击需要设置属性的用户名→在弹出的快捷菜单中选择【属性】，打开用户属性对话框，如图 2-7 所示。在此，不仅可以修改在创建该用户时的一些信息，还可以设置用户所在组、配置文件、拨入权限和远程控制权限等。

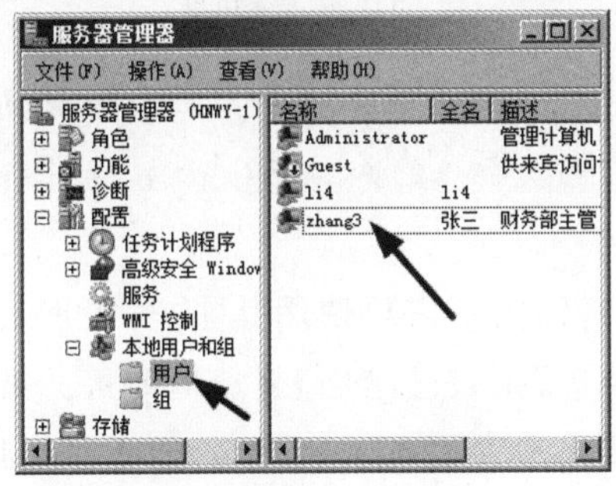

图 2-6　创建后的“zhang3”用户帐户

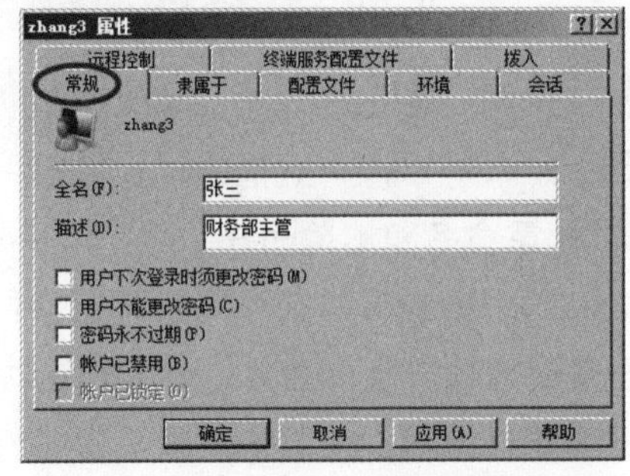

图 2-7　【zhang3　属性】对话框

3. 更改用户密码

出于安全性的考虑，需要不定期修改用户的密码，以防密码被破解。更改密码的方法有以下两种。

(1)管理员重设用户的密码

具体操作步骤为：

步骤 1：以管理员身份登录系统→进入【服务器管理器】窗口→右击需要重设密码的用户帐户→在弹出的快捷菜单中选择【设置密码】，如图 2-8 所示。

步骤 2：弹出警告信息对话框，单击【继续】按钮→打开设置密码对话框，在【新密码】和【确认密码】编辑框中输入新密码→单击【确定】按钮，如图 2-9 所示。

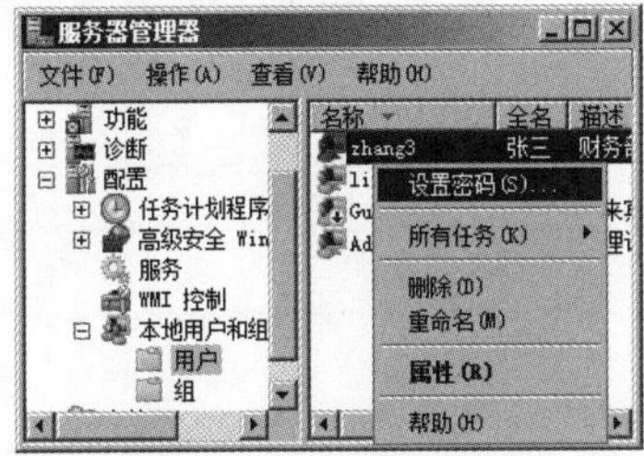

图 2-8　选择【设置密码】

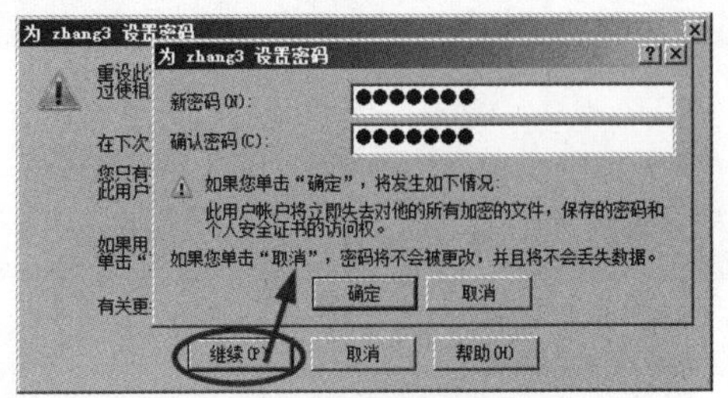

图 2-9　由管理员更改用户密码

(2)用户在使用过程中更改自己的密码

具体操作步骤为：

步骤 1：在用户已登录的状态下，同时按【Ctrl＋Alt＋Del】组合键→打开如图 2-10 所示界面，单击【更改密码】选项。

步骤 2：弹出如图 2-11 所示界面，在【旧密码】处输入原来的用户密码→在【新密码】和【确认密码】处输入新的用户密码→按回车键→在弹出的界面中单击【确定】按钮。

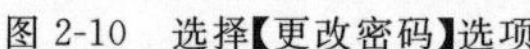

图 2-10 选择【更改密码】选项

图 2-11 更改密码界面

提示：如果在本地安全策略中启用了【密码必须符合复杂性要求】选项，设置的密码必须符合一定复杂程度要求才能通过审核，有关密码复杂性的知识将在项目 13 中介绍。

4. 禁用、重命名和删除用户

若使用者因出差或休假等原因而在较长一段时间内不需要使用其帐户，管理员可以禁用该用户以保证其安全。为此，只要在图 2-7 中勾选【帐户已禁用】复选框即可。被禁用的帐户将无法登录使用。禁用帐户只是暂时行为，该帐户并没有被删除，若想重新启用，只需去掉【帐户已禁用】复选框的勾选即可。重新启用后的帐户属性和权限都保持不变。

若一个员工离开公司，由另一个员工接替工作，可以将离开员工使用的用户名称更改为新员工的名字，并重设密码。重命名一个用户，只需在图 2-6 中右击需要重命名的用户，在弹出的快捷菜单中选择【重命名】即可。该用户的名字便处于可编辑状态，输入新的用户名，然后按回车键或者单击其他空白处，便可完成用户名的更改。重命名用户后其属性和权限保持不变。

若一个员工因离职等原因不再使用某个帐户，管理员可以删除该用户。具体步骤为：在如图 2-6 所示的窗口中，右击待删除的用户，然后选择【删除】即可。

提示：在安全性要求比较高的情况下，作为一个警觉性较高的管理员，一般都应将 Administrator 和 Guest 重命名为其他用户名，避免黑客通过用户名进行密码暴力破解。

任务 2-3 本地组的创建与管理

1. 创建本地组

除了使用内置的用户组之外，还可建立新的用户组。创建新组的步骤如下：

步骤 1：在桌面上右击【计算机】→选择【管理】→打开【服务器管理器】窗口→在左窗格中展开【配置】→【本地用户和组】节点→右击【组】→在弹出的快捷菜单中选择【新建组】，如图 2-12 所示。

步骤 2：打开【新建组】对话框，在【组名】编辑框中输入组名→在【描述】编辑框中输入描述信息→单击【创建】按钮，如此反复，可创建多个组，如图 2-13 所示。

图 2-12　选择【新建组】

提示：不是所有的用户都可以建立组，只有加入了 Administrators 组和 Power Users 组的用户才拥有建立组的权利。

2. 添加组成员

本地组的成员可以是用户帐户或其他组帐户，将用户帐户添加到组的操作步骤为：

步骤 1：右击【计算机】→选择【管理】→打开【服务器管理器】窗口，在左窗格中展开【配置】→【本地用户和组】节点→单击【组】→在右窗格中右击要添加成员的组（如：group1）→在弹出的快捷菜单中选择【属性】，如图 2-14 所示。

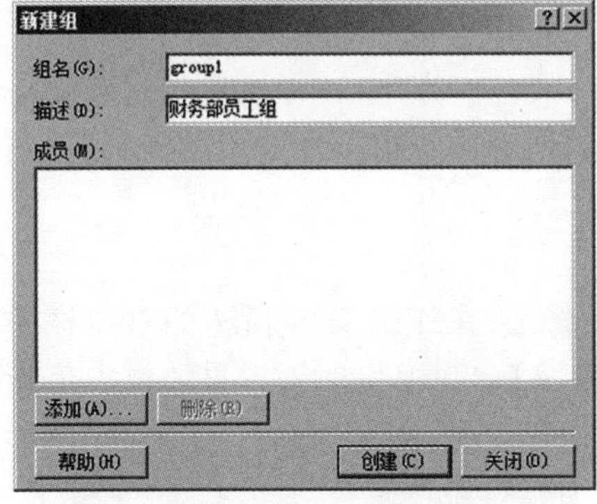

图 2-13　输入组的名称与描述信息

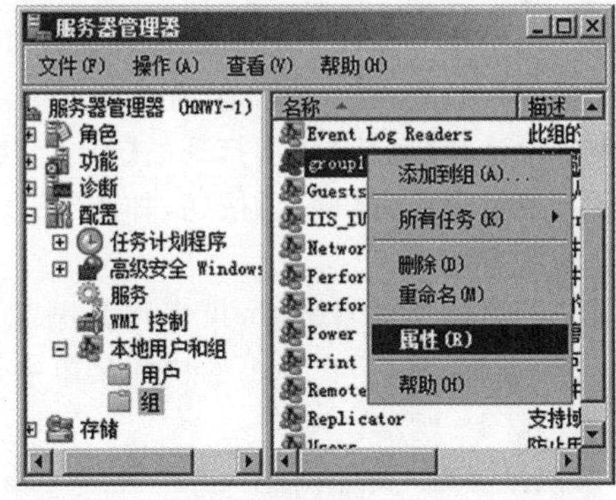

图 2-14　右击要添加成员的组

步骤 2：在打开的【group1 属性】对话框中单击【添加】按钮→在打开的【选择用户】对话框中单击【高级】按钮→在打开的对话框中单击【立即查找】按钮→在【搜索结果】列表框中，按住【Ctrl】键的同时选择多个用户，如图 2-15 所示。

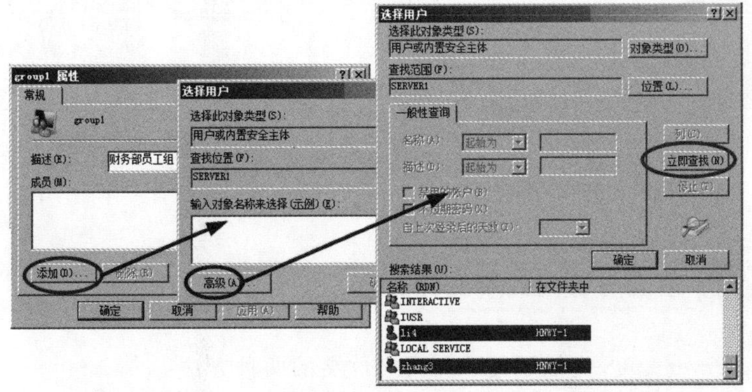

图 2-15　添加组成员

步骤 3:连续两次单击【确定】按钮→返回【group1 属性】对话框,由此可见,在组 group1 中添加了 zhang3 和 li4 两个用户成员→单击【确定】按钮,如图 2-16 所示。

提示:①若要将同一个用户加入到多个组,可通过打开用户的【属性】框,在【隶属于】选项卡中单击【添加】,然后输入或用高级搜索选择需添加的组,如图 2-17 所示。

②本地组的成员除了用户外,还可以是系统的内置组,但不可以是其他类型的本地组。

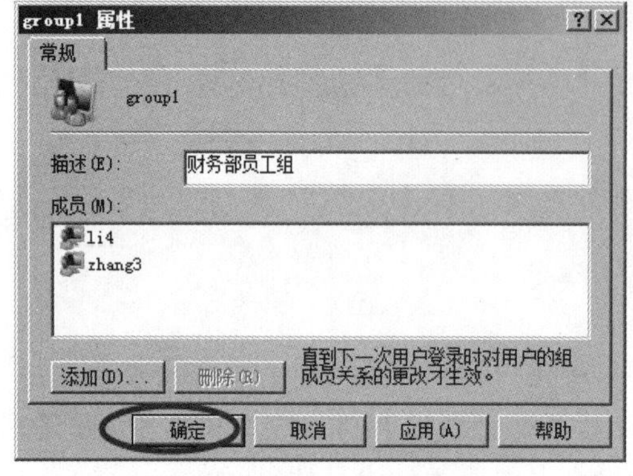

图 2-16 添加用户后的组【属性】对话框

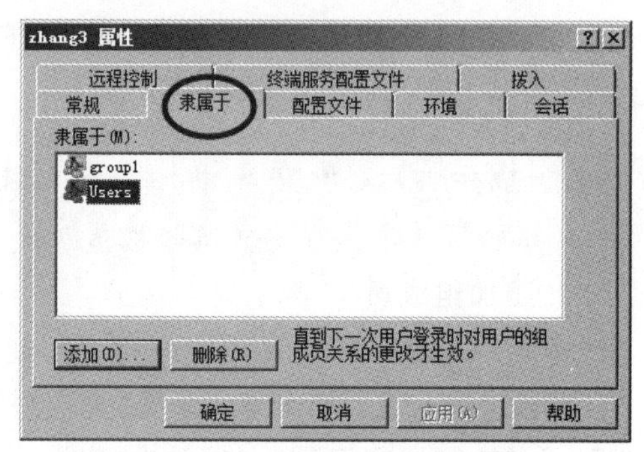

图 2-17 【zhang3 属性】的【隶属于】选项卡

3. 移出组成员

如果不希望一个用户具有它所在某个组拥有的权限,可将这个用户从该组中移出。

从组中移出用户的步骤是:在图 2-14 的右窗格中右击一个组(如,group1)→在弹出的快捷菜单中选择【属性】→在打开的【group1 属性】对话框中选择要移出的用户(如:li4)→单击【删除】按钮→单击【确定】按钮,如图 2-18 所示。

4. 删除本地组

对于不再使用的本地组,可以将其删除。其步骤是:在如图 2-14 所示的右窗格中右击一个组(如,group1)→在弹出的快捷菜单中选择【删除】→在弹出的警告对话框中单击【是】即可,如图 2-19 所示。

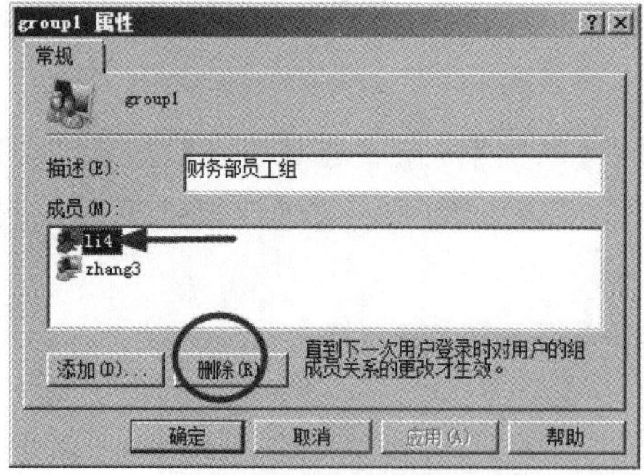

图 2-18 选择要移出的用户

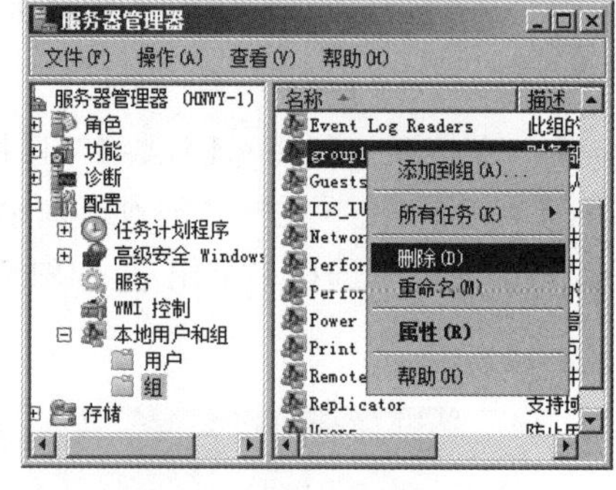

图 2-19 删除选中的本地组

任务 2-4 创建与访问共享文件夹

Windows Server 2008 提供了创建共享文件夹的两种方法:

- 通过公用文件夹共享文件:该方法是 Windows Server 2008 新增的一种方法,用户只要在桌面上双击【计算机】,然后将需要共享的文件(夹)复制或移动到"公用"文件夹中便可,如图 2-20 所示。通过该方式共享时,不能为不同用户分配不同的权限,所有用户的共享权限都是相同的,因此该方式比较适合所有用户都具有相同权限需求的文件夹共享。

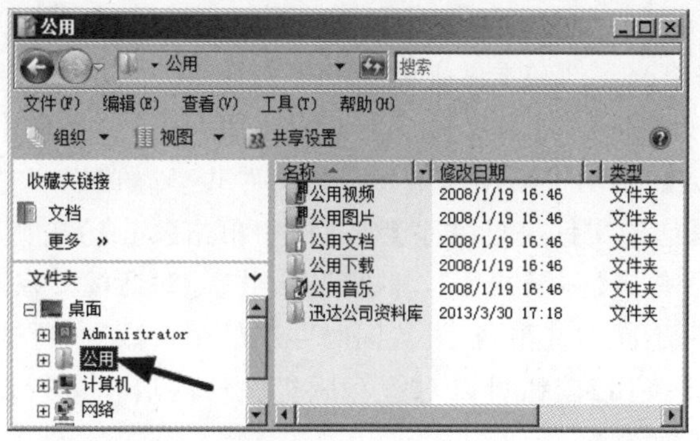

图 2-20　【公用】文件夹

- 通过计算机上的文件夹设置共享:该方法可以针对不同的用户设置不同的访问权限。

下面以第二种方法为例,介绍共享文件夹的创建。

1. 共享文件夹的创建

创建共享文件夹的用户必须是 Administrators 组、Server Operators 组(域)或 Power Users 组(工作组)成员。如果该文件夹位于 NTFS 分区,该用户必须对被设置的文件夹具备"读取"的 NTFS 权限。

创建共享文件夹的步骤如下:

步骤 1:通过【计算机】或【资源管理器】找到需要设置共享的文件夹(如,迅达公司资料库)→右击该文件夹→在弹出的快捷菜单中选择【属性】→在打开的【迅达公司资料库 属性】对话框中单击【共享】选项卡→单击【共享】按钮,如图 2-21 所示。

步骤 2:打开【文件共享】对话框,单击【添加】按钮前的下拉按钮→在下拉列表中选择需要共享资源的用户(如,张三)→单击【添加】按钮→在用户列表框内单击用户所在行→在弹出的菜单中选择相应的权限级别→单击【共享】按钮,如图 2-22 所示。

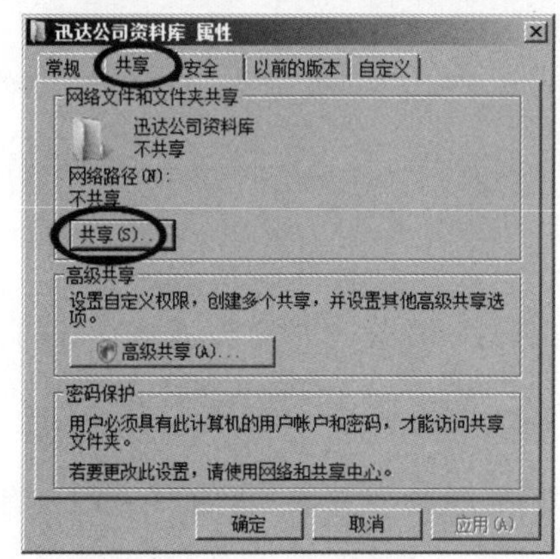

图 2-21　文件夹共享属性对话框

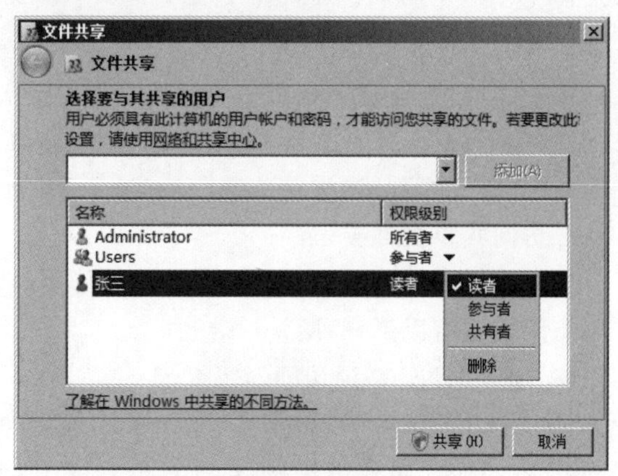

图 2-22　设置共享用户及权限级别

用户的权限级别有以下三种:

- 读者:表示用户对此文件夹的共享权限为"读取"。可以查看文件名与子文件夹名、查看文件内的数据及运行程序。

• 参与者:表示用户对此文件夹的共享权限为“更改”。除了拥有读取权限的所有权限外,还可以新建与删除文件和子文件夹、更改文件内的数据。

• 共有者:表示用户对此文件夹的共享权限为“完全控制”。除了拥有读取和更改权限的所有权限外,还允许修改文件和文件夹的 NTFS 权限。

步骤 3:当系统防火墙已经启用且网络位置为公用网络时,会弹出【网络发现和文件共享】对话框,选择【否】或【是】均可启用网络发现和文件共享,如图 2-23 所示。

步骤 4:在弹出的【您的文件夹已共享】对话框中单击【完成】按钮,系统返回【迅达公司资料库 属性】对话框→单击【高级共享】,弹出【高级共享】对话框。在此,可通过【添加】按钮为同一文件夹设置多个不同的共享名、设置同时共享的用户数量、通过【权限】按钮可以对共享权限进行修改、通过【缓存】按钮可以对缓存脱机文件的启用进行设置,设置完成后单击【确定】按钮,如图 2-24 所示。

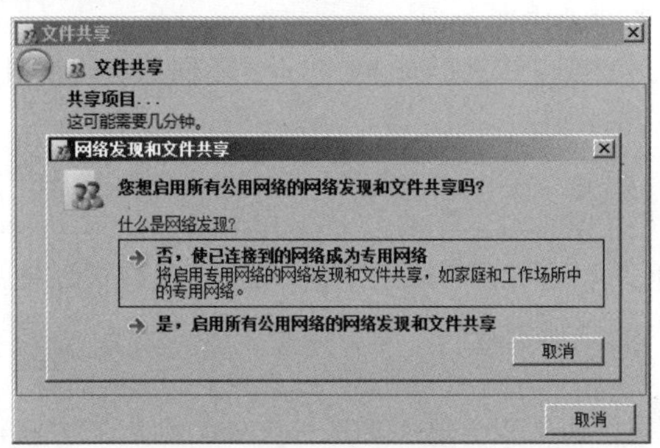

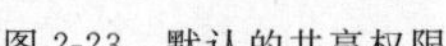
图 2-23 默认的共享权限

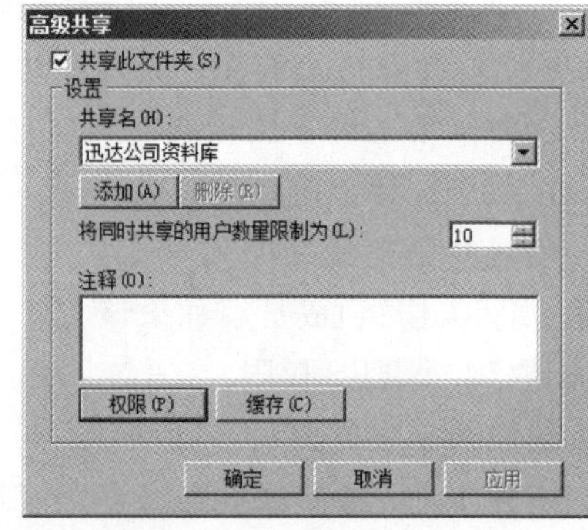

图 2-24 【高级共享】对话框

步骤 5:系统返回【迅达公司资料库 属性】对话框,单击【安全】选项卡后,可以对共享文件夹设置更为精细的 NTFS 权限。文件夹共享设置完成后,该文件夹的图标会多出一个双人头标志,如图 2-25 所示。

提示:①共享名默认与文件夹名称相同,用户也可以根据需要自行设置。网络上的用户是通过共享名来访问共享文件夹的,而不是通过文件夹名称。设置共享名时用中文、英文均可,但在同一台计算机上不可重名。

②若要取消文件夹共享,则右击该文件夹,在弹出的快捷菜单中选择【共享】菜单项,在打开的【文件共享】对话框中单击【停止共享】按钮即可。

2. 访问共享文件夹

完成共享文件夹的创建后,就可以在其他计算机上通过网络来对共享资源进行访问。常用访问方法有以下三种:

(1)通过 UNC 路径访问

UNC(Universal Naming Convention,通用命名规则)路径法是访问共享文件夹的最有效的方法。UNC 路径格式为:\\计算机名或 IP 地址\共享名。如:IP 地址为 192.168.1.1 的计算机上共享名为“迅达公司资料库”的文件夹,用 UNC 路径表示就是“\\192.168.1.1\迅达公司资源库”。可输入 UNC 路径的地方主要有以下几处:

①在客户机的【运行】对话框中:按下【Windows 徽标+R】组合键→在打开的【运行】对

话框中输入 UNC 路径→单击【确定】按钮，如图 2-26 所示→系统弹出【Windows 安全】对话框，输入用户名和密码→单击【确定】按钮后便可访问共享文件夹，如图 2-27 所示。

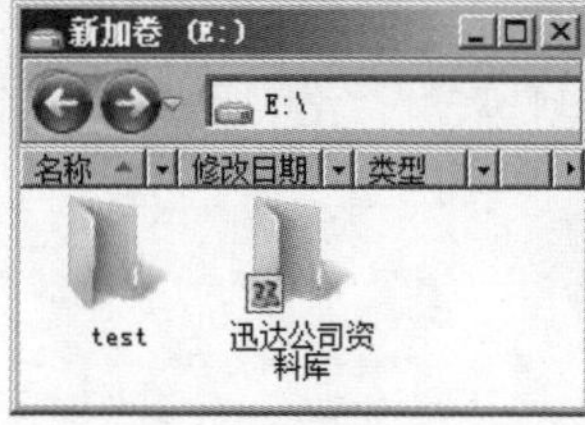

图 2-25　文件夹已被共享

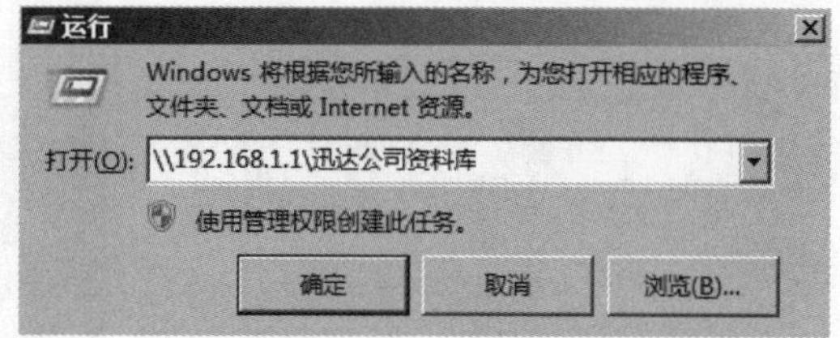

图 2-26　输入共享文件夹的 UNC 路径

②在客户机 IE 浏览器的地址栏中。

③在客户机资源管理器的地址栏中。

(2)通过“网络”或“网上邻居”访问

虽然 UNC 路径法最有效，但是在不知道共享文件夹的共享名和 IP 地址的情况下，就无法采用了。此时通过“网络”或“网上邻居”访问，则是一种很好的选择，下面是 Windows 7 客户机访问服务器中共享文件夹的步骤：

步骤 1：在客户机的桌面上双击【网络】图标→在打开的【网络】窗口中可以看到与客户机相同网段且相同工作组的计算机(若这些计算机启用了 Windows 防火墙且未启用网络发现，则通过网络看不到)，找到并双击共享文件夹所在的计算机的图标，如图 2-28 所示。

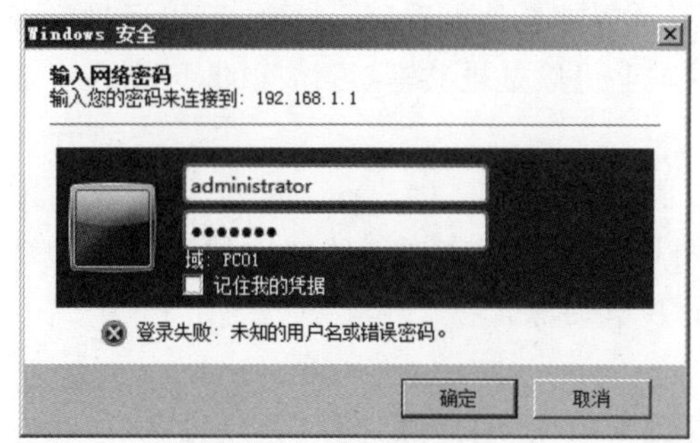

图 2-27　输入用户名和密码

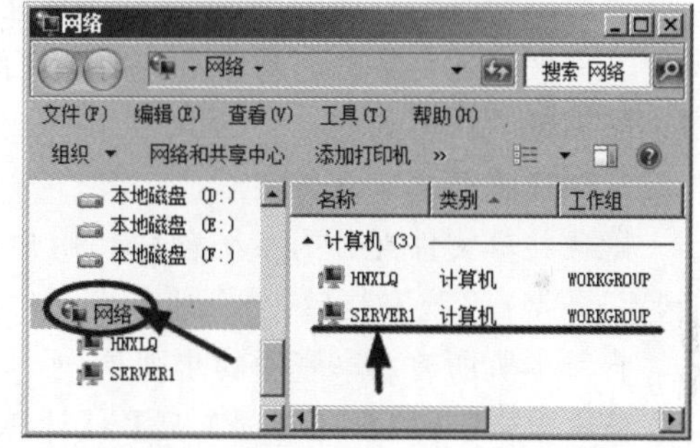

图 2-28　找到并双击共享文件夹所在的计算机

步骤 2：若被访问的计算机的 Guest 用户被禁用，则会弹出【Windows 安全】对话框，输入用户名和密码→单击【确定】按钮后便可访问共享文件夹。

提示：①图 2-27 中输入的用户名和密码是存放共享文件夹的计算机的，而非客户机的。

②Windows 7 和 Windows Server 2008 已经将“网上邻居”更名为“网络”。

(3)通过“映射网络驱动器”访问

对于经常要访问的共享文件夹，可以通过映射网络驱动器快速访问。“映射网络驱动器”的意思是将网络中其他计算机上的某个共享文件夹映射成本地驱动器号，这样，使用其他计算机的资源就像使用本地资源一样方便。在客户端设置映射网络驱动器的步骤如下：

步骤 1：在客户端通过前面的方法找到目标计算机上的共享文件夹→右击该共享文件夹→在弹出的快捷菜单中选择【映射网络驱动器】，如图 2-29 所示。

步骤 2：在打开的【映射网络驱动器】对话框中选择驱动器(如，“Y：”)→单击【完成】按钮，如图 2-30 所示。

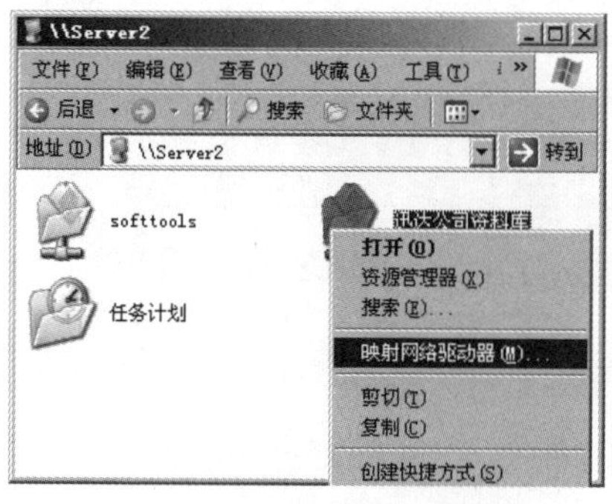

图 2-29 选择【映射网络驱动器】

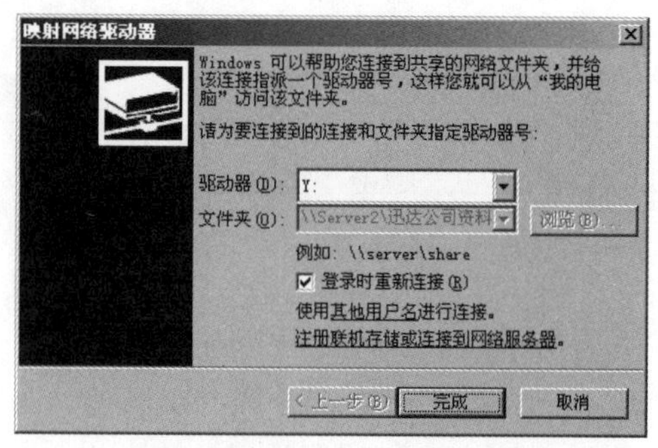

图 2-30 【映射网络驱动器】对话框

步骤 3：设置成功后，映射网络驱动器就在客户端【计算机】中生成一个新的盘符图标，单击该盘符图标（如，"Y："），便可访问对应的共享文件夹。

提示：若想删除映射网络驱动器，右击其盘符图标→选择【断开映射网络驱动器】。

任务 2-5 创建、访问与取消隐藏共享文件夹

有时出于安全方面的考虑，某些共享文件夹不希望被其他人看到。这时，可以通过隐藏共享文件夹来达到目的。被隐藏的共享文件夹本质上仍然是被共享、可访问的，区别在于通过网络浏览时看不到它。

1. 创建隐藏共享文件夹

隐藏共享文件夹分为系统创建和用户创建两种类型。为实现一些特殊的网络管理功能，Windows 系统安装后，会自动生成一些隐藏的共享资源。

查看本机所有共享资源的步骤是：

依次单击【开始】→【管理工具】→【计算机管理】菜单项→打开【计算机管理】窗口，在左窗格中依次展开【系统工具】→【共享文件夹】→单击【共享】，此时，在右窗格中便会出现本机所有的共享资源，而 C＄、E＄、IPC＄和 ADMIN＄便是由系统自动创建的隐藏共享资源，如图 2-31 所示。

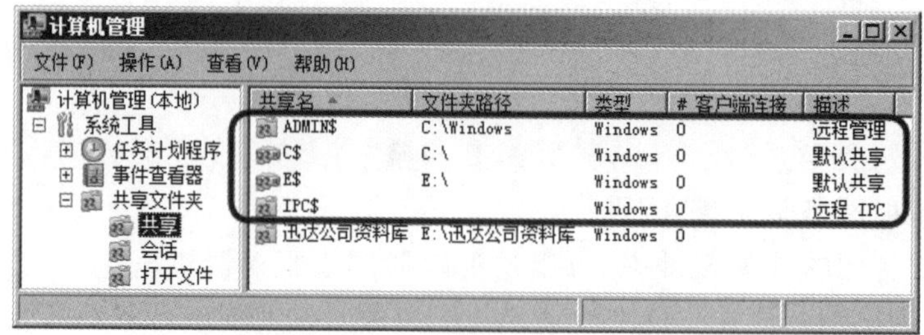

图 2-31 系统自动创建的隐藏共享资源

其中："C＄""E＄"共享的是本机的 C 盘分区、E 盘分区；"ADMIN＄"共享的是 Windows 系统文件夹（如，"C:\Windows"）；"IPC＄"共享的是"命名管道"的资源，利用它就可以与目标主机建立一个连接，并远程进行日常的管理和维护。

用户要创建自己的隐藏共享文件夹，只需要在设置共享文件夹的共享名后面加一个“$”符号即可，如图 2-32 所示。

2. 访问隐藏的共享文件夹

在网络中浏览时是看不到隐藏共享文件夹的，这时，可利用 UNC 路径或映射网络驱动器来访问隐藏共享文件夹。如：在客户机的【运行】对话框中输入远程隐藏共享的 UNC 路径，如图 2-33 所示。

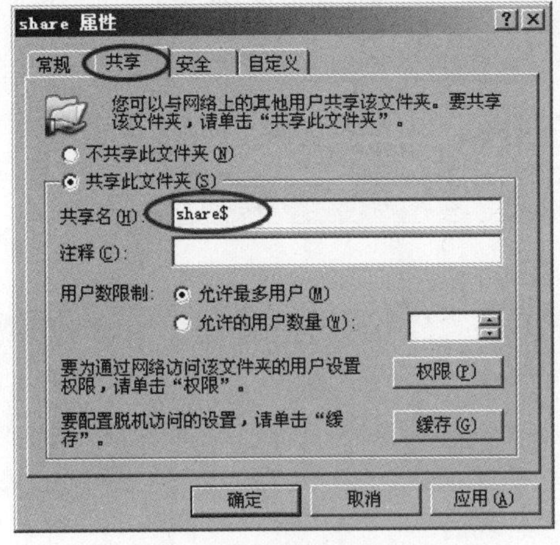

图 2-32　创建隐藏共享文件夹

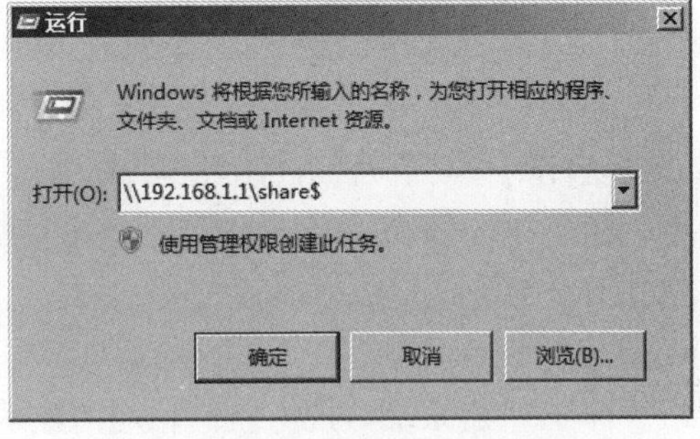

图 2-33　用 UNC 路径访问隐藏共享文件夹

提示：不能通过显示隐藏文件夹的方法将隐藏共享文件夹显示出来。

3. 取消默认的隐藏共享

在 Windows 服务器系统中，为方便管理员远程管理服务器，每当服务器启动成功时，系统的 C 盘、D 盘等都会被自动设置成隐藏共享。这些默认生成的隐藏共享常常会被一些非法攻击者利用，只要对方知道管理员帐号和密码，就可以访问所有的磁盘分区，这显然给服务器造成很大的安全威胁。为此，必须及时切断服务器的默认共享“通道”。取消默认的隐藏共享的方法有多种，下面介绍注册表改键值法。其步骤如下：

步骤 1：在服务器的桌面上单击【开始】→【运行】，在弹出的【运行】对话框的运行编辑框内输入“regedit”→单击【确定】按钮，打开【注册表编辑器】窗口→在左窗格中按照“HKEY_LOCAL_MACHINE\SYSTEM\CurrentControlSet\Services\LanmanServer”路径展开→右击“Parameters”项→在弹出的菜单中选择【新建】→【DWORD（32-位）值】，如图 2-34 所示。

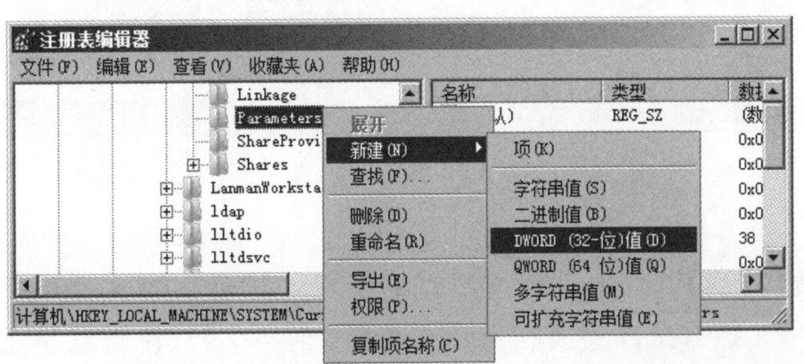

图 2-34　在注册表中新建【DWORD（32-位）值】

步骤 2：在右窗格中右击【新值 #1】→在弹出的快捷菜单中选择【重命名】→将【新值 #1】

改为【AutoShareServer】→双击【AutoShareServer】项→在打开的对话框中输入数值 0→单击【确定】按钮，如图 2-35 所示。

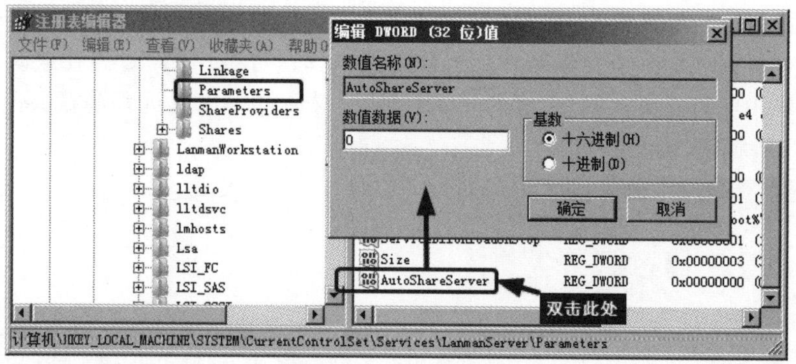

图 2-35 将键值修改为 0

**提示**：若要取消 ADMIN $ 的默认共享，在上述同一位置新建名称：AutoShareWks，类型：REG _ DWORD，键值：0；若要取消 IPC $ 默认共享，则在“HKEY _ LOCAL _ MACHINE\SYSTEM\CurrentControlSet\Control\Lsa”项处找到“restrictanonymous”，将键值设为 1。

步骤 3：重启系统，再次查看，相应的默认共享已经取消。

任务 2-6 监控管理共享文件夹

单击【开始】→【管理工具】→【计算机管理】，打开如图 2-36 所示窗口，在此，可以对本机上的所有共享文件夹(包括系统自动共享的特殊资源)进行一系列监控管理。

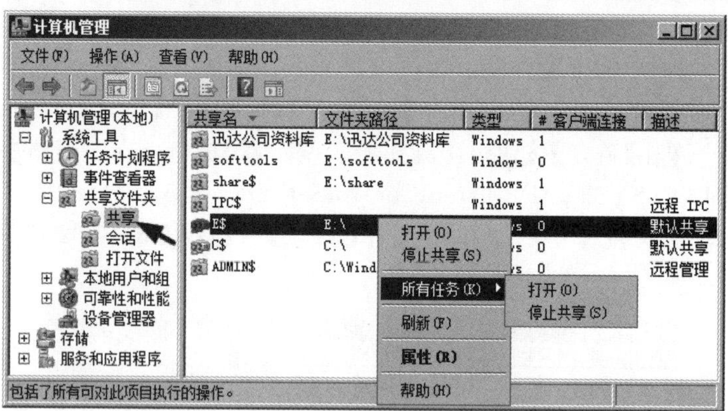

图 2-36 管理“共享”

1. 管理“共享”

在图 2-36 中的【共享】节点下不仅可以看到本地计算机上的所有共享文件夹，还可以实现停止文件夹的共享(右击文件夹所在行→单击【停止共享】)、设置共享文件夹的权限(右击文件夹所在行→单击【属性】→【共享权限】和【安全】)、设置共享文件夹能同时连接的用户数量(右击文件夹所在行→单击【属性】→【常规】)、发布共享文件夹到活动目录(右击文件夹所在行→单击【属性】→【发布】)以及新建共享文件夹(在左窗格中右击【共享】→【新建共享】)等功能。

2. 管理“会话”

在如图 2-36 所示的左窗格中单击【会话】,可以查看有哪些客户机连接到本地计算机上,包括连接的用户名、计算机、操作系统的类型、打开的文件数量、连接的时间、空闲的时间等。管理员可右击某一用户,并选择【关闭会话】来终止该会话连接,如图 2-37 所示。

3. 管理“打开文件”

在如图 2-37 所示的左窗格中单击【打开文件】,可以查看有哪些文件正在被访问,以及访问者的用户名和打开模式。管理员可右击某一被访问的文件,选择【将打开的文件关闭】来关闭被打开的文件,如图 2-38 所示。

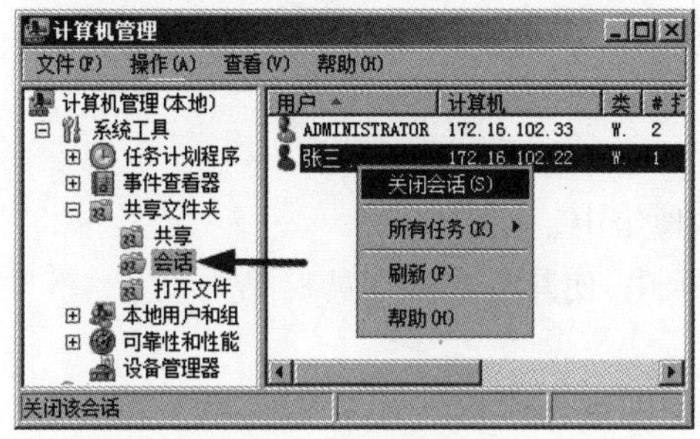

图 2-37　管理“会话”

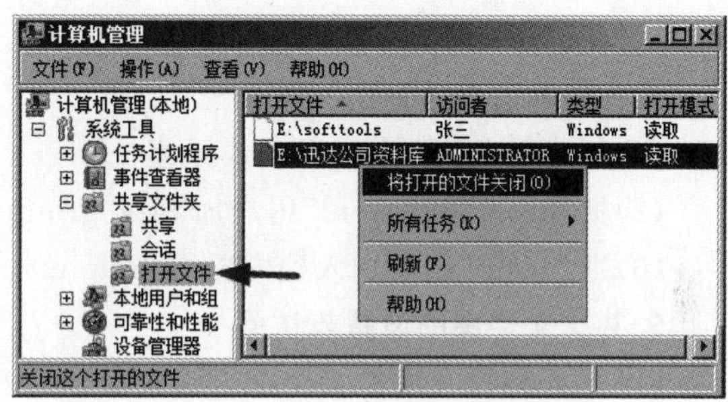

图 2-38　管理“打开文件”

项目实训 2　工作组网络与资源共享管理

【实训目的】

能创建工作组;能创建和管理本地用户和组帐户;能创建、访问、管理共享文件夹;能创建、访问、隐藏和取消隐藏共享文件夹。

【实训环境】

每人 1 台 Windows XP/7 物理机,2 台 Windows Server 2008 虚拟机,虚拟机网卡连接至虚拟交换机 VMnet1。

【实训拓扑】

实训示意图如图 2-39 所示。

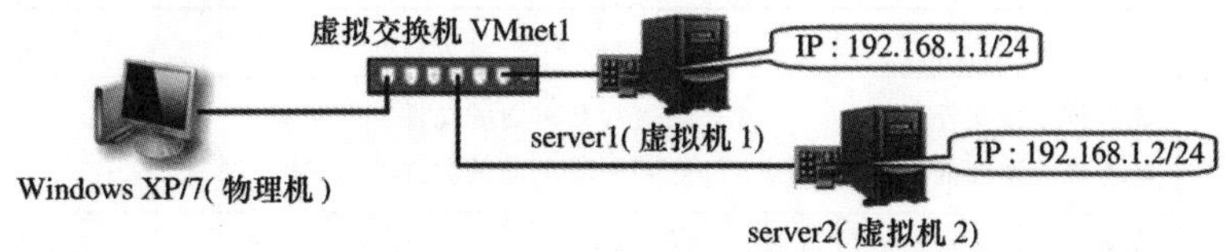

图 2-39　实训示意图

【实训内容】

1. 创建工作组

(1)以管理员身份登录 server1,创建名称为“hnwy”的工作组,根据提示重启计算机。

(2)启动 server2,将其加入到“hnwy”工作组,根据提示重启计算机。

2. 创建本地用户

(1)在 server1 上创建"user1""user2""user3"和"user4"四个用户,其中,要求"user1"用户在第一次登录时更改密码。

(2)注销用户,以"user1"用户身份登录并修改其密码。

(3)再次注销用户,以 Administrator 用户身份登录。

3. 管理本地用户

(1)有使用者忘记了用户密码,为"user2"用户重设用户密码。

(2)有用户由于个人原因休假一段时间,请禁用"user3"用户。

(3)注销当前用户,以"user3"用户身份登录,测试"user1"用户是否能成功登录,若不能,请列出提示结果。

(4)使用者辞职后离开了公司,请删除"user4"用户。

4. 创建和管理本地组

(1)创建组名为"group1"的本地组。

(2)把"user1"和"user2"用户加入到"group1"本地组中。

(3)把"user3"用户加入到内置组 Administrators 中,使其具有管理员权限。

5. 共享文件夹的设置与访问

(1)在 server1 上创建 2 个文件夹 a1、a2,并在其中随意创建几个文本文件,然后按表 2-1 设置共享(设置共享时应只保留表中列出的组或用户,其他组或用户都删除;另外,在 NTFS 权限中应添加相应的组,设置的 NTFS 权限要等同于或高于设置的共享权限,不然会影响实际验证的效果)。

表 2-1　设置共享

文件夹位置	文件夹名	共享名	共享权限
server1	a1	a1	Everyone 读者
	a2	a2	Users 读者
	a2	a2-1	Users 参与者
	a2	a2-2 $	Users 共有者

(2)在 server2 上,以"user4"用户身份访问 server1 中的共享文件夹,验证以下操作,并把结果填入表 2-2。

表 2-2　访问共享文件夹

共享文件夹	以"user4"用户身份访问
a1	能否打开该文件夹?(　)　能否打开里面的文件?(　) 能否修改里面的文件?(　)　能否删除里面的文件?(　)
a2	能否打开该文件夹?(　)　能否打开里面的文件?(　) 能否修改里面的文件?(　)　能否删除里面的文件?(　)
a2-1	能否打开该文件夹?(　)　能否打开里面的文件?(　) 能否修改里面的文件?(　)　能否删除里面的文件?(　)
a2-2 $	能否通过"网上邻居"或"网络"看到文件夹 a2-2 $?(　) 能否用其他方法访问 a2-2 $ 文件夹?(　)　能否删除文件夹中的文件?(　)

(3)在 server2 上为 a1 文件夹创建一个映射网络驱动器，能否把它移到其他位置使用？

(4)若在 server1 的 C 盘和 D 盘上各有一个名为 a1 的文件夹，能否把它们都设置为共享名为 a01 的共享文件夹？

项目习作 2

一、选择题

1. 在工作组中，默认每台 Windows 计算机的(　　)都能够在本地计算机的 SAM 数据库中创建并管理本地用户帐户。

A. Guest 用户　　B. Guests 组

C. 普通用户　　D. Administrator 用户

2. 基于 Windows 的组网模式有工作组和域两种。下列关于工作组的叙述中正确的是(　　)。

A. 工作组中的计算机的数量不宜太少

B. 工作组中的每台计算机都在本地存储帐户

C. 工作组中的操作系统必须一样

D. 本计算机的用户可以到其他计算机上登录

3. 下列对 Windows Server 2008 用户名的描述正确的是(　　)。

A. 用户名长度可以达到 25 个字符　　B. 用户名可以与组名相同

C. 用户名不能包含“<”字符　　D. 用户名不能只包含句号和空格

4. 关于删除用户的描述正确的是(　　)。

A. Administrator 用户不可以被删除

B. 普通用户可以被删除

C. 删除后的用户，可以建立同名用户，并具有原来用户的权限

D. 被删除的用户只能通过系统备份来恢复

5. 计算机的管理员有禁用用户的权限。当用户在一段时间内未使用用户(可能是休假等原因)，管理员可以禁用该用户。下列关于禁用用户叙述正确的是(　　)。

A. Administrator 用户可以禁用自己，所以在禁用自己之前应该先创建至少一个管理员组的用户

B. 普通用户可以被禁用

C. Administrator 用户不可以被禁用

D. 禁用的用户过一段时间会自动启用

6. 关于组的叙述以下哪种正确？(　　)

A. 组中的所有成员一定具有相同的网络访问权限

B. 组只是为了简化系统管理员的管理，与访问权限没有任何关系

C. 创建组后才可以创建该组中的用户

D. 组帐号的权限自动应用于组内的每个用户

7. 下面关于 Windows Server 2008 共享文件夹的描述中正确的是(　　)。

A. 用户访问共享文件夹时,其访问权限是共享权限和 NTFS 权限中最严格的权限

B. 在创建隐藏共享文件夹时,在文件夹名的后面添加特殊符号 #

C. 一个文件夹可以被共享多次

D. 用于管理的共享文件夹(即管理型共享文件夹)都是被系统隐藏共享的文件夹

8. 在一台计算机上有多个共享文件夹,若要全面了解这台计算机上所有共享文件夹的位置,可以使用的方法有(　　)。

A. 利用资源管理器查看

B. 利用共享管理器查看

C. 在计算机管理控制台下利用“共享文件夹”查看

D. 利用文件管理器查看

二、简答题

1. 简述工作组的特点。

2. 举例说明:在什么情况下,管理员应该禁止用户更改帐户密码。

3. 本地组具有哪些特征?

4. 如何创建具有管理员权限的用户?

5. 工作组和组有什么区别?

6. 哪些组中的用户能创建共享文件夹?

7. 如果想在服务器上查看一下有哪些人访问过本机的共享文件夹,该如何做?

项目 03 域网络构建与组策略应用

3.1 项目背景

组建工作组网络可以满足公司各部门内部的管理需求，但对于整个公司的网络而言，一些服务资源需要向外部互联网上的用户提供服务，这就需要采取各种安全措施保护公司的内部网络，其中一项重要措施就是将公司的组网模式由工作组网络转换为域网络，即让安全性要求较高的计算机加入到域，并对一些重要的公共资源、帐户和系统配置等信息通过一台或多台被称为域控制器的计算机实行统一调配和集中管理，而让那些安全性要求不高的计算机和资源信息仍保留在各自的工作组网络中。

3.2 项目知识准备

3.2.1 认识 Windows 的域

“域”和“工作组”都是由网络中的一些计算机组成的（如图 3-1 所示），但二者最大的不同是：域内设置了一个专门的“管理机关”——活动目录（Active Directory，AD）。活动目录是存储网络上的对象信息和配置信息并使该信息供用户方便使用的目录服务。

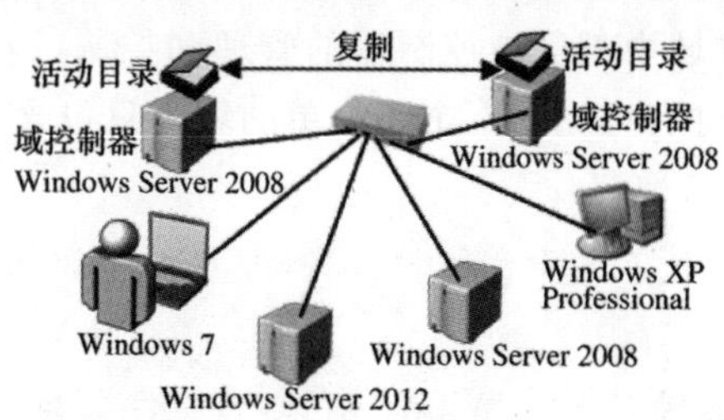

图 3-1　域网络的物理结构

活动目录包括两个方面：目录和目录服务。

- 目录（从静态的角度来理解活动目录）是一个数据库，用于保存与网络资源相关的信息结构、资源位置、安全信息及管理信息等。如网络中的所有实体资源（包括：计算机、用户、组、共享文件夹、打印机等）的名称、描述、物理位置、访问权限等信息。

• 目录服务(从动态的角度来理解活动目录)是使目录中的所有信息和资源发挥作用的服务,这种服务的主要表现是:网络中的所有用户和应用程序只需提供很少的信息就能准确定位到这些实体资源,保证用户能够快速访问,并且不管用户从何处访问或信息在何处,都对用户提供统一的视图;另外,目录服务在网络安全方面也扮演着中心授权机构的角色,从而使操作系统可以轻松地验证用户身份并控制其对网络资源的访问。

总之,域(Domain)是共用一个“活动目录数据库”,且有安全边界的计算机的集合。

3.2.2 域中计算机的角色

域中的计算机根据其功能的不同,可分为以下三种角色:

1. 域控制器

在一个域中,活动目录数据库必须存储在域中特定的计算机上,这样的计算机被称为域控制器(Domain Controller,DC)。只有服务器级的计算机才能承担域控制器的角色。域控制器管理目录信息的变化,并把这些变化复制到同一个域中的其他域控制器上,使各域控制器上的目录信息处于同步状态。域控制器也负责用户登录以及其他与域有关的操作,比如身份验证、目录信息查找等。

一个域可以有一个或多个域控制器,各域控制器是平等的,管理员可以在任意一台域控制器上更新域中的信息,更新的信息会自动传递到网络中的其他域控制器中。

设置多台域控制器主要是为了提高域的容错能力,以确保某一台域控制器发生故障时,还有其他域控制器可维持域的运行,以防造成域的全面瘫痪。

2. 成员服务器

那些安装了服务器操作系统(如,Windows Server 2008/2012/2016),但未安装活动目录服务且加入域的计算机称为成员服务器。成员服务器不执行用户身份验证,也不存储安全策略信息,这些工作由域控制器完成,这样,可以让成员服务器有更强的处理能力来处理网络中的其他服务。如果在成员服务器上安装活动目录,该服务器就会升级为域控制器;如果在域控制器上卸载了活动目录,该服务器就会降级为成员服务器。

3. 工作站

所有安装 Windows XP/7/8/10 系统,且加入域的计算机称为工作站。工作站由于没有安装服务器版的操作系统,无法升级为域控制器。

成员服务器与工作站在域中都受域控制器的管理和控制。在一个域中,必须有域控制器,而其他角色的计算机则可有可无。一个最简单的域将只包含一台计算机,这台计算机一定是该域的域控制器。

提示:有许多计算机并不属于任何一个域,即以工作组模式运行着,从功能上来讲,也可将其分为两种角色:

• 独立服务器:安装了各种版本的 Windows Server,但未加入域的计算机。它一旦加入域中,其角色便转化为“成员服务器”。

• 一般客户端计算机:无论安装何种操作系统,只要未加入域,且不是独立服务器的计算机,都归为此类。它一旦加入域中,其角色便是“工作站”。

3.2.3 域的特点

与工作组相比,域有以下特点:

• 域是一种集中的管理模式。在工作组中只能由每台计算机的本地管理员分别管理各自的计算机，在域中由于所有计算机共享了一个活动目录，可以由域管理员通过管理活动目录对整个域中的对象(如用户帐户和计算机帐户)和安全策略实现统一部署和管理。

• 域的安全级别较高。由于域中所有计算机都会优先按照活动目录中的配置策略配置自己(由低到高的顺序为:本地策略→站点策略→域策略→子域策略→组织单位策略)，所以管理员可以在活动目录中通过添加强有力的安全策略来保证整个域中成员计算机的安全。

• 便于用户访问域中的资源。在域的活动目录中，管理员可以为用户创建用户帐户，这种用户帐户只存在于域中，所以被称为“域用户帐户”。与工作组中每台计算机各自的本地用户帐户只能访问本机资源不同，一个域中无论有多少台计算机，使用者只要拥有域用户帐户，便可在加入域的任何一台计算机上登录(称为单点登录)，并访问域中所有计算机上允许访问的资源，即域用户帐户对资源的访问范围可以是整个域，而非局限在一台计算机上。

3.2.4　活动目录的组织结构

活动目录数据库中存储了大量且种类繁多的资源信息，这些信息不仅包括用户帐号、用户组、计算机、应用程序、打印机等基本对象，还包括由基本对象按照一定的层次结构组合起来的组合对象。Windows Server 2008 活动目录中组合对象有如下几种：

1. 组织单位(Organizational Unit，OU)

OU 是组织、管理域内对象的一种容器，它能包容用户、计算机等基本对象和其他的 OU。对于一个实际的企业网来讲，可以按部门、地理位置、功能和权限把所有的用户和计算机组成一个 OU 层次结构，从而简化网络管理工作。此外，针对 OU，还可以在其上指派单独的管理员和配置自己的安全策略(如组策略)。

2. 域(Domain)

域是活动目录的核心单元，是对象(如计算机、用户、组织单位等)的容器，这些对象有相同的安全需求、复制过程和管理。域管理员具有管理本域的所有权利，如果其他的域赋予他管理权限，他还能够访问或管理其他的域。

3. 域树(Domain Tree)

在一个活动目录中可以根据需要建立多个域。比方说“甲公司”最先为自己建立了第一个域“w. com”来管理网络资源。随着业务的扩展，该公司在另外的地点建立了两个分支机构，这样就需要在两个分支机构各建一个域来管理和保护自己的网络资源。由于这几个域同属甲公司，所以希望这些域的用户能够彼此访问对方域中的资源。然而，每个域的用户帐户原则上只能访问本域资源而不能跨域访问。为此，在建立各分支机构的域时，希望能够与第一个域之间建立起某种联系，使得一个域的用户帐户能够利用这种联系访问另一个域的资源，这种联系被称为“信任关系”。在这里，第一个建立的域称为“父域”，而把各分支机构建立的域称为该域的“子域”。为了表明域之间的信任关系，要求子域的名称包含父域的域名。如：域 x. w. com 中包含着父域的域名 w. com。以此类推，可以建立多级的子域形成域树，如图 3-2 所示。

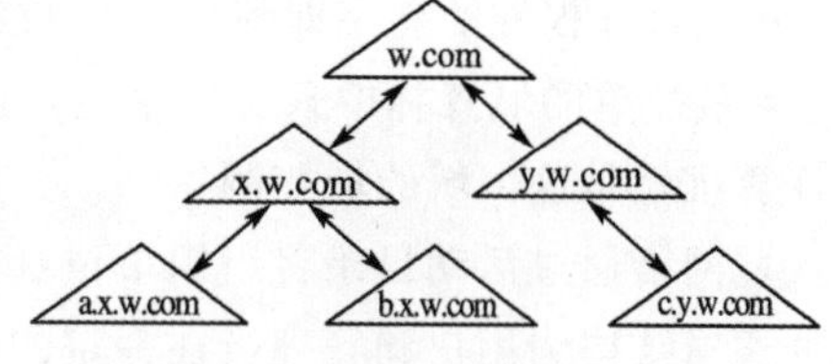

图 3-2　域树

当在一个域树中添加新域时，该域与其父域间自动建立父子信任关系。这些信任关系是双向的而且是可传递的，域树中的各个域通过双向可传递信任关系连接在一起成为一个更大的整体，并实现更大范围的统一管理和相互访问。通过这些信任关系用户可以单一登录，即可以对域树或域森林中的所有域用户进行身份验证。不过，这也并不意味着经过身份验证的用户在域树的所有域中都拥有相应的权利和权限，因为各个域具有各自的安全界限，所以必须在每个域的基础上指派权利和权限。域树具有以下特点：

- 域树是若干个域的有层次的组合，父域的下面有子域，子域的下面还可以继续建立子域。域树的第一个域是该域树的根(root)，被称为“树根域”。
- 在域树中，父域和子域之间自动被双向的、可传递的信任关系联系在一起，使得两个域中的用户帐户均具有访问对方域中资源的能力。
- 在域树中，父域和子域并不是包含与被包含的关系，它们的地位是平等的。默认时，父域的管理员只能管理父域，子域的管理员只能管理子域。
- 域树中的所有域共享了一个连续的域名空间。
- 域树中的所有域共享了一个活动目录。
- 最简单的域树中只包含一个域，这个域就是树根域。

4. 域森林(Domain Forest)

若上述的甲公司只是A集团公司(如还有乙公司、丙公司)的子公司之一，那么为了让A集团可以更好地管理这三家子公司的网络资源，还可以将这三家子公司对应的域树集中起来组成域森林(即A集团)。这样，A集团可以按“集团公司(域森林)→子公司(域树)→部门→员工”的方式进行层次分明的网络资源管理。

多棵域树就构成了域森林，域森林中的域树不共享邻接的命名空间，域森林中的每一棵域树都拥有唯一的命名空间。域森林如图3-3所示。

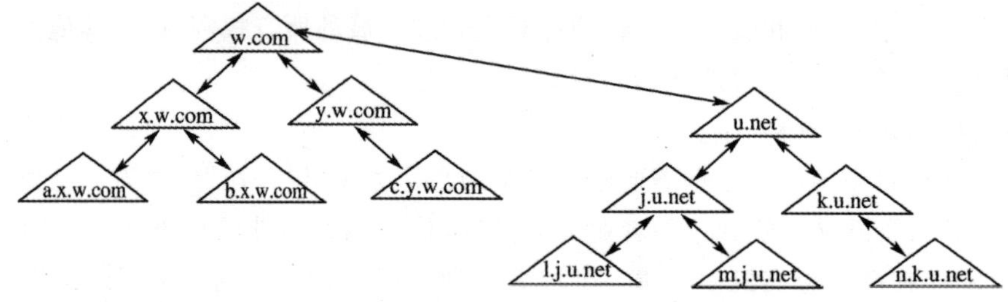

图3-3 域森林

- 域森林也有根域，是域森林中创建的第一个域。
- 在域森林中，树根域与树根域之间也利用信任关系联系在一起。
- 域森林根域的名字即整个森林的名字。
- 最简单的域森林中只有一个树，这个树中只有一个域，这个域中只有一台计算机，这台计算机就是这个域的域控制器。

域网络通过活动目录将组织单位(OU)、域、域树、域森林构成的层次结构组织在一起，这种逻辑结构为用户和管理员在一定的命名空间中查找定位资源对象、加强网络安全提供极大方便。

3.2.5　域中组策略的应用

组策略(Group Policy)是系统管理员为计算机和用户定义的，能更改系统配置和控制应用程序的一组策略的集合。组策略分为两类：本地计算机策略和域组策略。

- 本地计算机策略：在本地登录的单台计算机上创建和使用的组策略。该类组策略只影响本地单台计算机。
- 域组策略：在域内针对站点、域或组织单位所建立的组策略。由于域组策略会应用到所链接的容器(站点、域、组织单位)内的所有用户或计算机，所以该类组策略提供了一种对批量计算机进行高效管理的机制。

在域网络环境中，可通过域组策略实现用户和计算机的集中配置和管理。例如，管理员可为特定的一批域用户或计算机设置统一的安全策略；可在域内或组织单位内的每台计算机上自动安装某个软件、设置统一的桌面样式等。这就大大减少了网络管理员维护整个网络的工作量，也减小了那些不太熟练的用户不正确配置环境的可能性。

对于加入域的计算机来说，如果其本地计算机策略的设置与域或组织单位的组策略设置发生冲突，就以域或组织单位的组策略的设置为准，即本地计算机策略的设置无效。

组策略是通过一个个 GPO(Group Policy Object，组策略对象)实现的，组策略的所有策略信息都保存在一个或多个 GPO 中。GPO 中的策略只应用到它所链接的容器(如站点、域或 OU)内的用户或计算机。一个 GPO 可以链接到多个站点、域或 OU，从而对多个容器中的用户和计算机施加其组策略的设置。一个站点、域或 OU 又可以链接多个 GPO 来接受多种配置安排。

域组策略的 GPO 有两类：系统内建的默认 GPO 和用户自定义的 GPO。默认情况下，安装活动目录时，系统会创建以下两个默认的 GPO(其中包含了许多安全策略设置)：

- 默认域策略(Default Domain Policy)：此 GPO 已被链接到域，因此该 GPO 中的安全策略将应用到域中的所有用户和计算机(这就是域网络比工作组网络安全级别高的原因之一)。
- 默认域控制器策略(Default Domain Controllers Policy)：该 GPO 已被链接到“Domain Controllers”组织单位，它通常只影响域中所有的域控制器(因为域中所有域控制器的计算机帐户均已默认归属于“Domain Controllers”组织单位)。

3.3 项目实施

任务 3-1　域控制器的安装

安装了活动目录的服务器就成为域控制器，安装活动目录的过程就是创建域控制器的过程，也就是创建域的过程。

1. 域控制器的安装条件

以 Windows Server 2008 为例，一台计算机要安装成域控制器，需具备以下条件：

- 安装者具有本地管理员权限。
- 操作系统版本必须满足条件(Windows Server 2008 除 Web 版外都满足)。
- 安装域控制器的服务器上至少有一个 NTFS 分区。
- 有 TCP/IP 设置(IP 地址、子网掩码、DNS 的 IP 等)。
- 有相应的 DNS 服务器支持,以便让其他计算机通过 DNS 找到域控制器。
- 有足够的可用空间。

2. 域控制器的安装过程

安装域控制器是通过升级独立服务器实现的,安装一台域控制器有两种方法:通过【服务器管理器】或“dcpromo”命令来安装。这里介绍通过“dcpromo”命令来安装。

安装步骤如下:

步骤 1:以管理员身份登录计算机→同时按下【Windows 徽标+R】组合键→在打开的【运行】对话框中输入“dcpromo”→单击【确定】按钮,如图 3-4 所示。

步骤 2:系统会自动检测是否安装活动目录域服务二进制文件,若未安装则开始安装→打开【欢迎使用 Active Directory 域服务安装向导】对话框,勾选【使用高级模式安装】(在高级模式下,会有更多的安装选项,如域 NetBIOS 名的更改、从媒体提升安装、安装 RODC 指定密码复制策略进行安装选择)→单击【下一步】按钮,如图 3-5 所示。

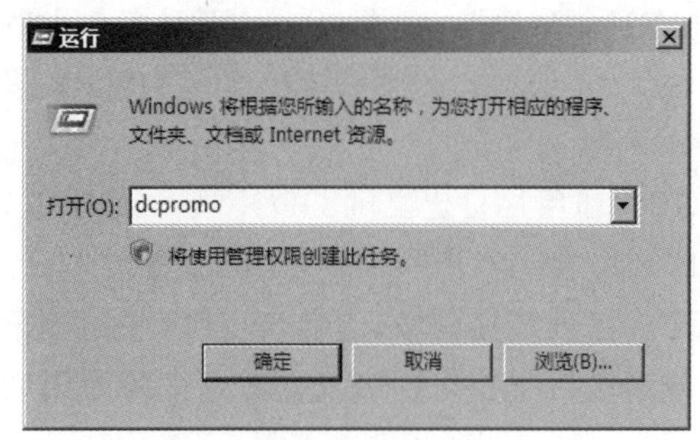

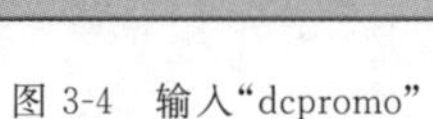
图 3-4 输入“dcpromo”

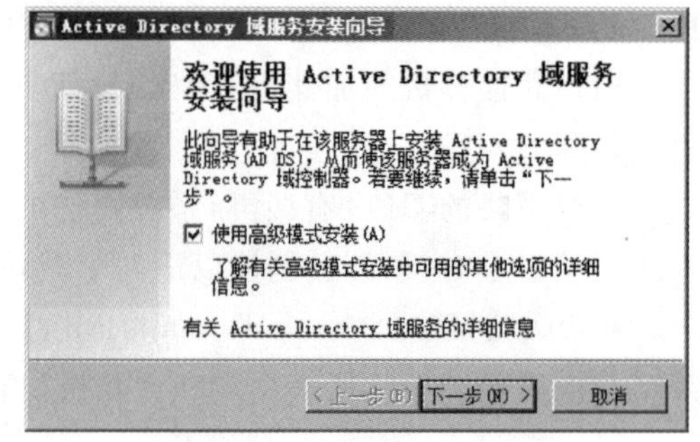

图 3-5 勾选【使用高级模式安装】

步骤 3:打开【操作系统兼容性】对话框,单击【下一步】按钮,打开【选择某一部署配置】对话框,有以下三种域类型选择:

- 【向现有域添加域控制器】:表示把新域作为现有域的子域。
- 【在现有林中新建域】:表示创建一个与现有域树分开的新的域树。
- 【在新林中新建域】:表示创建一个新域或让新域独立于当前的域森林。

由于该服务器是域森林中的第一台域控制器,所以要选择【在新林中新建域】单选按钮→单击【下一步】按钮,如图 3-6 所示。

步骤 4:打开【命名林根域】对话框,在【目录林根级域的 FQDN】文本框中输入新的林根级完整的域名系统名称,这里输入迅达公司注册的域名“xunda. com”→单击【下一步】按钮,如图 3-7 所示。

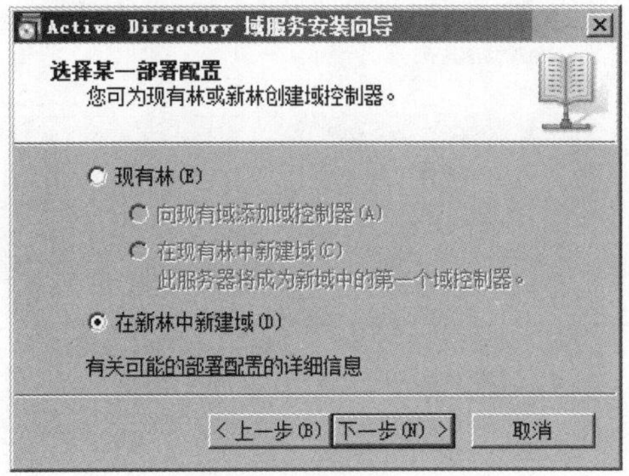

图 3-6　【选择某一部署配置】对话框

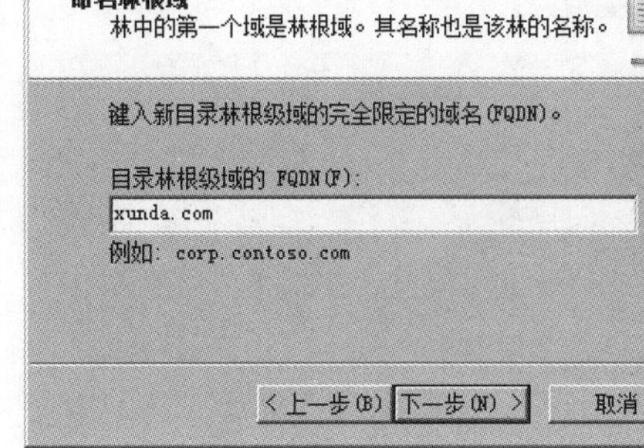

图 3-7　【命名林根域】对话框

步骤 5：系统开始检查网络中是否存在名为“xunda.com”的林，如果没有检查到该林，就弹出【域 NetBIOS 名称】对话框，并生成一个默认的名称（NetBIOS 域名是早期的 Windows 版本的计算机用来识别新域的）→用户输入新 NetBIOS 名称或接受系统默认的 NetBIOS 名称→单击【下一步】按钮，如图 3-8 所示。

步骤 6：打开【设置林功能级别】对话框，单击【林功能级别】下拉按钮，在弹出的下拉列表中选择“Windows 2000”林功能级别→单击【下一步】按钮，如图 3-9 所示。

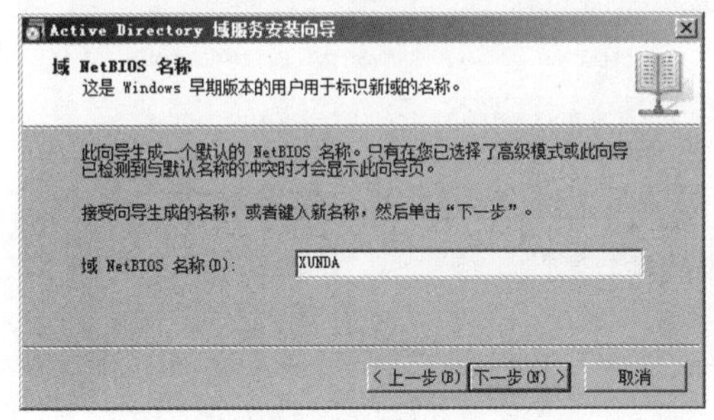

图 3-8　【域 NetBIOS 名称】对话框

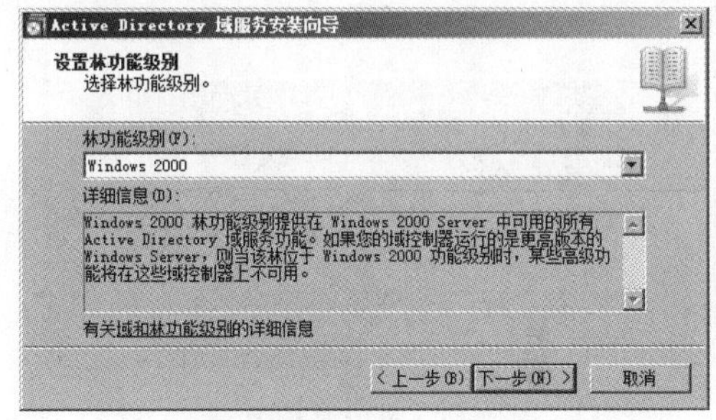

图 3-9　【设置林功能级别】对话框

Windows Server 2008 支持三个林功能级别：Windows 2000、Windows Server 2003、Windows Server 2008。不同的林功能级别所提供的功能不同。当选择一种高级别的林功能级别以后，它不能再降为低级别的林功能级别，即林功能级别的提升是单向的。例如，在选择 Windows Server 2008 的林功能级别后，就不能再降为 Windows Server 2003 或 Windows 2000 的林功能级别。活动目录安装以后，可根据需要提升林功能级别。

步骤 7：打开【设置域功能级别】对话框，有“Windows 2000 纯模式”“Windows Server 2003”和“Windows Server 2008”三个域功能级别可供选择，在此，选择“Windows 2000 纯模式”域功能级别→单击【下一步】按钮，如图 3-10 所示。

步骤 8：系统开始检测是否有已安装好的 DNS，若没有则系统会自动勾选【DNS 服务器】（由于林中的第一台域控制器必须是全局编录服务器且不能是只读域控制器，所以全局编录和只读域控制器为不可选择状态）→单击【下一步】按钮，如图 3-11 所示。

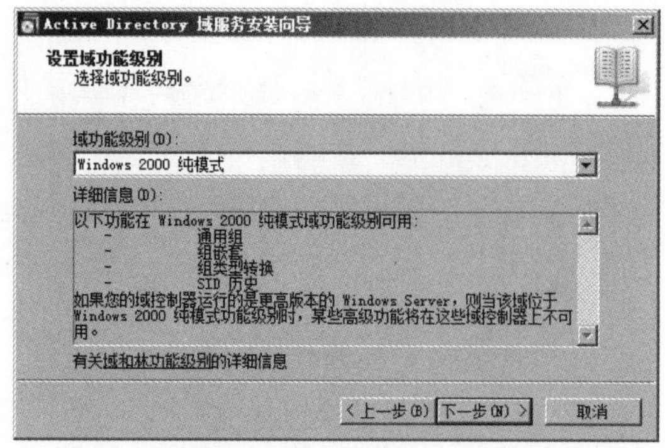

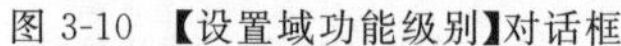
图 3-10 【设置域功能级别】对话框

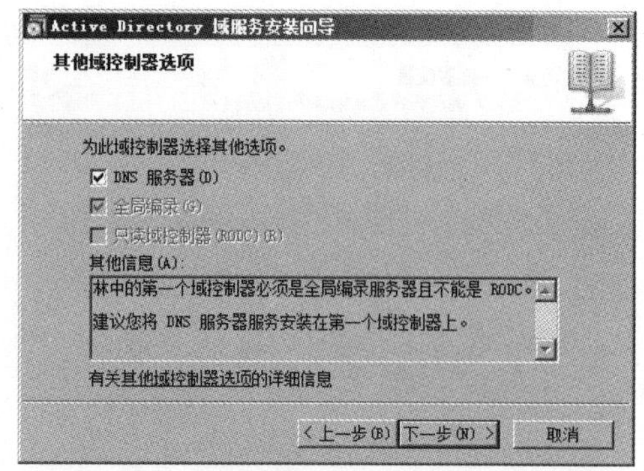

图 3-11 【其他域控制器选项】对话框

提示：林功能级别限制的是林中所有域控制器操作系统的最低版本，域功能级别限制的是域中所有域控制器操作系统的最低版本，域功能级别所选的版本不能低于林功能级别所选的版本。

步骤 9：弹出如图 3-12 所示提示框，单击【是】按钮继续安装。

步骤 10：打开【数据库、日志文件和 SYSVOL 的位置】对话框。如果在计算机上安装了多块磁盘，为了获得更好的性能和可恢复性，最好将数据库与日志文件文件夹设置在不同的磁盘内→单击【下一步】按钮，如图 3-13 所示。

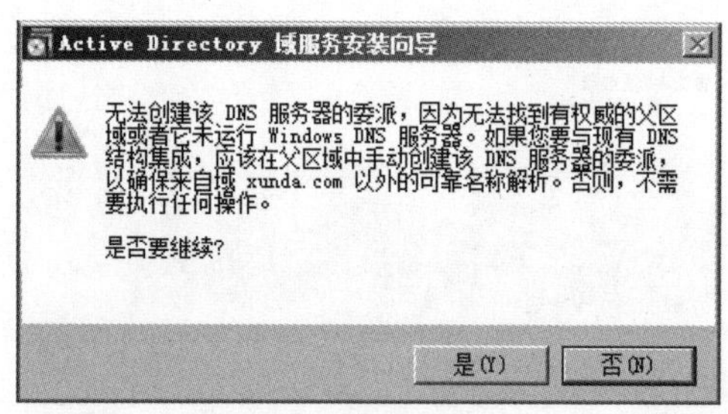

图 3-12 单击【是】按钮

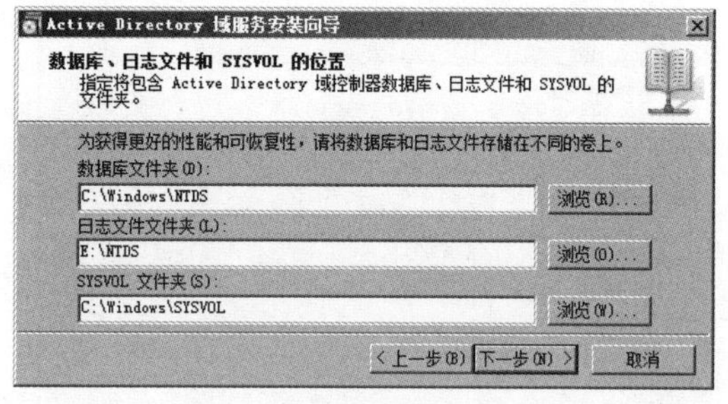

图 3-13 选择文件夹的位置

其中：

- 【数据库文件夹】用来存储活动目录数据库。
- 【日志文件文件夹】用来存储活动目录的更改记录，以用来修复活动目录。
- 【SYSVOL 文件夹】用来存放域的公用文件的服务器副本和管理域的安全策略，该文件夹会被复制到域中的所有域控制器内。在此要注意，“SYSVOL 文件夹”必须放置在 NTFS 分区上，若硬盘中无 NTFS 分区，则无法继续安装下去。

步骤 11：在打开的【目录服务还原模式的 Administrator 密码】对话框中输入管理员帐户的密码，该密码是出现系统灾难要修复活动目录，以目录服务还原模式登录系统时使用的专用密码(在目录服务还原时，所有域帐户都失效)→单击【下一步】按钮，如图 3-14 所示。

步骤 12：打开【摘要】对话框，显示在创建域控制器过程中所有的设置。其中，【导出设置】按钮可将这些设置导出为一个自动安装的文件。通过该对话框，用户可检查并确认此前设置的各个选项，若需修改可单击【上一步】按钮进行调整，若设置无误则单击【下一步】按钮，如图 3-15 所示。

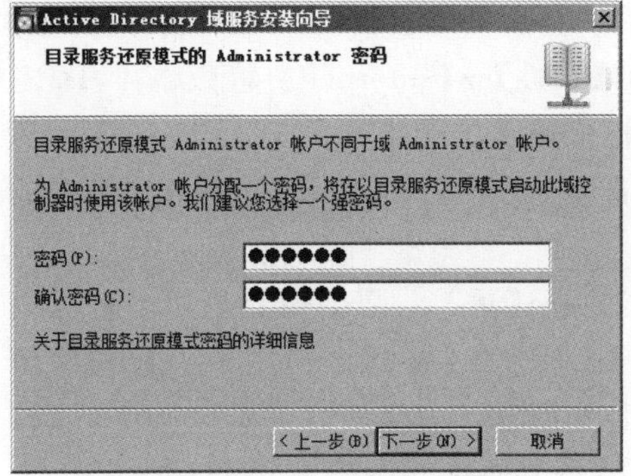

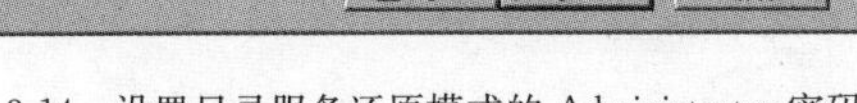
3-14　设置目录服务还原模式的 Administrator 密码

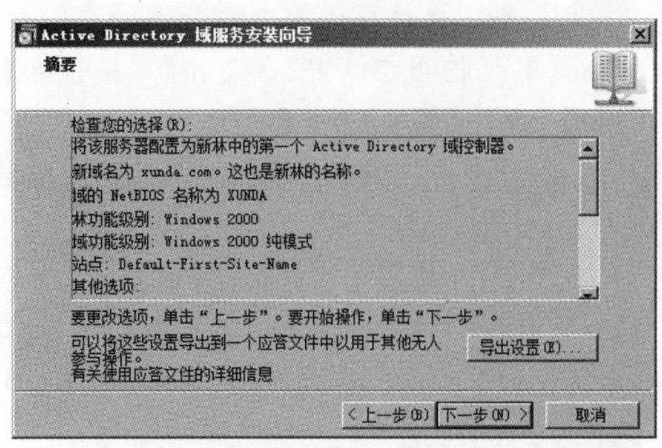

图 3-15　显示【摘要】信息

步骤 13：系统开始安装配置活动目录，将需要 Windows Server 2008 安装光盘，此时如果将 Windows Server 2008 光盘放入光驱，系统会自动完成对活动目录和 DNS 服务器的安装配置，如图 3-16 所示。

步骤 14：安装完成后，弹出【完成 Active Directory 域服务安装向导】对话框，单击【完成】按钮→在打开的提示框上单击【立即重新启动】按钮，如图 3-17 所示。

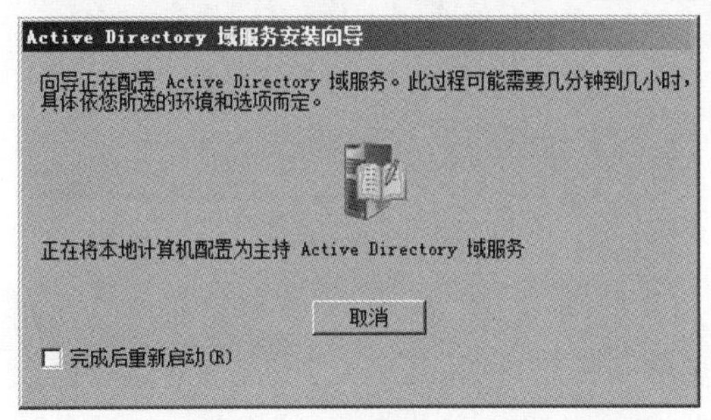

图 3-16　安装过程中的画面

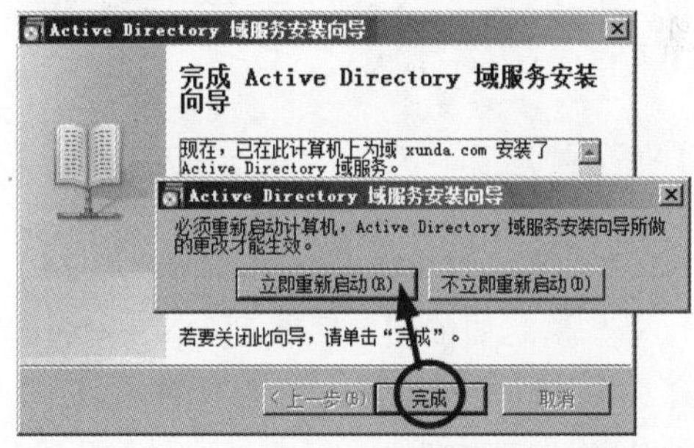

图 3-17　完成安装

提示：①若要删除活动目录(AD)，则域控制器将降级为成员服务器或独立服务器。删除与安装 AD 的命令均为"dcpromo"，在已安装 AD 时执行"dcpromo"命令就会删除 AD，在未安装 AD 时执行"dcpromo"命令就切换为安装 AD。

②一旦 AD 安装成功，安装活动目录的计算机中原有的本地用户帐户和组帐户就都转换为新域中的域用户帐户和域组帐户。

任务 3-2　计算机加入或脱离域

在安装活动目录之后，需要将其他的服务器和客户机加入域，用户才可以在这些计算机上使用域用户帐户登录域，并访问域中允许访问的资源。

计算机能加入域的先决条件是：

①该计算机与域控制器能连通；

②在计算机上正确设置首选 DNS 服务器的 IP 地址(这里设为第一台域控制器的 IP 地址)。

下面以安装 Windows 7 系统的计算机为例，将其加入域的步骤是：

步骤 1：以该计算机的本地管理员身份登录本机→在桌面上右击【网络】→选择【属性】→单击【更改适配器设置】→右击【本地连接】→选择【属性】→【Internet 协议版本 4(TCP/IPv4)】→单击【属性】→在【首选 DNS 服务器】编辑框中输入维护该域的 DNS 服务器的 IP 地址。由于维护该域的 DNS 服务器通常在域控制器上，所以这里输入的就是域控制器的 IP 地址，如图 3-18 所示。

步骤 2：在桌面上右击【计算机】→依次单击【属性】→【更改设置】→【计算机名】→【更改】→打开【计算机名/域更改】对话框，单击【隶属于】区域中的【域】单选按钮→在【域】编辑框中输入域名(如，“xunda. com”)→单击【确定】按钮，如图 3-19 所示。

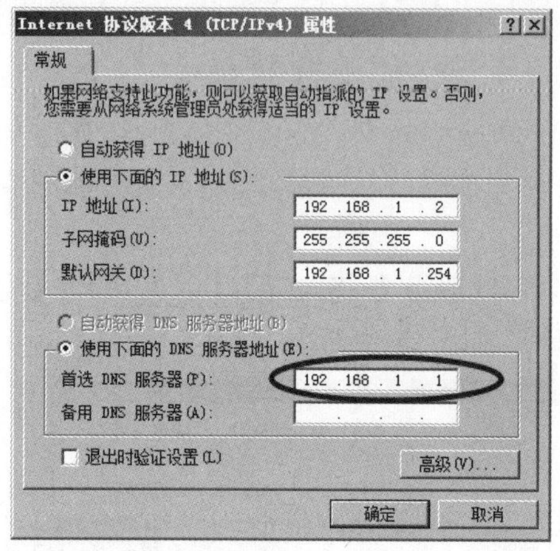

图 3-18 设置加入域的计算机的 DNS 服务器的 IP 地址

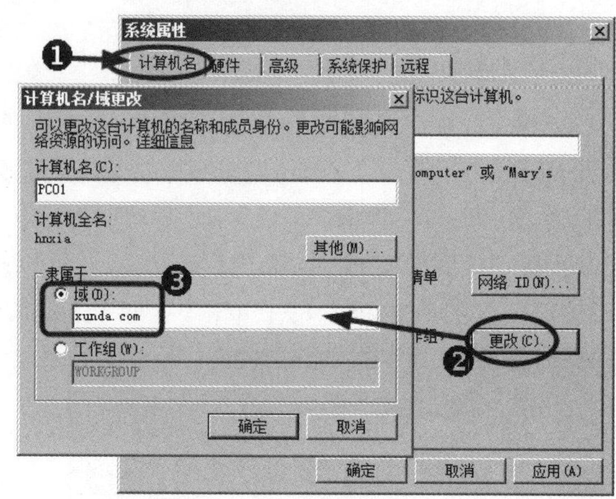

图 3-19 输入域名

步骤 3：如能正常联系到 DNS 服务器，将会出现【计算机名/域更改】登录对话框→在此输入具有把计算机加入域的权利的域用户帐户名称和密码→单击【确定】按钮→若通过验证则弹出【欢迎加入 xunda. com 域】提示框，表明加入成功→单击【确定】按钮，如图 3-20 所示。

步骤 4：弹出【必须重新启动计算机才能应用这些更改】提示框→单击【确定】按钮→系统返回【系统属性】对话框→单击【关闭】按钮→在弹出的对话框中单击【立即重新启动】按钮，如图 3-21 所示。

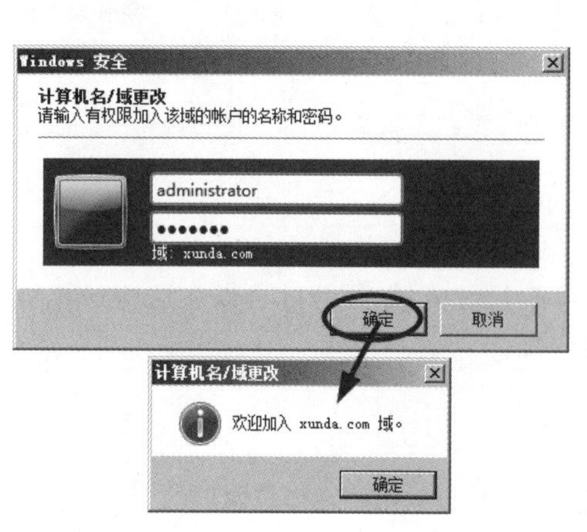

图 3-20 输入用户名和密码

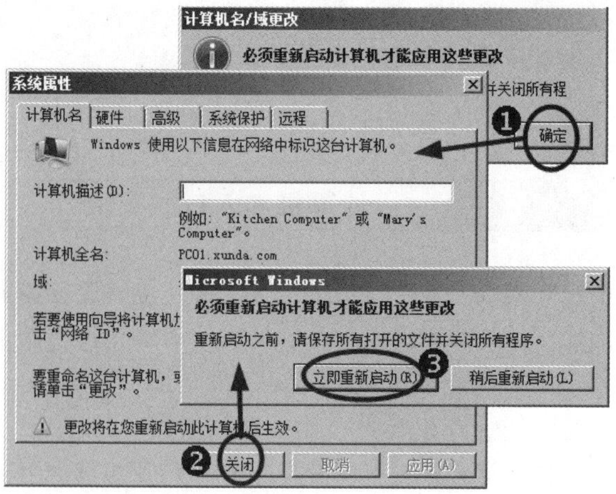

图 3-21 重启计算机

提示：①如果在加入域时，DNS 服务器出现了故障，就暂时联系不上 DNS 服务器。在图 3-19 中的【域】编辑框内输入"xunda"这个域 NetBIOS 名称，也可以将计算机加入域。不过这里的查询域控制器 IP 地址的方式将变成广播查询而不是通过 DNS 服务器查询。

②当计算机成功加入域后，此计算机便成为域的工作站，其计算机名称会出现在【Active Directory 用户和计算机】窗口的 Computers 容器中，如图 3-22 所示。

③加入域的计算机，既可用域帐户登录域，也可使用本地帐户登录本地机。

④脱离域的方法与加入域的方法类似，区别在于在图 3-19 中的【隶属于】处应从选择【域】改为选择【工作组】，再输入适当的工作组名即可。

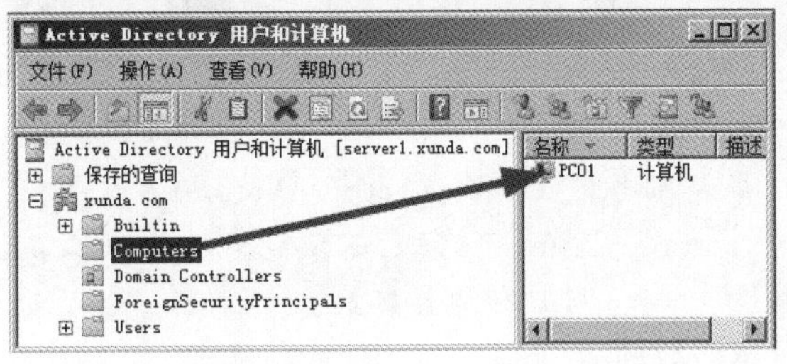

图 3-22　Computers 容器

任务 3-3　创建与管理域用户

当一个域创建后，还有大量的管理工作需要去做。管理域的主要工具是【开始】→【管理工具】菜单中的"Active Directory 用户和计算机""Active Directory 域和信任关系"和"Active Directory 站点和服务"。

用户要访问域中的资源，就需要一个合法的域用户。与工作组中的本地用户相比，域用户集中存储在活动目录数据库中，而不是在每台成员计算机上(成员计算机内只有本地用户)。

1. 创建域用户

在域中新建域用户的步骤如下：

步骤 1：以管理员身份登录域控制器→依次单击【开始】→【管理工具】→【Active Directory 用户和计算机】→在打开的【Active Directory 用户和计算机】窗口的左窗格中展开域名(如"xunda. com")→右击【Users】→选择【新建】→【用户】，如图 3-23 所示。

步骤 2：在打开的【新建对象-用户】对话框中输入【姓】、【名】和【用户登录名】(登录名才是用户今后登录系统时的名称)，输入完成后，单击【下一步】按钮，如图 3-24 所示。

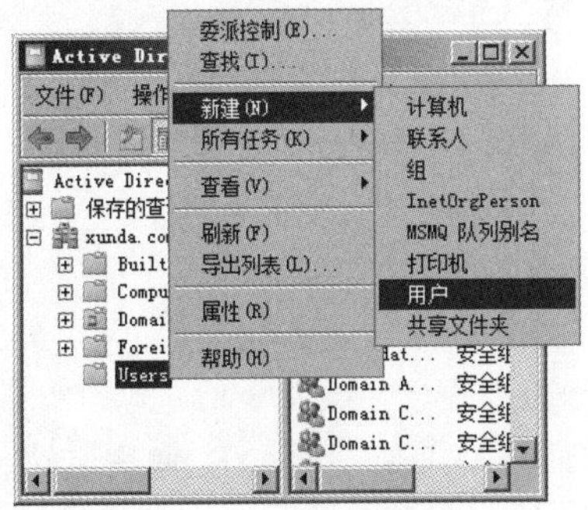

图 3-23　创建域用户

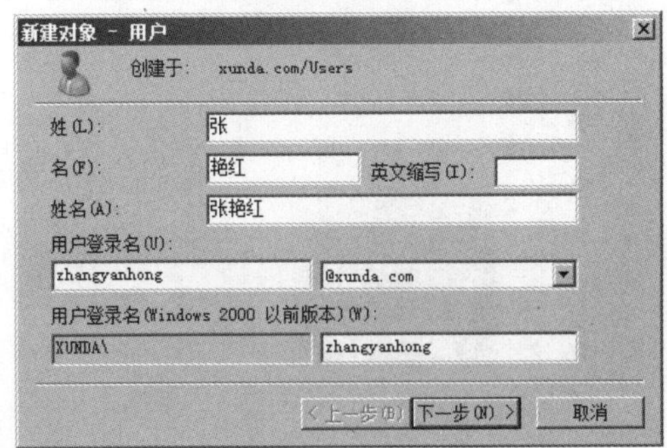

图 3-24　输入新用户的信息

步骤3:打开如图3-25所示对话框,输入密码并选择密码控制项(其中各项说明与任务2-2"本地用户的创建与维护"相同)→单击【下一步】按钮→单击【完成】按钮。

创建完成后,在窗口右侧的列表中会显示新创建的用户,如图3-26所示。

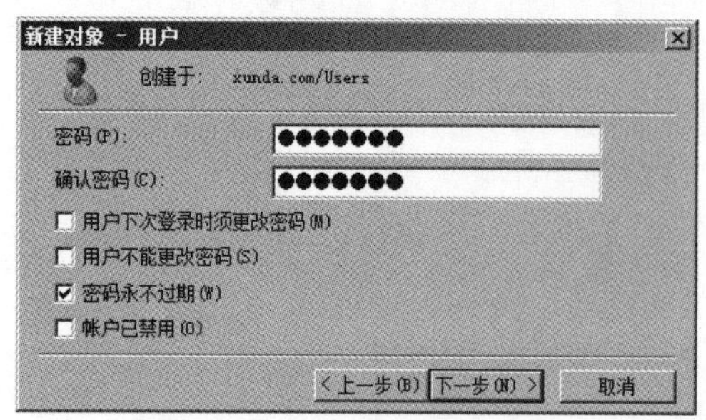

图3-25 设置密码

图3-26 创建成功后的新用户

提示:如果要从成员服务器上执行"Active Directory 用户和计算机",可以执行【开始】→【运行】命令,输入"adminpak.msi"命令,安装完整的管理工具,或直接执行dsa.msc命令,也可打开【Active Directory 用户和计算机】。

2. 限制域用户登录域的时间

在默认设置下,域用户可以在任何时间登录域,若想限制其登录时间,设置过程如下:

在图3-26所示窗口中,右击某用户(如,"张艳红")→选择【属性】→打开该用户的属性对话框,选择【帐户】选项卡,单击【登录时间】按钮→在打开的【张艳红的登录时间】对话框中选定指定的时间段,并选择【允许登录】或【拒绝登录】,如图3-27所示。

3. 限制域用户从特定的计算机上登录域

在系统默认情况下,域用户可以从域中任意一台计算机登录域,但是管理员也可以限制其只能从特定的计算机登录域。其设置过程如下:

在如图3-27所示的对话框上,单击【登录到】按钮,在打开的【登录工作站】对话框中,可以看到默认的设置是允许用户从【所有计算机】登录→选择【下列计算机】单选按钮→在【计算机名称】编辑框内输入允许用户登录的计算机名(只能是NetBIOS名称,不支持DNS名称或IP地址)→单击【添加】按钮即可。如果有必要,可以添加多台允许的计算机的名称,如图3-28所示。

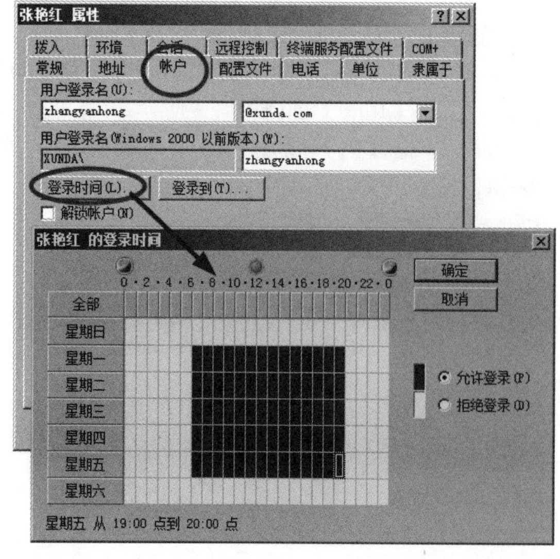

图3-27 设置允许登录的时间

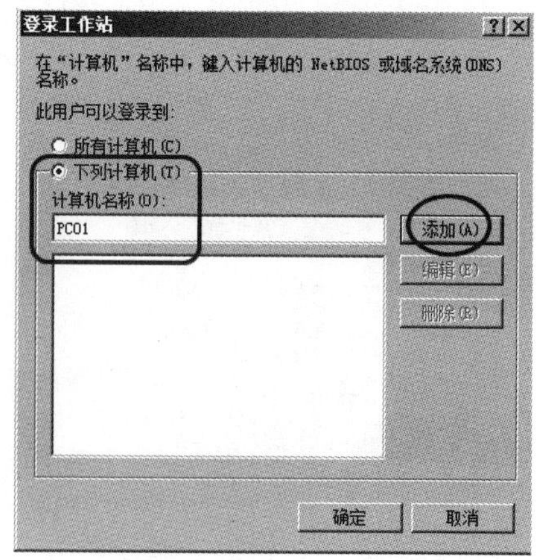

图3-28 设置允许登录的计算机

任务 3-4　创建与管理域组

用户在域控制器上创建的组称为域组。域组的信息存储在活动目录数据库内。根据用途的不同，域组可以分为安全组、通讯组；根据作用范围的不同，域组可以分为本地域组、全局组和通用组，它们的特性见表 3-1。

表 3-1　　**域组的分类**

<table>
<tr><td rowspan="3">域组分类</td><td colspan="2">安全组</td><td colspan="2">通讯组</td></tr>
<tr><td colspan="2">可以被用来设置权限和权利的组，如：可设置对某个文件有“读取”或“改写”的权限。
也可用在与安全无关的任务上，如：可以通过电子邮件软件将电子邮件发送给安全组。</td><td colspan="2">用在与安全无关的任务上。如，给通讯组发送电子邮件，实现对组内所有用户的邮件群发功能，以提高发送邮件的效率。</td></tr>
<tr><td>本地域组</td><td colspan="2">全局组</td><td>通用组</td></tr>
<tr><td>作用范围</td><td>该组所在的域</td><td colspan="2">所有受信任的域</td><td>所有受信任的域</td></tr>
<tr><td>可包含的成员</td><td>所有域的用户、全局组、通用组，以及本域的域本地组</td><td colspan="2">本域的用户和全局组</td><td>所有域的用户、全局组和通用组</td></tr>
</table>

创建域组的步骤如下：

步骤 1：以管理员身份登录域控制器→依次单击【开始】→【管理工具】→【Active Directory 用户和计算机】→在打开的【Active Directory 用户和计算机】窗口的左窗格中展开域名(如，xunda. com)→右击【Users】→选择【新建】→【组】，如图 3-29 所示。

步骤 2：打开【新建对象-组】对话框，在【组名】编辑框中输入组名(如，北方客户组)→在【组名(Windows 2000 以前版本)】编辑框中输入可供旧版操作系统访问的组名→单击【组作用域】和【组类型】区域的单选按钮→单击【确定】按钮完成创建，如图 3-30 所示。

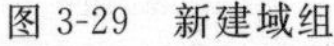

图 3-29　新建域组

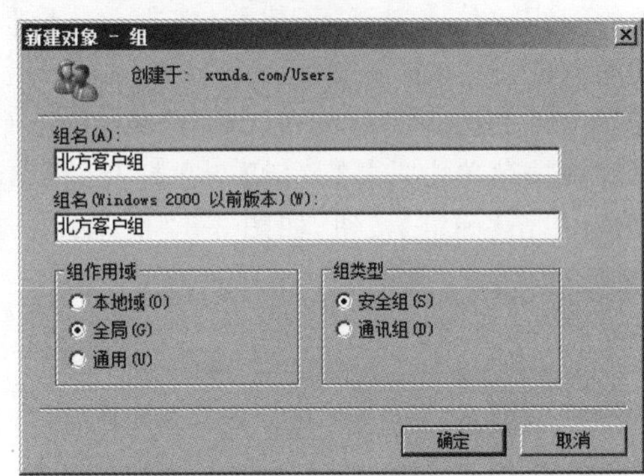

图 3-30　【新建对象-组】对话框

提示：将域用户、域组添加到域组的方法与本地组添加成员的方法类似(请参见任务 2-3)，在此不再赘述。

任务 3-5 创建与管理组织单位

1. 创建组织单位

在域中创建组织单位(OU)的步骤如下：

步骤 1:进入【Active Directory 用户和计算机】窗口→右击希望添加 OU 的域名(如"xunda. com")或 OU→选择【新建】→【组织单位】,如图 3-31 所示。

步骤 2:打开【新建对象-组织单位】对话框,在【名称】编辑框中输入组织单位的名称(如,技术支持部)→单击【确定】按钮,如图 3-32 所示。

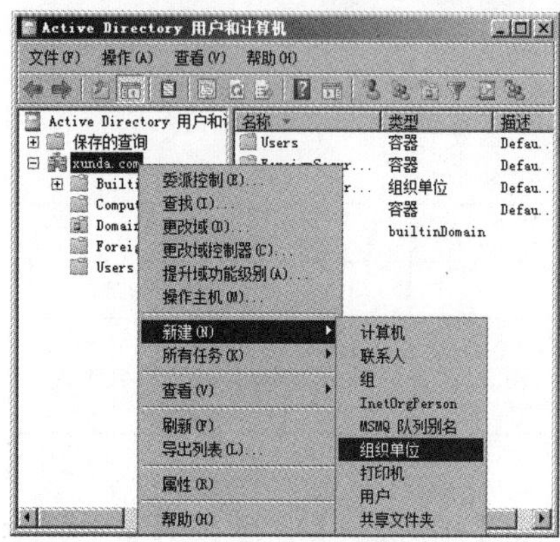

图 3-31 新建组织单位

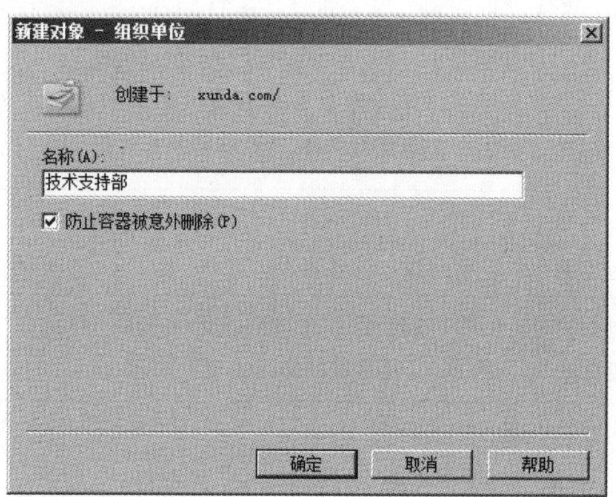

图 3-32 输入组织单位的名称

2. 向组织单位添加对象

在 OU 中可以添加各种不同的对象,例如:用户帐户、组帐户、计算机帐户或者子组织单位等对象,在 OU 中添加对象的情况有两种:添加新的对象和添加已有的对象。

在 OU 中添加新的对象的过程是:在【Active Directory 用户和计算机】窗口中,右击要添加对象的组织单位→选择【新建】→按需单击【计算机】、【组】、【组织单位】或【用户】,根据提示完成操作即可,如图 3-33 所示。

在 OU 中添加已有的对象实际是移动对象至 OU 中,其移动过程是:右击要移动的对象→在弹出的快捷菜单中选择【移动】→在打开的【移动】对话框中单击移动的目标 OU(如,技术支持部)→单击【确定】按钮,如图 3-34 所示。

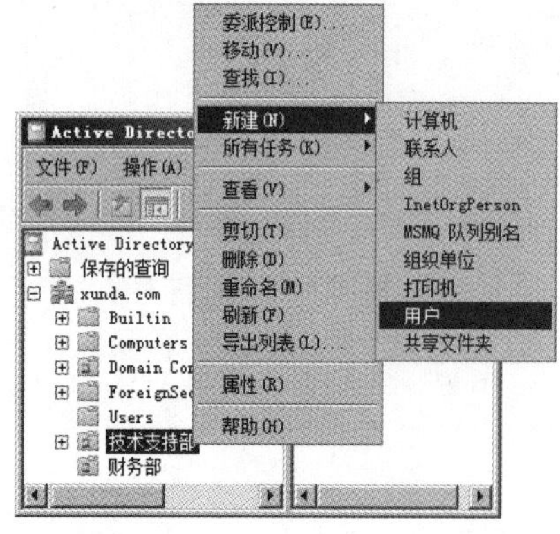

图 3-33 向组织单位中添加新的对象

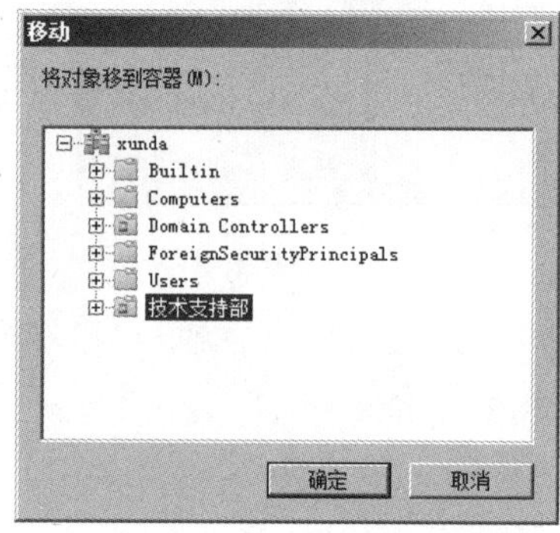

图 3-34 【移动】对话框

提示：由图 3-33 中快捷菜单可知删除一个 OU 的方法。注意：在创建 OU 时若勾选了"防止容器被意外删除"，则先要单击【查看】菜单→选择【高级功能】→右击要删除的 OU→单击【属性】→【对象】→取消【防止对象被意外删除】的勾选，然后，相应的 OU 才能被删除。此外，在删除一个 OU 时，该 OU 中的对象也会被删除，若要保留对象需先将其移走。

任务 3-6　组策略对象（GPO）的创建与配置

下面以为计算机设置统一的桌面壁纸为例，介绍创建、配置、链接和使用 GPO 的方法。

1. 创建 GPO

其步骤如下：

步骤 1：在域控制器或成员服务器的非系统磁盘（如，E 盘）中建一个文件夹"share"→将统一的桌面壁纸文件（如，summer.jpg）放入"share"中→右击该文件夹→在弹出的快捷菜单中选择【共享】→打开【文件共享】对话框，单击【添加】前面的下拉按钮并选择【查找】选项→在打开的【选择用户或组】对话框中单击【高级】按钮→在打开的对话框中单击【立即查找】按钮→在【搜索结果】列表框中选择"Domain Users"组→两次单击【确定】按钮→系统返回【文件共享】对话框，单击"Domain Users"组并设置其具有"读者"的共享权限→单击【共享】按钮→单击【完成】按钮，如图 3-35 所示。

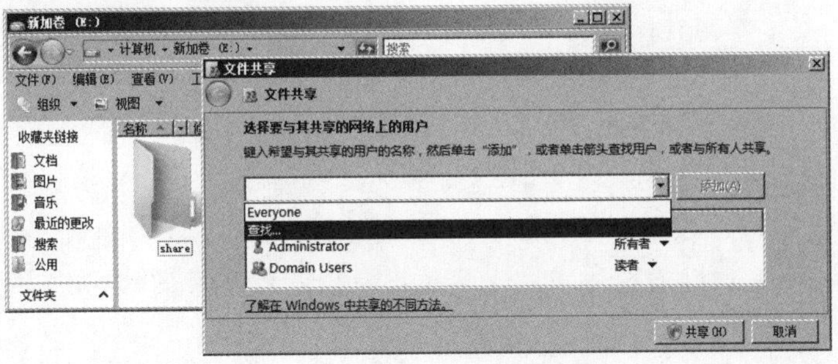

图 3-35　设置文件夹的共享属性

步骤 2：依次单击【开始】→【管理工具】→【组策略管理】→打开【组策略管理】窗口，在左窗格中展开"域"节点→右击【组策略对象】节点→在弹出的快捷菜单中选择【新建】→打开【新建 GPO】对话框，在【名称】编辑框中输入 GPO 的名称（如"统一桌面"）→单击【确定】按钮，如图 3-36 所示。

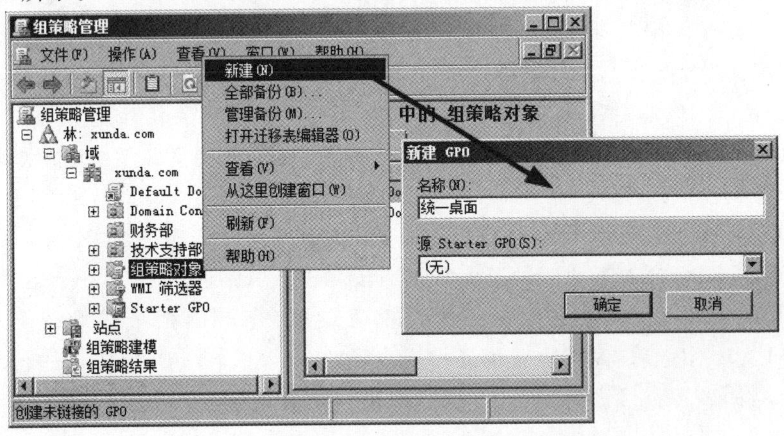

图 3-36　【组策略管理】窗口

2. 配置 GPO

新创建的 GPO 还没有任何策略，为此需要向新创建的 GPO 添加相应的策略，其配置步骤如下：

步骤 1：进入【组策略管理】窗口→在左窗格中单击【组策略对象】节点→在右窗格中右击新建的【统一桌面】GPO→在弹出的快捷菜单中选择【编辑】，如图 3-37 所示。

步骤 2：打开【组策略管理编辑器】窗口，在左窗格中依次展开【用户配置】→【策略】→【管理模板】→【桌面】→单击【桌面】→在右窗格中右击【启用 Active Desktop】→在弹出的快捷菜单中选择【属性】，如图 3-38 所示。

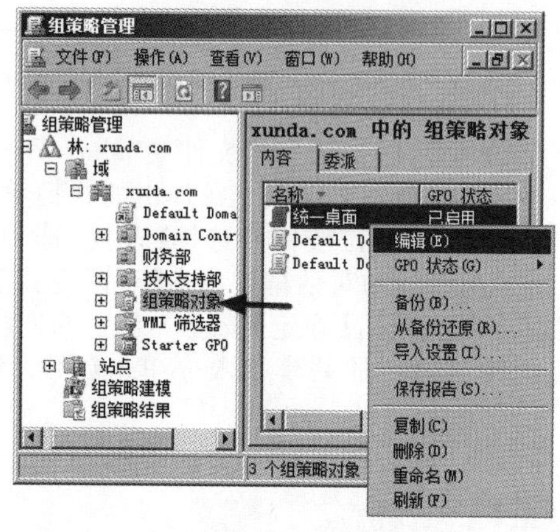

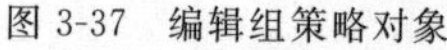
图 3-37 编辑组策略对象

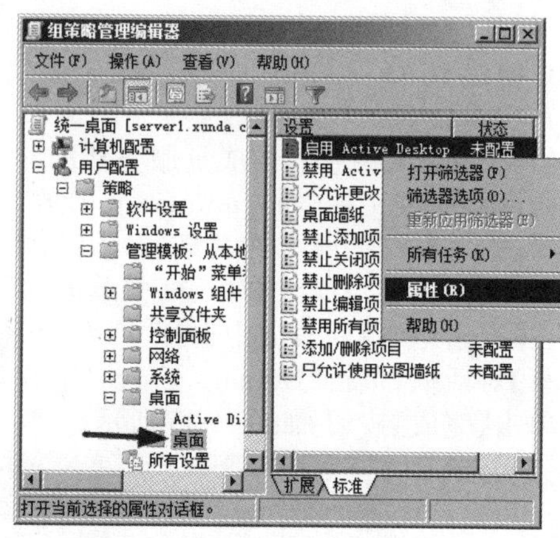

图 3-38 【组策略管理编辑器】窗口

提示：①组策略对象的配置包括影响用户的“用户配置”和影响计算机的“计算机配置”。当用户登录计算机时，就会应用用户配置组策略，而不管他们登录了哪台计算机；当特定的计算机启动(引导)时，自动应用“计算机配置”设置的组策略，而不管谁登录了该计算机。

②“计算机配置”包含以下 3 个方面的设置内容：

• 软件设置：为网络中的多台计算机自动安装、发布、更新、升级和卸载软件。

• Windows 设置：包括脚本和安全两个子项。“脚本”可以在计算机启动或关机时运行，以执行特殊的程序和设置；“安全”主要是和计算机系统安全相关的安全策略的设置。

• 管理模板：包括 Windows 组件、系统、网络和打印机 4 个部分。主要影响注册表中“HKEY_CURRENT_MACHINE”的设置。

③“用户配置”包含以下 3 个方面的设置内容：

• 软件设置：包括“软件安装”，可以在此项设置中为用户安装软件。

• Windows 设置：包括远程安装服务、脚本(登录、注销)、安全设置、文件夹重定向和 IE 浏览器维护。

• 管理模板：包括 Windows 组件、任务栏和“开始”菜单、桌面、控制面板、共享文件夹、网络、系统。主要影响注册表中“HKEY_LOCAL_USER”的设置。

④大多数设置只出现在一个部分(计算机配置或用户配置)中，但有些设置在两个部分中都有，如“同步运行登录脚本”。若设置出现在两个部分中，并且它们不一致，则使用计算机配置；当计算机配置和用户配置发生冲突时，用户配置策略会覆盖计算机配置策略。

⑤“未配置”表示该配置策略还未配置，因而不会更改注册表；“已启用”表示该配置策略应用到该 GPO 的用户和计算机；“已禁用”表示注册表将提示该配置策略不会应用到属于该 GPO 的用户或计算机。

步骤 3：在打开的【启用 Active Desktop 属性】对话框中选择【设置】选项卡→单击【已启用】单选按钮→单击【确定】按钮，如图 3-39 所示。

步骤 4：在图 3-38 所示的右窗格中，双击【桌面墙纸】→在打开的【桌面墙纸 属性】对话框中单击【已启用】单选按钮→在【墙纸名称】编辑框中输入存放桌面墙纸文件的完整路径（如，\\server1\share\summer. jpg）→在【墙纸样式】下拉列表中选择样式（如“拉伸”）→单击【确定】按钮，如图 3-40 所示。

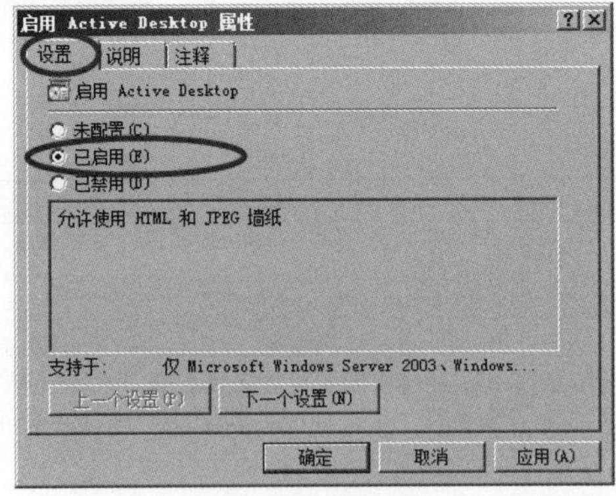

图 3-39　启用策略

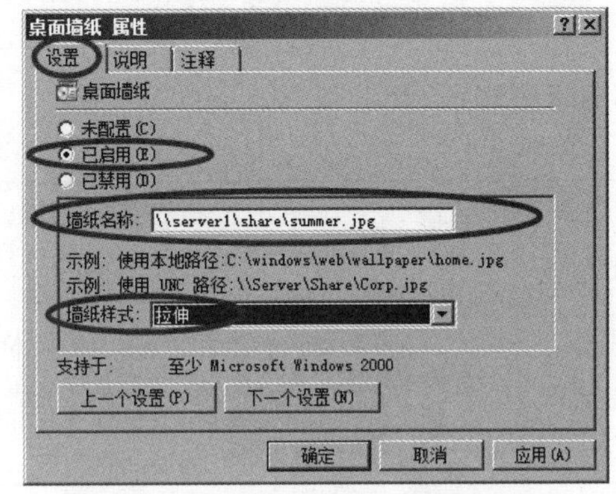

图 3-40　【桌面墙纸 属性】对话框

3. 将 GPO 链接到指定的容器

在建立、配置好新的 GPO 后，还需要 GPO 与容器对象（站点、域和 OU）链接起来，以确定 GPO 生效的范围。“统一桌面”GPO 与“技术支持部”OU 实现链接的过程如下：

在【组策略管理】窗口的左窗格中，右击【技术支持部】OU→在弹出的快捷菜单中选择【链接现有 GPO】→打开【选择 GPO】对话框，在【组策略对象】列表框中选择【统一桌面】→单击【确定】按钮完成链接，如图 3-41 所示。

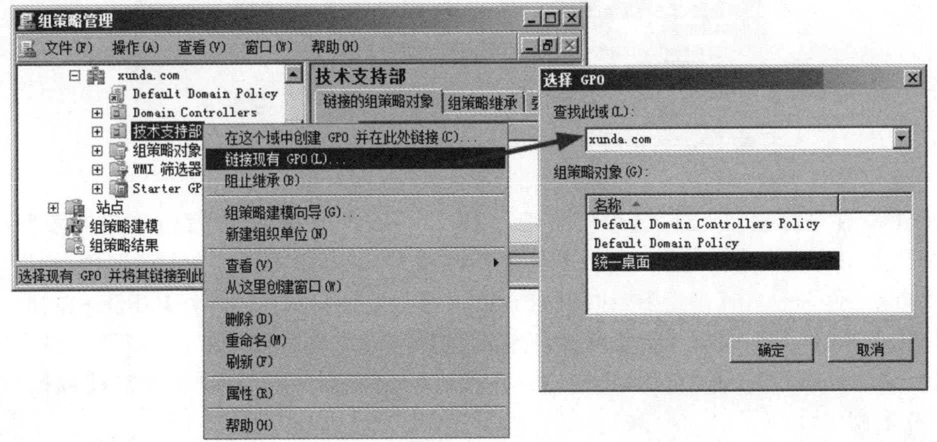

图 3-41　容器与 GPO 的链接过程

4. GPO 策略实现效果的测试

在 GPO 所在的域控制器上，同时按下【Windows 徽标＋R】组合键→在弹出的【运行】对话框中输入“gpupdate/force”命令强制刷新组策略，使新建 GPO 中的配置策略生效。再到加入域的客户端用“gpupdate/force”命令强制刷新组策略或者注销客户端当前用户，再用域用户帐户登录，客户端桌面将自动换成指定的桌面墙纸。

任务 3-7 为批量客户机自动安装软件

网络管理员在部署域中的软件时，通常要在多台计算机上对软件进行安装、修复、卸载和升级操作。若在每台计算机上都重复进行这些操作，工作量大且容易出错。利用组策略技术，可自动将软件分发给客户机或用户，这种技术称为分发软件。分发软件的方式有分配和发布两种，见表 3-2。

表 3-2　两种分发软件的方式

方式	分配软件	发布软件
给客户机	启动客户机时软件将自动安装到客户机的 Documents and Settings\All Users 目录里	不能发布给客户机
给用户	用户在客户端登录时，该软件会被“通告”给该用户，但该软件并未真正安装，只是放置了与该软件有关的部分信息(如：快捷方式)。当开始运行此软件或双击与该软件关联的文档时软件才真正安装	不会自动安装软件本身，需由用户通过【控制面板】→【添加或删除程序】→【添加新程序】或者双击该软件的关联文档时软件才真正安装

下面以分配“office2003”安装软件给财务部的用户为例，介绍其设置步骤：

步骤 1：在域控制器上建立相应的组织单元(如，“财务部”)和用户。

步骤 2：以管理员身份登录用来存放分配软件的计算机(可访问的域成员或非成员计算机均可)→将安装软件包所在文件夹(如，E 盘中“office2003”文件夹)设置为共享，并使任一用户有共享和 NTFS 的读取权限，如图 3-42 所示。

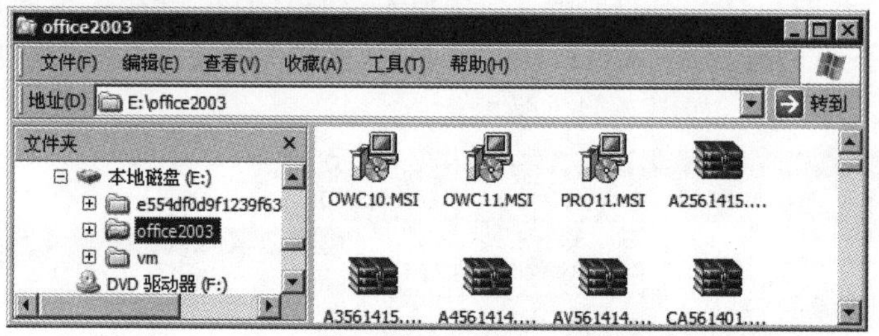

图 3-42　创建存放分配软件的发布点

步骤 3：在域控制器上进入【组策略管理】窗口→在左窗格中右击【组策略对象】→在弹出的快捷菜单中选择【新建】→打开【新建 GPO】对话框，在【名称】编辑框中输入“分发 office2003 软件”→单击【确定】按钮→右击新建的【分发 office2003 软件】GPO→在弹出的快捷菜单中选择【编辑】→打开【组策略管理编辑器】窗口，在左窗格中依次展开【用户配置】→【策略】→【软件设置】→右击【软件安装】→在弹出的快捷菜单中选择【新建】→【数据包】，如图 3-43 所示。

步骤 4：弹出【打开】窗口，在地址栏内输入安装程序包的共享文件夹的 UNC 路径→单击安装文件(如：PRO11. MSI)→单击【打开】按钮→在打开的【部署软件】对话框中选择【已分配】→单击【确定】按钮，如图 3-44 所示。完成分配软件的设置如图 3-45 所示。

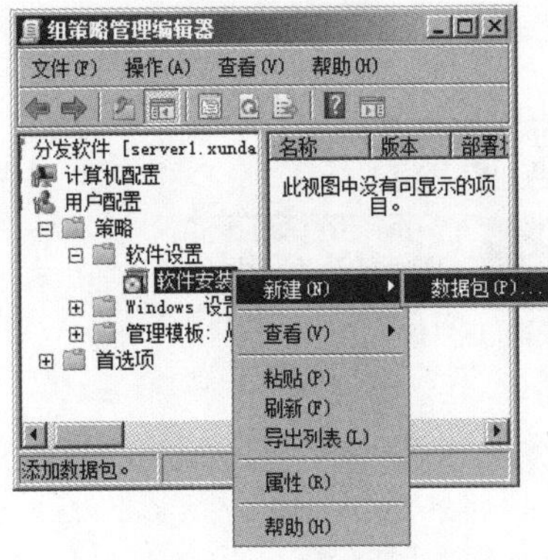

图 3-43　新建数据包

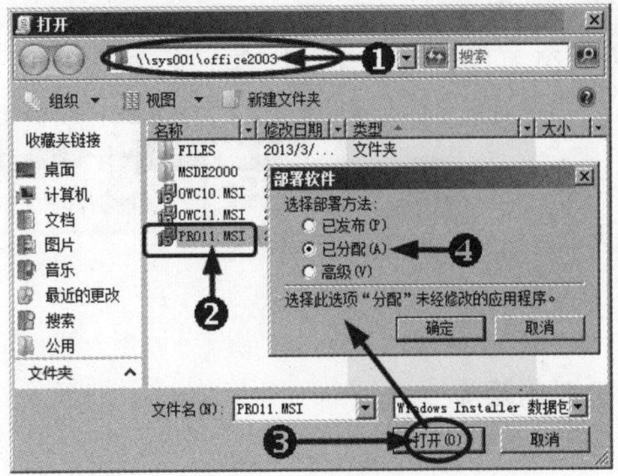

图 3-44　【打开】窗口

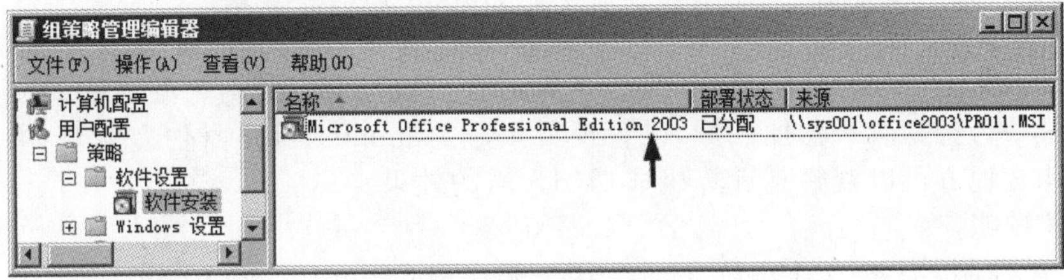

图 3-45　完成分配软件的设置

步骤5：在【组策略管理】窗口的左窗格中，右击【财务部】OU→在弹出的快捷菜单中选择【链接现有 GPO】→打开【选择 GPO】对话框，在【组策略对象】列表框中选择【分发office2003 软件】→单击【确定】按钮完成链接。

步骤6：在域控制器上，执行刷新组策略命令"gpupdate/force"。

步骤7：在客户机上，注销用户并以"财务部"OU 中的用户(事先已创建)重新登录系统→单击【开始】→【所有程序】，可以看到已经部署的程序菜单项→单击相应的菜单项即可开始安装。

提示：通过组策略只能直接分发 msi 封装的程序安装包，对于 exe 封装的安装包，有两种方法部署。第一种是使用 Advanced Installer、WinInstall 等工具把它们重新封装成 msi 格式的安装包；第二种是使用 zap 文件来封装 exe 文件，具体做法是在跟 exe 的同一目录下，使用记事本创建以".zap"为后缀的文本文件，内容为：

```
[Application]
Friendlyname="TEST"
Setupcommand=\\UNC 路径\安装文件名.exe
```

该方法容易实现，但是只能发布软件，而不能分配软件，且不提供软件升级功能。

项目实训3　域网络构建、管理与应用

【实训目的】

会安装 Active Directory；会创建和配置域用户和组织单元；能够利用组策略技术进行系统配置。

【实训环境】

每人1台 Windows XP/7 物理机，2台 Windows Server 2008 虚拟机(注意不能是同一台复制而成的)，虚拟机网卡连接至虚拟交换机 VMnet1。

【实训拓扑】

实训示意图如图 3-46 所示。

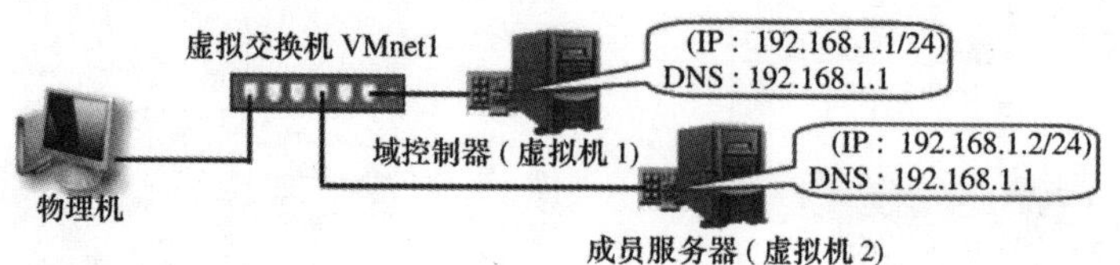

图 3-46 实训示意图

【实训内容】

1. 安装活动目录

(1)按拓扑结构图中给定的参数修改 IP 相关参数。

(2)在一台独立服务器上,使用管理员帐户 Administrator 登录。

(3)安装活动目录:建议使用“你的名字的拼音字母. com”的方式定义域名(如,zhangsan. com),在安装 Active Directory 的同时在该机器上安装与之配套的 DNS 服务器。

2. 将另一台独立服务器加入域,以管理员帐户 Administrator 身份登录域,并指出在域控制器的什么地方可以观察到计算机成功加入域的效果。

3. 创建域帐户

(1)在域控制器上创建 User1、User2 用户帐户和 Group1、Group2 组帐户。

(2)将用户 User1 加入 Group1 组,将用户 User2 加入 Group2 组。

(3)令 Group1 组具有系统管理员权限,令 Group2 组只有普通用户权限。

(4)限制 User2 用户只能从名为 JSB-PC1 的计算机上登录。

(5)在成员服务器上注销当前用户,以 User2 用户重新登录,能否成功? 为什么?

4. 创建与管理组织单位

(1)在域控制器的域下面创建“工程部”OU。

(2)在“工程部”OU 中添加成员服务器对应的计算机帐户。

(3)在“工程部”OU 下添加“技术组”子 OU,将 Group1 移入“技术组”子 OU,将 Group2 移入“工程部”OU。

5. 组策略的应用

(1)创建组策略对象 GPO1,使得具有管理员权限的 User1 用户在登录域成员计算机后不能修改 IP 地址等网络参数、不能修改桌面背景、不能打开控制面板。

提示:不能修改网络参数可通过【用户设置】→【管理模板】→【网络】→【网络连接】→【禁止访问 LAN 连接的属性】和【为管理员启用 Windows 2000 网络连接设置】进行设置;不能修改桌面背景可通过【用户设置】→【管理模板】→【控制面板】→【显示】→【阻止更改墙纸】进行设置;不能打开控制面板可通过【用户设置】→【管理模板】→【控制面板】→【禁止访问控制面板】进行设置。

(2)上网搜索使用组策略部署 Office 2007 软件的方法。

项目习作 3

一、选择题

1. 下列选项中,哪些能够说明工作组模式与域模式的区别?(　　)

A. 在工作组模式下,每台计算机都维护着可以登录本机的用户帐户信息;而在域模式下,由域控制器统一来维护用户帐户信息

B. 在工作组模式下,用户要想登录工作组中某计算机,必须在该计算机上有该用户帐

户；而在域模式下，只要在域控制器中有用户帐户，就可以使用该用户帐户登录域中的任何计算机，无须在该计算机上再有用户帐户

C. 在工作组模式下，用户登录计算机后要想访问工作组中其他计算机上的资源，必须用被访问计算机上的用户帐户再登录一次才能访问；而在域模式下，用户只要登录计算机就可访问域中任何计算机上的资源，无须再次登录

D. 在工作组模式下，由于缺乏集中管理，所以安全性较低；而在域模式下，利用集中管理的方式，提高了安全性

2. 每个域里最少有(　　)台域控制器。

A. 1　　B. 2　　C. 3　　D. 4

3. 公司要使用域控制器来集中管理域用户帐户，安装域控制器应具备(　　)条件。

A. 操作系统版本是 Windows Server 2008 或者 Windows 7

B. 本地磁盘至少有一个 NTFS 分区

C. 本地磁盘必须全部是 NTFS 分区

D. 有相应的 DNS 服务器支持

4. 某台 Windows Server 2008 计算机安装了活动目录，是某个域的域控制器。因网络规划的需要，想卸载这台计算机上的活动目录，可以完成此项工作的是(　　)。

A. 运行 dcpromo 命令　　B. 重新安装 Windows Server 2008

C. 运行 winnt32. exe 命令　　D. 使用“添加/删除程序”

5. 网络管理员在一台安装了 Windows Server 2008 的计算机上执行活动目录的安装后，这台计算机上原有的本地用户帐号和组帐号(　　)。

A. 被全部删除

B. 变为新域中的域用户帐号和组帐号

C. 仍然保留，在 DC 上以本地用户帐号和组帐号的形式存在

D. 转移到原来计算机所处工作组中的其他计算机上

6. 某公司有 5 个部门：财务、销售、市场、开发和后勤。公司为每名员工都配备了计算机，每个部门都拥有一台打印机，因为工作的需要，每个人都共享了一些文件资源给相应的人员。采用的最佳管理方案为(　　)。

A. 为每个部门建立一个工作组，用于存放和管理部门内的用户帐户及其他网络资源

B. 为每个部门建立一个域，用于管理部门内的用户帐号及其他网络资源

C. 为公司建立一个域，在域中为每个部门建立一个 OU

D. 为公司建立一个工作组，用于存放和管理部门内的用户帐户及其他网络资源

7. Windows Server 2008 组策略由两部分组成，分别是(　　)。

A. 计算机配置、用户配置　　B. 软件设置、用户配置

C. Windows 设置、管理模板　　D. 计算机配置、Windows 设置

8. 域管理员准备对域中的 100 台成员服务器进行一系列相同配置，这些计算机都在一个名为 hnwy 的 OU 中，为了提高配置效率，应该采取的措施是(　　)。

A. 创建域的组策略，编辑该组策略进行配置

B. 创建域控制器的组策略，编辑该组策略进行配置

C. 创建 hnwy OU 的组策略，编辑该组策略进行配置

D. 在每台计算机上配置本地安全策略，进行配置

二、简答题

1. 简述工作组模式和域模式的区别。

2. 简述安装活动目录需要具备哪些条件。

3. 组和组织单位有哪些区别？

4. 什么是组策略？组策略是通过什么实现的？

项目04 磁盘与数据存储管理

4.1 项目背景

在迅达公司的网络中架设了多台服务器，这些服务器的磁盘中均存储了公司的重要数据。预防因磁盘的故障导致服务器停机或者数据丢失是网络管理员非常重要的工作职责；而设法提高磁盘的访问速度、增强数据存储的效率和访问安全，网络管理员也责无旁贷。Windows Server 2008 提供了强大的磁盘管理工具，通过容错机制来保护磁盘数据存储安全；通过带区卷和 RAID-5 卷来提高磁盘的读写速度；通过磁盘配额来限制用户对磁盘的使用量；通过对磁盘数据压缩来节省磁盘空间；通过对文件加密来保障文件的使用安全。

4.2 项目知识准备

4.2.1 硬盘的种类及结构

硬盘是计算机主要的存储媒介之一，其种类有机械硬盘、固态硬盘和混合硬盘。

1. 机械硬盘（Hard Disk Drive，HDD）

机械硬盘采用磁性盘片来存储信息，主要由盘片、磁头、主轴、电动机、磁头控制器、数据转换器、接口、缓存等部分组成，如图 4-1 所示。

图 4-1　机械硬盘内部结构图

- 盘片：由一个或者多个铝制或者玻璃制的碟片组成。这些碟片外覆盖了铁磁性材料，被永久性地密封固定在硬盘驱动器中。所有的盘片都固定在一个旋转轴上，这个轴即主轴。
- 磁头：它是硬盘读写数据的关键部件，硬盘中每个盘片的存储面上都有一个磁头，所有的磁头连在一个磁头控制器上，由磁头控制器负责各个磁头的运动。磁头可沿盘片的半径方向移动，而盘片以每分钟数千转的速度旋转，这样磁头就能对盘片上的指定位置进行数据的读写操作。磁头在读取数据时，将盘片上磁粒子的不同极性转换成不同的电脉冲信号，再利用数据转换器将这些原始信号变成计算机可以使用的数据，写的操作正好与此相反。

• 磁道：当磁盘旋转时，磁头会在磁盘表面划出一个圆形轨迹，这些圆形轨迹就叫作磁道。磁盘上的信息沿着磁道存放。相邻磁道并不紧挨，这是因为磁化单元相隔太近时磁性会相互影响，磁头的读写也会困难。

• 扇区：磁盘上的每个磁道被等分为若干个弧段，这些弧段便是磁盘的扇区，每个扇区可以存放 512 个字节的信息，磁盘驱动器以扇区为单位向磁盘读取和写入数据。

• 柱面：硬盘通常由重叠的一组盘片构成，每个盘面都被划分为数目相等的磁道，并从外缘的“0”开始编号，具有相同编号的磁道形成一个圆柱，称为磁盘的柱面。

• 接口：它是硬盘与主机间的连接部件，作用是在硬盘缓存和主机内存之间传输数据。不同的硬盘接口决定着硬盘与主机间的传输速度，直接影响着程序运行的快慢和系统性能的高低，机械硬盘接口的常用类型如表 4-1 和图 4-2 所示。

表 4-1　　机械硬盘接口的常用类型

类型	SATA 接口	SCSI 接口	SAS 接口	光纤通道(FC 接口)
转速(转/分)	7200	7200/10000 以上	7200/15000	10000 以上
热拔插	支持	支持	支持	支持
传输率	SATA1.0:150 MB/s SATA2.0:300 MB/s SATA3.0:600 MB/s	最高 320 MB/s	SAS1.0:3000 MB/s SAS2.0:6000 MB/s	4000 MB/s
适用范围	家用 PC/服务器	中高端服务器	中高端服务器 兼容 SATA 接口	高端服务器

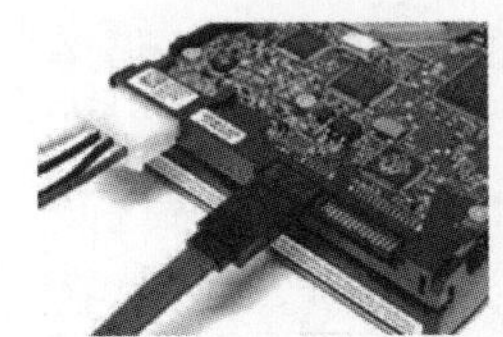
SATA接口

SCSI接口

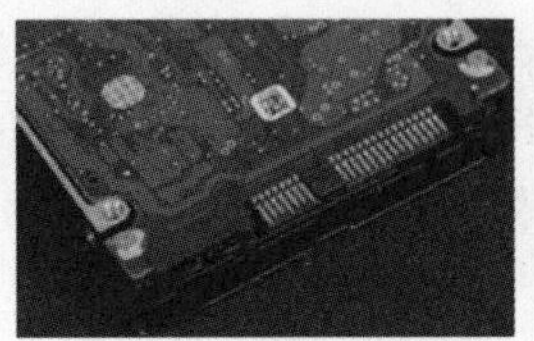
SAS接口

FC接口

图 4-2　机械硬盘接口的常用类型

2. 固态硬盘(Solid State Disk，SSD)

固态硬盘是用固态电子存储芯片阵列制成的硬盘，由控制单元和存储单元(FLASH 芯片、DRAM 芯片)组成。固态硬盘摒弃了传统硬盘的机械架构和瓷存储介质，采用电子存储介质进行数据存储和读取，其内部结构如图 4-3 所示。

图 4-3　固态硬盘内部结构图

固态硬盘的优点主要有读写速度快，低功耗，经久耐用，防震抗摔(没有机械硬盘的旋转装置)，工作温度宽(−45 ℃～+85 ℃)，无噪声。固态硬盘的缺点是价格较贵。固态硬盘现在逐渐在 DIY 市场普及。

固态硬盘在接口的规范和定义、功能及使用方法上与机械硬盘基本相同，常用的固态硬盘接口有 SATA、mSATA、SAS、PCI-E、CFast 和 SFF-8639 等。

3. 混合硬盘(Hybrid Hard Disk,HHD)

混合硬盘是把传统机械硬盘和闪存集成到一起的硬盘,除了机械硬盘必备的盘片、电动机、磁头等之外,还内置了 NAND 闪存颗粒,该颗粒将用户经常访问的数据进行储存,可以达到固态硬盘效果的读取性能。混合硬盘不仅能提供更佳的性能,还可减少硬盘的读写次数,从而使硬盘耗电量减少,使笔记本电脑的电池续航能力提高。有不少笔记本电脑采用一块小容量(如:32 GB)的固态硬盘,用于休眠和文件高级缓存,另外一块大容量的机械硬盘用于保存大量的数据。

4.2.2 磁盘分区的样式与使用方式

1. 磁盘分区的样式

在使用磁盘前需要对其空间整体进行分割(分区),形成一个或多个磁盘子空间,这些磁盘子空间被称为"磁盘分区"(简称分区)。为了管理磁盘上的分区,在磁盘内有一个称为"分区表"的区域,用来存储分区的相关数据(如:每个分区的文件系统标识、起始地址、结束地址、是否为活动分区、分区总扇区数目等)。分区表的样式有两种:MBR 和 GPT。

①MBR(Master Boot Record,主引导记录)

MBR 分区的分区表保存在 MBR 扇区(磁盘第一个扇区的前 64 个字节存储分区表信息,其后是引导程序)中,每个分区占用 16 个字节。启动计算机时,使用传统 BIOS(基本输出/输入系统,它是计算机主板上的固件)的计算机,其 BIOS 会先读取 MBR,并将控制权交给 MBR 内的引导程序,然后由此程序来继续后续的启动工作。由于 MBR 样式的磁盘内只有 64 个字节用于分区表,所以只能记录 4 个分区的信息,即在一块硬盘上最多支持 4 个分区,且 MBR 支持的硬盘最大容量为 2.2 TB(1 TB=1024 GB)。

②GPT(GUID Partition Table,全局唯一标识分区表)

GPT 分区的分区表保存在 GPT 头(出于兼容性考虑,第一个扇区的前 64 个字节仍然用作 MBR,其后是 GTP 头)中,而且有主要和备份两个分区表,以提供自纠错功能。GPT 磁盘对分区的数量没有限制(在 Windows 下最多 128 个分区),支持大于 2.2 TB 的分区及大于 2.2 TB 的总容量,最大支持 18 EB(1 EB=1024 PB,1 PB=1024 TB)容量,尤其是在使用支持 UFEI 的主板后还可以安装操作系统作为启动分区。

随着磁盘容量突破 2.2 TB,"传统 BIOS 主板+MBR 磁盘"的组合模式,将会被"UEFI BIOS 主板+GPT 磁盘"的组合模式所取代。

2. 磁盘的使用方式

Windows 系统将磁盘的使用方式分为两种:基本磁盘和动态磁盘。

①基本磁盘

基本磁盘是历史最久远和最常用的磁盘使用方式,基本磁盘可分割为主分区、扩展分区和逻辑驱动器。基本磁盘内的每一个主分区或逻辑驱动器又被称为基本卷。

- 主分区:是可以用来启动操作系统的分区,一般就是操作系统的引导文件存放的分区。每块基于 MBR 的基本磁盘,可以建立 1～4 个主分区;每块基于 GPT 的基本磁盘,最多可创建 128 个主分区。每个主分区可以被赋予一个驱动器号。

- 扩展分区:为了突破 MBR 磁盘最多只能建立 4 个分区的数量界限,引入了扩展分区。虽然扩展分区只能创建 1 个,但扩展分区可以(必须)进一步划分成一个或多个逻辑分区(或逻辑驱动器)。扩展分区不能直接存储信息,只能在划分出的逻辑分区上存储。由于 GPT 磁盘可以有多达 128 个主分区,所以不必也不能创建扩展分区。

②动态磁盘

动态磁盘是从 Windows 2000 开始的新的磁盘使用方式，并由基本磁盘升级而成。动态磁盘中通常将磁盘分区改称卷。卷的使用方式与基本磁盘的分区相似，同样需要分配驱动器号并格式化后才能存储数据。根据实现功能的不同，在动态磁盘上能划分的卷类型有：简单卷、跨区卷、带区卷、镜像卷和 RAID-5 卷。

相较基本磁盘，动态磁盘提供更加灵活的管理和使用特性。用户可以在动态磁盘上实现数据容错、高速读写和相对随意地修改卷大小等操作。二者区别见表 4-2。

表 4-2　　Windows Server 2008 的基本磁盘与动态磁盘的比较

	基本磁盘	动态磁盘
分割单元	分区 / 基本卷	动态卷 / 卷
分割数量	MBR 磁盘：≤4 个主分区，≤3 个主分区＋1 个扩展分区 GPT 磁盘：≤128 个主分区	可以创建最多 2000 个卷（推荐 32 个或更少）
容量更改	可以在不丢失数据的情况下更改分区容量大小，但不能跨磁盘扩展	可以在不丢失数据的情况下更改卷容量大小
磁盘空间	分区必须是同一磁盘上的连续空间，不可跨越磁盘	可将卷容量扩展到同一磁盘中不连续的空间或不同磁盘的卷中
读写速度	由硬件决定	通过创建带区卷，可对多块磁盘同时读写，显著提升磁盘读写速度
容错能力	不可容错，若没有及时备份而遭遇磁盘故障，会有极大的损失	通过创建镜像卷和 RAID-5 卷，保证提高性能的同时为磁盘增加容错性

4.2.3　磁盘分区/卷中文件系统的类型

文件系统是操作系统的一个子系统，它专门对磁盘分区/卷中的文件进行组织和管理。Windows 支持三种文件系统：FAT16/FAT、FAT32 和 NTFS。其功能比较见表 4-3。

• FAT16/FAT（File Allocation Table，文件分配表）：是用户早期使用的 DOS、Windows 95 使用的文件系统。它最大可以管理 4 GB 的分区，随着大容量硬盘的出现，已经被淘汰。

• FAT32：是从 Windows 95 OSR2 开始支持的 FAT16 的增强版，它能更高效地存储数据，减少硬盘空间的浪费，降低系统资源占用率。FAT32 目前仍然在使用。

• NTFS（New Technology File System，新技术文件系统）：是建立在保护文件和目录数据的基础上，同时兼顾节省存储资源、减少磁盘占用量的一种先进的文件系统。

表 4-3　　三种文件系统的比较

比较项目	FAT16/FAT	FAT32	NTFS
适用操作系统	DOS/所有 Windows	Windows 95 及以后版本	Windows NT 及以后版本
最大分区	2 GB	2 TB	2 TB
最大单个文件	2 GB	4 GB	2 TB
文件名长度	8.3 格式文件标准	255 个英文字符	255 个英文字符
域管理	不支持	不支持	支持
数据压缩	不支持	不支持	支持
数据加密	不支持	不支持	支持
磁盘配额	不支持	不支持	支持

4.3 项目实施

任务 4-1 基本磁盘的管理

Windows Server 2008 提供了图形界面的“磁盘管理”和字符界面的“diskpart”命令两种工具实施对磁盘的全方位管理，包括对磁盘的初始化、分区、创建卷和格式化卷等。

1. 磁盘的联机与初始化

新购买的硬盘，在完成物理安装后，还处于脱机状态，为此，需要对硬盘进行联机和初始化设置。其操作步骤如下：

步骤 1：在桌面上右击【计算机】→在弹出的快捷菜单中选择【管理】选项→打开【服务器管理器】窗口，在左窗格中展开【存储】节点→单击【磁盘管理】，如图 4-4 所示。

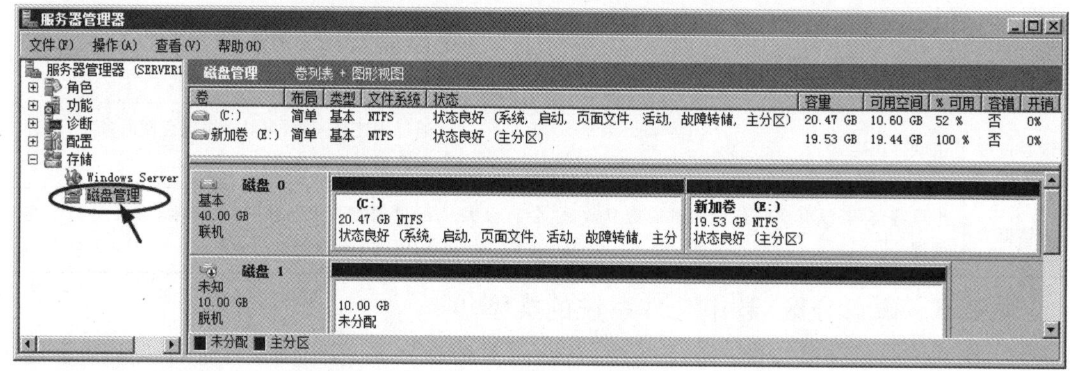

图 4-4 磁盘管理界面

步骤 2：在右窗格中右击【磁盘 1】→在弹出的快捷菜单中选择【联机】→再次右击【磁盘 1】→在弹出的快捷菜单中选择【初始化磁盘】→弹出【初始化磁盘】对话框，勾选要初始化的磁盘→选择磁盘分区形式(如 MBR)→单击【确定】按钮，如图 4-5 所示。

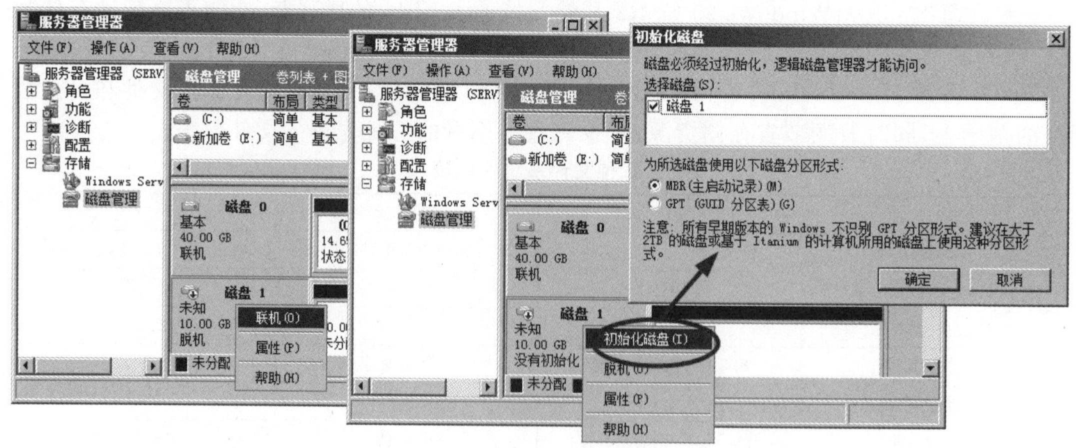

图 4-5 磁盘的联机与初始化

2. 在基本磁盘上创建主分区

联机和初始化磁盘完成后，硬盘将自动初始化为基本磁盘，此时基本磁盘还不能使用，必须建立磁盘分区并格式化。在基本磁盘上创建主分区的步骤如下：

步骤 1：进入【服务器管理器】窗口→在右窗格中右击“磁盘 1”的【未分配】区域→在弹出的快捷菜单中选择【新建简单卷】，如图 4-6 所示。

步骤 2：弹出【欢迎使用新建简单卷向导】对话框，单击【下一步】按钮→弹出【指定卷大小】对话框，填入分区的容量大小，若只划分一个分区，可将全部空间容量划分给主分区，若还需划分其他主分区或扩展分区，则预留一部分空间容量，设置完成后单击【下一步】按钮，如图 4-7 所示。

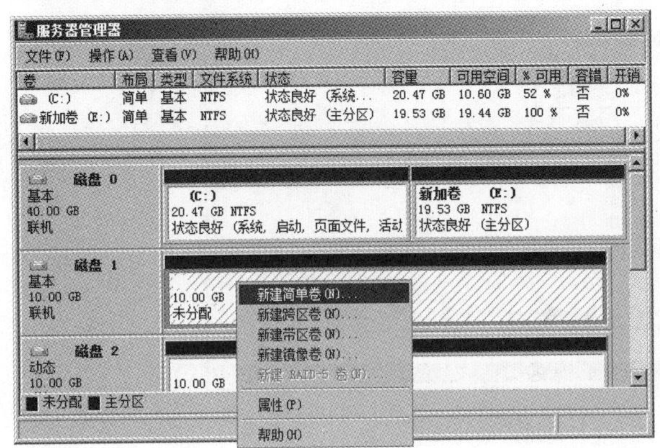

图 4-6　右击磁盘中的“未分配”区域

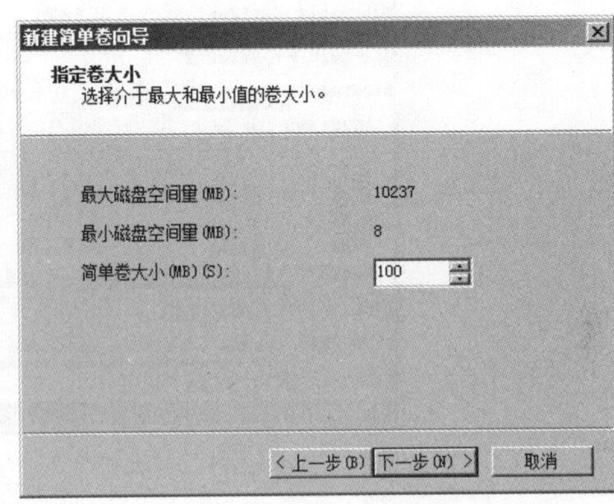

图 4-7　【指定卷大小】对话框

步骤 3：在打开的【分配驱动器号和路径】对话框中，可以为新建的分区指定一个字母作为其驱动器号，也可指定将分区【装入以下空白 NTFS 文件夹中】[如，用 C:\data 表示该分区，则以后所有保存到 C:\data 的文件都被保存到该分区中，该功能适用于 26 个磁盘驱动器号（A～Z）不够用时的环境]，还可以选择【不分配驱动器号或驱动器路径】（表示可以事后再指派驱动器号或某个空文件夹来代表该分区）→单击【下一步】按钮，如图 4-8 所示。

步骤 4：在打开的【格式化分区】对话框中，可设定是否格式化新建的分区，以及该分区所使用的文件系统、分配单元大小等→单击【下一步】按钮，如图 4-9 所示。

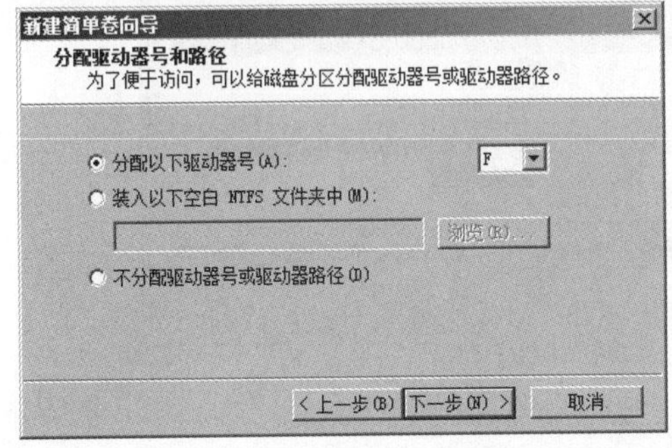

图 4-8　【分配驱动器号和路径】对话框

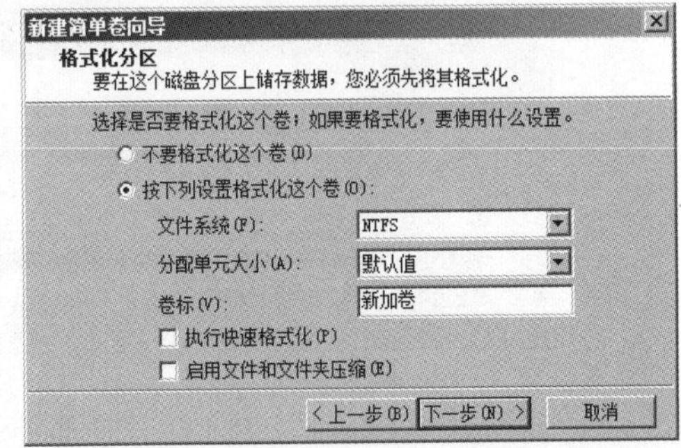

图 4-9　【格式化分区】对话框

步骤 5：在打开的【正在完成新建简单卷向导】对话框中单击【完成】按钮。至此，在“磁盘 1”上的第一个主分区（F 盘）已经建立完成。重复以上步骤建立第二个主分区（G 盘）。

提示：在基本磁盘上新建的简单卷会自动被设置为主分区，但是在同一基本磁盘上新建第 4 个简单卷时，它将被自动设置为扩展分区。

3. 在基本磁盘上使用 diskpart 命令创建扩展分区

Windows Server 2008 的磁盘管理器中，在已创建的主分区数量不满 3 个的情况下，不能直接创建扩展分区。此时，应使用 diskpart 命令创建扩展分区。其步骤是：在系统桌面上单击【开始】→【运行】→在打开的【运行】对话框中输入“cmd”命令→单击【确定】按钮，进入命令行界面，然后在命令行下执行 diskpart 等命令。操作过程如图 4-10 所示。

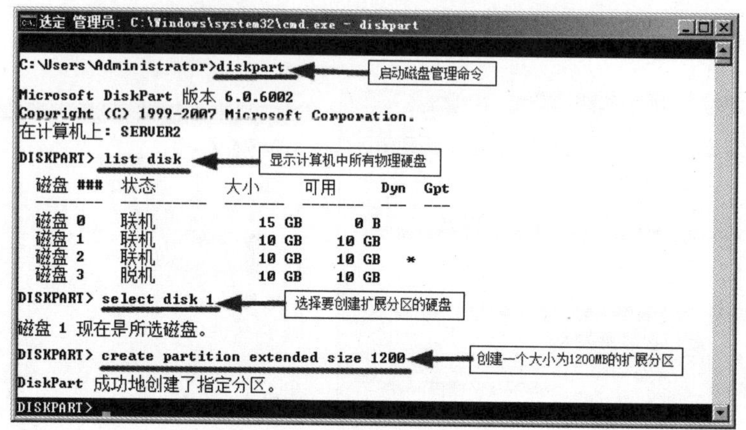

图 4-10 在基本磁盘上创建扩展分区

4. 在扩展分区上创建逻辑驱动器(逻辑分区)

扩展分区创建后，还不能直接存储文件，必须在扩展分区内建立逻辑驱动器。

具体步骤如下：

步骤 1：在【服务器管理器】窗口中，右击扩展分区内的【可用空间】区域，在打开的快捷菜单中单击【新建简单卷】，如图 4-11 所示。

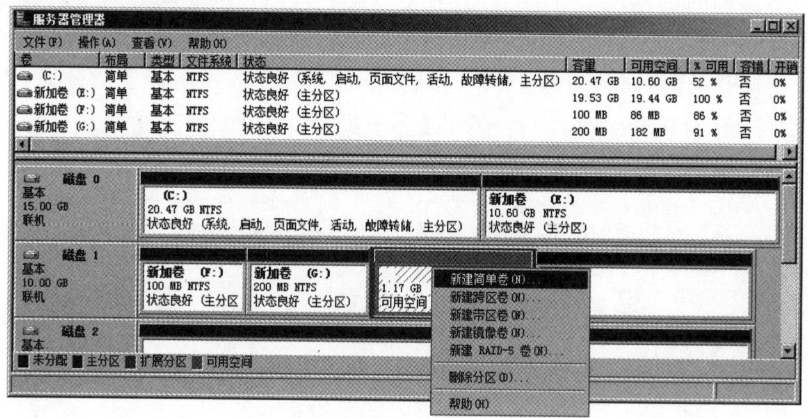

图 4-11 在扩展分区上创建逻辑驱动器

步骤 2：在打开的【欢迎使用新建简单卷向导】对话框中单击【下一步】按钮→在打开的【指定卷大小】对话框中填入简单卷的大小→单击【下一步】按钮→在打开的【分配驱动器号和路径】对话框中指派一个驱动器号→单击【下一步】按钮→在打开的【格式化分区】对话框中选择文件系统类型→单击【下一步】按钮→在打开的【正在完成新建简单卷向导】对话框中

单击【完成】按钮，创建完成后的逻辑驱动器（H 盘）见图 4-12。

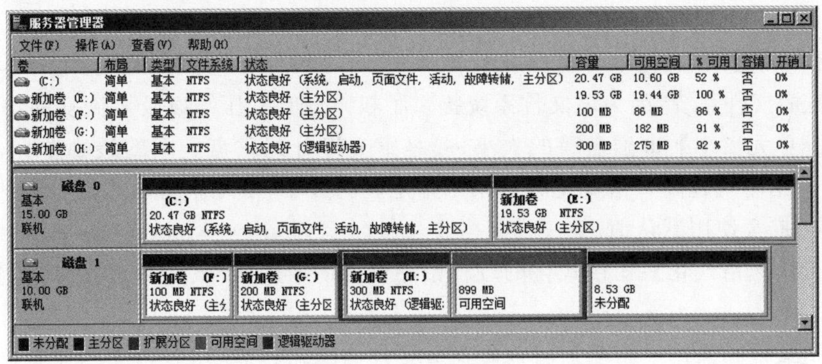

图 4-12　磁盘 1 的分区

至此，磁盘 1 上已划分了 2 个主分区（F 盘和 G 盘），1 个扩展分区，扩展分区中包含了 1 个逻辑分区（H 盘）。此外，还有“可用空间”和“未分配”的部分，见图 4-12。

提示：①在磁盘管理工具中，未分配空间用黑色表示；可用空间用艳绿色表示；主分区用深蓝色表示；扩展分区用深绿色表示；逻辑分区用浅蓝色表示。

②当使用磁盘管理工具在磁盘上已经创建了 3 个主分区，再新建简单卷会自动将剩余空间作为一个扩展分区并在其中创建逻辑分区，此时只能使用 diskpart 命令创建第 4 个主分区。

5. 分区的格式化

虽然在创建分区时可以选择进行格式化，但在创建分区时未格式化或在使用过程需要调整文件系统类型以及发生存储故障时都需要对分区格式化或重新格式化。其过程如下：

进入【服务器管理器】窗口→右击要格式化（或重新格式化）的分区（如 G 盘）→在弹出的快捷菜单中选择【格式化】→弹出【格式化 G:】对话框，在【卷标】编辑框中输入卷标的名称→在【文件系统】下拉列表中选择所使用的文件系统，若文件系统类型是 NTFS，还可勾选【启用文件和文件夹压缩】复选框，以便节省存储空间→单击【确定】按钮→在弹出的警告框中单击【确定】按钮，如图 4-13 所示。

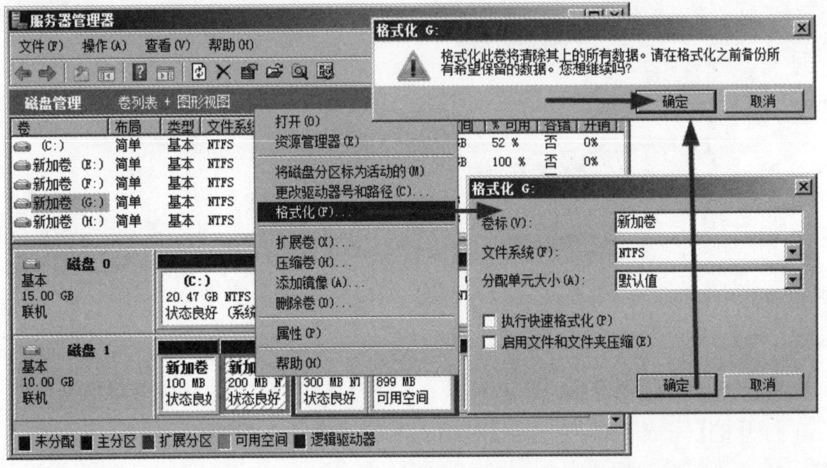

图 4-13　格式化的过程

在格式化分区时可进行如下设置：

- 【卷标】：为磁盘分区起一个名字。
- 【文件系统】：可以将该分区格式化成 FAT/FAT32 或 NTFS 的文件系统，建议格式化为 NTFS 的文件系统，因为该文件系统提供了权限、加密、压缩以及可恢复的功能。
- 【分配单元大小】：即磁盘簇的大小，簇是给文件分配磁盘空间的最小单元，簇空间越小，磁盘的利用率就越高。格式化时如果未指定簇的大小，系统就自动根据分区的大小来选择簇的大小，推荐使用默认值。
- 【执行快速格式化】：在格式化的过程中不检查坏扇区，一般在确定没有坏扇区的情况下才选择此项。
- 【启用文件和文件夹压缩】：将该磁盘分区设为压缩磁盘，以后添加到该磁盘分区中的文件和文件夹都自动进行压缩，且该分区只能是 NTFS 类型。

6. 分区的删除

要删除磁盘分区或卷，只要右击要删除的分区或卷（如，G 盘），在弹出的快捷菜单中选择【删除卷】即可。删除分区后，分区上的数据将全部丢失，所以删除分区前应仔细确认。若待删除分区是扩展分区，删除扩展分区上的所有逻辑驱动器后，才能删除扩展分区。

7. 分区（基本卷）的扩展

在使用计算机一段时间后，以前划分的分区大小可能不太合理。利用磁盘管理工具，能够轻松地对 NTFS 格式的分区大小进行无损调整。比如，可以在同一磁盘上将现有的主分区扩展到邻近的未分配空间，或将逻辑驱动器扩展到邻近的可用空间。

主分区或逻辑驱动器扩展的步骤为：

步骤 1：在【服务器管理器】窗口中，右击要扩展的主分区或逻辑驱动器，在弹出的快捷菜单中选择【扩展卷】，如图 4-14 所示。

步骤 2：打开【欢迎使用扩展卷向导】对话框→单击【下一步】按钮→打开【选择磁盘】对话框，选择扩展空间所在的磁盘，并指定磁盘上需扩展的容量大小→单击【下一步】按钮，如图 4-15 所示。

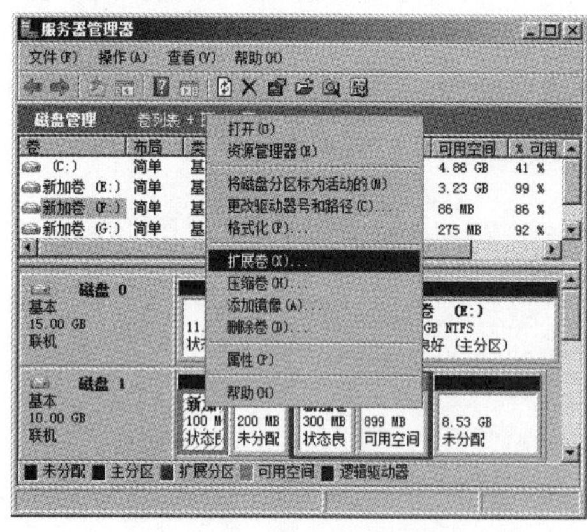

图 4-14 选择【扩展卷】

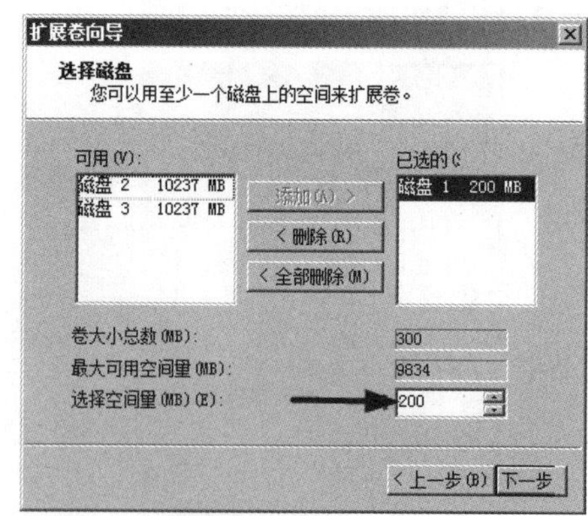

图 4-15 【选择磁盘】对话框

步骤 3：在打开的【完成扩展卷向导】对话框中单击【完成】按钮。

提示：当将主分区或逻辑驱动器的空间扩展到同一磁盘的非连续的空间时，同样能实现空间扩展，只是系统会提示您将基本磁盘转换为动态磁盘。

8. 分区的压缩

通过分区的压缩可以让出分区的占用空间，使其他分区能够扩展容量。其操作过程为：

在【服务器管理器】窗口中，右击要压缩的分区（如 G 盘）→在弹出的快捷菜单中选择【压缩卷】→在打开的【压缩 G:】对话框中输入压缩空间量的大小（不能超过可用压缩空间的大小）→单击【压缩】按钮即可，如图 4-16 所示。

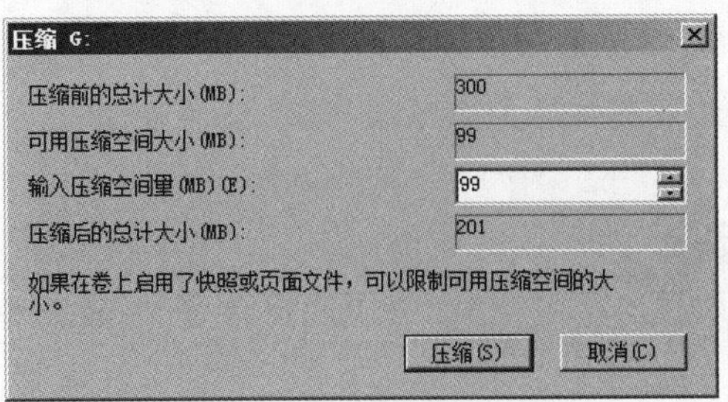

图 4-16　【压缩 G:】对话框

提示： 系统引导分区的磁盘驱动器号是无法更改的，对其他的磁盘分区时最好也不要随意更改磁盘驱动器号，因为有些应用程序会直接参照驱动器号来访问磁盘内的数据，如果更改了磁盘驱动器号，可能造成这些应用程序无法正常运行。

任务 4-2　基本磁盘与动态磁盘的转换

默认情况下，新添加的磁盘均为基本磁盘类型，要使磁盘具有灵活的扩展性、容错性等特征，需要将基本磁盘转换为动态磁盘。将基本磁盘转化为动态磁盘时需要注意以下问题：

- 只有属于 Administrators 或 Backup Operators 的组成员才有权进行磁盘转换，且在要升级的基本磁盘上，至少要有 1 MB 的未分配磁盘空间可供使用。
- 在转换之前，必须先关闭该磁盘运行的所有程序。
- 若磁盘中包括了操作系统或引导文件，则转换后需要重启系统才能生效。
- 当基本磁盘转换为动态磁盘后，原有的磁盘分区或逻辑驱动器都将变成简单卷。

将基本磁盘转换为动态磁盘的步骤如下：

步骤 1：进入【服务器管理器】窗口→右击需要转换的基本磁盘（如，磁盘 1）→在弹出的快捷菜单中选择【转换到动态磁盘】，如图 4-17 所示。

步骤 2：在打开的【转换为动态磁盘】对话框中勾选要转换的（一个或多个）基本磁盘→单击【确定】按钮→打开【要转换的磁盘】对话框，进一步确认后单击【转换】按钮→系统打开【磁盘管理】提示框，单击【是】按钮，然后系统执行转换，如图 4-18 所示。

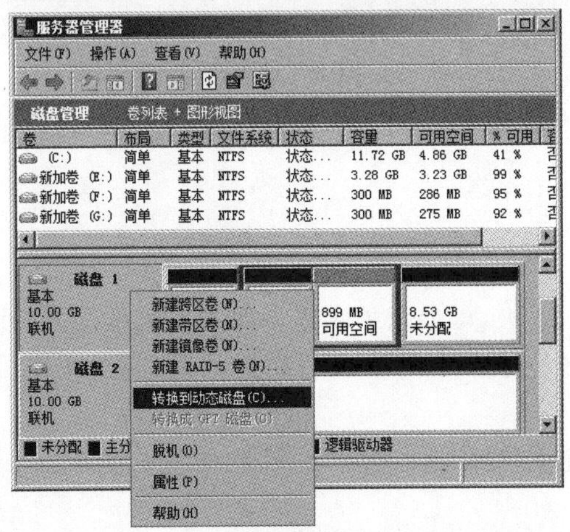

图 4-17　选择【转换到动态磁盘】

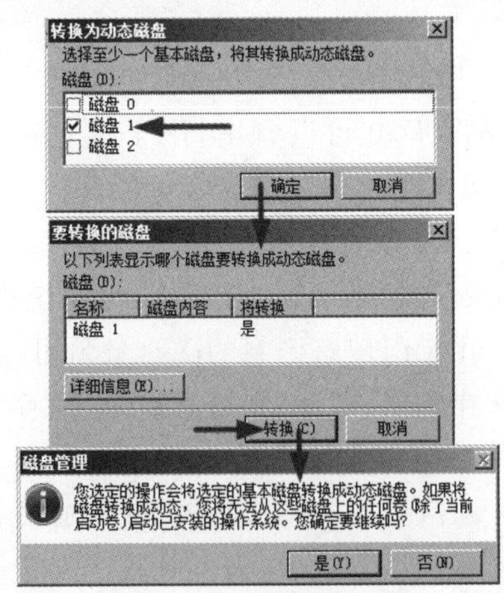

图 4-18　选择要转换的磁盘

提示：基本磁盘转换为动态磁盘后，数据不会丢失，但是旧版的 Windows 和 MS-DOS 将无法访问其中的数据。若要将动态磁盘转换为基本磁盘，只有将该盘上所有的卷删除后才能进行，这意味着所有数据都将丢失，因此，在转换之前应备份动态磁盘中有用的数据。

任务 4-3 使用跨区卷整合磁盘中的零散空间

简单卷是在单块动态磁盘空间建立的卷，其创建的方法与基本磁盘的分区相同，这里不再赘述。当对简单卷进行容量扩展时，若将空间扩展到不同的物理磁盘，简单卷就自动转变成跨区卷了。利用跨区卷可以将分散在多个磁盘上的小的未分配空间整合在一起，形成一个大的可统一使用和管理的卷，用户在使用时并不会感觉到在使用多个磁盘。

创建跨区卷的步骤如下：

步骤 1：进入【服务器管理器】窗口→右击动态磁盘中的【未分配】区域→在弹出的快捷菜单中选择【新建跨区卷】→在打开的【欢迎使用新建跨区卷向导】对话框中单击【下一步】按钮→打开【选择磁盘】对话框，选择磁盘及空间量(已选的磁盘至少 2 块，且每个磁盘的空间量可以不同)→单击【下一步】按钮，如图 4-19 所示。

步骤 2：在打开的【分配驱动器号和路径】对话框中指派驱动器号→单击【下一步】按钮→在打开的【卷区格式化】对话框中选择文件系统、设置卷标等→单击【下一步】按钮→单击【完成】按钮，结果如图 4-20 所示。

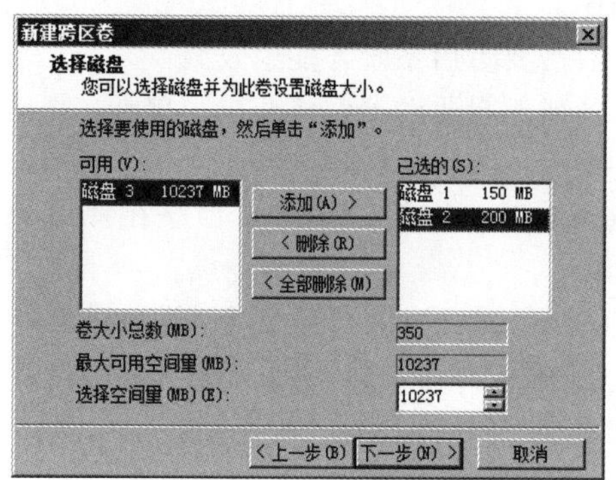

图 4-19 选择跨区卷使用的磁盘及空间量

图 4-20 建立的跨区卷(H 卷)的状态

从图 4-20 可以看出，用于建立跨区卷的磁盘为磁盘 1 和磁盘 2，组合后的跨区卷(H 卷)容量大小为两个磁盘容量的和。

跨区卷具有以下特性：

- 跨区卷必须为 NTFS 文件系统格式。
- 用于组建跨区卷的磁盘数量可为 2 至 32 块，每个磁盘成员占用的容量可以不相同。
- 当数据被存储到跨区卷时，先存到跨区卷成员中的第 1 块磁盘内，待空间用尽后，才将数据存到第 2 块磁盘，以此类推。
- 跨区卷没有容错功能，任一成员磁盘发生故障，跨区卷的数据都有可能丢失。
- 跨区卷创建后，仍可对其扩展容量。

任务 4-4　使用带区卷提高数据读写速度

与跨区卷相似，带区卷也是由多个磁盘上的空间合并到一个卷中的。但是与跨区卷不同的是，组成带区卷的成员的容量大小相同。

创建带区卷的步骤如下：

步骤 1：进入【服务器管理器】窗口→右击动态磁盘中的【未分配】区域→在弹出的快捷菜单中选择【新建带区卷】→在打开的【欢迎使用新建带区卷向导】对话框中单击【下一步】按钮→打开【选择磁盘】对话框，选择磁盘及空间量(已选的磁盘至少 2 块，但每个磁盘的空间容量相同)→单击【下一步】按钮，如图 4-21 所示。

步骤 2：在打开的【指派驱动器号和路径】对话框中指派驱动器号，然后按照屏幕提示完成后续操作，完成后的结果如图 4-22 所示。

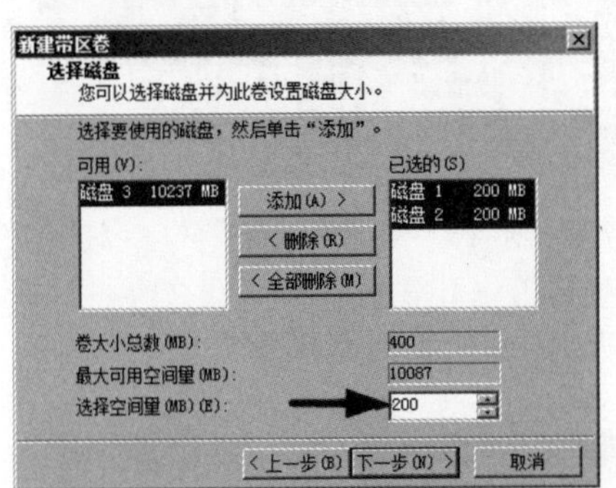

图 4-21　设置带区卷的空间量

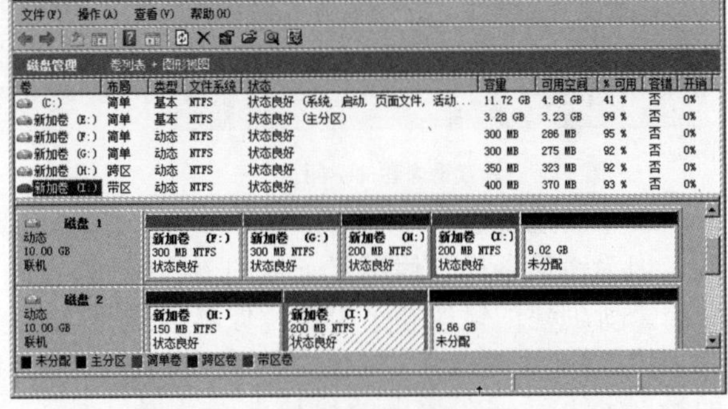

图 4-22　创建完成后的带区卷(I 卷)状态

从图 4-22 可以看出，用于建立带区卷的磁盘为磁盘 1 和磁盘 2，组合后的带区卷(I 卷)容量大小为两个磁盘容量的和。

带区卷具有以下特性：

- 用于组建带区卷的磁盘数量可为 2 至 32 块，每个磁盘成员占用的容量大小相同。
- 系统在保存数据到带区卷时，是将数据分成 64 KB 大小的数据块后依次循环地写入带区卷成员磁盘中，由于所有成员磁盘的读写工作同时进行，所以带区卷在所有卷中运行效率最高。
- 带区卷必须为 NTFS 文件系统格式。
- 带区卷不具备容错能力，当有任一成员磁盘发生故障时，整个带区卷将崩溃，数据全部丢失。
- 带区卷一旦创建好后，其容量将无法扩展。

任务 4-5　使用镜像卷实现数据自动备份

镜像卷使用卷的两个副本(即镜像)复制存储在卷上的数据，若其中一个磁盘发生故障，则该故障磁盘上的数据将不可用，但系统可以使用未受影响的另一磁盘。

1. 创建镜像卷

创建步骤如下：

步骤 1：进入【服务器管理器】窗口→右击动态磁盘中的【未分配】区域→在弹出的快捷菜单中选择【新建镜像卷】→在打开的【欢迎使用新建镜像卷向导】对话框中单击【下一步】按钮→打开【选择磁盘】对话框，选择磁盘及空间量(已选的磁盘必须为 2 块，且空间量相同)→单击【下一步】按钮，如图 4-23 所示。

步骤 2：在打开的【指派驱动器号和路径】对话框中指派驱动器号，然后按照屏幕上的提示完成后续操作，完成后的结果如图 4-24 所示。

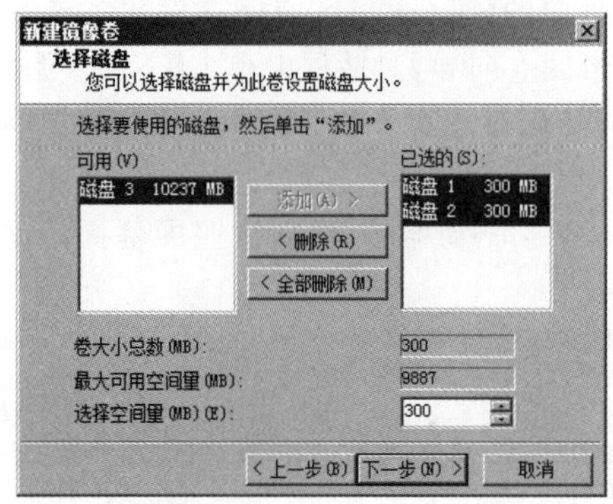

图 4-23 设置镜像卷的空间量

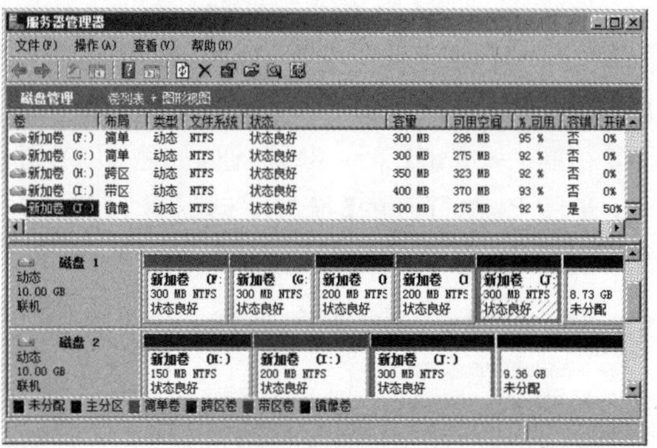

图 4-24 建立镜像卷(J 卷)后的状态

2. 中断镜像卷

因为镜像卷毕竟使用了一半的磁盘空间，当磁盘空间较小，不想使用镜像卷时，可以中断原来所创建的镜像卷。中断镜像卷的过程如下：

进入【服务器管理器】窗口→右击镜像卷中的卷副本之一→在弹出的快捷菜单中单击【中断镜像卷】→系统弹出如图 4-25 所示的提示框→单击【是】按钮完成中断操作。

图 4-25 提示框

中断镜像卷后，镜像卷的成员会独立为两个简单卷，且其中保留的数据完全一样，但这些卷不再具备容错能力。其中一个卷保留原驱动器号或装入点，而另一个卷则被自动分配下一个可用驱动器号。

镜像卷具有以下特性：

- 用于组建镜像卷的磁盘只有 2 块，并且必须位于不同的动态磁盘中。
- 用于组建镜像卷的 2 块成员磁盘占用的容量相同。
- 系统在保存数据到镜像卷时，是将一份数据分别保存到镜像卷的两块成员磁盘中，镜像卷的磁盘利用率只有 50%。
- 镜像卷具备容错能力，当有任一成员发生故障时，镜像卷中的数据不会丢失。
- 镜像卷一旦创建好后，无法再扩展其容量。

任务 4-6 使用 RAID-5 卷增强数据可靠性

1. 认识 RAID-5 卷

RAID(Redundant Arrays of Independent Disks，廉价冗余磁盘阵列，简称磁盘阵列)是

一种用硬件或软件的控制方式，实现将多块独立的物理磁盘相互连接组成一个大容量的逻辑磁盘，使多个硬盘驱动器并行工作，减少错误，提高效率和可靠性的存储管理技术。

RAID 技术分为几种不同的等级，可以提供不同的速度、安全性和性价比。常用的 RAID 级别有：NRAID、JBOD、RAID-0（带区）、RAID-1（镜像）、RAID-3、RAID-5 等。

Microsoft 从 Windows NT 开始提供基于软件的 RAID-5 卷功能。RAID-5 卷结合了带区卷与镜像卷的优点，既能提高磁盘访问效率又提供了容错能力。RAID-5 卷包含至少 3 块，最多 32 块磁盘。系统在保存数据到 RAID-5 卷时，不仅将数据分成 64 KB 大小的数据块循环写入各磁盘中，还会在每次循环时，根据写入数据的内容计算奇偶校验数据，并将校验数据轮流地保存到不同的磁盘上。例如：RAID-5 卷由 3 块磁盘组成时，系统会将每 2 个 64 KB 数据作为一组，可能写入磁盘 1 或硬盘 2，而将奇偶校验数据写入磁盘 3。当然，奇偶校验数据并不是固定存储在一个磁盘内的，而是轮流保存到每个 RAID-5 卷的成员磁盘中，如图 4-26 所示。

磁盘1	磁盘2	磁盘3
校验位	数据	数据
数据	校验位	数据
数据	数据	校验位
校验位	数据	数据
数据	校验位	数据
数据	数据	校验位

图 4-26　3 块磁盘组成的 RAID-5 卷

RAID-5 卷具备容错能力，当磁盘阵列中任意一块成员磁盘发生故障时，都可以由其他磁盘中的信息结合校验数据计算出故障磁盘上原有的数据，从而将故障磁盘中的数据恢复。如果同时有 2 块或 2 块以上磁盘出现故障，系统将无法恢复。与镜像卷相比，RAID-5 卷有较高的磁盘利用率。RAID-5 卷的磁盘利用率为（$N-1$）/N（其中，N 为磁盘数量）。

2. RAID-5 卷的创建

创建 RAID-5 卷的过程如下：

进入【服务器管理器】窗口→右击动态磁盘中的【未分配】区域→在弹出的快捷菜单中选择【新建 RAID-5 卷】→在打开的【欢迎使用新建 RAID-5 卷向导】对话框中单击【下一步】按钮→打开【选择磁盘】对话框，选择磁盘及空间量（已选的磁盘至少 3 块，且每块磁盘的空间量相同）。然后，按屏幕提示完成后续操作。

创建完成后的 RAID-5 卷（K 卷）如图 4-27 所示，从图中可以看出用于创建 RAID-5 卷的磁盘分别为磁盘 1、磁盘 2 和磁盘 3。

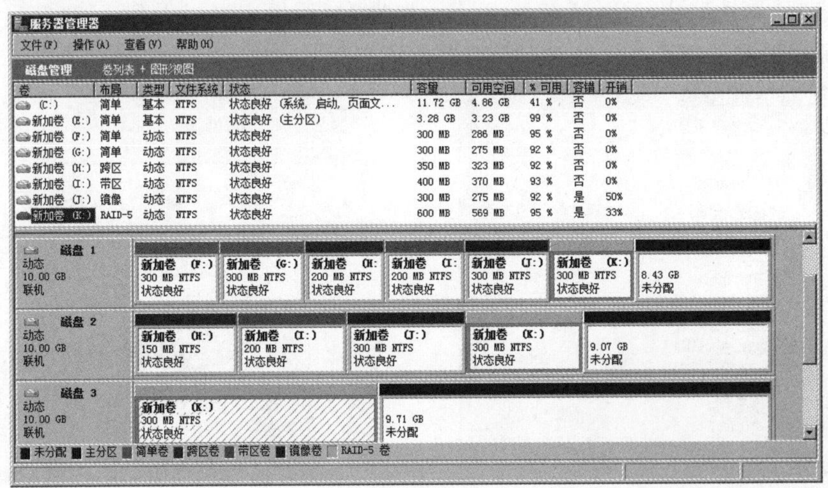

图 4-27　创建完成后的 RAID-5 卷（K 卷）

任务 4-7 磁盘配额管理

如果在服务器上对用户使用磁盘不加限额，磁盘空间可能很快就被某些用户用完。磁盘配额就是管理员规定用户最多能使用的磁盘空间的大小。磁盘配额的管理包括两个方面：启用磁盘配额和为特定用户指定磁盘配额项。

1. 启用磁盘配额

启用磁盘配额，可以在用户所用额度超过管理员所指定的磁盘空间时，阻止其进一步使用磁盘空间并记录用户的使用情况。要启用磁盘配额必须满足两个条件：文件系统必须为NIFS格式，且只有系统管理员和隶属于系统管理员组的用户才有启用权限。

启用磁盘配额的具体步骤如下：

步骤1：用Administrators组的成员登录系统→在桌面上双击【计算机】图标→右击欲启用磁盘配额的分区或卷（如，“E盘”）→在弹出的快捷菜单中选择【属性】→在打开的【新加卷(E:)属性】对话框中单击【配额】选项卡→勾选【启用配额管理】和【拒绝将磁盘空间给超过配额限制的用户】两项→选择【将磁盘空间限制为】选项→输入磁盘空间限制和警告级别的数值，从下拉列表中选择适当的单位→单击【确定】按钮，如图4-28所示。若是首次对某分区或卷（如，“E盘”）启用磁盘配额，系统将显示扫描磁盘的【磁盘配额】提示框→单击【确定】按钮。

- 【用户超出配额限制时记录事件】：当发生用户超过其配额限制的使用尝试时，该事件就会写入到本地计算机的系统日志中，管理员可以用事件查看器查看这些事件。
- 【用户超过警告等级时记录事件】：当用户超过其警告级别使用磁盘时，该事件就会写入到系统日志中。

步骤2：验证磁盘配额的有效性。首先，注销系统，用一个非管理员的帐户登录系统→在桌面上双击【计算机】图标→右击已设置磁盘配额的分区或卷（如，“E盘”）→在弹出的快捷菜单中选择【属性】，从打开的【新加卷(E:)属性】对话框中可以看到，E盘容量大小变为100 MB，证明磁盘配额设置已经对当前登录的用户生效，如图4-29所示。

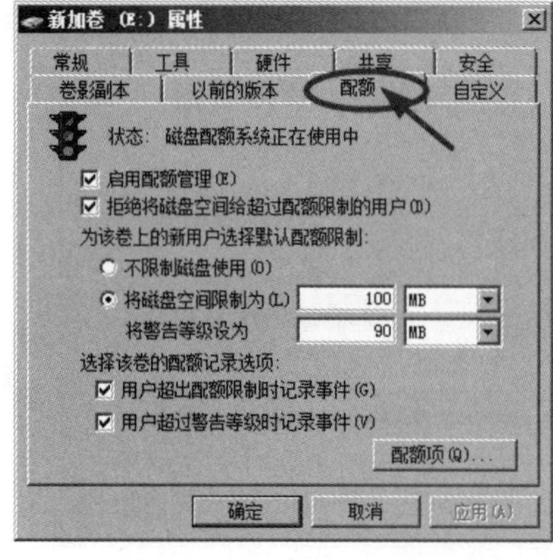

图 4-28 启用磁盘配额

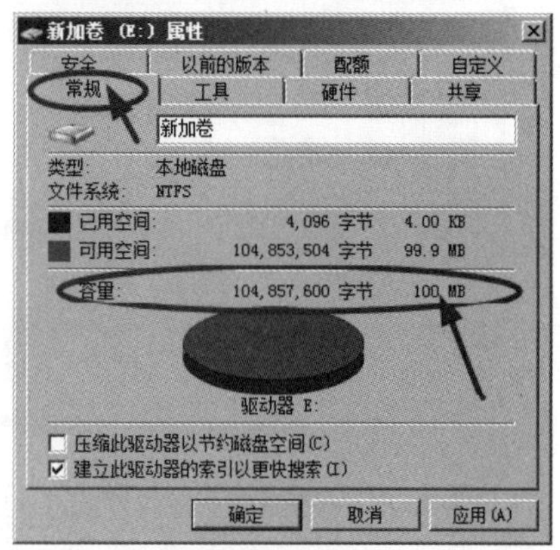

图 4-29 验证磁盘配额的有效性

2. 为特定用户指定磁盘配额项

上述“磁盘配额”对除管理员组以外的所有用户生效。若想为某些非管理员的普通用户单独指定配额，则可通过为该用户单独指定磁盘配额项来实现。其操作步骤如下：

步骤 1：用 Administrators 组中的用户成员登录系统→双击【计算机】→右击欲启用磁盘配额项的分区或卷（如，“E 盘”）→在弹出的快捷菜单中选择【属性】→单击【配额】选项卡→单击【配额项】按钮，打开【新加卷（E:）的配额项】窗口，如图 4-30 所示。

步骤 2：单击【配额】菜单上的【新建配额项】→打开【选择用户】对话框，在【输入对象名称来选择（示例）】编辑框中输入要单独实施配额的用户名（如，“zhang3”），或者单击【高级】→【立即查找】来选定用户→单击【确定】按钮，如图 4-31 所示。

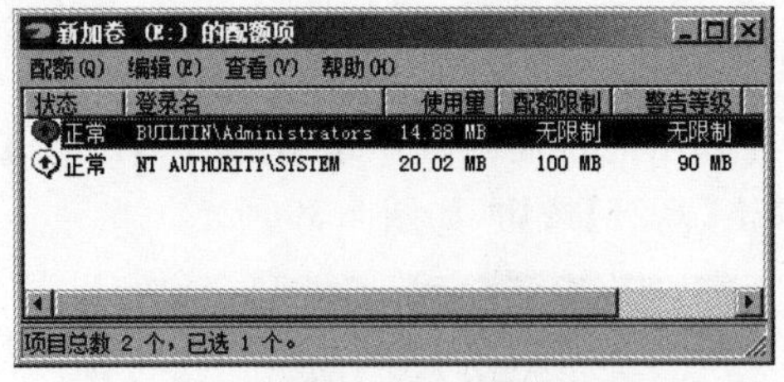

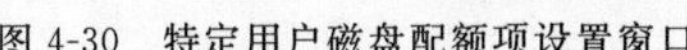

图 4-30　特定用户磁盘配额项设置窗口

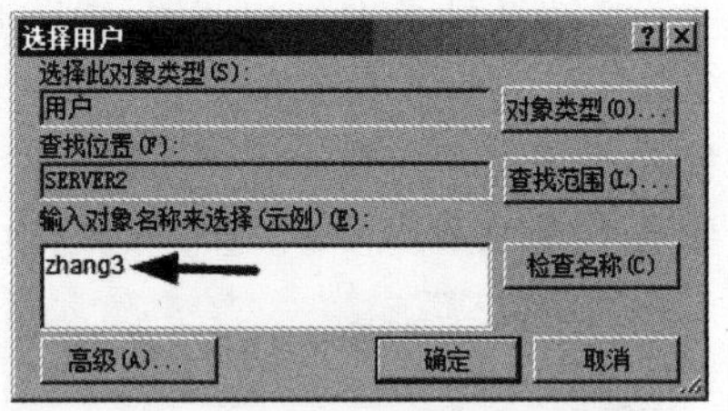

图 4-31　指定设置配额限制的用户

步骤 3：打开如图 4-32 所示的【添加新配额项】对话框，在此，可指定下列选项之一：

- 【不限制磁盘使用】：跟踪磁盘空间的使用，但不限制磁盘空间的大小。
- 【将磁盘空间限制为】：这将激活磁盘空间限制和警告级别。在编辑框中输入数值（例如，500、490），然后从下拉列表中选择磁盘空间的单位。

步骤 4：单击【确定】按钮返回【新加卷（E:）的配额项】窗口，在此可以看到新添加的针对特定用户的磁盘配额的设置值，如图 4-33 所示。

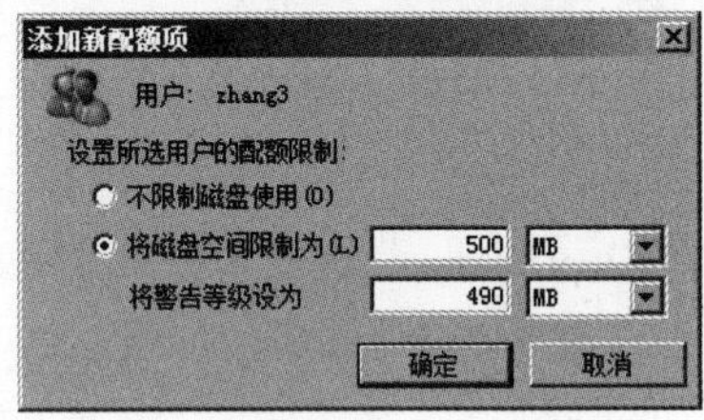

图 4-32　【添加新配额项】对话框

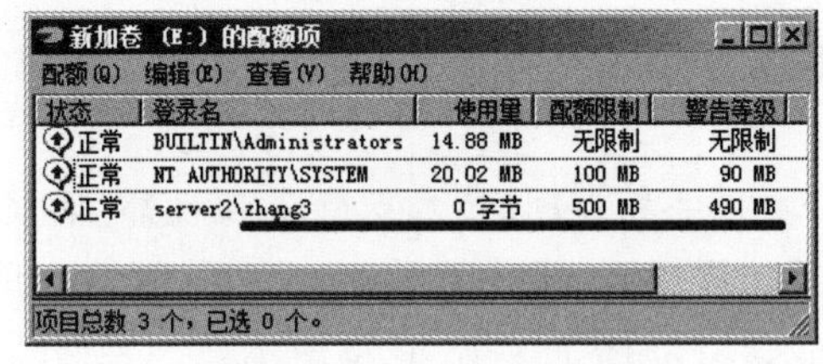

图 4-33　特定用户磁盘配额设置完成后的状态

步骤 5：注销系统，用上述设定过磁盘配额项的用户帐户（如，“zhang3”用户）登录系统→双击【计算机】→右击已设置磁盘配额项的分区或卷（如，“E 盘”）→在弹出的快捷菜单中选择【属性】，打开如图 4-34 所示的对话框。从图中可以看到，E 盘容量大小为 500 MB，证明针对当前登录用户的磁盘配额项设置已经生效。

提示：①当同时启用了“磁盘配额”和“配额项”管理时，对设置过“配额项”的特定用户而言将会以“配额项”管理中的设置为优先。

②用户不能通过文件的 NTFS 压缩功能来超额使用配额空间。例如，如果 10 MB 的文件在压缩后为 3 MB，Windows Server 2008 将按照最初 10 MB 的文件大小计算配额限制。

任务 4-8 在 NTFS 分区上压缩与加密数据

对于格式化成 NTFS 分区(卷)的磁盘,系统提供了对磁盘中存储的数据进行压缩和加密的功能,以此来提高磁盘的使用效率和安全性。

1. 数据压缩

在 NTFS 分区上,用户可以针对单个文件、文件夹或整个磁盘进行压缩。这种压缩对于用户是透明的,即用户访问一个使用 NTFS 压缩过的文件时,看不到解压缩的过程,每当对压缩文件或文件夹进行访问时,系统在后台自动解压缩数据,当访问结束后,系统又会自动压缩数据。设置数据压缩的步骤如下:

步骤 1:找到并右击要压缩的文件(夹)→在弹出的快捷菜单中单击【属性】,打开【技术支持部 属性】对话框→单击【常规】选项卡→单击【高级】按钮,如图 4-35 所示。

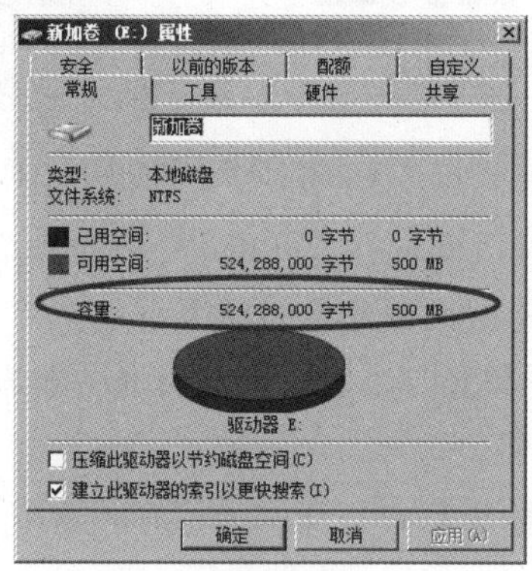

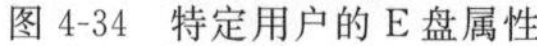
图 4-34 特定用户的 E 盘属性

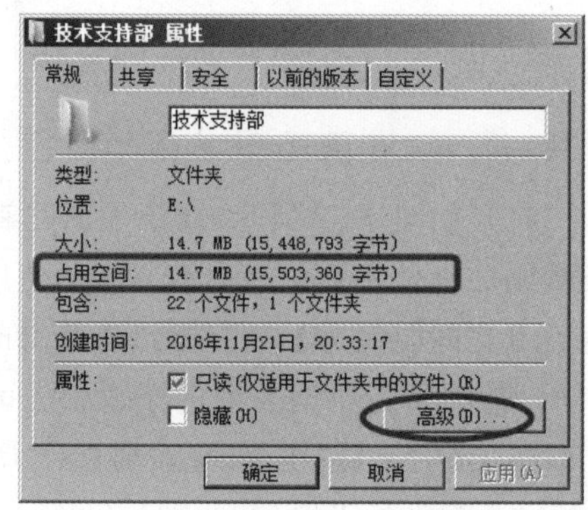

图 4-35 压缩前文件占用空间

步骤 2:打开【高级属性】对话框,勾选【压缩内容以便节省磁盘空间】复选框,如图 4-36 所示。

步骤 3:系统返回【技术支持部 属性】对话框,单击【确定】按钮,若压缩的是文件夹,则会打开【确认属性更改】对话框,选择一种压缩应用范围→单击【确定】按钮,如图 4-37 所示。压缩后文件占用空间如图 4-38 所示。

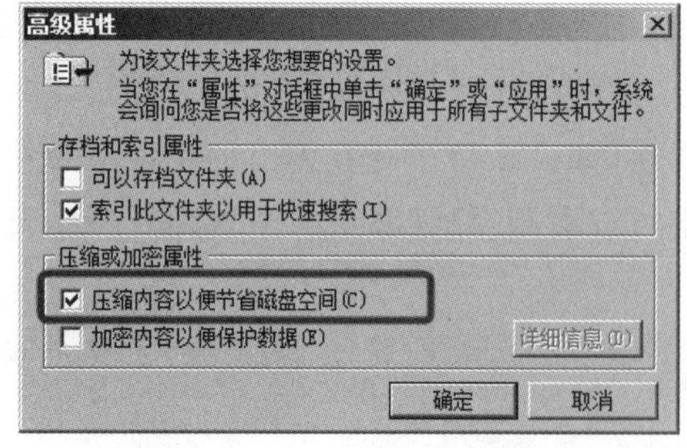

图 4-36 【高级属性】对话框

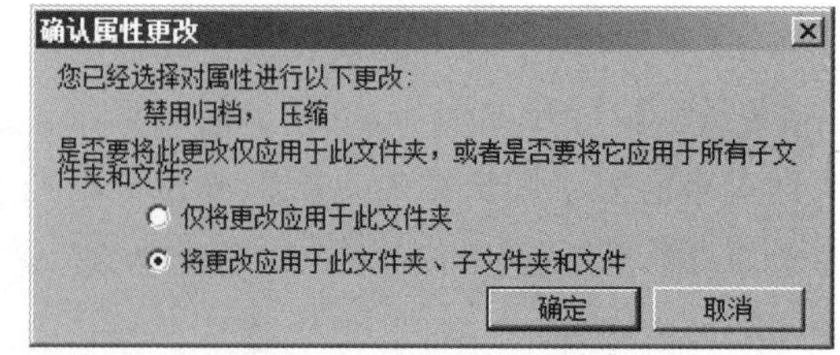

图 4-37 选择压缩的应用范围

- 【仅将更改应用于此文件夹】:表示该文件夹下现有的文件及子文件夹不被压缩,但是以后添加到该文件夹下的文件、子文件夹及子文件夹内的文件将被自动压缩。

•【将更改应用于此文件夹、子文件夹和文件】：表示该文件夹下现有的文件、子文件夹及子文件夹内的文件和将来要添加到该文件夹下的文件、子文件夹及子文件夹内的文件一起被压缩。

从压缩前后的图 4-35 和图 4-38 对比可以看到：压缩前后的文件夹容量保持不变，但所占用的空间在压缩后会变小。

提示：①系统默认会以蓝色显示压缩后的磁盘、文件夹和文件。

②同一 NTFS 分区内移动文件(夹)，文件(夹)的压缩属性保持不变，其他情况的复制和移动文件(夹)都将继承目标文件夹的属性。将压缩文件(夹)复制或移动到 FAT 分区中，压缩属性将丢失。

2. 文件(夹)加密

Windows Server 2008 内置的加密文件系统(Encrypting File System，EFS)，提供对文件或文件夹的加密功能。

文件(夹)加密的设置步骤如下：

步骤 1：找到并右击需要加密的文件(夹)→在弹出的快捷菜单中单击【属性】，打开【技术部支持 属性】对话框→单击【常规】选项卡→单击【高级】按钮→在打开的【高级属性】对话框中勾选【加密内容以便保护数据】复选框→单击【确定】按钮，如图 4-39 所示。

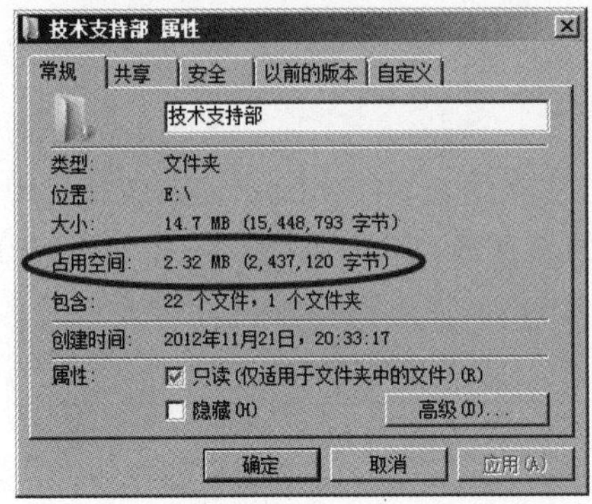

图 4-38　压缩后文件占用空间

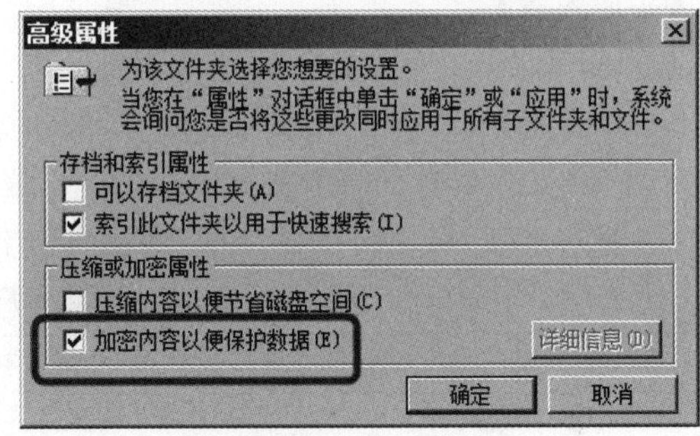

图 4-39　添加加密属性

步骤 2：系统返回【技术部支持 属性】对话框，单击【确定】按钮，若加密的是文件夹，则会打开【确认属性更改】对话框，选择一种加密应用范围→单击【确定】按钮，系统开始应用属性。

提示：①系统默认会以绿色显示加密后的磁盘、文件夹和文件。②要取消磁盘、文件夹和文件的加密，只要在图 4-39 中取消勾选【加密内容以便保护数据】即可。

加密文件(夹)具有以下特性：

• 用户对文件(夹)加密后，在使用前不必手动解密已加密的文件就可以正常打开和更改文件，而其他没有授权的用户则无法访问。

• 若将非加密文件移动到加密过的文件夹中，则这些文件将在新文件夹中自动加密。然而，反向操作并不能自动解密文件。

• 若将加密的文件(夹)复制或移动到非 NTFS 分区上，该文件(夹)将被自动解密。

• 利用 EFS 加密的文件在网络上传输时是以解密的状态进行的，因此 EFS 加密只是数据存储的加密，而非数据传输的加密。

• 数据加密和数据压缩不能对同一文件(夹)同时进行，只能选其一。

项目实训 4 磁盘管理

【实训目的】

会创建与管理基本磁盘、动态磁盘；能使用 NTFS 文件系统实现磁盘配额以及对数据的压缩与加密。

【实训环境】

每人 1 台 Windows XP/7 物理机，1 台 Windows Server 2008 虚拟机，虚拟机网卡连接至虚拟交换机 VMnet1，虚拟机中添加 4 块硬盘。

【实训拓扑】

实训示意图如图 4-40 所示。

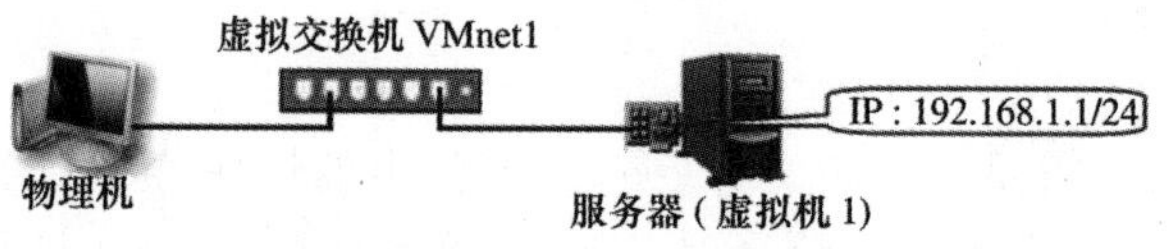

图 4-40 实训示意图

【实训内容】

1. 准备工作

(1)硬盘准备：在虚拟机启动之前，添加 3 块硬盘，容量均为 500 MB。(此时虚拟机中有 4 块磁盘，磁盘 0 是原有的系统盘，磁盘 1～3 是添加的新磁盘，实训在磁盘 1～3 上进行。)

(2)帐户准备：启动虚拟机，以管理员身份登录系统，创建以下用户帐户，见表 4-4。

表 4-4 创建用户帐户

用户帐户	隶属于组	说明
user1	administrators	管理员
user2	users	普通用户

2. 基本磁盘的管理

(1)在磁盘 1 中创建 2 个主分区、1 个扩展分区(2 个逻辑驱动器)，创建参数见表 4-5。

表 4-5 磁盘 1 创建参数

磁盘 1		分区大小	驱动器号或路径	文件系统类型
主分区 1		150 MB	指派一个驱动器号	NTFS
主分区 2		150 MB	指派一个路径	FAT32
扩展分区	逻辑驱动器 1	100 MB	指派一个驱动器号	NTFS
	逻辑驱动器 2	100 MB	不指派驱动器号或路径	FAT32

(2)为逻辑驱动器 2 新指派一个驱动器号。

(3)把逻辑驱动器 2 的文件系统类型改为 NTFS。

3. 动态磁盘的管理

(1)在磁盘 1 中随意创建几个文件夹和文件，把该磁盘转换为动态磁盘，观察磁盘中原有内容是否丢失。再将动态磁盘转换为基本磁盘，观察磁盘中原有内容是否丢失。

(2)把磁盘 1 转换为动态磁盘,在其上创建一个简单卷(50 MB),扩展简单卷的容量(20 MB),观察容量变化以及其中原有的内容是否丢失。禁用磁盘 1(假设该磁盘出现故障),会出现什么情况?

(3)把磁盘 2 转换为动态磁盘,创建一个跨区卷(磁盘 1 上的容量 20 MB,磁盘 2 上的容量 30 MB)。

(4)利用磁盘 1 和磁盘 2 中的未指派空间创建一个带区卷(总容量 80 MB),在该卷中放置几个文件(文件应大于 64 KB,最好是文本、图片等可打开的文件);禁用磁盘 1 或磁盘 2(假设该磁盘出现故障),是否还可以访问该文件?

(5)利用磁盘 1 和磁盘 2 的未指派空间创建一个镜像卷(可用容量 30 MB);在该卷中放置几个文件;禁用磁盘 1 或磁盘 2(假设该磁盘出现故障),是否还可以访问该文件?

(6)把磁盘 3 转换为动态磁盘。利用磁盘 3 和磁盘 1、磁盘 2 中的未指派空间创建一个 RAID-5 卷;在该卷中放置几个文件;禁用磁盘 1 或磁盘 2(假设该磁盘出现故障),是否还可以访问该文件?

4. NTFS 磁盘配额管理

(1)注销系统,切换到 user1 帐户,在一个驱动器上启用配额管理,其中磁盘空间限制为 5 MB,警告等级为 4 MB。

(2)调整 user2 帐户的配额项为:磁盘空间限制为 2 MB,警告等级为 1 MB。

(3)注销系统,切换到 user2 帐户,在已启动磁盘配额的驱动器上创建一个文件夹,向其中复制一些文件,当复制容量超过警告等级和限制容量时会出现什么问题?

5. NTFS 压缩

(1)建立一个文件夹 test4,向其中复制几个文件(夹),观察 test4 文件夹占用空间大小的变化。

(2)把 test4 文件夹压缩,观察 test4 文件夹占用磁盘空间大小的变化。

(3)从没有压缩的文件夹中复制一个文件或文件夹到 test4 文件夹中,观察是否被压缩。

(4)从 test4 文件夹中把一个文件(夹)复制到同分区未压缩的文件夹中,观察是否仍是压缩的。

(5)从 test4 文件夹中把一个文件(夹)复制到另一个分区(该分区未被压缩)中,观察是否被压缩。

6. NTFS 加密

(1)注销系统,切换到 user2 帐户,建立一个文件夹 test5,向其中随意复制几个文件和文件夹,将 test5 文件夹加密。观察:user2 帐户能否打开加密文件夹查看其中的文件列表?user2 帐户能否打开加密文件夹中的文件?

(2)注销系统,切换到 user1 帐户。观察:user1 帐户能否打开加密文件夹查看其中的文件列表?能否打开加密文件夹中的文件?能否删除加密文件夹中的文件?能否向加密文件夹添加新的文件?

(3)注销系统,切换到 user2 帐户。观察:user2 帐户能否打开加密文件夹中的文件(包括由它创建的文件和由 user1 帐户添加的文件)?能否删除 user1 帐户添加的文件?

(4)能否把他人加密的文件复制到 U 盘上带走?能否把自己加密的文件复制到 U 盘上带走?

项目习作 4

一、选择题

1. 在一块基本磁盘上最多可以创建(　　)。

A. 三个扩展分区和一个主分区　　B. 两个主分区和两个扩展分区

C. 四个主分区　　D. 三个主分区和一个扩展分区

2. 扩展分区中可以包含一个或多个(　　)。

A. 主分区　　B. 逻辑分区　　C. 简单卷　　D. 跨区卷

3. 公司新买了一台服务器准备作为公司的文件服务器,管理员正在对该服务器的硬盘进行规划。若用户希望读写速度最快,他应将硬盘规划为(　　);若用户希望对系统分区进行容错,他应将硬盘规划为(　　);若用户希望对数据进行容错,并保证较高的磁盘利用率,他应将硬盘规划为(　　)。

A. 简单卷　　B. 跨区卷　　C. 带区卷　　D. 镜像卷

E. RAID-5 卷

4. 下列说法中,不正确的是(　　)。

A. RAID-5 卷至少需要 3 块硬盘　　B. 镜像卷的磁盘利用率可以达到 50%

C. 带区卷支持容错　　D. RAID-5 卷的磁盘利用率可以大于 60%

5. 有 3 块 80 GB 的硬盘,创建成 RAID-5 卷后,此卷的实际容量是(　　)。

A. 80 GB　　B. 160 GB　　C. 240 GB　　D. 320 GB

6. 如果启用磁盘配额,下列说法正确的是(　　)。

A. 配额管理只能在驱动器级别上启用,不能在文件夹级别上启用

B. 只有管理员有权进行配额管理

C. 启用磁盘配额时,若没有选择【拒绝将磁盘空间给超过配额限制的用户】复选框,则用户使用磁盘时不会受配额限制,这项功能主要用于管理员查看各用户使用磁盘的情况

D. 在实际应用中,配额管理主要用于控制远程用户对服务器磁盘空间的占用,如为 Web 网站限定使用空间、为电子邮箱限定使用空间等

7. 下列(　　)功能是 NTFS 文件系统特有的,而 FAT 文件系统不具备。

A. 文件加密　　B. 文件压缩　　C. 设置共享权限　　D. 磁盘配额

8. 对于 EFS 加密的文件(夹),不可以执行下列哪项操作?(　　)

A. 压缩　　B. 通过网络传输

C. 将文件复制到 FAT 分区　　D. 访问文件

二、简答题

1. 硬盘接口有哪些类型?

2. 文件在带区卷、镜像卷和 RAID-5 卷上是如何存放的?各自的存放方法有什么好处?

3. 磁盘配额的配置只能针对用户帐户,而不能针对组帐户,此说法是否正确并简要说明理由。

教学情境 2
网络服务

名人名言

在信息时代，进入编程领域的壁垒完全不存在了。即使有也是自我强加的。如果你想着手去开发一些全新的东西，你不需要数百万美元的资本。你只需要足够的比萨和健怡可乐存在你的冰箱里，有一台便宜的 PC 用于工作，加上为之献身的决心以及让你坚持下来的奉献精神。我们睡在地板上。我们跋山涉水。

——约翰·卡马克

项目05 DHCP服务器的架设

5.1 项目背景

网络管理的一项基本任务就是规划和管理 IP 地址及其 TCP/IP 参数。为网络中的每台计算机正确配置 IP 地址等参数是实现计算机之间相互定位和正常通信的先决条件。在迅达公司的网络升级改造之前，计算机的 IP 地址、子网掩码、默认网关和 DNS 服务器的 IP 地址等信息，由于采取手动配置的方式进行配置，经常发生 IP 地址冲突，或是错误配置网关或 DNS 服务器的 IP 地址而导致无法上网，特别是随着公司内笔记本电脑的不断增多，职工移动办公的情况越来越多，计算机位置经常变动导致频繁修改 IP 地址，使得此类错误增多。基于这些问题，公司在本次网络升级改造中，特别在网络中部署了 DHCP 服务器，以实现公司内所有计算机的 IP 地址等信息的自动配置。

DHCP 服务器可以配置在路由器、交换机和防火墙等网络设备上，也可配置在安装了 Windows Server 系统的计算机上。为便于管理和设备的专用化，公司采用了在计算机上配置的方案。要实现 IP 地址的自动分配，网络管理员首先应根据公司网络拓扑结构，收集可能存在的终端节点数量和分布状态等信息，进而确定网段(子网)的划分。然后在网络中的计算机或网络设备上部署 DHCP 和 DHCP 中继代理服务。

5.2 项目知识准备

5.2.1 什么是 DHCP 服务

DHCP 是“Dynamic Host Configuration Protocol”(动态主机配置协议)的缩写。DHCP 服务采用“客户机/服务器”的工作模式，安装 DHCP 服务角色的计算机被称为“DHCP 服务器”，其他要使用 DHCP 服务功能的计算机被称为“DHCP 客户机”。如图 5-1 所示是一个支持 DHCP 的网络结构图。

图 5-1　支持 DHCP 的网络结构图

DHCP 服务器不仅能给其他计算机自动且不重复地分配 IP 地址,从而解决 IP 地址冲突问题,还能及时回收 IP 地址以提高其利用率。目前,家用 PC 中使用最多的 ADSL 宽带上网,正是利用此技术获得 IP 地址,上网之前拨号的过程实际就是从 ISP(Internet 服务提供商,如中国电信、中国联通等)那里动态获得 IP 地址等配置信息的过程。

5.2.2 DHCP 服务的工作过程

DHCP 客户机开机启动后,会自动与 DHCP 服务器之间通过以下 4 个数据包交互来获取一个 IP 地址,如图 5-2 所示。

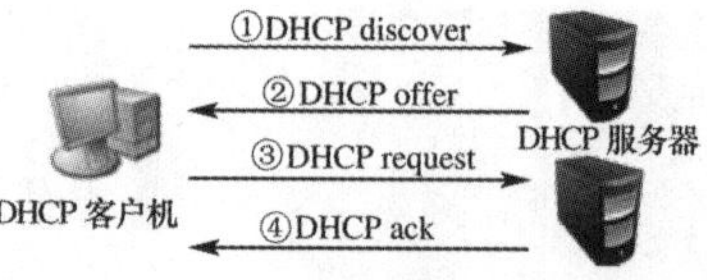

图 5-2 DHCP 服务的工作过程

1. DHCP discover(客户机 IP 请求)

DHCP 客户机启动时,首先在本地子网中发送 DHCP discover 请求信息。因为此时客户机本身还没有 IP 地址,也不知道 DHCP 服务器的 IP 地址,所以它将使用 0.0.0.0 作为源地址,使用 255.255.255.255 作为目标地址来广播 DHCP discover 数据包。广播数据包中包含了 DHCP 客户机的 MAC 地址(网卡地址)和计算机名,以使 DHCP 服务器能够辨别是哪个客户机发送的请求。

DHCP 服务的工作过程

2. DHCP offer(服务器以广播自己的 IP 身份来响应)

DHCP 服务器收到 DHCP 客户机广播的 DHCP discover 数据包后,它就在自己预先设定可供分配的 IP 地址范围中选择一个尚未分配的 IP 地址,并将该 IP 地址以及待分配的子网掩码、默认网关、服务器本身的 IP 地址等信息,一起加入到 DHCP offer 数据包中,然后广播此数据包,对 DHCP 客户机的请求做出响应。如果网络中有多台 DHCP 服务器,则这些 DHCP 服务器都会广播各自的 DHCP offer 数据包。

3. DHCP request(客户机选择提供 IP 的服务方)

对于可能存在的多台 DHCP 服务器发来的 DHCP offer 数据包,DHCP 客户机只选择第一个收到的 DHCP offer 数据包所对应的服务器,作为向自己提供 IP 配置的服务方。虽然,客户机选择的第一个到达包中包含了分发过来的 IP 地址等信息,但还没有给自己配置 IP 地址,其源地址仍是 0.0.0.0,所以 DHCP 客户机继续广播发送一个包含服务方 IP 地址的 DHCP request 数据包,表明它将接受那台 DHCP 服务器提供的 IP 地址。

4. DHCP ack(服务器确认 IP 租约)

DHCP 服务器在收到 DHCP request 数据包后,查看包中服务方 IP 地址,确认自己是否被选为服务方。若未选中则撤销预分配的 IP 地址等信息。若被选中则发送 DHCP ack 数据包,以确定此租约成立。DHCP ack 数据包中包含着准备分配给 DHCP 客户机的 TCP/IP 配置信息,如:IP 地址、子网掩码、默认网关和 DNS 服务器地址等。客户机收到 DHCP ack 数据包后,利用其中的信息配置它的 TCP/IP 属性并把自己加入到网络中。

提示:当客户机请求的是一个无效的或重复的 IP 地址时,它将继续进行尝试,若尝试 4 次后仍然没有成功,它会从 B 类网段 169.254.0.0 中挑选一个 IP 地址临时分配给自己。此后,客户机会在后台继续每隔 5 分钟发送一次 DHCP discover 信息尝试与 DHCP 服务器进行通信,若联系成功则使用由 DHCP 服务器提供的 IP 地址来更新自己的配置。

5.2.3 DHCP 客户机租约的更新

DHCP 客户机从 DHCP 服务器获取的 TCP/IP 配置信息是有使用期限的,其期限长短由提供 TCP/IP 配置信息的 DHCP 服务器规定，默认租期为 8 天(可以调整)。为了延长使用期，DHCP 客户机需要更新租约，更新方法有两种：自动更新和手动更新。

1. 自动更新

在客户机重新启动或租期达到 50%时，客户机会直接向当前提供租约的服务器发送 DHCP request 请求包，要求更新及延长现有地址的租约。若 DHCP 服务器收到请求，便发送 DHCP 确认信息给客户机，更新客户机的租约。若客户机无法与提供租约的服务器取得联系，则客户机一直等到租期达到 87.5%后进入重新申请的状态。此时，客户机会向网络上所有 DHCP 服务器广播 DHCP discover 数据包来要求更新现有的地址租约，如有服务器响应客户机的请求，那么客户机使用该服务器提供的地址信息更新现有的租约。若租约过期或一直无法与任何 DHCP 服务器通信，DHCP 客户机将无法使用现有的地址租约。

2. 手动更新

网络管理员可以在 DHCP 客户机上对 IP 地址租约进行手动更新，其命令为：ipconfig/renew。此外，网络管理员还可随时释放已有的 IP 地址租约，其命令为：ipconfig/release。

5.2.4　DHCP 中继代理的工作机制

根据区域和安全级别的不同，应将规模较大的局域网划分成多个不同的子网，以便实现个性化管理。由于 DHCP 在分配 IP 地址时均使用广播通信，而连通各子网的路由器并不会转发广播信息，故处于某一子网的 DHCP 服务器无法为其他子网中的计算机分配 IP 地址。面对这一问题，有三种解决方法：

①在每个子网中都配置一台 DHCP 服务器。该方法的缺点是：当子网的数量较多时，需要配置较多的 DHCP 服务器，增加了管理员的工作负担。

②使用 RFC1542 路由器。该方法的优点是：可以使用数量较少的 DHCP 服务器集中为多个子网中的 DHCP 客户机分配 IP 地址；缺点是：会把 DHCP 的广播信息扩散到多个子网中，造成网络性能变差。

③在一个子网中安装一台 DHCP 服务器，再在其他各个子网中配置 DHCP 中继代理。该方法的优点是：既可以把 DHCP 客户机的 IP 地址租用请求转发给另一个网络中的 DHCP 服务器，又可以把广播流量限制在客户机所在的网络内。

所谓“中继代理”，就是以点对点的单播方式，为处于不同子网的客户机与 DHCP 服务器中转消息包的一种特殊程序，从而实现用一台 DHCP 服务器，为多个子网分发 IP 地址的目的。实现中继代理功能的设备可以是符合 RFC1542 规范的路由器或三层交换机(目前多数路由器或三层交换机都符合 RFC1542 规范)，也可以是一台安装了代理程序的 Windows Server 2008 服务器，如图 5-3 所示。

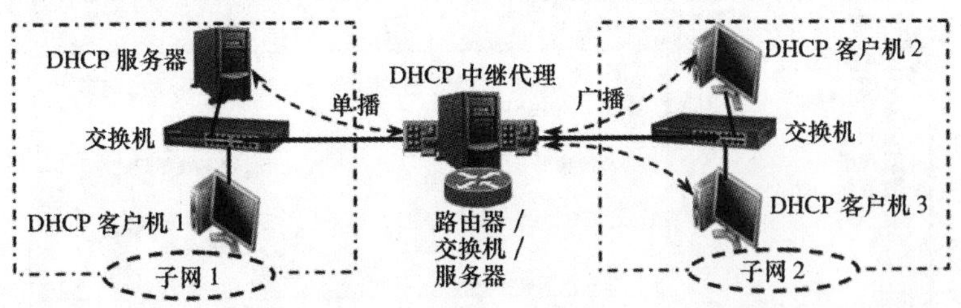

图 5-3　DHCP 中继代理

DHCP 中继代理的工作过程如下：

①子网 2 中的 DHCP 客户机 2 发送 DHCP discover 广播数据包请求 IP 地址租约。

②DHCP 中继代理接收到该广播数据包后，若在约定的时间内没有 DHCP 服务器广播发出的 DHCP 回应消息(表明子网 2 中没有自己的 DHCP 服务器或出现了故障)，则会将客户机 2 的消息以点到点的单播方式转发给预先设定的子网 1 中的 DHCP 服务器。

③子网 1 中的 DHCP 服务器收到 DHCP 中继代理转发来的 DHCP discover 消息后，它会处理 IP 地址租约，并以点到点的单播方式向 DHCP 中继代理发送一个 DHCP offer 数据包。

④DHCP 中继代理收到 DHCP offer 数据包后，将其广播到子网 2。

⑤子网 2 中的客户机从收到的第一个 DHCP offer 数据包中选择 IP 地址，并将 DHCP request 数据包广播到子网 2→DHCP 中继代理接收，并单播给 DHCP 服务器→DHCP 服务器接收，并将 DHCP ack 响应包单播给 DHCP 中继代理→DHCP 中继代理接收后广播给子网 2。

⑥子网 2 中的客户机收到 DHCP ack 后，就可从中获得 IP 地址并且利用该地址在网络上与其他计算机进行通信了。

5.3 项目实施

任务 5-1 DHCP 服务器的安装与授权

1. DHCP 服务器的安装要求

搭建 DHCP 服务器需要一些必备条件的支持，主要有以下几个方面：

- 需要一台运行 Windows Server 系统的服务器，并为其指定静态 IP 地址。
- 根据子网划分和每个子网中所拥有的计算机数量，为每个子网确定一段 IP 地址范围。

2. 安装 DHCP 服务器

Windows Server 2008 系统内置了 DHCP 服务程序，其安装步骤如下：

步骤 1：以管理员身份登录服务器→在桌面上右击【计算机】图标→在弹出的快捷菜单中选择【管理】→打开【服务器管理器】窗口，在左窗格中单击【角色】→在右窗格中单击【添加角色】，如图 5-4 所示。

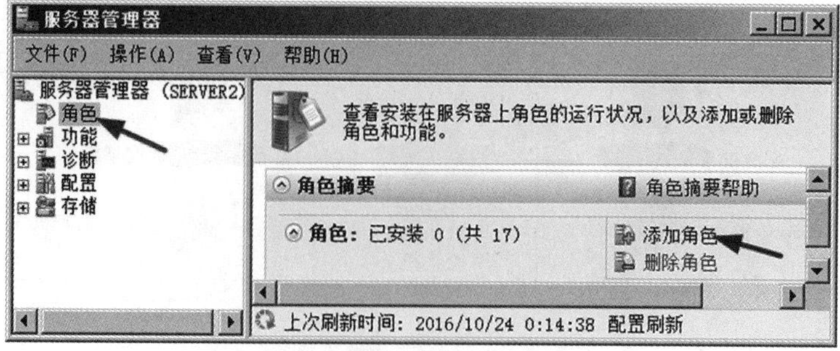

图 5-4 【服务器管理器】窗口

步骤 2：打开【添加角色向导】对话框，在左窗格中单击【服务器角色】→在【角色】列表框中勾选【DHCP 服务器】复选框→在左窗格中单击【确认】按钮，如图 5-5 所示。

步骤 3：在打开的窗口中单击【安装】按钮，系统开始安装，安装完成后单击【关闭】按钮。

图 5-5　勾选【DHCP 服务器】复选框

3. 授权 DHCP 服务器

当网络是一个域环境时，只有经过活动目录“授权”后才能使 DHCP 服务生效，从而阻止其他非法的 DHCP 服务器提供服务。当网络环境只是一个工作组时，DHCP 服务器无须经过授权就可使用，当然也就无法阻止那些非法的 DHCP 服务器了。

对 DHCP 服务器授权的步骤如下：

步骤 1：将 DHCP 服务器加入到域（参照任务 3-2 的步骤）→用域管理员用户（如，xunda\administrator）登录 DHCP 服务器→依次单击【开始】→【管理工具】→【DHCP】→弹出【DHCP】控制台窗口（在此，可以看到在服务器名的左边有一个向下的红色箭头，表明该服务器尚未被授权），右击【DHCP】→在弹出的快捷菜单中选择【管理授权的服务器】，如图 5-6 所示。

步骤 2：打开【管理授权的服务器】对话框，单击【授权】按钮，弹出【授权 DHCP 服务器】对话框，输入被授权的 DHCP 服务器的名称或 IP 地址→单击【确定】按钮，如图 5-7 所示。

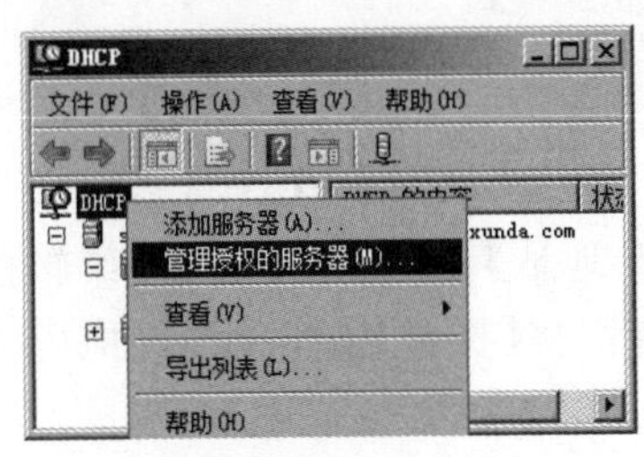

图 5-6　选择【管理授权的服务器】

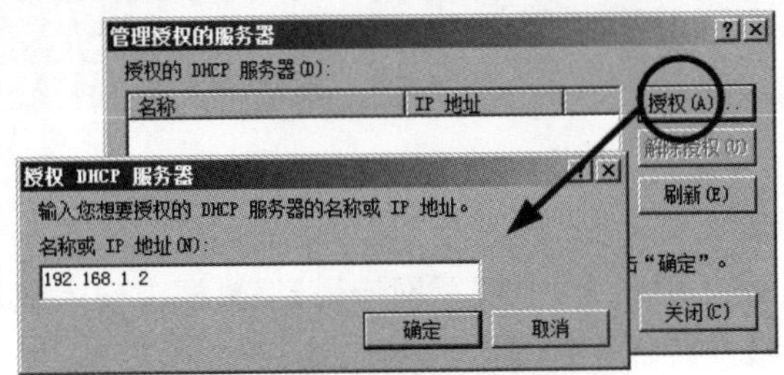

图 5-7　【管理授权的服务器】对话框

步骤 3：在打开的【确认授权】对话框中单击【确定】按钮，如图 5-8 所示。

步骤 4：系统返回【管理授权的服务器】对话框，在【授权的 DHCP 服务器】列表框中单击需授权的服务器的名称→单击【确定】按钮→在打开的【命名的服务器/主机已添加到 DHCP 服务器列表中】提示框中单击【确定】按钮，如图 5-9 所示。

提示：在域网络环境下，第一台 DHCP 服务器最好是成员服务器或域控制器。因为若是独立服务器，则此后在成员服务器上再搭建与第一台 DHCP 服务器同子网的第二台 DHCP 服务器并将其授权后，第一台独立服务器的 DHCP 服务将无法再启用。

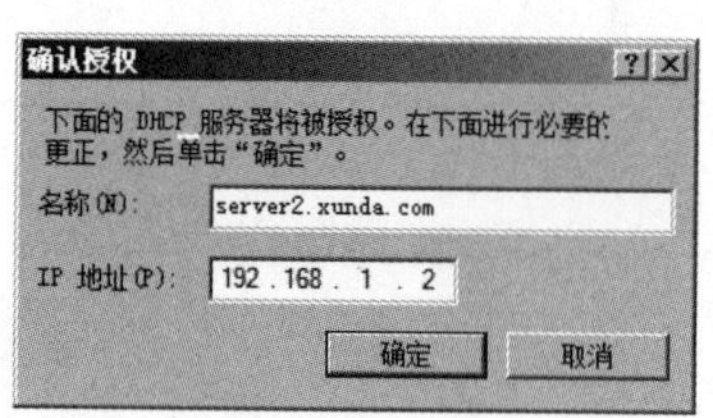

图 5-8 【确认授权】对话框

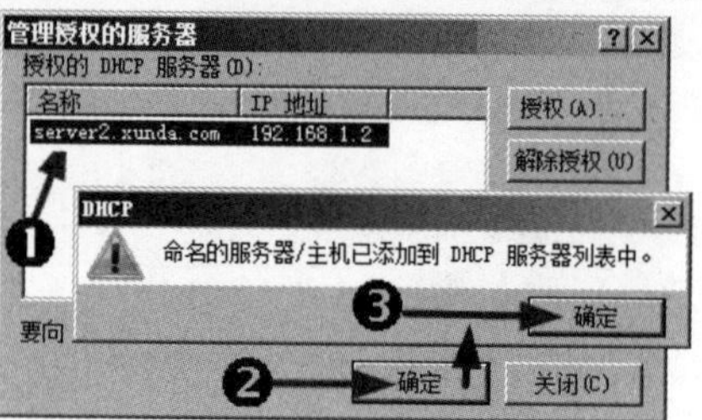

图 5-9 授权确定过程

任务 5-2 作用域的创建、激活与配置

DHCP 服务器为 DHCP 客户机所提供的 IP 地址等配置信息是以作用域为单位组织起来的。因此，在安装并授权 DHCP 服务器后，接下来就是为 DHCP 服务器建立作用域。

1. 创建与激活作用域

作用域是能分配给客户机的 IP 地址的范围。其创建步骤如下：

步骤 1：进入【DHCP】控制台窗口→在左窗格中右击【IPv4】→在弹出的快捷菜单中选择【新建作用域】，如图 5-10 所示。

步骤 2：在打开的【新建作用域向导】对话框中单击【下一步】按钮→弹出【作用域名称】对话框，在【名称】编辑框中为该作用域输入一个名称→在【描述】编辑框中输入描述性的文字→单击【下一步】按钮，如图 5-11 所示。

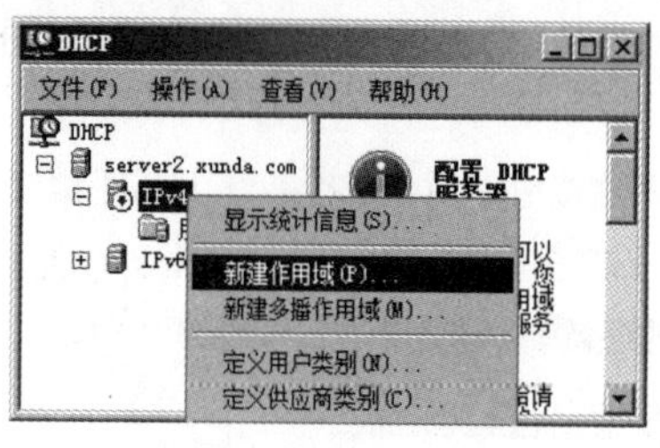

图 5-10 选择【新建作用域】

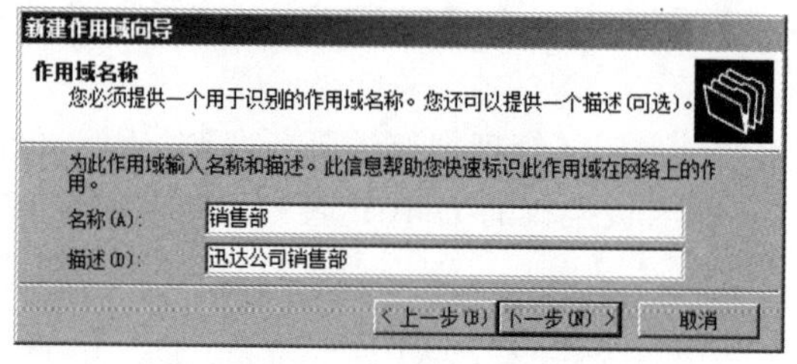

图 5-11 【作用域名称】对话框

步骤 3：打开【IP 地址范围】对话框，分别在【起始 IP 地址】和【结束 IP 地址】编辑框中输入已规划的 IP 地址→在【子网掩码】编辑框中输入或者调整【长度】来指定子网掩码→单击【下一步】按钮，如图 5-12 所示。

步骤 4：打开【添加排除】对话框，在此，可以指定排除的 IP 地址或 IP 地址范围。为此，可在【起始 IP 地址】和【结束 IP 地址】编辑框中输入准备排除的起始和结束的 IP 地址→单击【添加】按钮，便可排除单个(只在起始或结束 IP 地址编辑框中输入地址)或某一范围内的 IP 地址→单击【下一步】按钮，如图 5-13 所示。

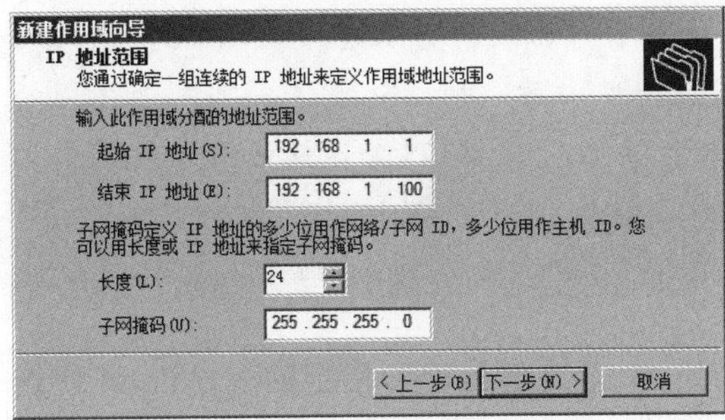

图 5-12　【IP 地址范围】对话框

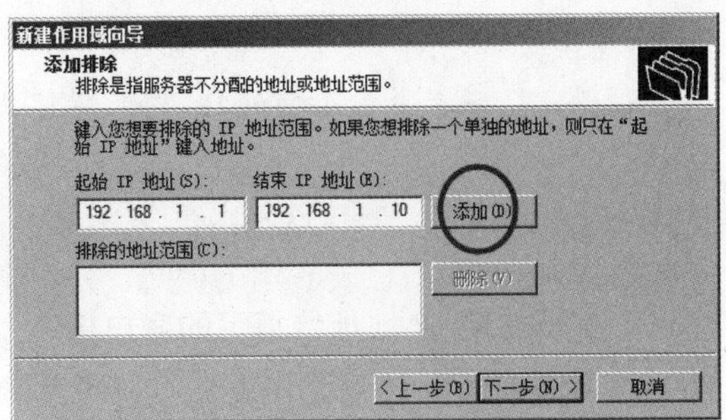

图 5-13　【添加排除】对话框

步骤 5：在打开的【租用期限】对话框中，默认期限为 8 天，可根据需要修改（如 16 天）→单击【下一步】按钮，如图 5-14 所示。

步骤 6：在打开的【配置 DHCP 选项】对话框中选择【否，我想稍后配置这些选项】→单击【下一步】按钮，如图 5-15 所示。

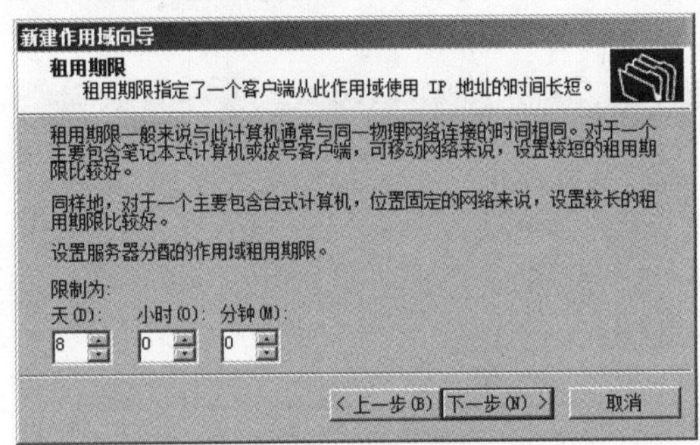

图 5-14　【租用期限】对话框

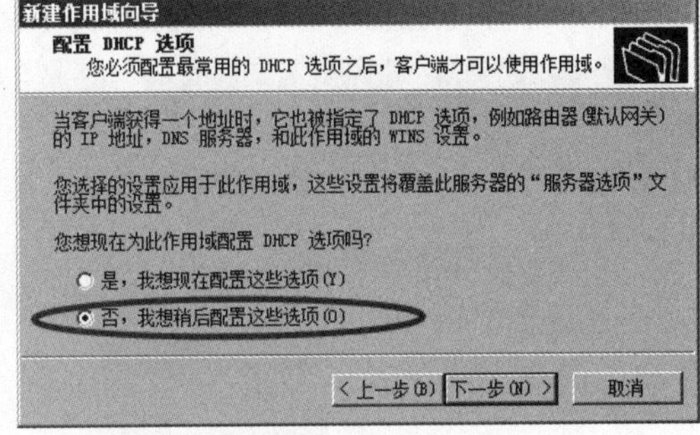

图 5-15　【配置 DHCP 选项】对话框

步骤 7：在打开的【正在完成新建作用域向导】对话框中单击【完成】按钮→系统返回【DHCP】控制台窗口，结束作用域的创建，如图 5-16 所示。

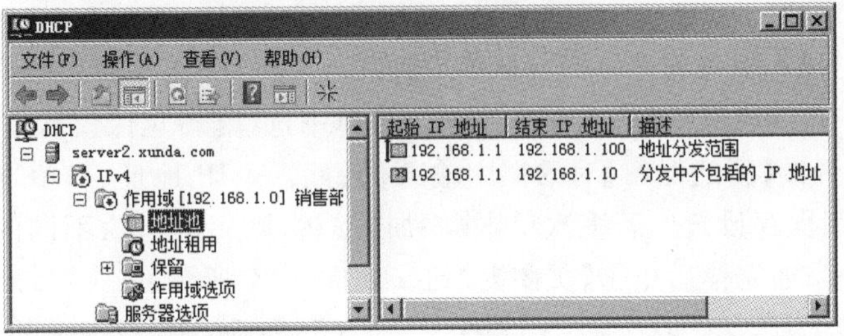

图 5-16　创建完成后的作用域

提示：设置完毕后，在 DHCP 控制台中的作用域下多了四项：【地址池】用于查看、管理该作用域中 IP 地址的范围以及排除范围；【地址租用】用于查看、管理当前已被租用的地址及相关信息；【保留】用于添加、删除特定保留的 IP 地址；【作用域选项】用于查看、设置在当前作用域下提供给 DHCP 客户机的其他配置参数。

步骤 8：在【DHCP】控制台窗口中，右击【作用域[192.168.1.0]销售部】→在弹出的快捷菜单中选择【激活】菜单项，激活该作用域，如图 5-17 所示。

提示：在同一台 DHCP 服务器上，一个网络号只能建立一个作用域，针对不同的网络号可以分别建立多个不同的作用域，以便为多个子网中的客户机分配 IP 地址。在不同的 DHCP 服务器上，针对同一网络号可以分别建立各自的作用域，但要保证这些作用域中的 IP 地址范围不能有重叠，以免出现多台 DHCP 服务器把同一个 IP 地址分配给多个 DHCP 客户机的错误。

2. 保留特定 IP 地址给指定的客户机

所谓保留是指 DHCP 服务器可以将某个特定的 IP 地址分配给指定的客户机，即使该客户机未开机也不会将此 IP 地址分配给其他计算机。设置保留就是将 DHCP 服务器地址池中特定的 IP 地址与指定客户机的物理地址(网卡号)进行绑定。

具体设置步骤如下：

步骤 1：在特定的客户机(如提供打印共享的主机)上，同时按下【Windows 徽标＋R】组合键→在弹出的【运行】对话框中输入“cmd”命令并按回车键→在打开的【命令提示符】窗口中输入命令行“ipconfig /all”并按回车键→在显示的信息中找到“以太网适配器 本地连接：”信息区，并将物理地址项所对应的地址记下来，如图 5-18 所示。

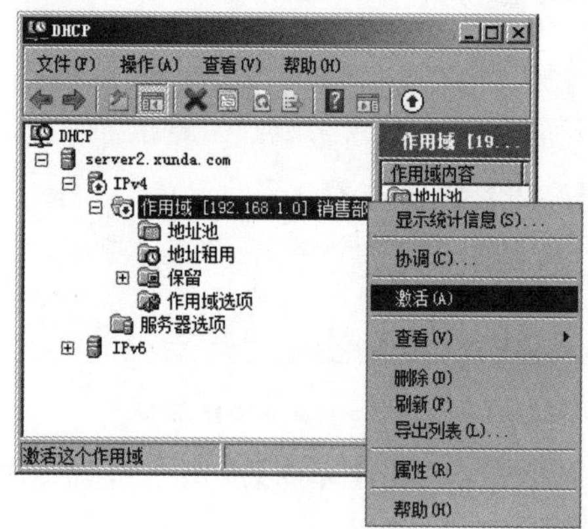

图 5-17 激活作用域

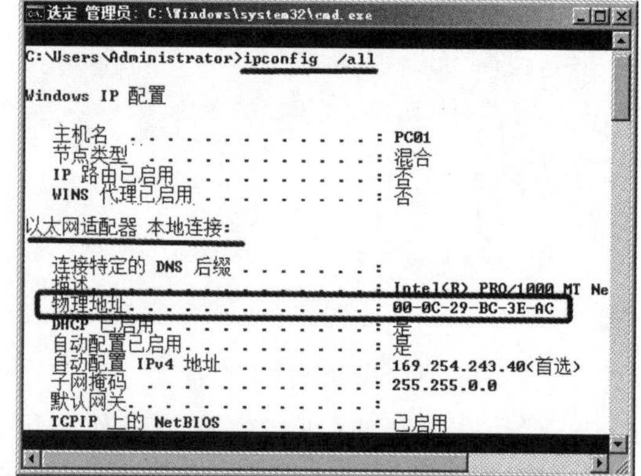

图 5-18 查看网卡的物理地址

步骤 2：在 DHCP 服务器上，进入【DHCP】控制台窗口→在左窗格中依次展开服务器名和【作用域】节点→右击【保留】→在弹出的快捷菜单中选择【新建保留】，如图 5-19 所示。

步骤 3：在打开的【新建保留】对话框中输入保留名称、IP 地址、MAC 地址、描述等信息→单击【添加】按钮保存设置。若多次单击【添加】按钮，则每次可为不同的客户机建立各自的保留 IP 地址→添加完毕后单击【关闭】按钮。如图 5-20 所示。

图 5-19 选择【新建保留】

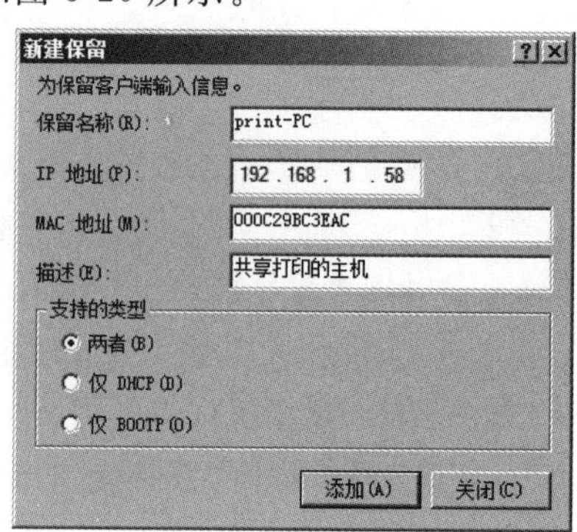

图 5-20 【新建保留】对话框

提示：在输入 MAC 地址时，中间是不带短横线的。

3. 设置作用域选项

要使 DHCP 服务器向网络中的客户机分发默认网关、DNS 和 WINS 服务器的 IP 地址等信息，可通过设置作用域选项来实现。DHCP 服务器提供的常用作用域选项见表 5-1。

表 5-1　常用作用域选项

选项代码与名称	功能简介
003 路由器	提供 DHCP 客户机路由器或默认网关的 IP 地址
006 DNS 服务器	提供 DHCP 客户机 DNS 服务器的 IP 地址
015 DNS 域名	用于客户机解析的 DNS 域名
044 WINS/NBNS 服务器	提供 DHCP 客户机 WINS/NBNS 服务器的 IP 地址

作用域选项设置步骤如下：

步骤 1：在【DHCP】控制台窗口中右击【作用域选项】→选择【配置选项】，如图 5-21 所示。

步骤 2：打开【作用域 选项】对话框，若要配置本网段默认网关的 IP 地址，则单击【常规】选项卡→在【可用选项】列表框内勾选【003 路由器】→在【IP 地址】编辑框中输入默认网关的 IP 地址→单击【添加】按钮，如图 5-22 所示。

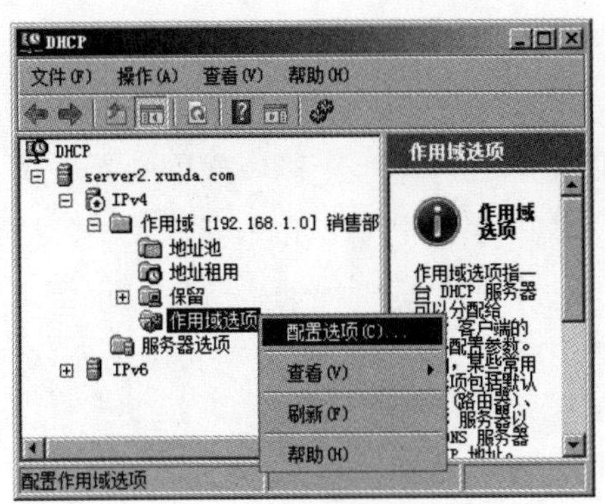

图 5-21　右击【作用域选项】

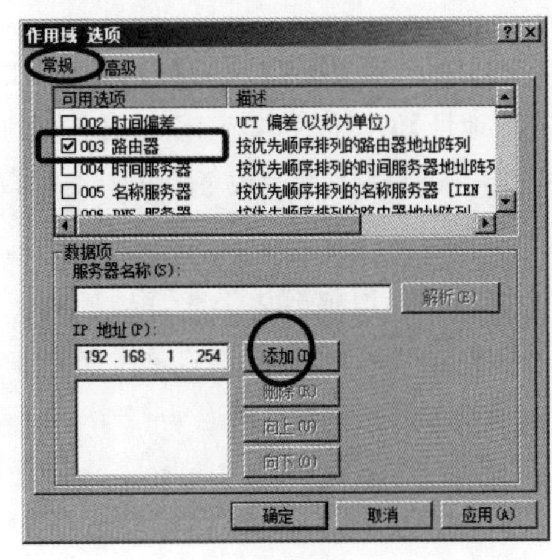

图 5-22　【作用域 选项】对话框

步骤 3：拖动【可用选项】区域滚动条→找到并勾选【006 DNS 服务器】→在【IP 地址】编辑框中输入 DNS 服务器的 IP 地址或在【服务器名称】编辑框中输入 DNS 服务器名称后单击【解析】按钮，服务器的 IP 地址也会出现在【IP 地址】编辑框中→单击【添加】按钮→单击【确定】按钮。

完成设置后，在【DHCP】控制台窗口左窗格中，选择【作用域选项】时，可以在右窗格中看到【003 路由器】和【006 DNS 服务器】选项的设置值，如图 5-23 所示。

任务 5-3 服务器选项的设置

每个 DHCP 服务器可创建、管理多个作用域，以便为多个子网中的计算机自动分配 IP 地址等信息。现实中有些网络参数(如 DNS 服务器的 IP 地址)在不同的子网都是相同的。若在多个作用域选项中分别设置则显得烦琐，这时通过【服务器选项】一次设置即可。

服务器选项的设置步骤如下：

步骤 1：在【DHCP】控制台窗口中右击【服务器选项】→选择【配置选项】，如图 5-24 所示。

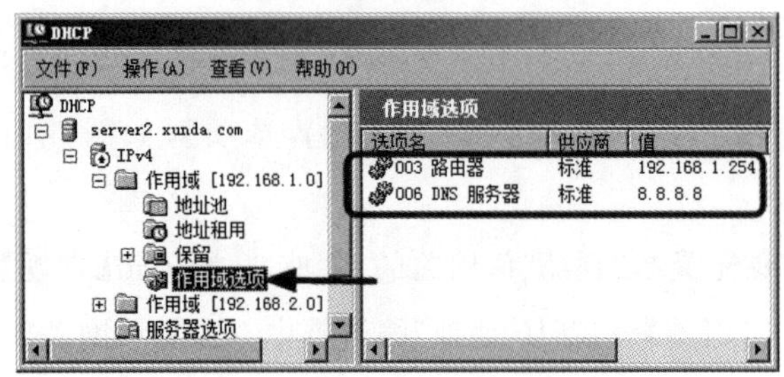

图 5-23 配置完成后的【作用域选项】

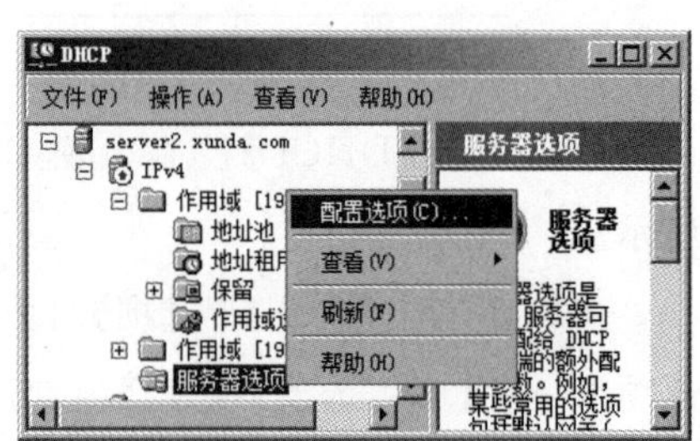

图 5-24 右击【服务器选项】

步骤 2：打开【服务器 选项】对话框，若配置 DNS 的 IP 地址，则勾选【006 DNS 服务器】→在【IP 地址】编辑框中输入 DNS 服务器的 IP 地址→单击【添加】按钮，如图 5-25 所示。

提示：对服务器选项、作用域选项和保留选项所进行的配置，都是用来配置客户机上的 TCP/IP 参数的，只是各选项应用的范围和优先级不同。在保留选项所配置的值只对指定的单一客户机有效；在作用域选项中设置的值只在本作用域内有效；在服务器选项中设置的值，在本服务器上所有的作用域中都有效。三种选项从高到低的优先顺序为：保留选项→作用域选项→服务器选项。如：若在服务器选项与作用域选项中进行了相同设置，则作用域选项起作用，即在应用时作用域选项将覆盖服务器选项。

任务 5-4 DHCP 客户端的设置与验证

要使局域网中的计算机通过 DHCP 服务器自动获取 IP 地址等参数，还必须对 DHCP 客户端计算机进行相应的设置。设置步骤如下：

步骤 1：在客户机桌面上右击【网络】→选择【属性】→在打开的【网络和共享中心】窗口中单击【更改适配器设置】→在打开的【网络连接】窗口中右击【本地连接】→选择【属性】→在打开的【本地连接 属性】对话框中双击【Internet 协议版本 4(TCP/IPv4)】选项→在打开的【Internet 协议版本 4(TCP/IPv4)属性】对话框中选择【自动获得 IP 地址】和【自动获得 DNS 服务器地址】→单击【确定】按钮，如图 5-26 所示。

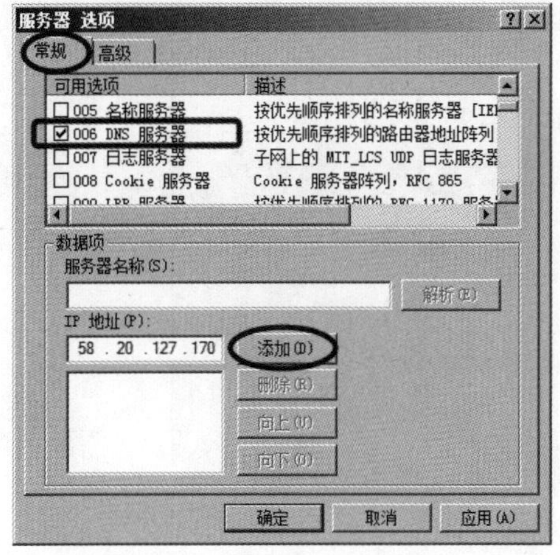

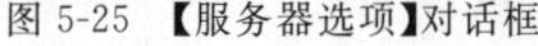
图 5-25 【服务器选项】对话框

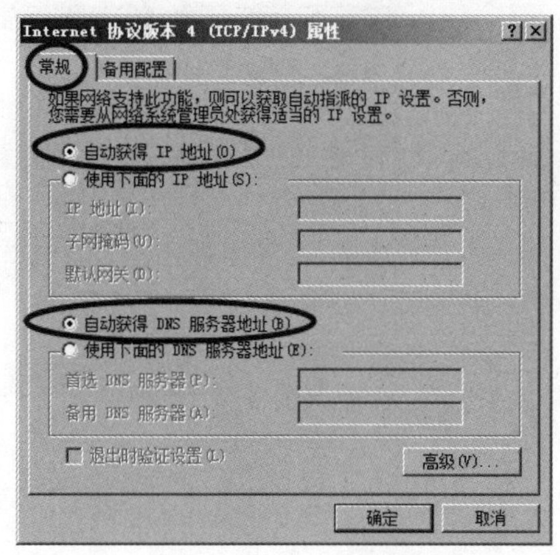

图 5-26 设置 IP 地址和 DNS 服务器地址获取方式

步骤 2：在客户机桌面上按住【Windows 徽标＋R】组合键→在打开的【运行】对话框中输入“cmd”命令并按回车键→在打开的命令行窗口中输入“ipconfig/renew”命令更新 IP 地址租约，然后输入“ipconfig/all”命令查看本机获得的 IP 地址、子网掩码、默认网关等信息，它们便是从 DHCP 服务器上获取的。

任务 5-5 使用 DHCP 中继代理给多个子网分配 IP 地址

在图 5-27 中，子网 1 中的 DHCP 服务器已配置 192.168.1.0 和 192.168.2.0 两个作用域，另一台已安装了 Windows Server 2008 系统的 SERVER3 安装了两块网卡分别连接子网 1 和子网 2，现准备在 SERVER3 中启用 DHCP 中继代理功能，为子网 2 中的计算机提供 IP 地址申请中转服务。

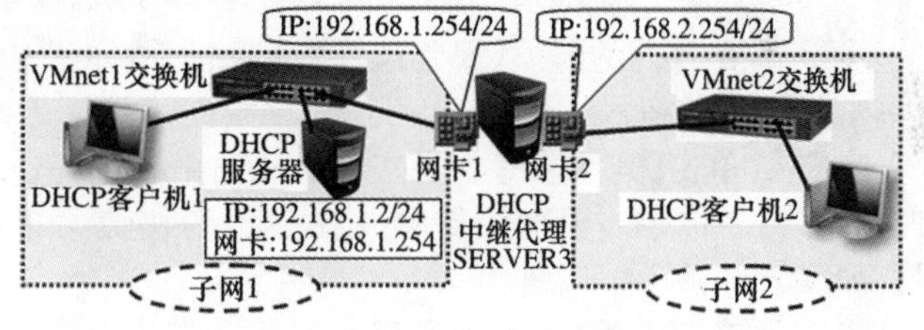

图 5-27 使用 DHCP 中继代理

DHCP 中继代理服务器的配置需要完成两件事情：首先将其配置成一个软件路由器，使子网 1 和子网 2 能够通信；然后安装并配置 DHCP 代理软件。具体步骤如下：

步骤 1：以管理员身份登录 SERVER3 服务器→在桌面上单击【开始】→【管理工具】→【服务器管理器】→打开【服务器管理器】窗口，在左窗格中单击【角色】节点→在右窗格中单击【添加角色】→打开【添加角色向导】对话框，单击【下一步】按钮→在【角色】列表框中勾选【网络策略和访问服务】复选框→单击【下一步】按钮，如图 5-28 所示。

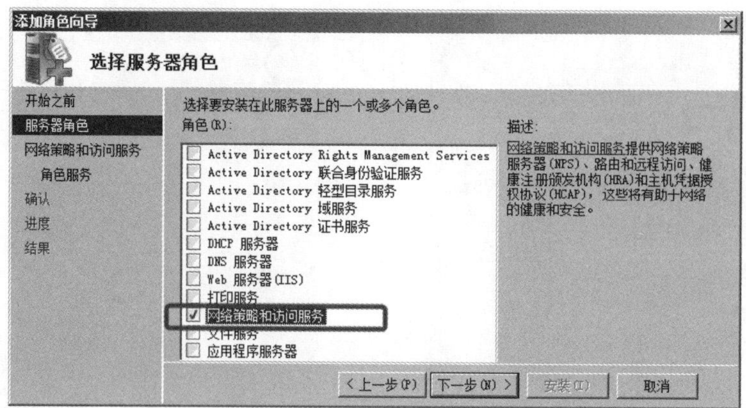

图 5-28 勾选【网络策略和访问服务】复选框

步骤 2：再次单击【下一步】按钮，切换到【选择角色服务】对话框→在【角色服务】列表框中勾选【路由和远程访问服务】及其关联的子服务项复选框→单击【下一步】按钮，如图 5-29 所示。

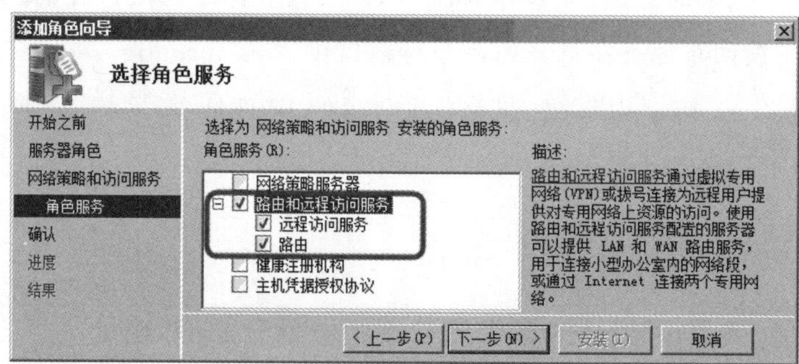

图 5-29 勾选【路由和远程访问服务】及其关联的子服务项复选框

步骤 3：在打开的【确认安装选择】对话框中单击【安装】按钮，系统开始安装→安装完成后单击【关闭】按钮。

步骤 4：单击【开始】→【管理工具】→【路由和远程访问】→打开【路由和远程访问】窗口，右击计算机名称（如，SERVER3）→在弹出的快捷菜单中选择【配置并启用路由和远程访问】，如图 5-30 所示。

步骤 5：在打开的【路由和远程访问服务器安装向导】对话框中单击【下一步】按钮→在打开的【配置】对话框中选择【自定义配置】→单击【下一步】按钮，如图 5-31 所示。

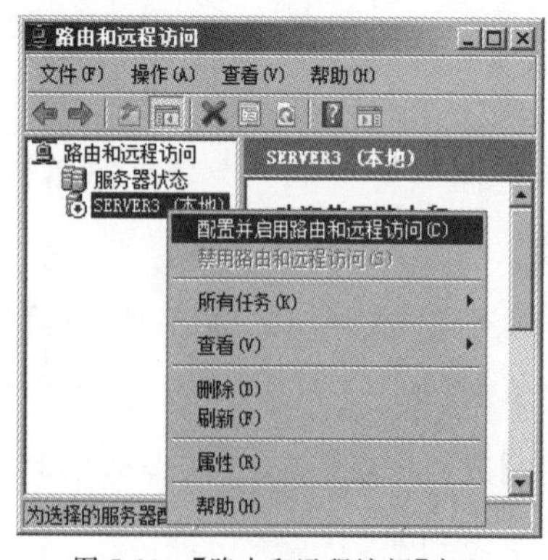

图 5-30 【路由和远程访问】窗口

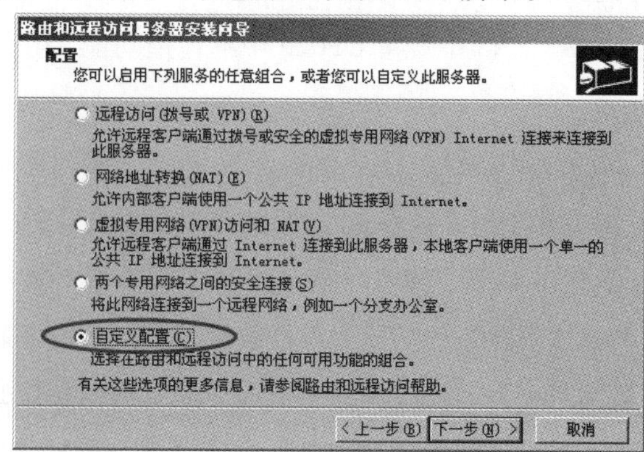

图 5-31 选择【自定义配置】

步骤 6:在打开的【自定义配置】对话框中勾选【LAN 路由】→单击【下一步】按钮,如图 5-32 所示。

步骤 7:在打开的【正在完成路由和远程访问服务器安装向导】对话框中单击【完成】按钮→在弹出的对话框中单击【启动服务】按钮,系统开始启用"路由和远程访问服务",启动完成后返回"路由和远程访问"窗口,如图 5-33 所示。

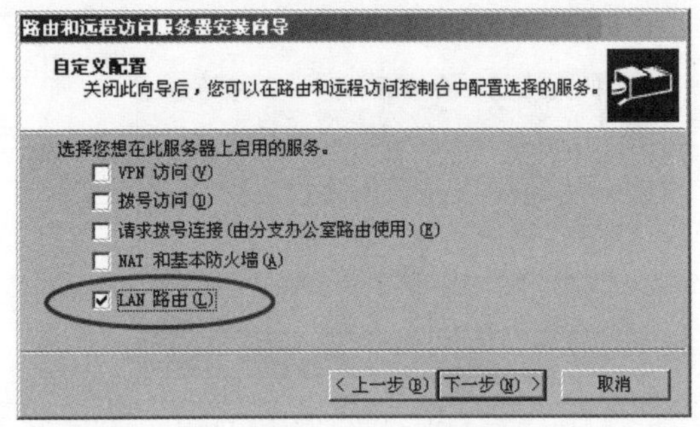

图 5-32　勾选【LAN 路由】

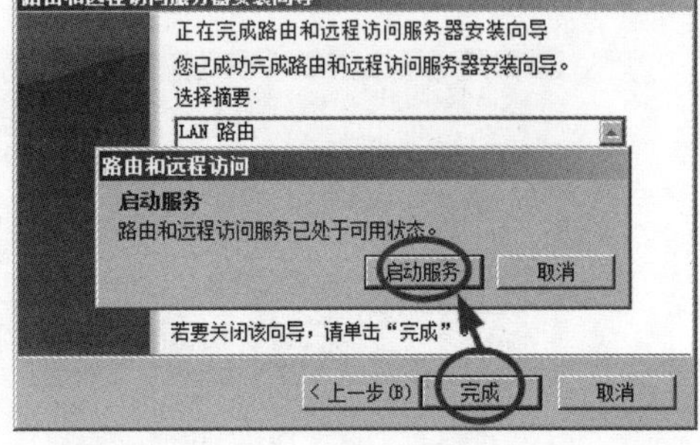

图 5-33　单击【完成】和【启动服务】按钮

步骤 8:在【路由和远程访问】窗口中依次展开【SERVER3(本地)】和【IPv4】→右击【常规】→在弹出的快捷菜单中选择【新增路由协议】,如图 5-34 所示。

步骤 9:打开【新路由协议】对话框,在【路由协议】列表框中选择【DHCP 中继代理程序】→单击【确定】按钮,如图 5-35 所示。

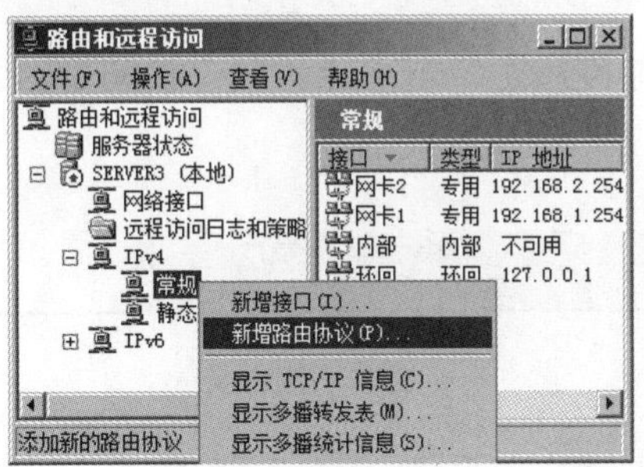

图 5-34　选择【新增路由协议】

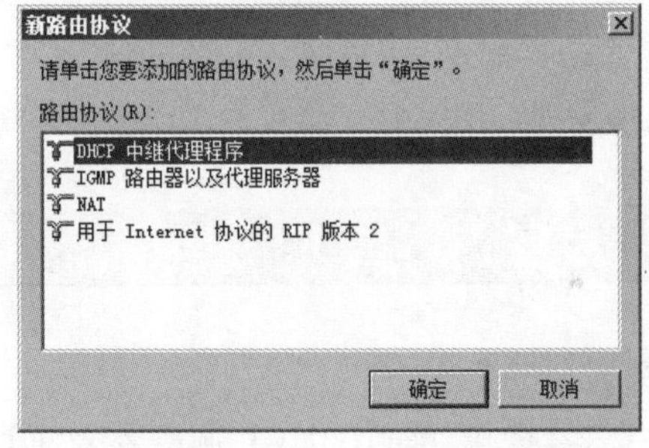

图 5-35　选择【DHCP 中继代理程序】

步骤 10:系统返回【路由和远程访问】窗口,右击刚添加的【DHCP 中继代理程序】→在弹出的快捷菜单中选择【新增接口】,如图 5-36 所示。

步骤 11:打开【DHCP 中继代理程序 的新接口】对话框,选择能侦听到子网 2 中客户机的 DHCP 服务请求的网卡(此处应为网卡 2)→单击【确定】按钮,如图 5-37 所示。

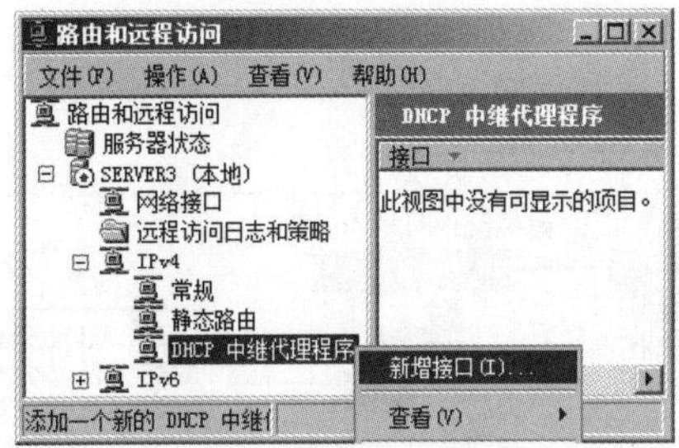

图 5-36　选择【新增接口】

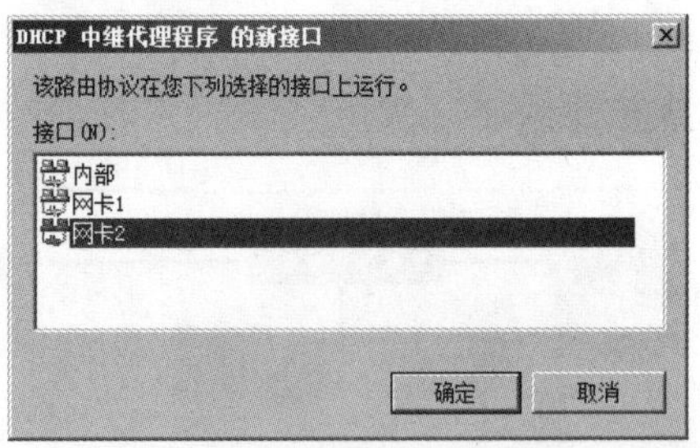

图 5-37　【DHCP 中继代理程序 的新接口】对话框

步骤 12：打开【DHCP 中继站属性-网卡 2 属性】对话框，勾选【中继 DHCP 数据包】复选框→设置【跃点计数阈值】和【启动阈值】两个参数→单击【确定】按钮，如图 5-38 所示。

步骤 13：系统返回【路由和远程访问】窗口，在左窗格中右击【DHCP 中继代理程序】→在弹出的快捷菜单中选择【属性】→打开【DHCP 中继代理程序 属性】对话框，在【服务器地址】编辑框中输入 DHCP 服务器的 IP 地址→依次单击【添加】和【确定】按钮，如图 5-39 所示。

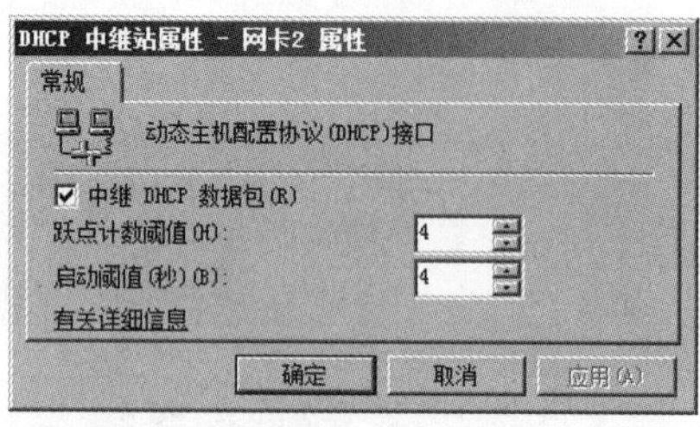

图 5-38 设置 DHCP 中继站属性

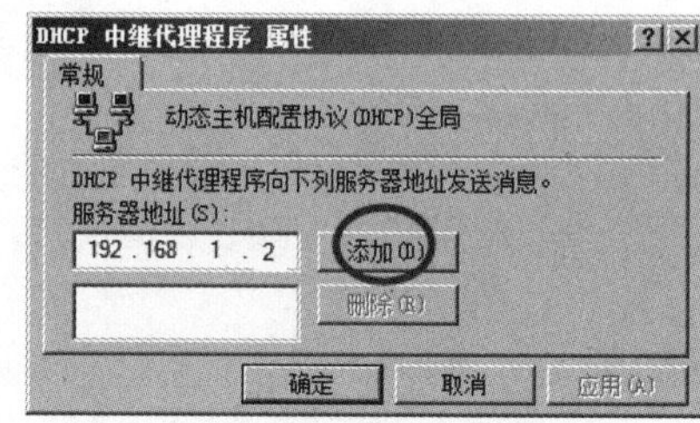

图 5-39 添加 DHCP 服务器的 IP 地址

提示："跃点计数阈值"是从 DHCP 中继代理到 DHCP 服务器经过的路由器的数量，最大值是 16，若超过则忽略 DHCP 信息。"启动阈值"是中继代理程序收到 DHCP 消息后需要等待多少秒才将此信息转发出去，其目的是解决当 DHCP 客户机所在的网络既有 DHCP 服务器又有 DHCP 中继代理服务器时，DHCP 客户机从哪个服务器(响应速度快的)获得分发的 IP 地址。

完成以上配置后，子网 2 中的 DHCP 客户机即可通过 DHCP 中继代理访问子网 1 中的 DHCP 服务器，并从中自动获取 IP 地址等网络配置信息了。

项目实训 5 DHCP服务器的架设

【实训目的】

会安装、授权、配置 DHCP 服务器及 DHCP 中继代理服务；能在 DHCP 客户机上配置并测试效果。

【实训环境】

每人 1 台 Windows XP/7 物理机，2 台 Windows Server 2008 虚拟机，1 台 Windows XP/7 虚拟机，虚拟机 1 的网卡连接至虚拟交换机 VMnet1，虚拟机 2 的 2 块网卡分别连接至虚拟交换机 VMnet1 和 VMnet2。

【实训拓扑】

实训示意图如图 5-40 所示。

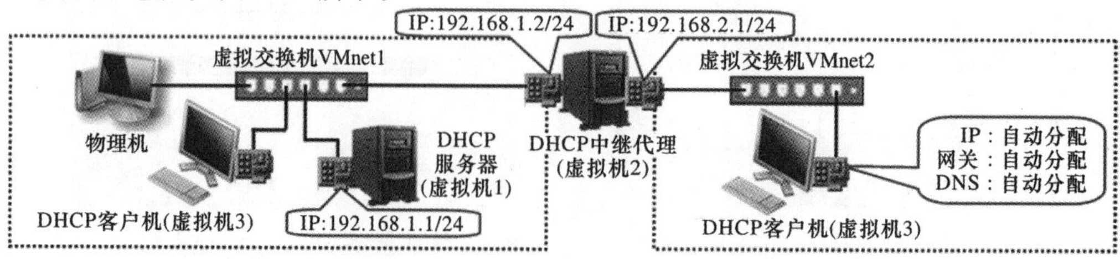

图 5-40 实训示意图

【实训内容】

1. 在单子网中提供 DHCP 服务

(1)启动虚拟机 1,将其网卡连接至虚拟交换机 VMnet1,以管理员身份登录后安装 DHCP 服务角色。

(2)创建并激活一个作用域:IP 地址为 192.168.1.1～192.168.1.200,排除地址为 192.168.1.1～192.168.1.10 和 192.168.1.16;在作用域选项配置默认网关为 192.168.1.254;在服务器选项配置 DNS 的 IP 地址为 192.168.1.1。

(3)测试:启动虚拟机 3,将其网卡连接至虚拟交换机 VMnet1,并将其 IP 地址、DNS 的 IP 地址设置为"自动获得"。在"命令提示符"窗口中通过"ipconfig"命令测试客户机能否从 DHCP 服务器上获得 IP 地址等参数。

(4)配置保留:用"ipconfig/all"命令查看客户机(虚拟机 3)的 MAC 地址,在 DHCP 服务器上为该客户机配置保留,使它能从 DHCP 服务器上获取固定的 IP 地址 192.168.1.88。

2. 在双子网中提供 DHCP 服务

(1)在 DHCP 服务器(虚拟机 1)上创建并激活第二个作用域:IP 地址为 192.168.2.10～192.168.2.200,在作用域选项配置默认网关为 192.168.2.254。

(2)在虚拟机 2 上安装两块虚拟网卡,将一块网卡连接至虚拟交换机 VMnet1,另一块网卡连接至虚拟交换机 VMnet2,并按实训示意图配置 IP 地址。

(3)在虚拟机 2 中以管理员身份登录服务器,安装"网络策略和访问服务"角色,配置并启用路由与远程访问,添加并配置 DHCP 中继代理程序。

(4)将虚拟机 3 的网卡先后连接至虚拟交换机 VMnet1 和 VMnet2,测试在两个不同的子网中客户机能否成功获取相应的 IP 地址等参数。

项目习作 5

一、选择题

1. 使用 DHCP 服务器的好处是(　　)。

A. 降低 TCP/IP 网络的配置工作量

B. 增加系统安全与依赖性

C. 对那些经常变动位置的工作站,DHCP 能迅速更新位置信息

D. 以上都是

2. 当 DHCP 客户机使用 IP 地址的时间达到租约的(　　)时,会自动尝试续订租约。

A. 87.5%　　B. 50%　　C. 80%　　D. 90%

3. (　　)命令可以手动更新 DHCP 客户机的 IP 地址。

A. ipconfig　　B. ipconfig/all　　C. ipconfig/renew　　D. ipconfig/release

4. 基于安全的考虑,在域中安装 DHCP 服务器后,必须经过(　　)才能正常提供 DHCP 服务。

A. 创建作用域　　B. 配置作用域选项

C. 授权 DHCP 服务器　　D. 激活作用域

5. 关于 IP 地址作用域，以下说法不正确的是（　　）。

A. 在同一台 DHCP 服务器上，针对同一网络 ID 号只能建立一个作用域

B. 在同一台 DHCP 服务器上，针对不同网络 ID 号可以分别建立多个不同的作用域

C. 在同一台 DHCP 服务器上，针对同一网络 ID 号可以建立多个不同的作用域

D. 在不同的 DHCP 服务器上，针对同一网络 ID 号可以分别建立多个不同的作用域

6. 当安装了一台 DHCP 服务器后，使用 DHCP 管理工具配置服务时发现，服务器上出现了一个红色向下的箭头，请问该情况是由什么引起的？（　　）

A. 该用户没有管理权限　　B. 没有激活作用域

C. 服务器故障　　D. 服务器未授权

7. 公司有一台系统为 Windows Server 2008 的 DHCP 服务器，该服务器上有多个作用域，为多个网段分配 IP 地址，每个网段的网关设置都不同，需要如何配置？（　　）

A. 在其中任意一个作用域中配置即可　　B. 在"服务器选项"中统一配置

C. 在"保留选项"中单独配置　　D. 在各自的作用域下配置"作用域选项"

8. DHCP 中继代理的功能是（　　）。

A. 可以帮助没有 IP 地址的客户机跨网段获得 IP

B. 可以帮助有 IP 地址的客户机跨网段获得 IP

C. 可以帮助没有 IP 地址的客户机在本网段获得 IP

D. 可以帮助有 IP 地址的客户机跨网段注册 IP

二、简答题

1. 简述 DHCP 的工作过程。

2. 作为 DHCP 服务器的计算机应满足哪些条件？

3. 在 DHCP 服务的网络中，现有的客户机自动分配的 IP 地址不在 DHCP 地址池范围内，而是在 169.254.0.1～169.254.255.254，请说明可能的原因有哪些。

4. 在多个子网（网段）中实现 DHCP 服务的方法有哪几种？各有什么特点？

项目06 DNS服务器的架设

6.1 项目背景

网络上的所有计算机都是通过彼此的IP地址进行定位后完成通信的，让用户记住大量的IP地址并以此去访问对方计算机几乎不可能。为此，提出了一种便于记忆的用“域名”来标识计算机的解决方案，使得用户可通过域名来访问对方计算机。比如：用户可以使用“www.baidu.com”来访问百度网站。域名虽然便于人们记忆，但计算机之间仍然需要知道对方的IP地址才能进行通信。因此，在网络中还必须增设一种能根据计算机的域名找到对应IP地址的服务，DNS便应运而生。

域名已成为企事业单位的“网上商标”，迅达公司已经有了自己的网站，需要申请一个全球唯一的域名，使公司内的用户及Internet上的广大用户能通过该域名访问公司的网站。此外，需为公司内的每台服务器配置各自不同的域名，这样，公司内的计算机也能通过域名方便地实现访问。以上需求要得以实现，公司网络管理员需做两件事：其一，为了对外发布公司的网站，需要向授权的域名注册机构申请并注册一个合法的一级域名(如“xunda.com”)或二级域名(如“www.xunda.com”)；其二，为满足公司内的计算机能用域名访问公司内的所有服务器，并使之具有容错和负载均衡能力，需搭建专供内网使用的主DNS和辅助DNS服务器。

6.2 项目知识准备

6.2.1 什么是DNS

DNS是Domain Name System或者Domain Name Service的缩写，中文意思是域名系统或者域名服务，能提供域名服务的服务器称为域名服务器或DNS服务器。DNS服务器是指保存了网络中主机的域名和对应IP地址，并具有将域名转换为IP地址功能的服务器。域名与IP地址之间的转换工作称为域名解析。

DNS就像手机中的通讯录，通讯录中有人名以及对应的手机号码，当你想打电话给某个人时，首先在通讯录中找到那个人的姓名，就如同你在浏览器中输入域名，然后通讯录检索到你输入的那个人的姓名，返回那个人的电话号码，进而用电话号码拨通对方的手机。换成 DNS，就是 DNS 将你输入的域名转换为对应的 IP 地址，然后将 IP 地址返回给用户客户机，用户客户机使用转换后的 IP 地址去访问指定的服务器。

6.2.2 互联网中的域名结构

在 Internet 上，计算机的数量非常庞大，标识计算机的域名数量也极其庞大，为便于对这些域名进行管理，保证其命名在 Internet 上的唯一性，域名的名称采用了层次型的命名规则。由所有域名组成的树状结构的逻辑空间称为域名空间，如图 6-1 所示。

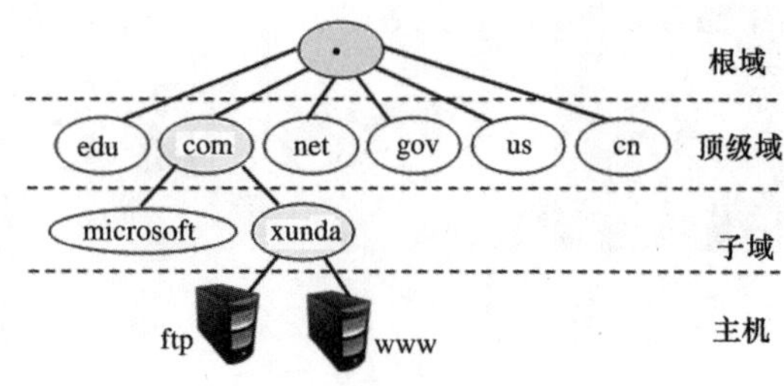

图 6-1 域名空间的层次结构

1. 根域

在域名空间中，最上层也是最大的域(空间)是域名树的根，被形象地称为根域。根域只有一个，它没有上级域，用句点“.”表示。Internet 上所有计算机的域名都无一例外地放置在这个根域下。

2. 顶级域

为了对根域中的计算机名称进行管理，将根域分割成若干个子空间，例如：com、edu、net 等，这些子空间被称为顶级域。顶级域的完整域名规定为由自己的域名与根域的名字组合而成。例如：如果一个顶级域的域名为“com”，那么它的完整域名为“com.”。在 Internet 中，顶级域分为两类：一是各种组织的顶级域(机构域)，例如：“com”代表商业性的公司、“edu”代表教育组织或大学、“gov”代表政府机构、“net”代表各种网络公司或组织；二是各个国家或地区的顶级域(地理域)，如“cn”代表中国。

3. 一级或多级的子域

在域名空间中，除了根域和顶级域之外，其他域均称为子域。子域的完整域名规定由自己的域名与上一级域的完整域名组合而成，并用“.”隔开。例如：如果一个子域的域名为“xunda”，它的上一级域的完整域名为“com.”，那么它的完整域名为“xunda. com.”。子域可以只有一级，也可以有多级。通常，一级子域是供公司和组织来申请、注册使用的，例如：“microsoft. com.”是由微软公司注册的。在已经申请成功的一级子域域名下，一般都可以按公司或组织内部的需要来设置一级或多级子域。

4. 末端的主机

在树形域名空间中，位于最末端的计算机名称，称为“主机名”，例如：www、ftp 等。主机可以存在于根以下的各层，主机名不再有下级子域。在已经申请成功的域名中，主机名一般都可以按自己的需要来设置。由于在多个域中可能存在着相同的主机名，所以，为了保证计算机名称的唯一性，便把计算机的主机名与其所在的域的完整域名组合在一起(用“.”隔开)，从而构成在整个域名空间中唯一确定的计算机名称，这个计算机名称被称为完全合格域名(Fully Qualified Domain Name，FQDN)。用户在互联网上访问 Web、FTP、Mail 等服务时，通常使用的就是完全合格域名(FQDN)，如“www. xunda. com.”。

提示：任何完全合格域名都带有根域的名称“.”，但是一般可以省略。完全合格域名(FQDN)最多 255 个字符。

6.2.3 DNS 服务器的分布结构

DNS 服务器之所以能对 DNS 客户机的域名解析请求提供支持，是因为在 DNS 服务器中预先存储了域名与 IP 地址的映射记录。将全球海量的映射记录存放在一台服务器上提供域名解析工作是不现实的。实际的做法是按照域名空间的层次结构划分成许多小的部分，并将不同部分存储在不同的 DNS 服务器上，形成层次型、分布式的 DNS 服务器群。每个 DNS 服务器只对域名空间中的连续的一部分进行管理，这些小的、连续的部分被称为"DNS 区域"(简称区域，zone)。

DNS 服务器是以"区域"为单位来管理域名空间的，区域中的数据保存在管理它的 DNS 服务器中。一台 DNS 服务器可以存储一个或多个 DNS 区域，同时，一个区域也可以由多个 DNS 服务器来管理。

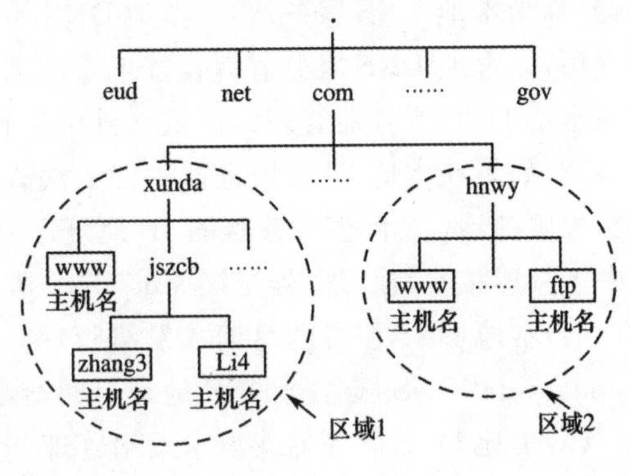

图 6-2 DNS 区域

区域的划分都是针对一个特定的域设置的。例如，图 6-2 中划分了两个区域，区域 1 针对域 xunda. com，区域 2 针对域 hnwy. com。在 DNS 服务器上，每一个区域都对应着一个区域文件，存储着本区域中所有计算机的完全合格域名与 IP 地址的映射记录，这些记录被称为"资源记录"。一个区域文件就是多个"资源记录"的集合。这些区域文件既可以以文本文件的形式存储，也可以保存在活动目录数据库中。

在根域服务器中并没有保存全球的所有 DNS 名称，它们只保存着顶级域的 DNS 服务器名称与 IP 地址的对应关系。目前全球共有 13 台根服务器，其中欧洲 2 台，日本 1 台，其余 10 台分布在美国。顶级域有几百个，每个顶级域内都有数台 DNS 服务器。根域的 DNS 服务器和顶级域的 DNS 服务器都是由位于美国的 InterNIC(Internet Network Information Center，Internet 网络信息中心)负责管理或授权管理的。

6.2.4 DNS 域名解析过程

域名解析的过程实际上就是一个查询和响应的过程。下面以查询 www. xunda. com 为例来介绍域名解析的过程。图 6-3 显示了基于根提示的 DNS 域名解析过程。

DNS 域名解析过程

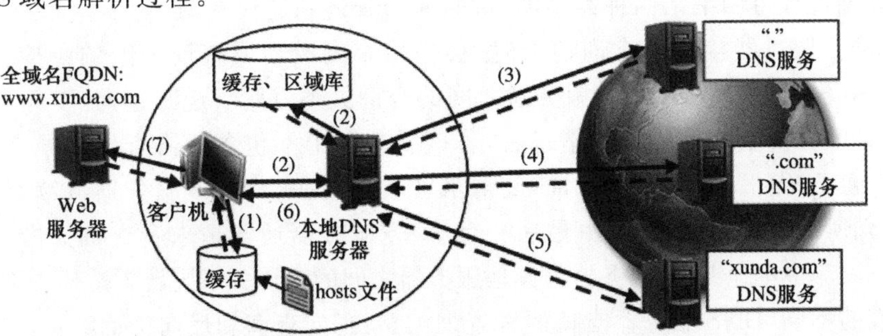

图 6-3 基于根提示的 DNS 域名解析过程

(1)当在客户机的 Web 浏览器中输入完全合格域名时，客户机产生一个查询请求并将其传入本机的缓存进行解析，如果查询信息可以被解析则完成查询。本机 DNS 缓存(可在命令提示符下用“ipconfig /displaydns”命令查看，用“ipconfig /flushdns”命令删除)来源于以下两个方面：

• 本机的 hosts 文件(位于%SystemRoot%\system32\drivers\etc 目录下)，在客户机启动时，hosts 文件中的名称与 IP 地址映射将被加载到缓存中。

• 以前查询得到的结果将在缓存中保存一段时间。

(2)如果在本机无法获得查询信息，客户机会将查询请求发送给本机所指向的 DNS 服务器(称为本地 DNS 服务器)。本地 DNS 服务器收到请求后，先查询本地的缓存，如果有该记录项，则本地 DNS 服务器就直接把查询的结果返回给客户机。如果本地的缓存里没有，就在本地 DNS 服务器管理的区域文件中查找，如果找到相应的记录则查询过程结束。

(3)如果在本地 DNS 服务器中仍无法查找到答案，则本地 DNS 服务器会把查询请求转发给根服务器(13 台根服务器的 IP 地址已默认存储在 DNS 服务器中，当需要时就会选择其中之一连接)。根服务器把“. com”DNS 服务器的 IP 地址返回给本地 DNS 服务器。

(4)本地 DNS 服务器将请求发给管理“. com”域的 DNS 服务器，此服务器根据请求将“xunda. com”DNS 服务器的 IP 地址返回给本地 DNS 服务器。

(5)本地 DNS 服务器将请求发给管理“xunda. com”域的 DNS 服务器，由于此服务器已有“www. xunda. com”的记录，所以它将“www. xunda. com”的 IP 地址返回给本地 DNS 服务器。

(6)本地 DNS 服务器将“www. xunda. com”的 IP 地址发送给客户机。

(7)客户机在数据包中封装目标主机的 IP 地址，从而实现与域名为“www. xunda. com”的目标主机的通信。

以上工作过程完全是自动完成的，用户只要事先在自己的计算机中配置好本地 DNS 服务器的 IP 地址，在提交了访问请求(http://www. xunda. com)后，便可直接等待目标计算机的应答，而无须关心域名解析的具体细节。

为了提高解析效率，减少查询开销，每个 DNS 服务器通过外界查询到 DNS 客户机所需的信息后，它会将此信息在缓存中保存一份，以便下次客户机再查询同一记录时，利用缓存中的信息直接回答客户机的查询。当然，这份查询结果信息只会在缓存中保存一段时间，这段时间称为 TTL(Time-To-Live)。当记录保存到缓存中，TTL 计时启动，当 TTL 时间递减到 0 时，记录被清除。TTL 默认值为 3600 秒。

从以上域名查询过程可归纳出两种类型的查询：递归查询和迭代查询。

• 递归查询：DNS 服务器接收到查询请求时，会做出查询成功或查询失败的响应。在图 6-3 中，步骤(2)中客户机与本地 DNS 服务器之间的查询关系就属于递归查询。

• 迭代查询：DNS 服务器接收到查询请求后，若该服务器中不包含所需查询记录，它会告知请求者另外一台 DNS 服务器的 IP 地址，使请求者转向另一台 DNS 服务器继续查询，以此类推，直到查到所需记录为止，否则由最后一台 DNS 服务器通知请求者查询失败。在图 6-3 中，步骤(3)～(5)中本地 DNS 服务器与其他服务器之间的查询关系则属于迭代查询。

按照查询内容的不同，DNS 服务器支持两种查询类型：正向查询和反向查询。

• 正向查询：由域名查找 IP 地址。

• 反向查询：由 IP 地址查找域名。

6.2.5　DNS 服务器的种类

在网络中主要部署三种类型的 DNS 服务器：主 DNS 服务器、辅助 DNS 服务器和唯缓存 DNS 服务器。

1. 主 DNS 服务器

主 DNS 服务器中存储了其所辖区域内的主机域名与 IP 地址映射记录的正本，而且以后这些区域内的数据变更时，也直接写到这台服务器的区域文件中，该文件是可读可写的。一个区域内必须至少有一台主 DNS 服务器。

2. 辅助 DNS 服务器

辅助 DNS 服务器定期从另一台 DNS 服务器复制区域文件，这一复制操作被称为区域传送。区域传送成功后会将区域文件设置为“只读”，也就是说，在辅助 DNS 服务器中不能修改区域文件。一个区域内可以没有辅助 DNS 服务器，也可以有多台辅助 DNS 服务器。部署辅助 DNS 服务器的好处有二：一是提供容错能力，即当主 DNS 服务器不能正常工作时，接替主 DNS 服务器承担域名解析；二是实现负载均衡，即将客户机群进行分流查询，让客户机配置的首选 DNS 服务器，一部分指向主 DNS 服务器，另一部分指向辅助 DNS 服务器。

3. 唯缓存 DNS 服务器

唯缓存 DNS 服务器与主 DNS 服务器和辅助 DNS 服务器完全不同，它自身没有本地区域文件，但仍然可以接收 DNS 客户机的域名解析请求，并将请求转发到指定的其他 DNS 服务器解析。在将解析结果返回给 DNS 客户机的同时，将解析结果保存在自己的缓存区内。当下一次接收到相同域名的解析请求时，唯缓存 DNS 服务器就直接从缓存区内提取记录快速地返回给 DNS 客户机，而不必将请求再转发给指定的 DNS 服务器。在网络中部署唯缓存 DNS 服务器，一方面可以减轻主 DNS 服务器和辅助 DNS 服务器的负载，减少网络传输通信量，另一方面还可以提高域名解析的速度。

6.3 项目实施

任务 6-1　DNS 服务器角色的安装

要使 Windows Server 2008 的服务器成为 DNS 服务器，需要先给该服务器配置静态 IP 地址，然后安装 DNS 服务器角色，默认情况下 Windows Server 2008 没有安装 DNS 服务器角色，需要用户手动添加，其步骤如下：

步骤 1：以管理员身份登录服务器→单击【开始】→【管理工具】→【服务器管理器】，打开【服务器管理器】窗口→在左窗格中单击【角色】→在右窗格中单击【添加角色】，打开【添加角色向导】对话框→单击【下一步】按钮→打开【选择服务器角色】对话框→在【角色】列表框中，勾选【DNS 服务器】复选框，如图 6-4 所示。

步骤 2：依次单击【确认】→【安装】，系统开始安装，安装完成后单击【关闭】按钮。

提示：①DNS服务器安装成功后会自动启动，并且会在系统目录%SystemRoot%\system32\下生成一个dns文件夹，其中默认包含了缓存文件、日志文件、模板文件、备份文件等与DNS相关的文件，如果创建了DNS区域，还会生成相应的区域数据库文件。

②在安装Active Directory的同时也能有选择地安装DNS服务器角色。

安装完毕后，在服务器桌面上单击【开始】→【管理工具】→【DNS】，进入【DNS管理器】窗口，如图6-5所示。其中，【SERVER1】为DNS服务器名，【正向查找区域】用于正向域名解析，【反向查找区域】用于反向域名解析。

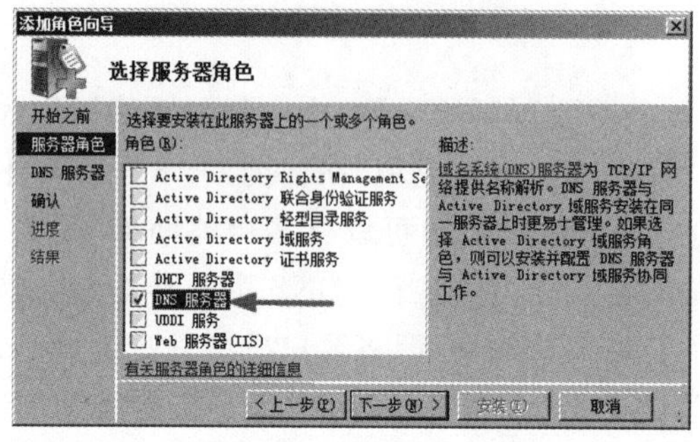

图6-4 勾选【DNS服务器】复选框

图6-5 【DNS管理器】窗口

任务6-2 主DNS服务器的搭建

DNS的数据是以区域为管理单位的，因此，安装好DNS服务器角色后的首要任务是创建区域。区域是用于存储域名和其IP地址对应关系的数据库。若在创建区域的过程中选择的是主要区域，则执行主DNS服务器的搭建过程。

1. 创建正向查找的主要区域

创建步骤如下：

步骤1：进入【DNS管理器】窗口→在左窗格中展开服务器名（如，SERVER1）→右击【正向查找区域】→从弹出的快捷菜单中选择【新建区域】，如图6-6所示。

步骤2：打开【欢迎使用新建区域向导】对话框，单击【下一步】按钮→在打开的【区域类型】对话框中选择【主要区域】→单击【下一步】按钮，如图6-7所示。

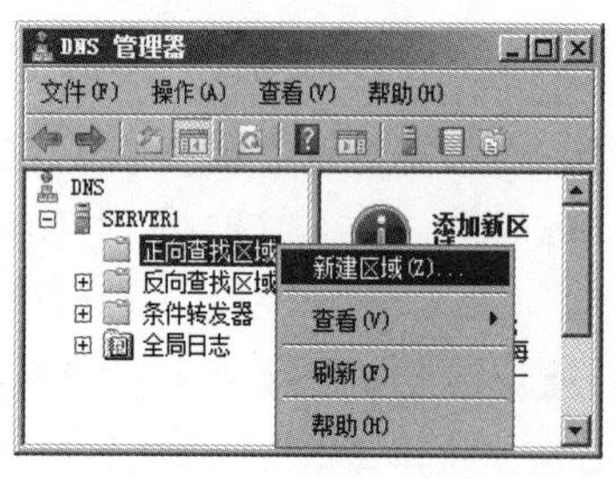

图6-6 创建正向主要区域

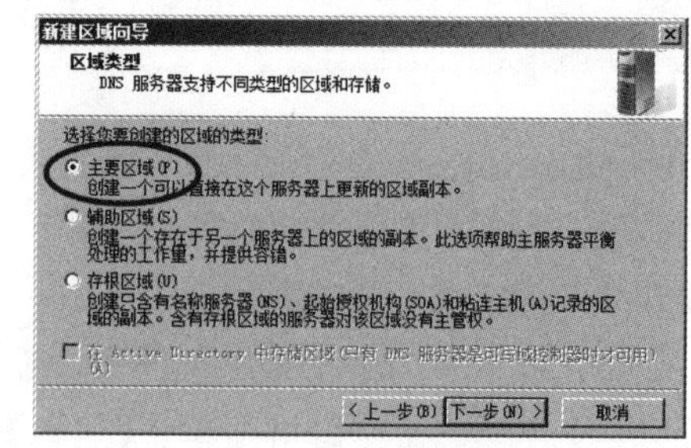

图6-7 选择区域类型

对图6-7中的选项说明如下：

- 【主要区域】：用于存储本区域内资源记录的正本，在此区域上可直接添加、修改或删除记录。

•【辅助区域】：是现有区域的副本，此副本是利用区域传输方式从其他区域（如主要区域或另一辅助区域）复制而来的，本区域内的记录是只读的，不能直接修改。

•【存根区域】：它也存储着区域记录的副本，不过与辅助区域所存储的副本不同，存根区域内只包含少数记录（如 SOA、NS 和 A 记录），利用这些记录可以找到本区域内的授权 DNS 服务器。

•【在 Active Directory 中存储区域】：此选项仅在 DNS 服务器本身是可写域控制器时才可选。此类区域的数据存放在 Active Directory 中，以提高区域记录的安全性。

步骤 3：打开【区域名称】对话框，在【区域名称】编辑框中输入区域名称（如，xunda. com）→单击【下一步】按钮→打开【区域文件】对话框，其中已默认填入了一个区域文件名，该文件保存了本区域的信息，默认保存在“%SystemRoot%\System32\dns”文件夹中。一般保持默认值不变，单击【下一步】按钮→在打开的【动态更新】对话框中选择【不允许动态更新】→单击【下一步】按钮，如图 6-8 所示。

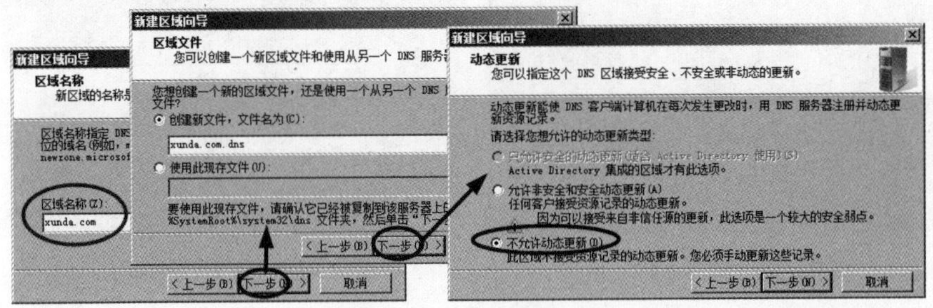

图 6-8　【区域名称】【区域文件】和【动态更新】对话框

提示：动态更新是指当 DNS 客户机的主机名、IP 地址有变动时，这些变动数据会自动发送到 DNS 服务器，DNS 服务器便会自动更新区域内的相关记录。这种功能给 DNS 服务器的维护带来方便，它减少了对区域记录进行手动管理的需要。该功能实现的前提是 DNS 客户机必须支持动态更新，才会主动将更新数据传送给 DNS 服务器，Windows 2000 及以后的客户机系统均支持此功能。

步骤 4：打开【正在完成新建区域向导】对话框，其中显示了新建区域的设置报告。若需修改可单击【上一步】返回修改；若确认无误则单击【完成】按钮结束创建，如图 6-9 所示。

创建好的正向查找主要区域可以在【DNS 管理器】窗口中看到，如图 6-10 所示。

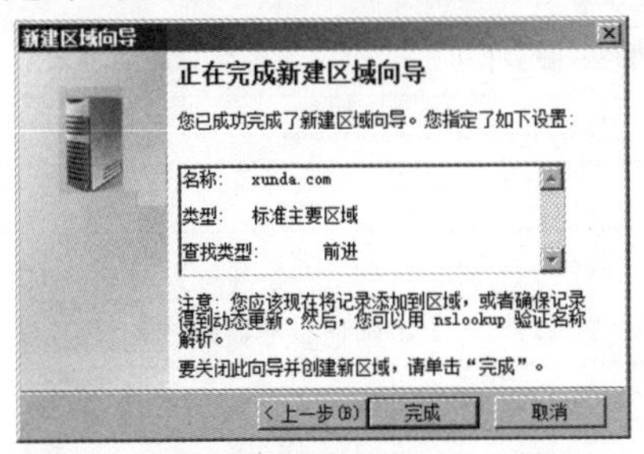

图 6-9　【正在完成新建区域向导】对话框

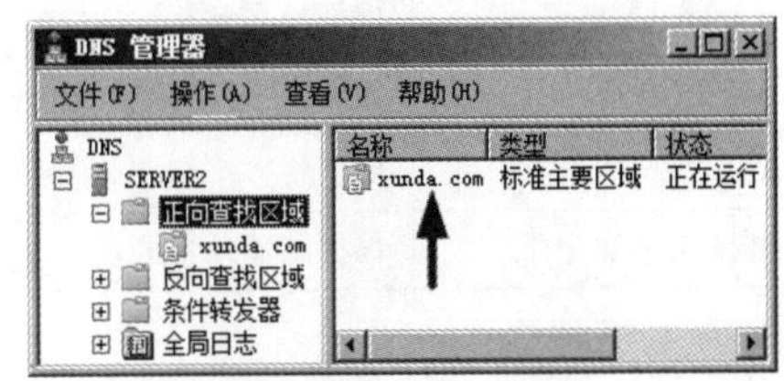

图 6-10　建好后的 DNS 正向查找主要区域

2. 创建反向查找的主要区域

在某些场合下，需要让 DNS 客户机利用 IP 地址来查询其主机名，如在 IIS 网站内当需要通过 DNS 主机名来限制某些客户机访问时，IIS 网站需要利用反向查询来检查客户机的主机名。创建步骤如下：

步骤 1:进入【DNS 管理器】窗口→在左窗格中右击【反向查找区域】→在弹出的快捷菜单中选择【新建区域】→在打开的【欢迎使用新建区域向导】对话框中单击【下一步】按钮→在打开的【区域类型】对话框中选择【主要区域】→单击【下一步】按钮→在弹出的对话框中选择【IPv4 反向查找区域】→单击【下一步】按钮→打开【反向查找区域名称】对话框，在【网络 ID】编辑框中输入此区域支持的网络 ID。如:要查找 IP 地址为 192.168.8.1 的域名，就应该在【网络 ID】编辑框中输入 192.168.8，这样，192.168.8.0 网段内的所有反向查询都在该区域中被解析→单击【下一步】按钮，如图 6-11 所示。

步骤 2:打开【区域文件】对话框，系统会自动显示默认的区域文件名称“8.168.192.in-addr.arpa.dns”，如果不接受默认的名称，也可键入不同的名称，单击【下一步】按钮，如图 6-12 所示。然后，弹出【正在完成新建区域向导】对话框，单击【完成】按钮，结束创建。

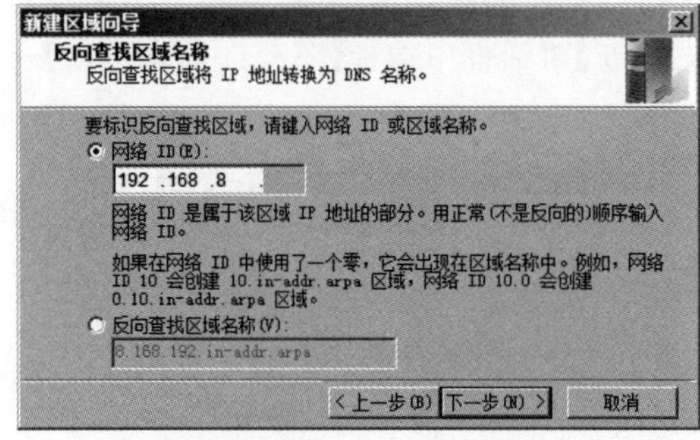

图 6-11 【反向查找区域名称】对话框

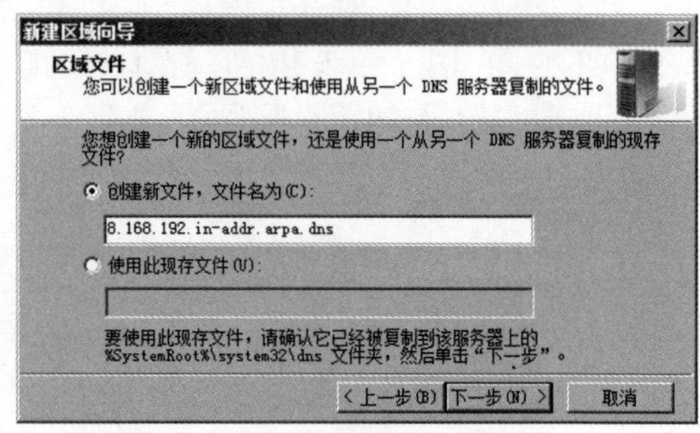

图 6-12 【区域文件】对话框

任务 6-3 在主 DNS 服务器中添加资源记录

完成 DNS 服务的安装及主要区域的创建后并不能马上实现域名解析，还需要在区域中添加反映域名与 IP 地址之间映射关系的各种资源记录，表 6-1 中是常用的资源记录。

表 6-1 常用的资源记录

资源记录	说　明
SOA(起始授权机构)	定义了该区域中哪台 DNS 服务器是主 DNS 服务器
NS(名称服务器)	定义了该区域中哪些服务器是 DNS 服务器(每台 DNS 服务器对应一条本记录)
A 或 AAAA(主机记录)	根据域名解析出 IP 地址，其中:IPv4 为 A，IPv6 为 AAAA
PTR(指针)	根据 IP 地址解析出域名
CNAME(别名记录)	用于将多个名字映射到同一台计算机
MX(邮件交换器记录)	根据邮箱地址的后缀名(即@后面的部分)解析出邮件服务器的域名

1. 添加主机记录

若某台计算机的 FQDN 名称为“server1.xunda.com”，IP 地址为 192.168.8.1，则向区域 xunda.com 中添加其主机记录的步骤如下:

步骤 1:进入【DNS 管理器】窗口→在左窗格中依此展开【SERVER1】→【正向查找区域】节点→右击区域名称(如，xunda.com)→选择【新建主机(A 或 AAAA)】，如图 6-13 所示。

步骤 2：在打开的【新建主机】对话框中输入主机的名称(server1)、IP 地址(192.168.8.1)→勾选【创建相关的指针(PTR)记录】(这样可以在新建主机记录的同时，在反向查找区域中自动创建相应的 PTR 记录)→单击【添加主机】按钮，弹出【成功地创建了主机记录 server1.xunda.com】提示框，单击【确定】按钮，系统返回【DNS 管理器】窗口。如图 6-14 所示。

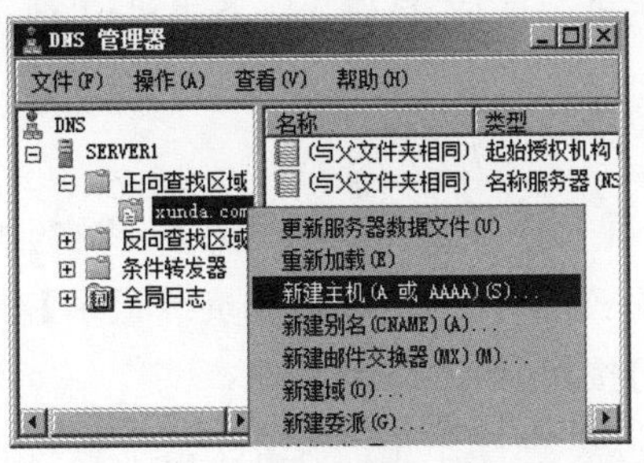

图 6-13　选择【新建主机(A 或 AAAA)】

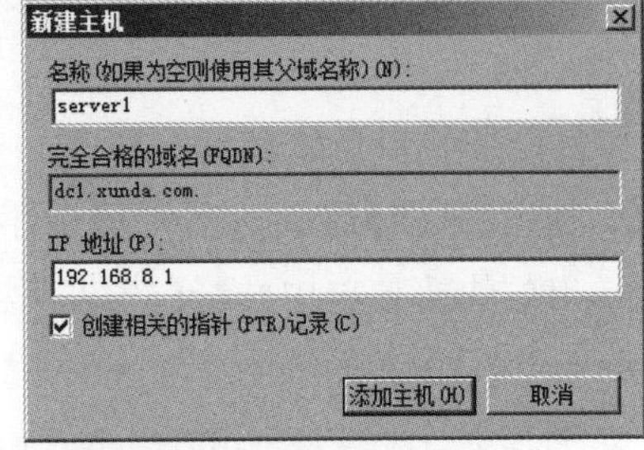

图 6-14　【新建主机】对话框

重复上述步骤可以添加多条主机记录，如图 6-15 所示为添加完成后的窗口。

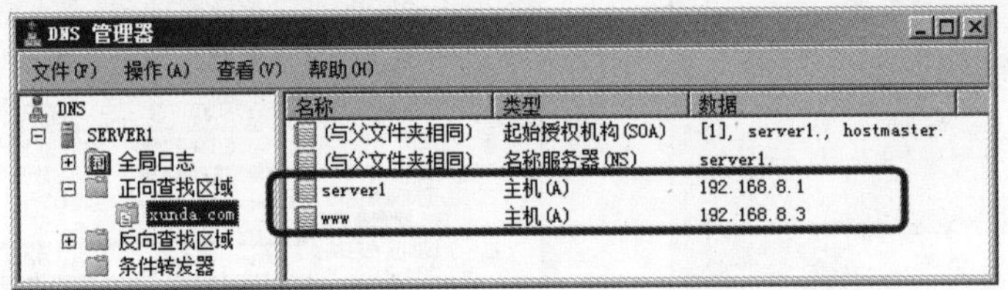

图 6-15　添加主机记录完成后的窗口

提示：可以将同一域名解析到多个不同的 IP 地址，默认情况下系统会以轮询或就近匹配的方式解析到其中一个 IP 地址，以实现对服务器集群访问的负载均衡和内外网用户用同一域名不同的 IP 地址访问内网中的同一台服务器；多个不同域名也可解析到同一 IP 地址。

2. 添加指针记录

若需要从 IP 地址查找对应的域名，则可创建指针记录，方法有两种，一是如图 6-14 所示在创建主机记录时勾选【创建相关的指针(PTR)记录】，由系统自动创建；二是手动添加。手动添加的步骤如下：

步骤 1：在【DNS 管理器】窗口中展开【反向查找区域】节点→右击反向查找区域名称(如 8.168.192.in-addr.arpa.dns)→在弹出的快捷菜单中选择【新建指针(PTR)】，如图 6-16 所示。

步骤 2：打开【新建资源记录】对话框，在【主机 IP 地址】编辑框中填入 IP 地址→在【主机名】编辑框中输入主机的完全合格域名→单击【确定】按钮，如图 6-17 所示。

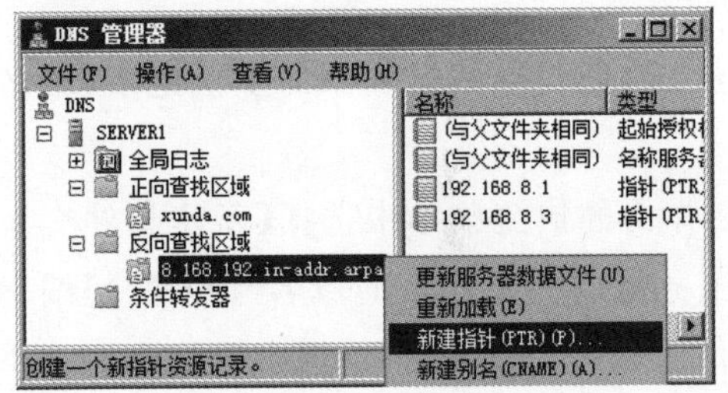

图 6-16　选择【新建指针(PTR)】

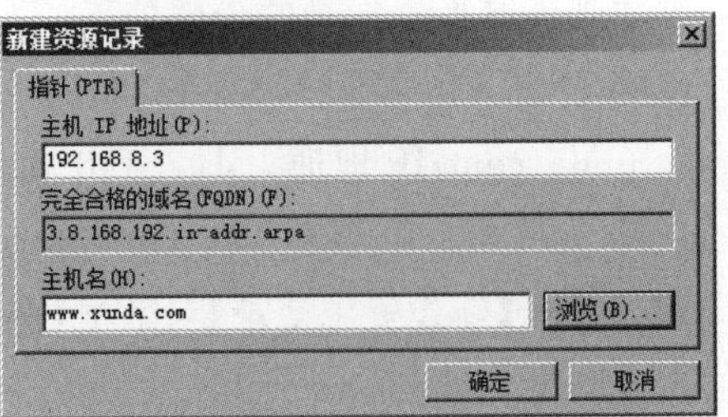

图 6-17　输入指针记录的有关信息

3. 添加别名记录

基于成本的考虑，有时要使用同一台主机和同一个 IP 地址搭建多台服务器，如一台主机既是 www 服务器，又是 ftp 服务器，且 IP 地址均为 192.168.8.3。为了区分两种不同的服务和便于用户访问，需要为二者提供不同的域名并解析到相同的 IP 地址。为此，有两种方法将域名解析到 IP 地址：一是分别建立两条主机记录；二是建立一条主机记录，一条别名记录。

建立别名记录的步骤如下：

进入【DNS 管理器】窗口→在左窗格中右击准备添加别名记录的区域名称（如 xunda.com）→在弹出的快捷菜单中选择【新建别名(CNAME)】→打开【新建资源记录】对话框，输入别名和目标主机的完全合格域名→单击【确定】按钮，如图 6-18 所示。

如图 6-19 所示，在区域 xunda.com 中为 www 创建了 ftp 别名。系统解析别名 ftp.xunda.com 时，先解析到 www.xunda.com，再由 www.xunda.com 解析到 192.168.8.3。

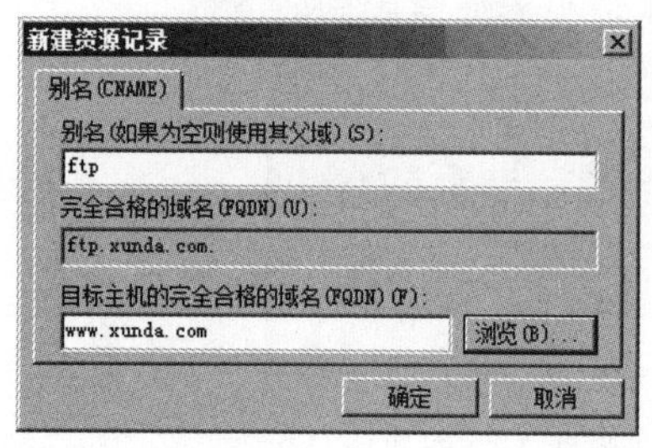

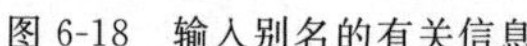
图 6-18　输入别名的有关信息

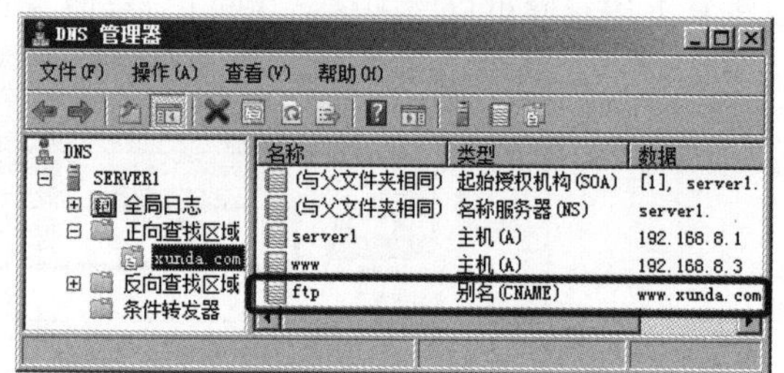

图 6-19　添加别名记录后的窗口

使用别名记录的好处是：当服务器 IP 地址变更时，只需修改主机记录的 IP 地址，其对应的别名记录不做修改也将自动更改到新的 IP 地址上了。

4. 添加邮件交换器记录

邮件交换器记录（MX 记录）用于电子邮件系统发邮件时根据收信人的邮箱地址的后缀来定位邮件服务器。例如，当某用户要发一封信给 zhang3@xunda.com 时，该用户的邮件系统通过 DNS 服务器查找 xunda.com 域的 MX 记录，通过 MX 记录解析出邮件服务器的完全合格域名（如 email.xunda.com）。由于 MX 记录只是将邮箱地址的后缀名解析到了邮件服务器的域名，并没有解析出邮件服务器的 IP 地址，所以，在添加 MX 记录的同时，必须配合添加一条能将邮件服务器的域名解析到 IP 地址的主机记录，这样才能最终通过 IP 地址找到邮件服务器。

添加邮件交换器记录的步骤如下：

步骤 1：进入【DNS 管理器】窗口→参照前述方法创建邮件服务器的主机记录（域名为 email.xunda.com，IP 地址为 192.168.8.4）。

步骤 2：右击区域名称（如，xunda.com）→在弹出的快捷菜单中选择【新建邮件交换器(MX)】→打开【新建资源记录】对话框，在【邮件服务器的完全合格的域名(FQDN)】编辑框中输入或浏览到域名 email.xunda.com→在【邮件服务器优先级】编辑框中取默认值→单击【确定】按钮，如图 6-20 所示。添加 MX 记录后的窗口如图 6-21 所示。

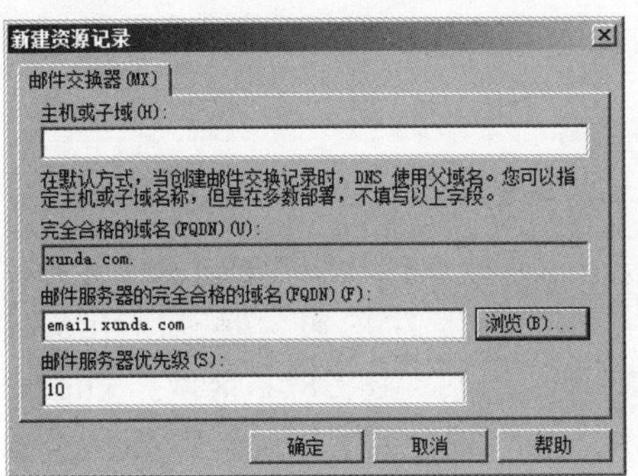

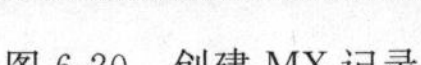
图 6-20　创建 MX 记录

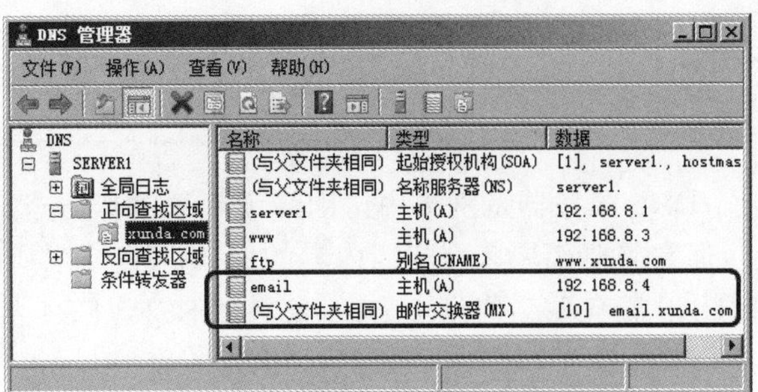

图 6-21　添加 MX 记录后的窗口

任务 6-4　DNS 客户机的设置与测试

1. DNS 客户机的配置

在安装并配置 DNS 服务器后，在客户机上必须进行必要的配置才能使用 DNS 服务，其配置步骤如下(以 Windows 7 为例)：

在客户机桌面上右击【网络】→选择【属性】→打开【网络和共享中心】窗口，在左窗格中单击【更改适配器设置】→右击【本地连接】→选择【属性】→在打开的【本地连接属性】对话框中选择【Internet 协议版本 4(TCP/IPv4)】→单击【属性】按钮，打开【Internet 协议版本 4(TCP/IPv4)属性】对话框，单击【使用下面的 DNS 服务器地址】单选按钮→在【首选 DNS 服务器】编辑框中输入 DNS 服务器的 IP 地址→单击【确定】按钮，如图 6-22 所示。

2. 在 DNS 客户机测试 DNS 服务

可通过“nslookup”命令测试正向解析和反向解析是否正常工作，其具体测试步骤如下：

在客户机同时按下【Windows 徽标＋R】组合键→在打开的【运行】对话框中输入“cmd”→单击【确定】按钮→在打开的命令提示符窗口中输入“nslookup”命令→在“>”提示符后先后输入需正向解析的域名、反向解析的 IP 地址、别名和邮件交换器记录。如果出现如图 6-23 所示的结果，则表示 DNS 的正向解析和反向解析功能正常。

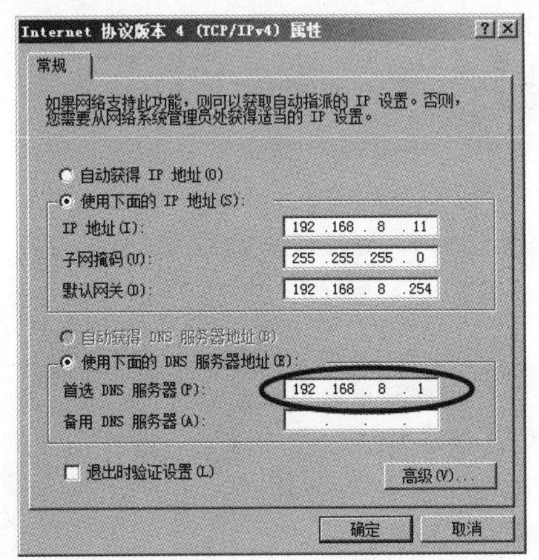

图 6-22　输入 DNS 服务器的 IP 地址

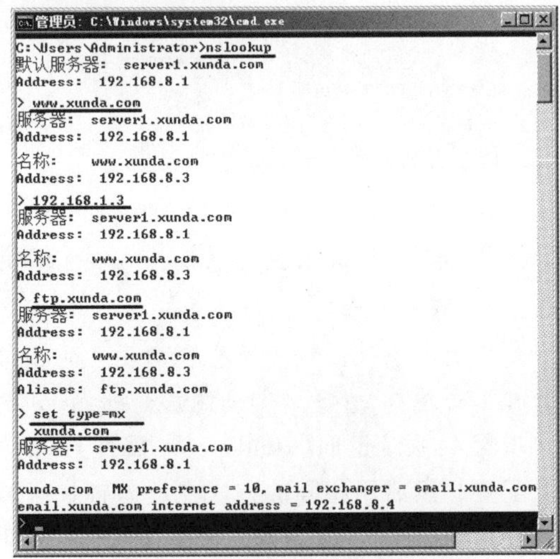

图 6-23　在 DNS 客户机测试 DNS 服务

任务 6-5 辅助 DNS 服务器的搭建

DNS 服务器是网络中访问最为频繁的服务器，为了防止软硬件故障导致 DNS 服务停止，通常需要部署多台相同内容的 DNS 服务器，其中一台作为主 DNS 服务器，其他作为辅助 DNS 服务器。假设主 DNS 服务器 SERVER1 的 IP 地址是 192.168.8.1，区域为 xunda.com，辅助服务器 SERVER2 的 IP 地址为 192.168.8.2。要实现区域文件从主 DNS 服务器到辅助 DNS 服务器自动传输需完成以下两项工作：

1. 在主 DNS 服务器上指派辅助 DNS 服务器

指派步骤如下：

步骤 1：以管理员身份登录主 DNS 服务器→进入【DNS 管理器】窗口→在其中为辅助 DNS 服务器建立一条 A 资源记录(域名为 server2.xunda.com，IP 地址为 192.168.8.2)。

步骤 2：右击区域【xunda.com】→在弹出的快捷菜单中选择【属性】→在打开的【xunda.com 属性】对话框中单击【区域传送】选项卡→勾选【允许区域传送】复选框→单击【只允许到下列服务器】单选按钮→单击【编辑】按钮，如图 6-24 所示。

步骤 3：打开【允许区域传送】对话框→在<单击此处添加 IP 地址或 DNS 名称>处输入辅助 DNS 服务器的 IP 地址或 DNS 名称→按【Enter】键→单击【确定】按钮，如图 6-25 所示。

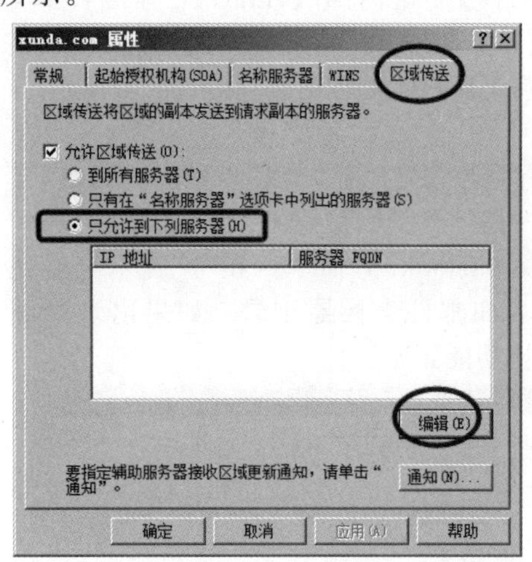

图 6-24 在主 DNS 服务器上指派辅助 DNS 服务器

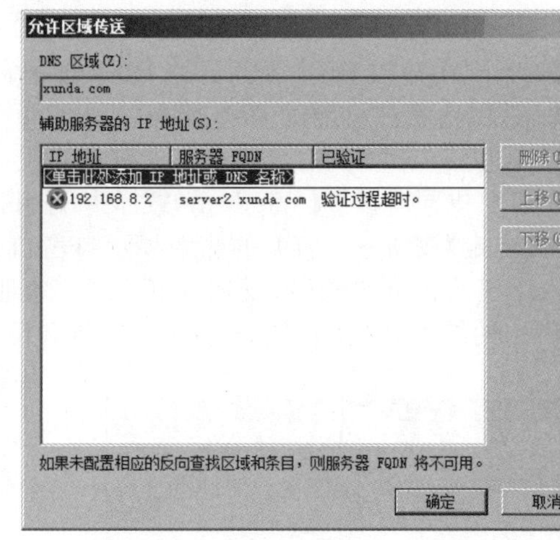

图 6-25 【允许区域传送】对话框

提示：在<单击此处添加 IP 地址或 DNS 名称>处输入辅助 DNS 服务器的 IP 地址或域名并按【Enter】键后，系统会通过反向查找尝试解析拥有此 IP 地址的域名，若用户目前没有创建反向查找区域或没有创建相应的指针记录，则会显示“验证过程超时”的提示信息，此时可不必理会，它并不影响此后对辅助 DNS 服务器的区域传送功能。

步骤 4：系统返回【xunda.com 属性】对话框→单击【确定】按钮，完成对正向查找区域的指派配置。然后用相同的方法在反向查找区域上指派辅助 DNS 服务器。

2. 在辅助 DNS 服务器上安装 DNS 服务和创建辅助区域

其步骤如下：

步骤 1：以管理员身份登录 SERVER2 服务器→安装 DNS 服务器角色→安装完后，进入【DNS 控制台】窗口→在左窗格中展开【SERVER2】节点→右击【正向查找区域】→选择【新建区域】→在打开的【欢迎使用新建区域向导】对话框中单击【下一步】按钮→在打开的【区域类型】对话框中选择【辅助区域】→单击【下一步】按钮，如图 6-26 所示。

步骤 2：在打开的【区域名称】对话框中输入和主 DNS 服务器的主要区域同名的区域名称"xunda.com"→单击【下一步】按钮，如图 6-27 所示。

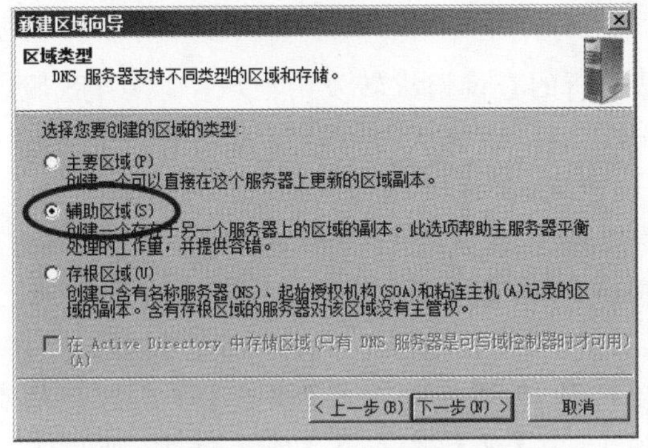

图 6-26　选择【辅助区域】

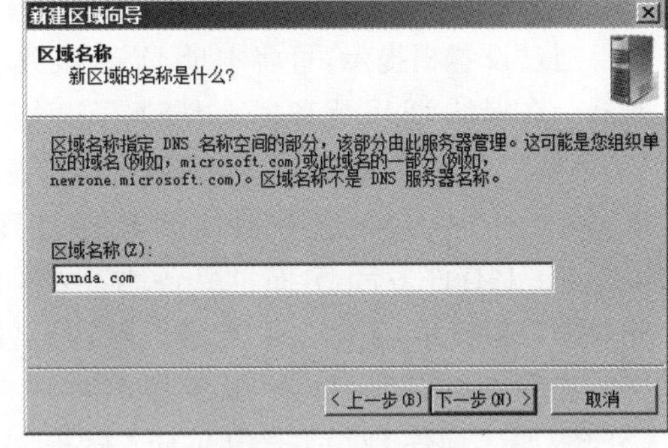

图 6-27　输入区域名称

步骤 3：弹出【主 DNS 服务器】对话框，在【主服务器】列表框中输入主 DNS 服务器的 IP 地址，指定复制数据的来源→单击空白处→单击【下一步】按钮，如图 6-28 所示。

步骤 4：弹出【正在完成新建区域向导】对话框，显示设置摘要，确认无误后单击【完成】按钮→返回【DNS 管理器】窗口，此时可看到从主 DNS 服务器自动复制来的数据，如图 6-29 所示。

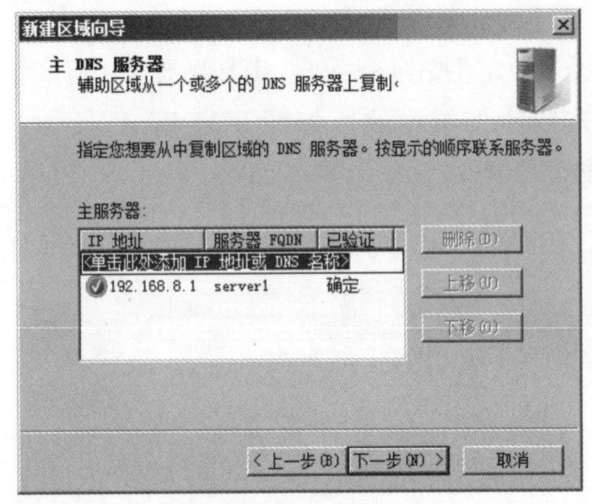

图 6-28　输入主 DNS 服务器的 IP 地址

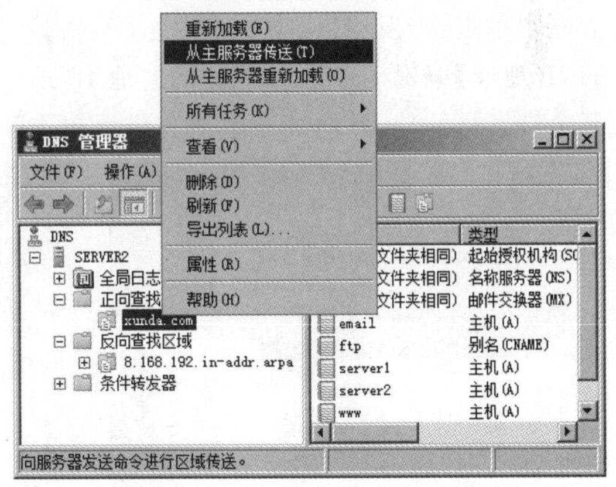

图 6-29　【DNS 管理器】窗口

提示：在创建了 DNS 辅助区域后，可能发现不能从主服务器复制数据，出现此故障的原因基本都是新创建的 DNS 辅助区域还没有来得及和主服务器同步，稍等片刻选中区域 xunda.com 后按【F5】键刷新一下区域或关闭【DNS 管理器】窗口再重新打开就 OK 了。

任务 6-6 请求其他 DNS 服务器解析

任何一台 DNS 服务器都不可能完成所有的域名解析，只能接收它所控制域的域名请求，如果用户请求的是其他域的域名解析，就需要把请求转发到其他 DNS 服务器上进行解析。对本地 DNS 服务器有两种设置方案实现解析请求的转移：根提示和 DNS 转发器。

1. 根提示

通过设置根提示，可将本地 DNS 服务器无法解析的查询请求转发给根域（“.”）DNS 服务器。在根域 DNS 服务器上创建了名称为“.”的区域。根域下的所有资源记录都建立在“.”区域中并不现实，根域 DNS 服务器会把自己的子域（顶级域）委派给其他 DNS 服务器。在 Internet 中，DNS 服务器之间是通过逐层委派建立起联系的。根域 DNS 服务器在 Internet 上有许多台，分布世界各地。为了定位根域 DNS 服务器，需要在非根域的 DNS 服务器配置根提示，实际上系统已经默认设置好了。查看的方法是：进入【DNS 管理器】窗口→在左窗格中右击 DNS 服务器名称→在弹出的快捷菜单中选择【属性】→在打开的【SERVER1 属性】对话框中单击【根提示】选项卡，在【名称服务器】列表框中，列出了 Internet 上 13 台根域 DNS 服务器的名称及其 IP 地址，这些信息是在安装 DNS 服务器时自动创建的，不需要修改，如图 6-30 所示。

2. DNS 转发器

将本地 DNS 服务器无法解析的请求转发给其他 DNS 服务器（即转发给转发器），必须在本地 DNS 服务器中添加转发器的 IP 地址。设置步骤如下：

步骤 1：进入【DNS 管理器】窗口→在左窗格中右击准备设置 DNS 转发器的 DNS 服务器名称（如，SERVER1）→在弹出的快捷菜单中选择【属性】→在打开的【SERVER1 属性】对话框中单击【转发器】选项卡→单击【编辑】按钮→打开【编辑转发器】对话框，在【转发服务器的 IP 地址】编辑框中输入转发目的地 IP 地址→单击【确定】按钮→重复以上操作可以添加多个转发目的地 IP 地址→添加完成后单击【确定】按钮使设置生效。如图 6-31 所示。

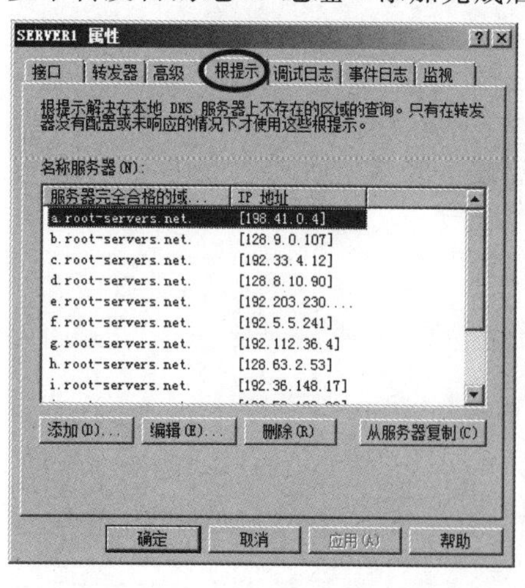

图 6-30 设置【根提示】

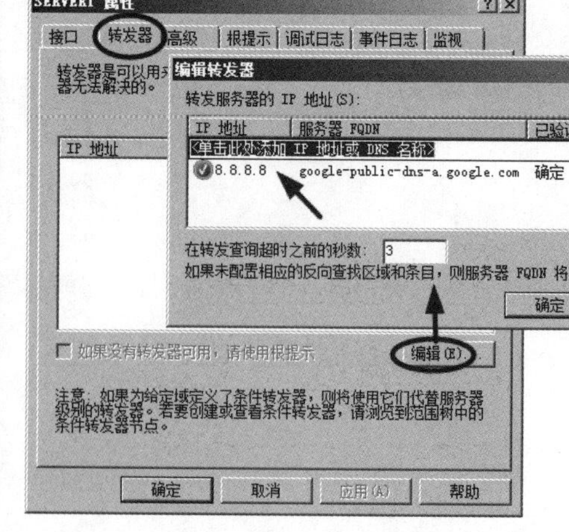

图 6-31 设置【转发器】

提示：默认时，如果一台 DNS 服务器上既设置了【根提示】又设置了【转发器】，它会先使用【转发器】，若不成功，才使用【根提示】。

步骤 2：测试。在客户机上将 DNS 服务器的 IP 地址指向主 DNS 服务器的 IP 地址(192.168.8.1)，若能用域名访问外网的 Web 服务器，则表明转发器设置生效。

项目实训 6　DNS服务的配置和管理

【实训目的】

能安装和配置主 DNS 服务器和辅助 DNS 服务器，会配置 DNS 客户机并能测试 DNS 的服务效果。

【实训环境】

每人 1 台 Windows XP/7 物理机，2 台 Windows Server 2008 虚拟机，1 台 Windows XP/7 虚拟机，虚拟机网卡均连接至虚拟交换机 VMnet8。

【实训拓扑】

实训示意图如图 6-32 所示。

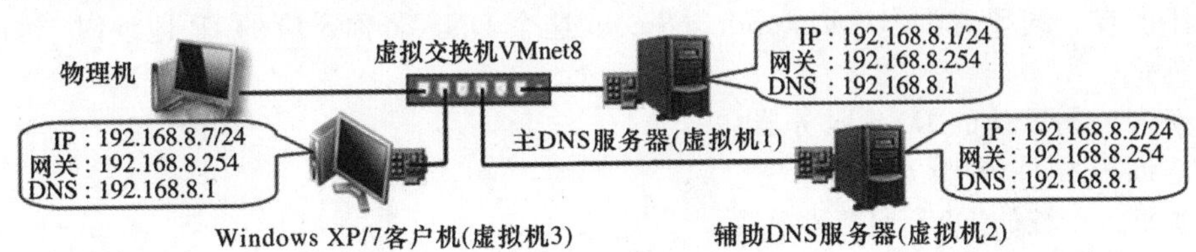

图 6-32　实训示意图

【实训内容】

1. 启动虚拟机 1，为其配置 IP 地址等参数，并安装 DNS 服务器角色。

2. 在虚拟机 1 中，创建一个主要区域 xyz.com(其中 xyz 为你的姓名的拼音字母，下同)，在区域 xyz.com 上创建针对 Web 站点(域名为 www.xyz.com，IP 地址为 192.168.8.4)、邮件服务器(域名为 mail.xyz.com，IP 地址为 192.168.8.5)和辅助 DNS 服务器(域名为 server2.xyz.com)的主机记录以及指针记录。

3. FTP 站点(域名为：ftp.xyz.com)和 Web 站点在同一服务器中，为其建立别名记录。

4. 为邮件服务器建立邮件交换器记录(MX 记录)。

5. 启动虚拟机 3，将其配置为主 DNS 服务器的客户机。在客户机上使用 nslookup 命令测试 DNS 服务器的正向解析和反向解析是否成功。

6. 启动虚拟机 2，安装 DNS 服务器角色，并创建 xyz.com 辅助区域。

7. 对虚拟机 1 中的主 DNS 服务器通过修改属性指派辅助 DNS 服务器。

8. 对物理机上的网卡进行设置，将其配置为辅助 DNS 服务器的客户机。

9. 禁用主 DNS 服务器中区域 xyz.com，在客户机上测试辅助 DNS 服务器是否能进行域名解析。

10. 分别为主 DNS 服务器和辅助 DNS 设置转发器(转发地址为 8.8.8.8)，在 DNS 客户机上测试能否使用域名访问互联网中的网站。

项目习作6

一、选择题

1. 在互联网中使用DNS服务器的好处有(　　)。

A. 友好性高,比IP地址易于记忆　　B. 域名比IP地址更具有持续性

C. 没有任何好处　　D. 访问速度比直接使用IP地址快

2. FQDN是(　　)的简称。

A. 相对域名　　B. 绝对域名　　C. 完全合格域名　　D. 基本域名

3. 在安装DNS服务时,哪些条件不是必需的?(　　)

A. 有固定的IP地址

B. 安装并启动DNS服务

C. 有区域文件,或者配置转发器,或者配置根提示

D. 要授权

4. 下列对DNS记录的描述哪些是正确的?(　　)

A. A记录将主机名映射为IP地址　　B. MX记录标识域的邮件交换服务

C. PTR记录将IP地址指向主机名　　D. NS记录规定主机的别名

5. 小明在公司要查询www.xunda.edu.cn这个DNS名称对应的IP地址时,其正确的查询过程是(　　)。

①查询公司默认的DNS服务器

②查询根域DNS服务器

③查询.cn域的DNS服务器

④查询.edu.cn域的DNS服务器

⑤查询.xunda.edu.cn域的DNS服务器

A. ①②③④⑤　　B. ①③④⑤②　　C. ①⑤　　D. ⑤④③②①

6. 下列关于主DNS服务器和辅助DNS服务器描述不正确的是(　　)。

A. 当主DNS服务器没有相关资源记录时,客户机可使用辅助DNS服务器解析

B. 配置主DNS服务器和辅助DNS服务器的目的是为了减轻负载,以及提高可靠性

C. 当主DNS服务器上的区域发生变化时,该变化会通过区域传输,复制到辅助DNS服务器上

D. 将一个区域文件复制到多个DNS服务器上的过程叫作"区域传输"

7. 下列(　　)命令用于显示本地计算机的DNS缓存。

A. ipconfig/registerdns　　B. ipconfig/flushdns

C. ipconfig/showdns　　D. ipconfig/displaydns

8. 当本地DNS服务器收到DNS客户机查询IP地址的请求后,如果自己无法解析,那么可能会把这个请求送给(　　),继续进行查询。

A. 作为转发器的其他DNS服务器　　B. 辅助DNS服务器

C. 客户机　　D. Internet上的根域DNS服务器

二、简答题

1. 当用户访问Internet的资源时,为什么需要域名解析?

2. 简述DNS客户机通过DNS服务器对域名www.sina.com.cn的解析过程。

3. DNS服务器有几种查询模式,分别是什么?

4. DNS服务器有哪些类型,各有什么特点?

项目07 WWW服务器的架设

7.1 项目背景

目前，通过计算机和智能手机在Internet上浏览信息、搜索资料和发布信息已成为人们日常生活的一部分，而这些都是通过访问WWW服务器来完成的。WWW服务是Internet上最热门的服务之一，它通过网页将文字、图片、声音和影像等各种媒体高度结合在一起，成为功能最强大的媒体传播手段之一。因此，企事业单位甚至个人，都选择建立自己的WWW网站，或形象宣传，或推介产品和服务，或从事网上交易。

迅达公司作为一家电子商务公司更是需要建立自己的多功能WWW网站宣传企业形象，开展网上业务活动，并采取一系列安全措施保证网站正常运行。

7.2 项目知识准备

7.2.1 WWW的基本概念

WWW的基本概念

WWW是World Wide Web（环球信息网）的缩写，经常表述为Web、3W或W3，中文名字为“万维网”。WWW并不是独立于Internet的另一个网络，而是基于“超文本”（Hypertext）或“超媒体”（Hypermedia）技术将许多信息资源链接而成的一个信息网，是由节点和超级链接组成的、方便用户在Internet上搜索和浏览信息的超媒体信息查询服务系统，是Internet的一部分。

WWW通过“超文本传输协议”（HTTP，HyperText Transfer Protocol）向用户提供多媒体信息，这些信息的基本单位是网页，每个网页可包含文字、图像、动画、声音、视频等多种信息。所有网页采用超文本标记语言（HTML，HyperText Markup Language）来编写，HTML对Web页的内容、格式及Web页中的超级链接进行描述，通过这些超级链接可以从一个网页跳转到另一个网页。

在WWW服务器上可以建立Web站点，网页就存放在Web站点中。Internet中有成千上万的Web站点和不计其数的网页，为准确查找信息，人们采用“统一资源定位符”（URL，Uniform Resource Locator）来唯一标识和定位网页信息，通用的URL描述格式为：

信息服务类型://信息资源地址[:端口号]/路径名/文件名

其中:“信息服务类型”指访问资源时所需使用的协议,如 HTTP;“信息资源地址”指提供信息服务的计算机的 IP 地址或完全合格域名;“路径名/文件名”指所要访问的网页所在的目录以及网页文件的名称。例如,“http://www.xunda.com/index.html”就是一个 URL。通常,如果协议省略则默认为 HTTP,端口号省略则默认为 80,文件名省略则打开该路径下的默认文档。

7.2.2 WWW 的工作原理

WWW 服务系统由 Web 服务器、客户机浏览器和通信协议三个部分组成,如图 7-1 所示。WWW 服务器通过 HTML 超文本标记语言把信息组织成图文并茂的超文本;客户机浏览器程序(如,IE、Firefox、Chrome)则使用户可以在浏览器的地址栏内输入统一资源定位符(URL)来访问远端 WWW 服务器上的 Web 文档,解释这个文档,并将文档内容以图形界面的形式显示出来;WWW 采用的超文本传输协议 HTTP 可以传输任意类型的数据对象,是 Internet 发布多媒体信息的主要应用层协议。

图 7-1 WWW 服务系统的组成

WWW 的工作原理

客户机与服务器的通信过程简述如下:

(1)客户机(浏览器)和 Web 服务器建立 TCP 连接,然后向 Web 服务器发出访问请求(该请求中包含了客户机的 IP 地址、浏览器的类型和请求的 URL 等一系列信息)。

(2)Web 服务器收到请求后,寻找所请求的 Web 页面(若是动态网页,则执行程序代码生成静态网页),然后将静态网页内容返回到客户机。如果出现错误,则返回错误代码。

(3)客户机的浏览器接收到所请求的 Web 页面,并将其显示出来。

7.2.3 主流 WWW 服务器软件简介

如今互联网的 Web 平台种类繁多,下面介绍三大主流 Web 服务器软件。

1. IIS

IIS(Internet Information Services,Internet 信息服务)是 Microsoft 公司开发的功能完善的信息发布软件。它可以提供 Web 服务、FTP 服务、NNTP 服务和 SMTP 服务,分别用于网页浏览、文件传输、新闻服务和邮件发送等方面。IIS 7.0 集成在 Windows Server 2008 系统中。

2. Apache

Apache 取自“a patchy server”的读音,意思是充满补丁的服务器,因为它是自由软件,所以不断有人来为它开发新的功能、新的特性、修复原来的缺陷。Apache 的特点是速度快、适应高负荷、吞吐量大、性能稳定,支持跨平台的应用(可以运行在几乎所有的操作系统平台上)以及可移植性强。

3. Nginx

Nginx 是一个很强大的高性能 Web 和反向代理服务器,由俄罗斯的程序设计师 Igor Sysoev 开发。其特点是占有内存少,并发能力强,可以在 Unix 、Windows 和 Linux 等主流系统平台上运行。

著名的 Web 服务器调查公司 Netcraft(网址为 https://www.netcraft.com)于 2016 年 9 月的调查结果显示，占据全球 Web 服务器市场份额前四名的是 IIS(42.19%)、Apache(24.58%)、Nginx(14.51%)、Google(1.67%)。

7.3 项目实施

任务 7-1　Web 服务器的安装

Windows Server 2008 的 Web 服务器角色是 IIS 7.0 的组件之一，默认情况下并没有被安装，需要用户手动安装。安装 Web 服务器角色的步骤如下：

步骤 1：依次单击【开始】→【管理工具】→【服务器管理器】菜单项→打开【服务器管理器】窗口，在左窗格中单击【角色】→在右窗格中单击【添加角色】→在打开的【添加角色向导】对话框中单击【下一步】按钮，打开【选择服务器角色】对话框→在【角色】列表框中勾选【Web 服务器(IIS)】复选框→弹出【是否添加 Web 服务器(IIS)所需的功能】提示框，单击【添加必需的功能】按钮→单击【下一步】按钮，如图 7-2 所示。

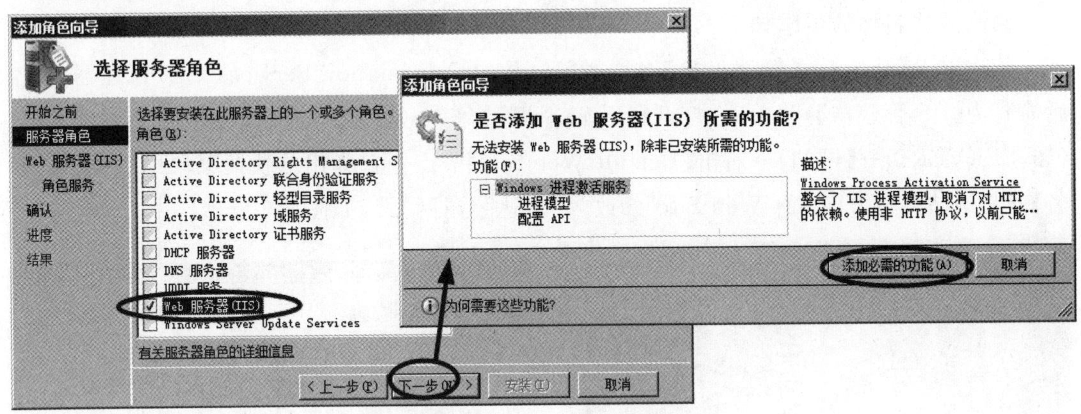

图 7-2　【选择服务器角色】对话框

步骤 2：再次单击【下一步】按钮，打开【选择角色服务】对话框→在【角色服务】列表框内勾选所需的服务项目，在【应用程序开发】中的几项尽量都选中，这样配置的 Web 服务器将可以支持相应技术开发的 Web 应用程序→单击【下一步】按钮，如图 7-3 所示。

步骤 3：在打开的【确认安装选择】对话框中单击【安装】按钮→系统开始安装 Web 服务器角色，在安装过程中需要提供 Windows Server 2008 系统安装光盘并指定安装文件路径。安装完成后单击【关闭】按钮即可。

步骤 4：安装验证。IIS 安装完后会自动建立一个名为“Default Web Site”的默认站点，启动 Internet Explorer 浏览器→在地址栏中按格式“http://IP 地址或 localhost”(如，http://localhost) 输入访问地址，若安装成功，则会显示默认站点的首页，如图 7-4 所示。

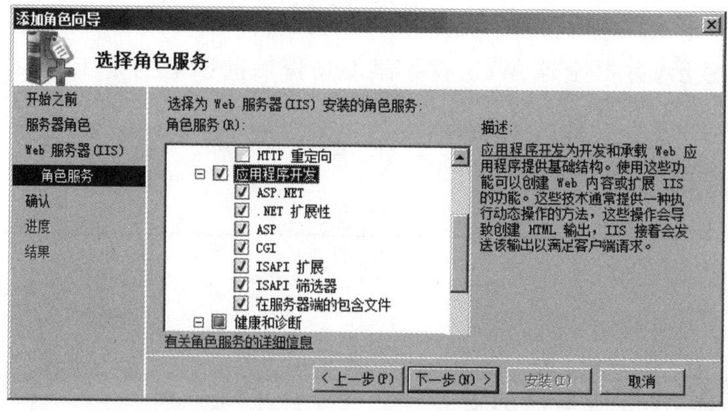

图 7-3 【选择角色服务】对话框

任务 7-2 Web 网站的基本配置

下面通过修改系统默认创建的“Default Web Site”网站，介绍 Web 网站的基本配置。

1. 修改网站名称

网站名称是为了便于系统管理员识别不同的网站而给网站起的一个名字。

修改网站名称的步骤如下：

依次单击【开始】→【管理工具】→选择【Internet Information Services(IIS)管理器】(此后简写为【IIS 管理器】)菜单项，打开【IIS 管理器】窗口→在左窗格中依次展开服务器名称(如，SERVER1)→【网站】→右击【Default Web Site】节点→在弹出的快捷菜单中选择【重命名】→将网站名称“Default Web Site”修改为“迅达公司网站”，如图 7-5 所示。

图 7-4 成功访问默认网站的首页

图 7-5 【IIS 管理器】窗口

2. 配置 IP 地址和端口

每个 Web 网站都对应了一个 IP 地址和端口号，若一台计算机配有多个 IP 地址，则需要为计算机中的 Web 网站指定唯一的 IP 地址和端口号。

配置步骤如下：

进入【IIS 管理器】窗口→在左窗格中单击【迅达公司网站】→在右窗格中单击【绑定】，打开【网站绑定】对话框→单击【编辑】按钮，打开【添加网站绑定】对话框→单击【全部未分配】后面的下拉按钮，在下拉列表中选择要绑定的 IP 地址→在【端口】编辑框中输入端口号→在【主机名】编辑框中输入该 Web 网站要绑定的主机名(域名)→单击【确定】按钮→单击【关闭】按钮。如图 7-6 所示。

【添加网站绑定】对话框中的说明：

- 【IP 地址】：如果选择【全部未分配】则意味着可以使用该计算机上任何一个未分配给其他 Web 网站的 IP 地址。
- 【端口】：指定运行 Web 服务的端口，默认端口是 80，该项必须填写，不能为空。80 端口是指派给 Web 网站的默认端口，即用户的浏览器会默认连接 Web 网站的 80 端口实现双方通信。如果所创建的 Web 网站是一个公共站点，那么通常采用默认的 80 端口即可。如果该 Web 网站有特殊用途，需要增强其安全性，那么可以设置特定的端口号。这样用户在不知道网站端口号时，其访问会失败，而只有知道端口号的用户才能成功访问。

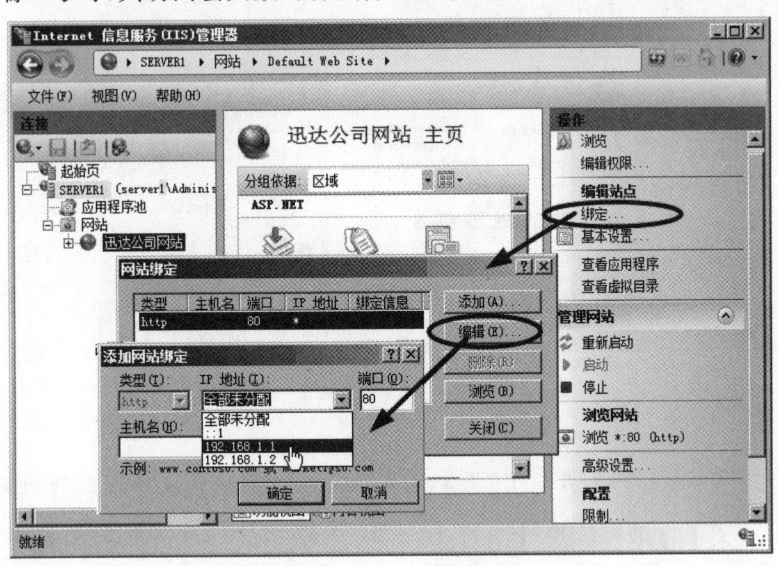

图 7-6　配置 IP 地址和端口

3. 网页存储位置——主目录的配置

主目录是存放网站网页文件的文件夹，设置主目录的步骤为：

步骤 1：在【IIS 管理器】窗口的左窗格中单击【迅达公司网站】→在右窗格中单击【基本设置】，打开【编辑网站】对话框→在【物理路径】编辑框中显示的是原默认网站的主目录，此处“%SystemDrive%\”是系统盘的意思，如图 7-7 所示。

步骤 2：在【物理路径】编辑框中输入新的主目录，或者单击【物理路径】编辑框后的“浏览”按钮，在打开的【浏览文件夹】对话框中选择相应的目录→单击【确定】按钮，系统返回【编辑网站】对话框→单击【确定】按钮，如图 7-8 所示。

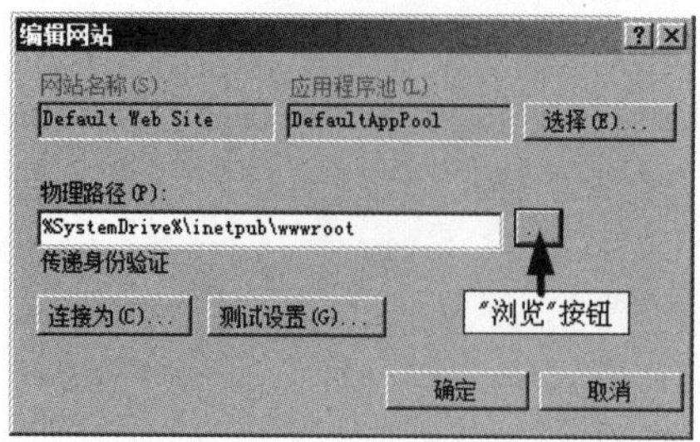

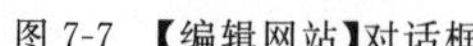
图 7-7 【编辑网站】对话框

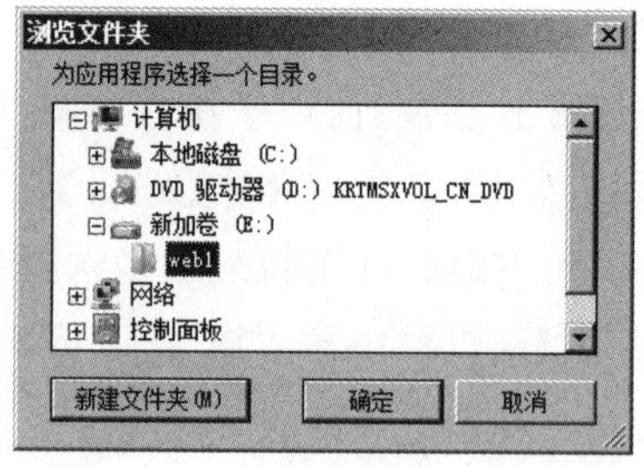

图 7-8 【浏览文件夹】对话框

4. 网站首页文件——默认文档的配置

默认文档的配置就是为网站的首页(主页)文件指定一个名称。其配置过程如下:

在【IIS 管理器】窗口的左窗格中单击【迅达公司网站】→在中间窗格中通过移动垂直滚动条找到并双击【默认文档】图标→在右窗格中单击【添加】链接项→在打开的【添加默认文档】对话框中输入默认文档的名称→单击【确定】按钮,如图 7-9 所示。

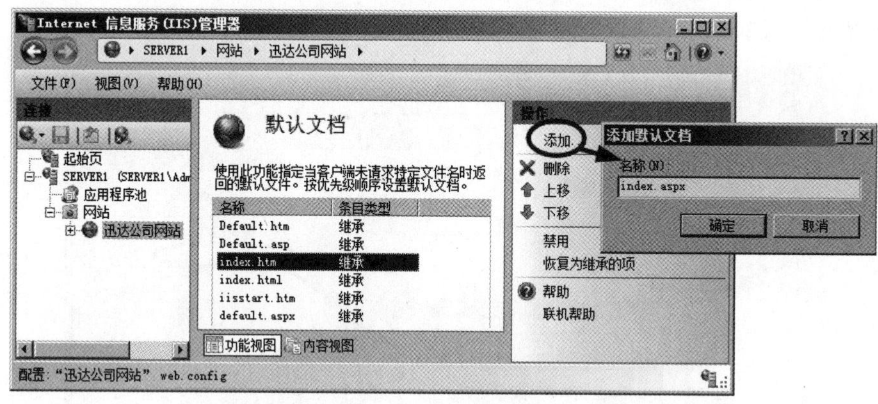

图 7-9 添加默认网页

提示:默认文档的"条目类型"指定该文档是从本地配置文件添加的,还是从父配置文件读取的。用户添加的默认文档的"条目类型"都是本地,系统默认的文档的"条目类型"都是继承。

在图 7-9 中,多个默认文档的排列顺序是有讲究的,当用户访问网站时,系统会按照从上到下的顺序在主目录中先查找第一个文件,如果有就显示该文件,如果没有,就检查有没有第二个文件,以此类推。为了缩短查找时间,可以在右窗格中通过单击【上移】或【下移】按钮来调整这些文件的排列顺序。此外,还可以通过单击【添加】/【删除】/【禁用】链接项来添加/删除/禁用默认文档。默认文档要存放到主目录的根目录中。

5. 制作测试用的网站首页文件

Web 网站的内容是由保存到主目录中的网页文件构成的,可以使用 Dreamweaver、pagemill 等专业工具制作,这里介绍使用"写字板"制作最简单的用于测试的网页的方法。其过程如下:

在服务器桌面依次单击【开始】→【所有程序】→【附件】→【写字板】，打开【文档-写字板】编辑器窗口→输入网页内容→在写字板窗口首行单击【保存】按钮→打开【保存为】对话框，在地址栏选择文件保存的位置（与设置的主目录相同）→在【文件名】编辑框中输入文件名（与设置的默认文档名称相同）→单击【保存】按钮，如图 7-10 所示。

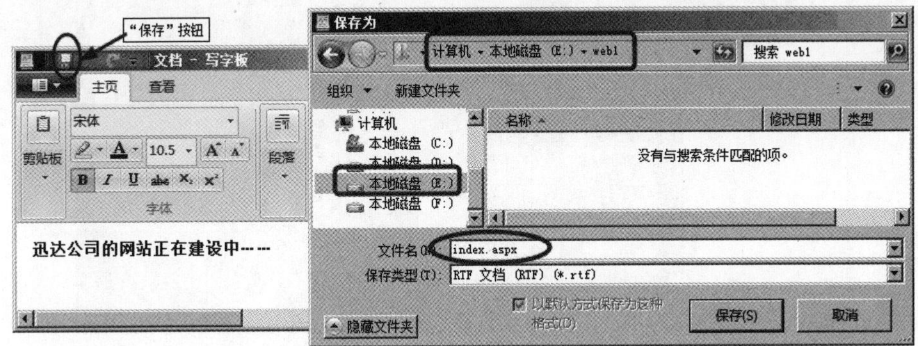

图 7-10　使用"写字板"编辑、保存首页文件

6. 访问自建的网站

在本机或其他客户机上启动浏览器，在地址栏中按照"http://IP 地址或域名"格式输入访问地址，访问结果如图 7-11 所示。

图 7-11　成功访问"迅达公司网站"

任务 7-3　虚拟目录的建立、配置与访问

Web 网站中的网页及其相关文件可以全部存储在网站的主目录下，也可以在主目录下建立多个子文件夹，然后按网站不同栏目或不同网页文件类型，分别存放到各个子文件中。主目录及主目录下的子文件夹都称为"实际目录"。然而随着网站内容的不断丰富，主目录所在磁盘分区的空间可能会不足。此时，可以将一部分网页文件存放到本地计算机其他分区的文件夹或者其他计算机的共享文件夹中。这种物理位置上不在网站主目录下，但逻辑上归属于同一网站的文件夹称为"虚拟目录"。

1. 建立虚拟目录

使用虚拟目录技术，为迅达公司的"销售部"建立一个部门子站点，其步骤如下：

步骤 1：进入【IIS 管理器】窗口→在左窗格中右击【迅达公司网站】→在弹出的快捷菜单中选择【添加虚拟目录】，如图 7-12 所示。

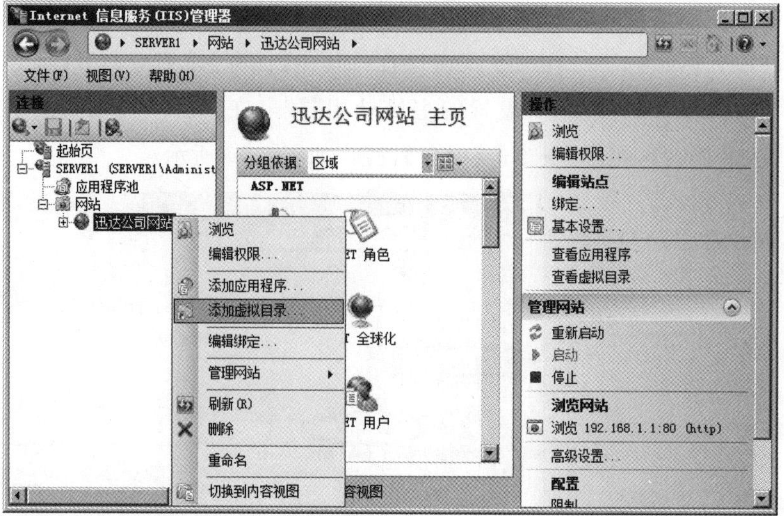

图 7-12 选择【添加虚拟目录】

步骤 2:打开【添加虚拟目录】对话框,如图 7-13 所示→在【别名】编辑框中输入一个能够反映该虚拟目录用途的名称→在【物理路径】编辑框内输入或单击【..】按钮选择该虚拟目录的主目录所在的位置,该位置可以是本地计算机的其他磁盘分区,也可以是网络中其他计算机的共享文件夹→单击【确定】按钮,结束虚拟目录创建。如图 7-14 所示。

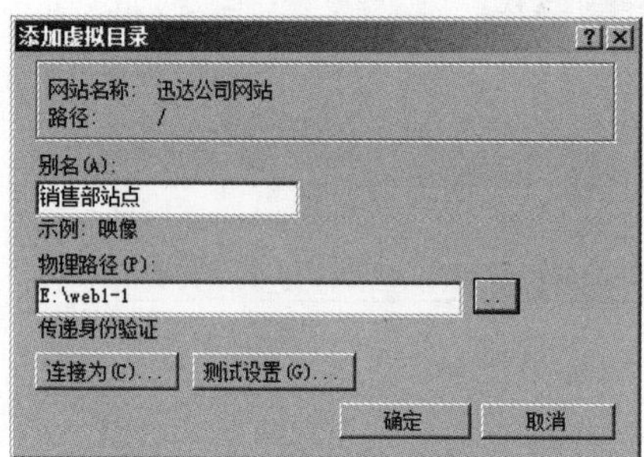

图 7-13 【添加虚拟目录】对话框

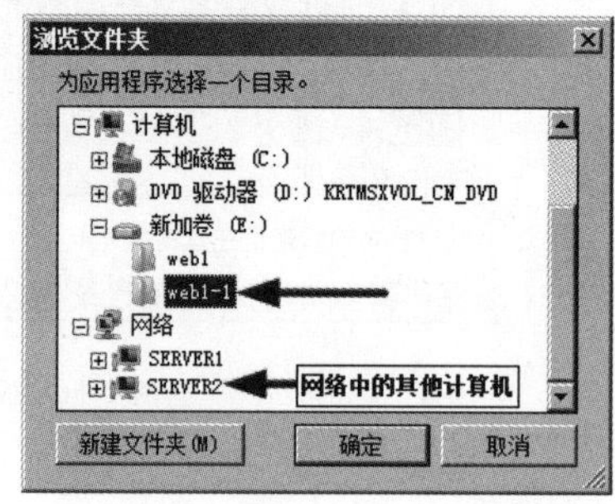

图 7-14 【浏览文件夹】对话框

提示:建立虚拟目录的过程就是将宿主网站的主目录之外的文件夹与 Web 网站建立映射关系的过程。这个映射关系的名称叫"别名"。按照同样的步骤,可以在同一网站下添加多个虚拟目录,甚至可以在虚拟目录下添加虚拟目录。

2. 配置虚拟目录

虚拟目录和宿主网站一样,可以配置自己的主目录、默认文档及身份验证等。并且操作方法和宿主网站的操作完全一样。所不同的是,不能为虚拟目录指定 IP 地址、端口等。实际上虚拟目录与宿主网站是共用了 IP 地址和端口。配置虚拟目录的步骤如下:

步骤 1:进入【IIS 管理器】窗口→在左窗格中单击新建立的虚拟目录(如,销售部站点)→在中间窗格中移动垂直滚动条,找到并双击【默认文档】图标→在右窗格中单击【添加】链接→在弹出的【添加默认文档】对话框中输入"xsb_index.html"文件名→单击【确定】按钮,如图 7-15 所示。

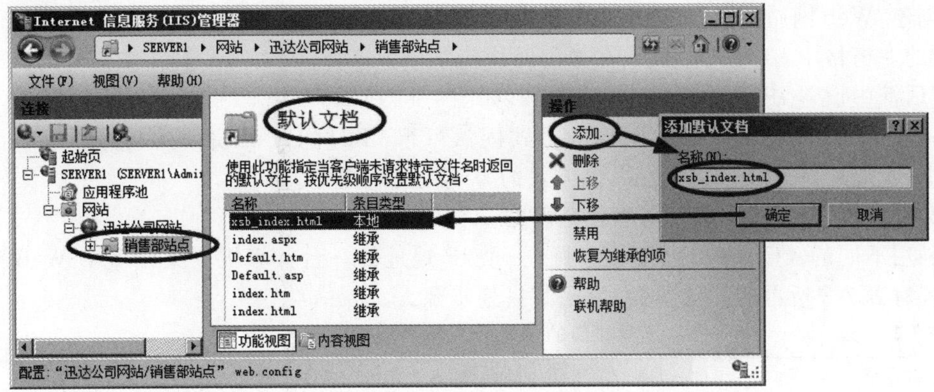

图 7-15　为【销售部站点】虚拟目录添加默认文档

步骤 2:将创建的页面内容复制到虚拟目录的物理路径所指的文件夹中,然后根据 Web 页面的文件名设置默认文档。

3. 访问虚拟目录

访问虚拟目录可在浏览器地址栏中按“http://IP 地址或域名/虚拟目录别名”格式输入地址(如,http://192.168.1.1/销售部站点),如图 7-16 所示。

图 7-16　访问虚拟目录

任务 7-4　在一台主机搭建多个 Web 网站

为了提高硬件资源的利用率,可以在同一台物理服务器中创建多个独立的 Web 网站(站点),这些网站称为虚拟主机。不过,要让用户计算机能够区分它们从而连接到指定的网站,必须为每个网站指定唯一的标识。每一个 Web 网站都是由 IP 地址、端口号、主机名(即完全合格域名)三个标识共同决定其收发数据包的流向的。因此,变更三者中的任何一个,都可以在同一台计算机上架设不同的 Web 网站。

1. 使用不同的 IP 地址搭建多个网站

若一台计算机上具有多个 IP 地址,则可以分别在每个 IP 地址上绑定一个 Web 网站。这样,用户可以通过不同的 IP 地址来访问绑定在各自 IP 地址上的 Web 网站。下面针对表 7-1 所示的配置参数,说明其搭建步骤。

表 7-1　不同 IP 地址的 Web 网站的各项配置参数

网站描述	IP 地址	TCP 端口	主机名	主目录
迅达公司网站	192.168.1.1	80	空	E:\web1
Web 网站 A	192.168.1.2	80	空	E:\web2

创建“Web 网站 A”与任务 7-2 中设置“迅达公司网站”的步骤类似，只是注意：在【IIS 管理器】的左窗格中右击【网站】后，在弹出的快捷菜单中选择【添加网站】，并在打开的【添加网站】对话框中设置 IP 地址为 192.168.1.2，如图 7-17 所示。

用多个 IP 搭建多个 Web 网站的方式固然可行，不过随着 IP 地址(主要是指 Internet 中的 IPv4 地址)资源越来越紧缺，该方式的弊端便可想而知。

2. 使用不同的 TCP 端口搭建多个网站

利用不同的 TCP 端口，可以在只有一个 IP 地址的一台计算机上架设多个 Web 网站。下面针对表 7-2 所示的配置参数，说明其搭建步骤。

表 7-2　不同端口的 Web 网站的各项配置参数

网站描述	IP 地址	TCP 端口	主机名	主目录
Web 网站 A	192.168.1.2	80	空	E:\web2
Web 网站 B	192.168.1.2	8080	空	E:\web3

步骤 1：保证已建的“Web 网站 A”处在启动状态。若“Web 网站 A”已停止，则可在【IIS 管理器】窗口的左窗格中单击该网站→在右窗格中单击【启动】按钮。

步骤 2：创建“Web 网站 B”。与创建“Web 网站 A”类似，只是注意设置的端口值为 8080，如图 7-18 所示。

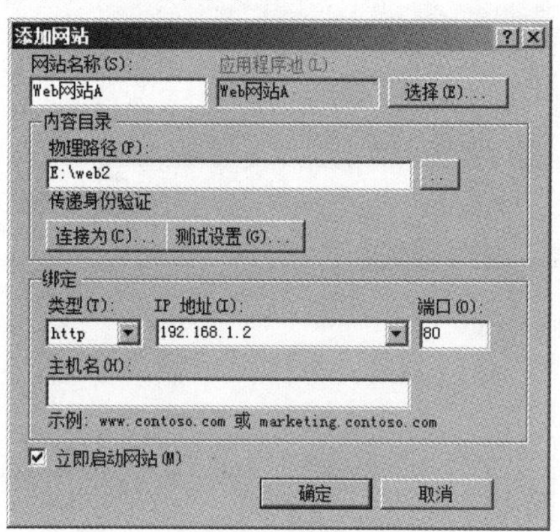

图 7-17　添加“Web 网站 A”

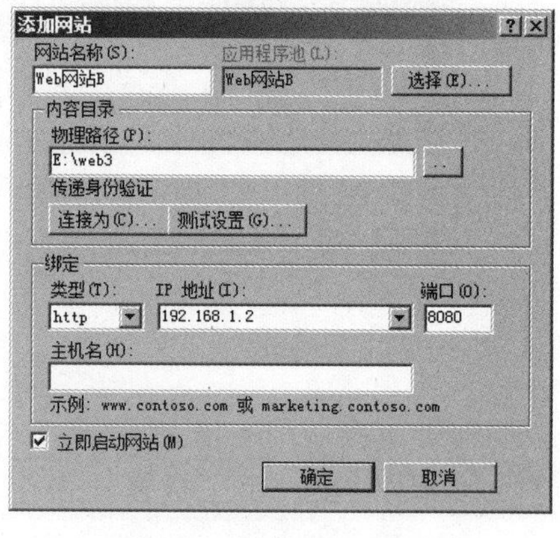

图 7-18　添加“Web 网站 B”

步骤 3：在防火墙上开启 TCP8080 端口。在桌面上右击【网络】图标，在弹出的快捷菜单中选择【属性】→在打开的【网络和共享中心】窗口中单击【Windows 防火墙】→在打开的【Windows 防火墙】窗口中单击【更改设置】→在打开的【Windows 防火墙设置】对话框中单击【例外】选项卡→单击【添加端口】按钮→在打开的【添加端口】对话框中输入名称、端口号，单击【TCP】单选按钮→连续两次单击【确定】按钮，如图 7-19 所示。

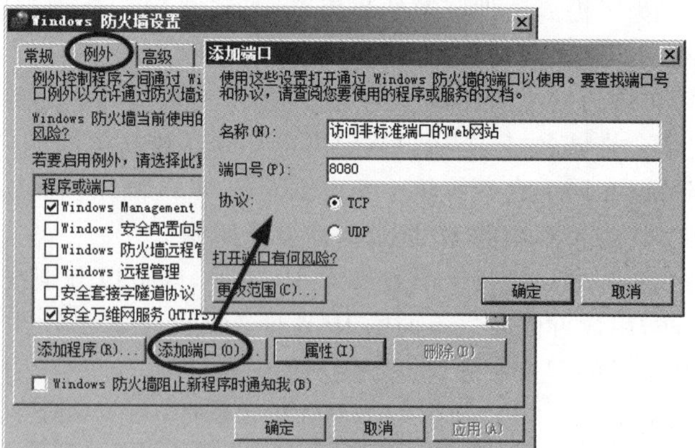

图 7-19　【Windows 防火墙设置】和【添加端口】对话框

步骤 4:在客户机分别访问"Web 网站 A"和"Web 网站 B"。必须在 IP 地址后面加上":端口号"(如,http://192.168.1.2:8080),访问 80 端口的 Web 网站时可省略,如图 7-20 所示。

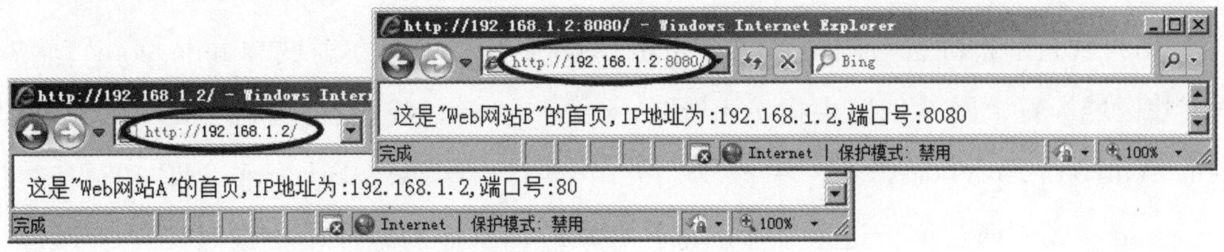

图 7-20　访问端口号不同的"Web 网站 A"和"Web 网站 B"

3. 使用不同的主机名搭建多个网站

当一台服务器上仅有一个 IP 地址,并且希望多个网站使用相同的 TCP 端口时,就可考虑为每个网站分配不同的主机名(即完全合格域名)来搭建多个 Web 网站。下面针对表 7-3 所示的配置参数来说明搭建的方法和步骤。

表 7-3　不同主机名 Web 网站的各项配置参数

网站描述	IP 地址	TCP 端口	主机名	主目录
Web 网站 A	192.168.1.2	80	www.xunda.com	E:\web2
Web 网站 C	192.168.1.2	80	www1.xunda.com	E:\web4

- 为"Web 网站 A"添加主机名的过程如下:

在【IIS 管理器】窗口的左窗格中单击"Web 网站 A"→在右窗格中单击【绑定】链接→在打开的【网站绑定】对话框中单击"Web 网站 A"的参数行→单击【编辑】按钮→打开【编辑网站绑定】对话框,在【主机名】编辑框内输入主机名(www.xunda.com)→单击【确定】按钮→系统返回【网站绑定】对话框,单击【关闭】按钮,如图 7-21 所示。

- 新建一个主机名为 www1.xunda.com 的"Web 网站 C"的步骤如下:

步骤 1:在【IIS 管理器】窗口的左窗格中右击【网站】节点→在弹出的快捷菜单中选择【添加网站】→打开【添加网站】对话框,在【网站名称】编辑框中输入"Web 网站 C"→在【物理路径】编辑框中输入或选择主目录→在【IP 地址】编辑框内选择或输入 IP 地址→在【主机名】编辑框中输入主机名(www1.xunda.com)→单击【确定】按钮,如图 7-22 所示。

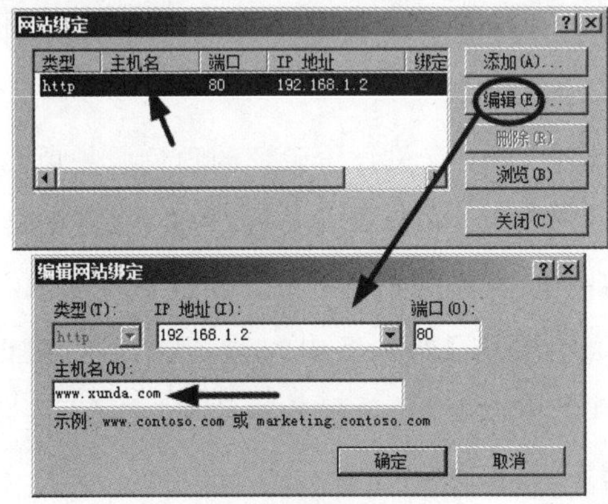

图 7-21　编辑网站绑定

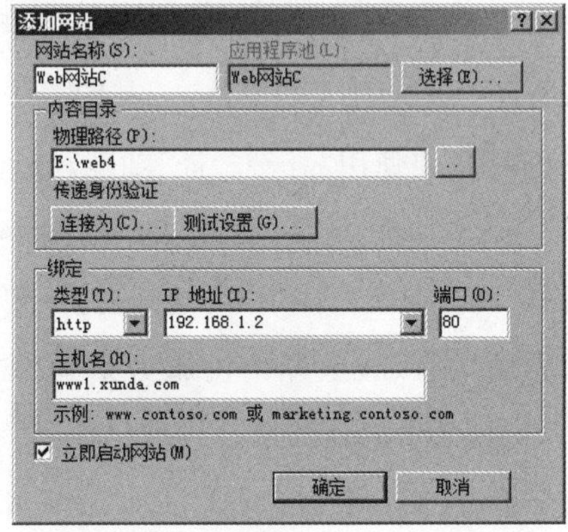

图 7-22　【添加网站】对话框

步骤 2:系统返回【IIS 管理器】窗口,在左窗格中单击“Web 网站 C”→在中间窗格中双击“默认文档”图标→在右窗格中单击【添加】链接→在打开的【添加默认文档】对话框中输入默认文档的名称→单击【确定】按钮。“Web 网站 C”创建完成后的窗口如图 7-23 所示。

步骤 3:域名解析准备与网站访问。先在 DNS 服务器中建立区域“xunda. com”,然后在正向查找区域为每个网站创建主机 A 记录(www 和 www1)或在客户机的“C:\WINDOWS\system32\drivers\etc\hosts”文件中添加“192. 168. 1. 2 www. xunda. com”和“192. 168. 1. 2 www. xunda. com”两行解析记录。接下来在客户机浏览器的地址栏中按照“http://域名或主机名”的格式输入各自的地址就可访问网站了。

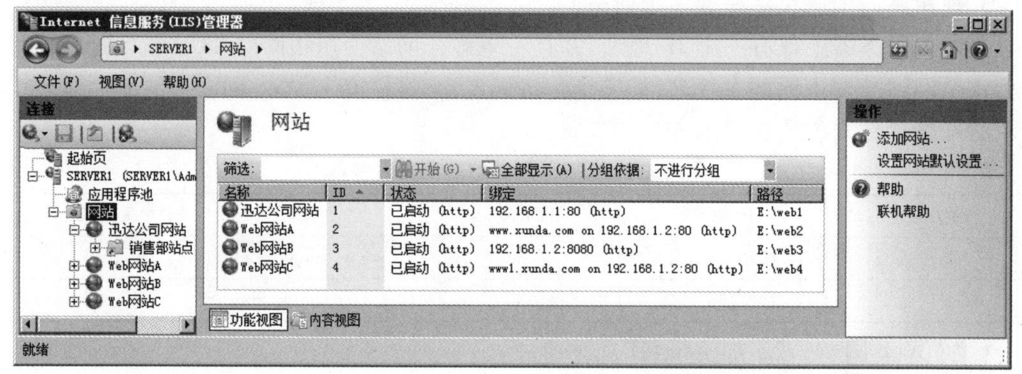

图 7-23 “Web 网站 C”创建完成后的窗口

任务 7-5 Web 网站的安全与性能管理

对 Web 网站的安全和性能管理有以下几种常用途径或方法:

1. 通过身份验证进行访问控制

默认情况下,系统只安装了匿名身份验证,即访问网站的内容时不需要用户名及密码。但有时为了安全,要求客户输入一个帐号和密码,经过身份验证后才可以访问 Web 网站(如,有网上支付行为的网站)。其配置步骤如下:

步骤 1:要使用“身份验证”功能,必须安装 IIS 服务中有关身份验证的角色服务项。若先前安装 IIS 时已安装了相应的角色服务项,则此步骤可省略;若未安装,则进入【服务器管理器】窗口→在左窗格中单击【角色】→在右窗格中单击【添加角色服务】,如图 7-24 所示。

步骤 2:打开【选择角色服务】对话框,在【角色服务】列表框中勾选“基本身份验证”“Windows 身份验证”“摘要式身份验证”和“IP 和域限制”等角色服务项目→单击【下一步】按钮→单击【安装】按钮,安装完成后单击【关闭】按钮,如图 7-25 所示。

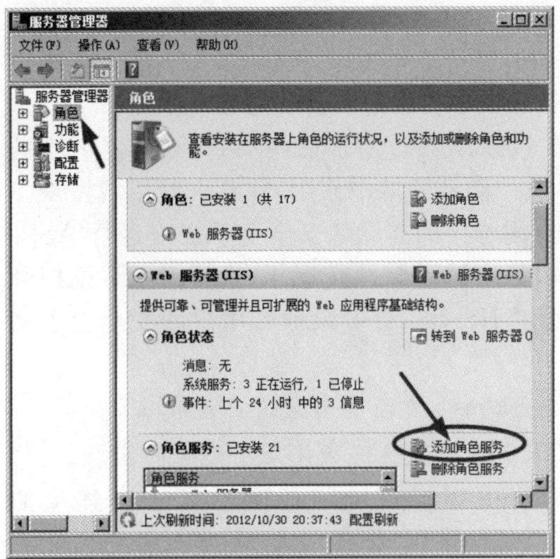

图 7-24　【服务器管理器】窗口

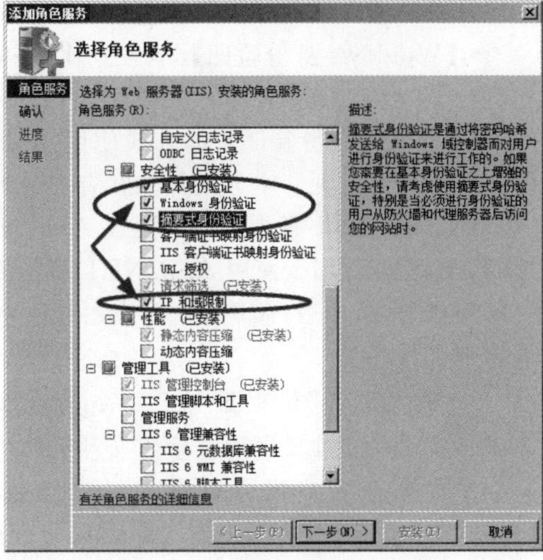

图 7-25　【选择角色服务】对话框

步骤 3：进入【IIS 管理器】窗口，在左窗格中单击需要配置身份验证的网站或虚拟目录(如，虚拟目录“销售部站点”)→在中间窗格中通过移动垂直滚动条找到并双击【身份验证】图标，在切换出的新的中间窗格中单击【Windows 身份验证】→在右窗格中单击【启用】→在中间窗格中单击【匿名身份验证】→在右窗格中单击【禁用】，如图 7-26 所示。

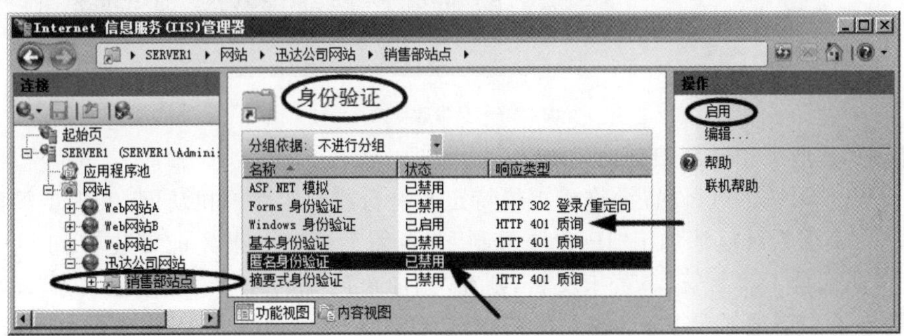

图 7-26　设置身份验证方式的启用或禁用

由图 7-26 可以看到，IIS 7.0 支持以下几种 Web 身份验证方式：

- 【匿名身份验证】：这是大多数网站使用的认证方式，默认情况下，匿名身份验证在 IIS 7.0 中处于启用状态，当客户访问此类 Web 网站时，Web 网站会使用预配置的“IUSR”帐户代替客户进行身份验证，而无须客户输入身份验证信息。“IUSR”是在安装 IIS 7.0 时，由系统创建的。
- 【基本身份验证】：该方式要求用户显式输入用户名和密码，然后通过弱加密的 BASE64 编码传送至 Web 服务器予以验证。由于 BASE64 编码不是真正意义上的加密，经过转换就能转换成原始的明文，一些恶意破坏者可以使用网络监视工具捕获这些信息，造成身份信息的泄漏，所以安全性很低。
- 【Forms 身份验证】：本方式使用客户机重定向来将未经过身份验证的用户重定向至一个 HTML 表单，用户可以在该表单中输入凭据，通常是用户名和密码。确认凭据有效后，系统会将用户重定向至他们最初请求的页面。由于 Forms 身份验证方式以明文向 Web 服务器发送用户名和密码，所以，在实际使用时，应当配合使用安全套接字层(SSL)加密技术对登录页面和其他相关页面进行加密。

- 【Windows 身份验证】:本方式比"基本身份验证"安全,因为发送的用户名和密码事先进行了"哈希加密"。本方式使用 NTLM 或 Kerberos 协议进行身份验证。
- 【摘要式身份验证】:本方式使用 Windows 域控制器对请求访问 Web 服务器内容的用户进行身份验证。本方式只能在有 Windows 域控制器的域中使用,并要求使用域帐户。
- 【ASP. NET 模拟】:如果要在 ASP. NET 应用程序的非默认安全上下文中运行 ASP. NET 应用程序,那么使用 ASP. NET 模拟身份验证方式。默认情况下,ASP. NET 模拟处于禁用状态,启用后,ASP. NET 应用程序将在通过 IIS 7.0 身份验证的用户的安全上下文环境中运行。

提示:*若要使用基本身份验证、摘要式身份验证,必须禁用匿名身份验证,否则,用户将仍然可以通过匿名方式访问网站的所有内容,使设置的身份验证处于无效的状态。*

步骤 4:在客户机浏览器地址栏中输入网站或虚拟目录的访问地址→在弹出的【Windows 安全】对话框中输入管理员分配的用户名及密码(该帐号是 Web 服务器而非客户机中的)→单击【确定】按钮同时帐号验证通过后方可显示网页内容,如图 7-27 所示。

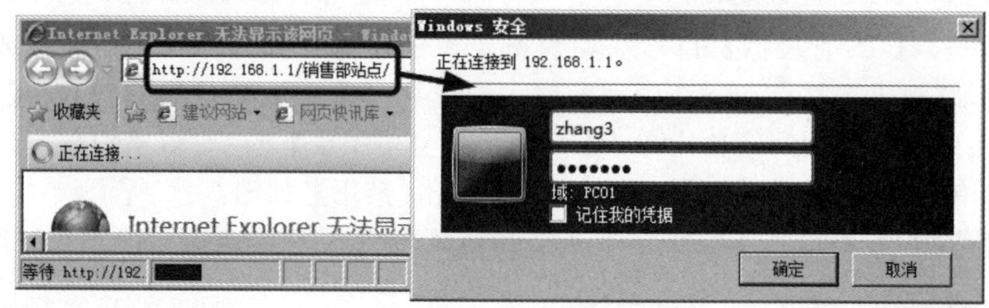

图 7-27 身份验证画面

2. 基于 IP 地址和域名限制访问者

对于 Web 网站,可以设置允许或拒绝特定的一台或一组客户机访问,实现步骤如下:

步骤 1:确保系统已添加了"IP 和域限制"角色服务项。如果先前安装 IIS 时已安装了该服务项,那么就不需要安装;若未安装,则在"添加角色"中选择"添加角色服务"即可。

步骤 2:在【IIS 管理器】窗口的左窗格中选择 Web 网站或虚拟目录→在中间窗格中双击【IPv4 地址和域限制】图标→在右窗格中单击【编辑功能设置】→在弹出的【编辑 IP 和域限制设置】对话框中勾选【启用域名限制】→单击【确定】按钮→弹出【编辑 IP 和域限制设置】提示框,单击【是】按钮,此后系统不仅能基于 IP 地址,还可以基于域名,进行允许或拒绝访问 Web 网站或虚拟目录的设置,如图 7-28 所示。

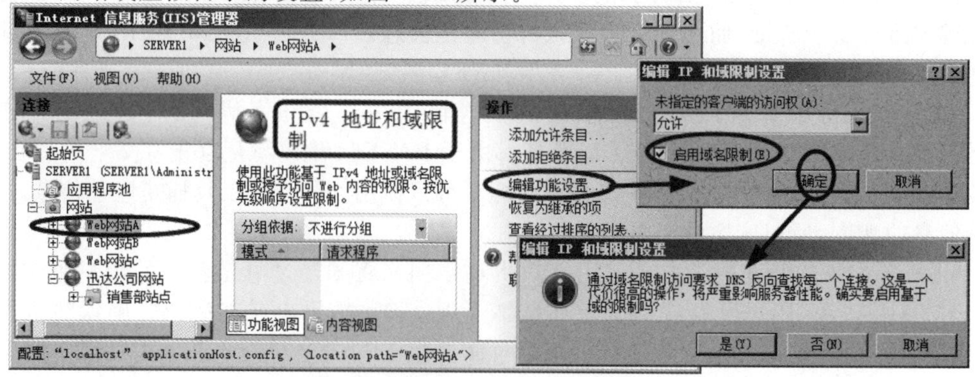

图 7-28 添加基于域名允许或拒绝访问的功能

步骤 3:在右窗格中单击【添加允许条目】(【添加拒绝条目】)链接→弹出【添加允许限制规则】(【添加拒绝限制规则】)对话框。这里,可基于某个 IP 地址、一段 IP 地址或域名设置允许(拒绝)访问的对象。例如,图 7-29 中设置的是拒绝 IP 地址为 192.168.1.33 的客户机访问,图 7-30 中设置的是只允许 192.168.1.0 网段中所有客户机访问,图 7-31 中设置的是只允许域名的后缀为.xunda.com 的客户机访问。

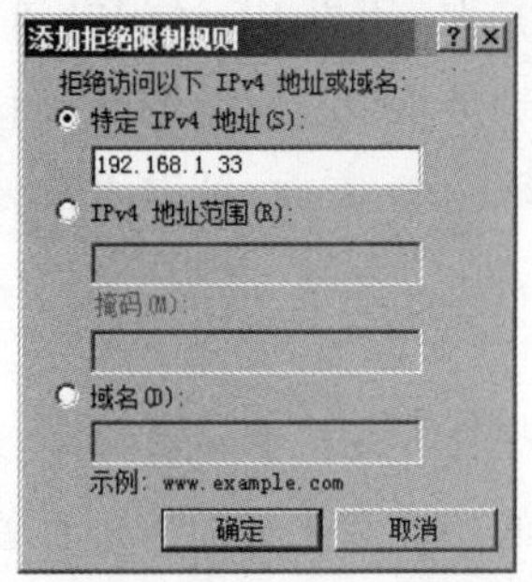

图 7-29　设置拒绝的 IP 地址

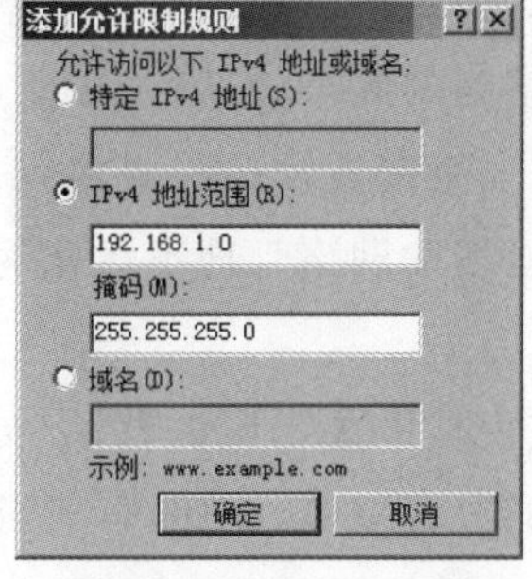

图 7-30　设置允许的 IP 地址范围

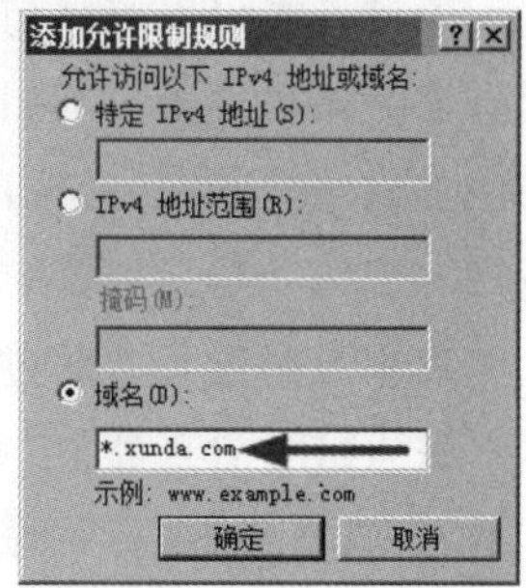

图 7-31　添加允许的域名

步骤 4:验证。当用户在被拒绝的 IP 地址或域名的计算机上访问网站时,其浏览器会出现如图 7-32 所示的页面。

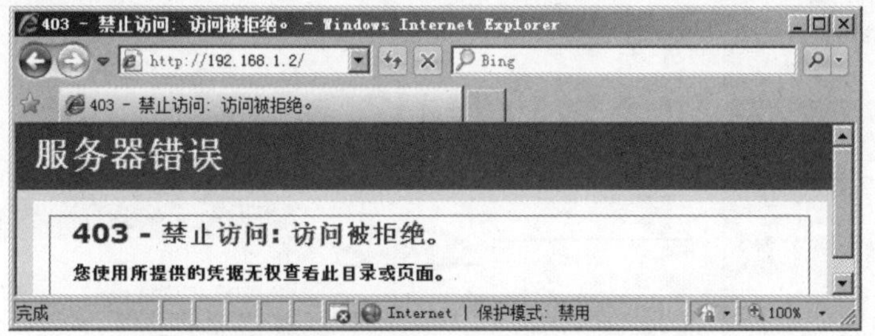

图 7-32　客户机的 IP 地址被拒绝

3. 通过访问连接的限制提高网站的运行效率

为了提高 Web 服务的整体运行效率,可以对网站的访问带宽、并发连接数量及空闲连接时间等性能指标进行限制。其具体设置过程如下:

进入【IIS 管理器】窗口→在左窗格中单击网站名(如,迅达公司网站)→在右窗格中单击【限制】链接项,打开【编辑网站限制】对话框,在各编辑框中输入相应的参数→设置完成后,单击【确定】按钮,如图 7-33 所示。

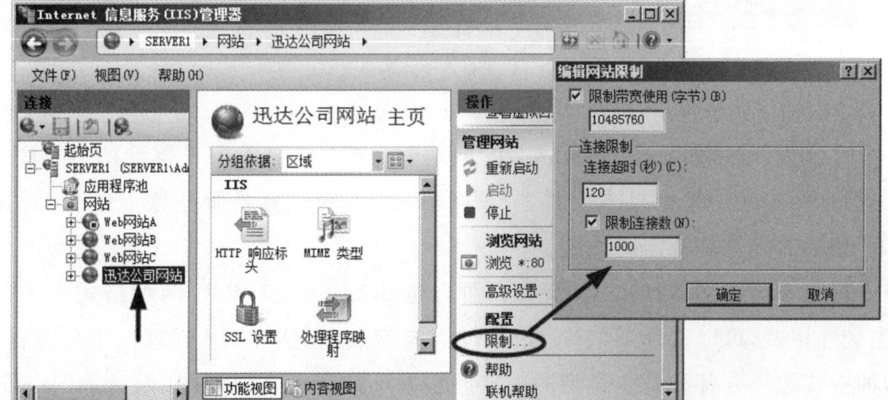

图 7-33　配置连接网站的限制

- 【限制带宽使用(字节)】:选定网站可占用的网络带宽(即每秒最多可以收发的字节数)。
- 【连接超时(秒)】:非活动的访问者闲置超过多少时间(秒)则中断连接。
- 【限制连接数】:同时最多连接指定网站的连接数量(网站的最大并发连接数)。

4. 通过日志监视访问者的活动

通过日志可以监视访问服务器的用户活动的诸多信息,如:用户名、用户 IP、访问时间、代理服务器名称等。利用日志收集到的此类信息,一方面,网络管理员可以对异常的连接和访问加以监控和限制,从而为改进安全配置和排除潜在问题做准备;另一方面,可以用来分析网站的访问量、点击率等数据,以帮助网络管理员优化网站资源。

启用与配置日志的过程如下:

进入【IIS 管理器】窗口→在左窗格中单击服务器名(如,SERVER1)→在中间窗格中找到并双击【日志】图标→显示【日志】设置页面,在此,可对日志自身的特性和采集的信息对象进行一系列设置→设置完成后,在右窗格中单击【应用】保存设置,如图 7-34 所示。

图 7-34 日志文件的设置

图 7-34 中的设置说明:

【一个日志文件/每】:可选"服务器"和"网站",前者是为整个服务器维护一个日志文件,后者是为每个网站维护一个日志文件。"服务器"级别的设置是服务器上所有网站的默认值,"网站"级别的设置是特定的设置。

【格式】:服务器级别的日志文件格式,可以选择二进制和 W3C 两种格式之一;网站级别的日志文件格式,可以选择 IIS、NCSA、W3C、自定义(无法在 IIS 管理器中配置自定义日志)等四种格式之一。各种日志类型的内在差别并不是很大,一般使用默认的"W3C"格式,只有当日志格式为"W3C"时,【选择字段】才可以使用,单击【选择字段】按钮后,会打开

【W3C 日志记录字段】对话框，在其中选择要记录的字段。

【目录】：指定日志文件存储的目录位置。

【编码】：指定日志文件的编码方式（UTF-8 或 ANSI）。

【日志文件滚动更新】：指定创建日志文件的方法。方法有三种：计划（一定时间后自动新建文件，可选择"每小时""每天""每周"或"每月"）；最大文件大小（达到一定大小后新建文件）；不创建新的日志文件（这意味着将只有一个日志文件，在记录信息的过程中此文件将不断变大）。

【使用本地时间进行文件命名和滚动更新】：指定日志文件的命名和日志文件滚动更新的时间都使用本地服务器时间。若未选定此项，则使用协调世界时（UTC）。不管是否选定此项，新文件都将以时间命名，例如 yymmdd. log 或 mmdd. log。

提示：记录过多的不必要内容必定会耗费有限的服务器资源，且会使日志文件过大，因此应确保所记录的事件都是必要的。

项目实训 7 Web网站的配置与管理

【实训目的】

会利用多 IP 地址、多端口号以及多主机名的方法在同一台计算机上创建多个 Web 网站；会配置虚拟目录；能对网站进行安全设置。

【实训环境】

每人 1 台 Windows XP/7 物理机，1 台 Windows Server 2008 虚拟机，1 台 Windows XP/7 虚拟机，虚拟机网卡连接至虚拟交换机 VMnet1。

【实训拓扑】

实训示意图如图 7-35 所示。

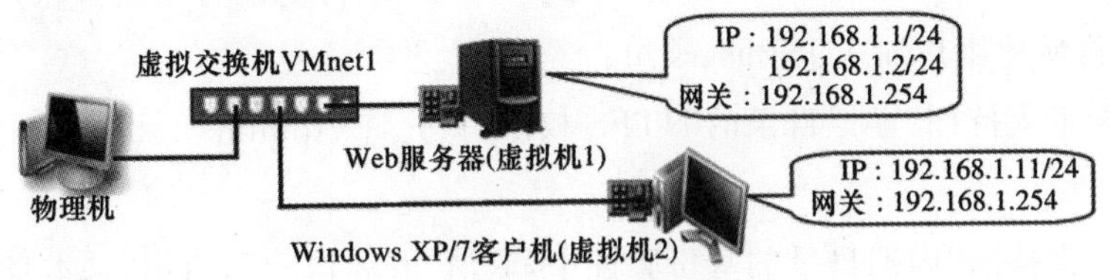

图 7-35 实训示意图

【实训规划】

根据【实训拓扑】规划填写表 7-4。

表 7-4 实训规划

网站描述/虚拟目录别名	IP 地址	TCP 端口	主目录/虚拟目录路径	主页文件名	主机名(FQDN)
公司 Web				index1. html	www. xyz. com
技术支持部(虚拟目录)				index1-1. html	
销售部				index2. html	sale. xyz. com

【实训内容】

1. 在服务器上添加多个 IP 地址。

2. 在服务器上安装 IIS 中的 Web 服务器角色。

3. 在 Web 服务器中创建并配置“公司 Web”网站，在网站中放置一些网页，打开浏览器访问该网站（在本机上访问可使用“http://localhost”，在其他计算机上访问可使用“http://Web 服务器的 IP 地址”）。

4. 在“公司 Web”网站下创建并配置别名为“技术支持部”的虚拟目录，在客户机使用“http://Web 服务器的 IP 地址/虚拟目录别名”访问虚拟目录。

5. 在 Web 服务器中创建并配置“销售部”网站。

6. 在一台服务器上配置 2 个 Web 网站的验证。

(1)为“公司 Web”网站和“销售部”网站设置不同的 IP 地址，用浏览器查看各网站能否正常访问；

(2)为“公司 Web”网站和“销售部”网站设置相同的 IP 地址、不同的端口号(应使用大于 1024 的临时端口)，用浏览器查看各网站能否正常访问；

(3)为“公司 Web”网站和“销售部”网站设置相同的 IP 地址，相同的端口号，不同的主机名，用浏览器查看各网站能否正常访问(注意：要完成此操作，必须事先在 DNS 服务器上或者在客户机的“C:\WINDOWS\system32\drivers\etc\hosts”文件中添加网站主机名与 IP 地址的映射记录)。

7. 身份验证

对公司的网站和虚拟目录完成以下验证要求：

(1)对于“公司 Web”网站，允许所有人访问(即允许匿名访问)。

(2)对于“技术支持部”虚拟目录，不允许匿名访问，只允许技术支持部的工作人员以基本身份验证方式访问。

①在服务器上创建一个组帐户(设组名为 JSBusers)，再创建若干用户帐户(如 zhang3、wang5)，然后将所建用户加入 JSBusers 组；

②设置“技术支持部”虚拟目录的 NTFS 权限，只允许 Administrators 和 JSBusers 组的用户访问；

③在“技术支持部”虚拟目录的身份验证中，取消“匿名访问”，启用“基本身份验证”。然后，在客户机上访问该“技术支持部”虚拟目录，检查访问效果。

8. IP 地址和域名限制

在网站属性的 IP 地址和域名限制中，用“允许访问”或“拒绝访问”进行设置，在客户机上检查其效果。

(1)限制 IP 地址为 192.168.1.80/24～192.168.1.100/24 的计算机访问迅达公司网站。

(2)只允许域名后缀为 .xunda.com 的主机访问。

9. 访问连接的限制

(1)将访问迅达公司网站的带宽限制为 4096 字节。

(2)将访问迅达公司网站的并发连接数限制为 1000。

(3)将访问迅达公司网站的连接超时限制为 2 分钟。

10. 观察启动、停止、暂停 Web 网站后，对访问的影响。请予以验证。

项目习作 7

一、选择题

1. WWW 服务器使用哪个协议为客户提供 Web 浏览服务？(　　)

A. FTP　　B. HTTP　　C. SMTP　　D. NNTP

2. 关于互联网中的 WWW 服务，以下哪种说法是错误的？(　　)

A. WWW 服务器中存储的通常是符合 HTML 规范的结构化文档

B. WWW 服务器必须具有创建和编辑 Web 页面的功能

C. WWW 客户机程序也被称为 WWW 浏览器

D. WWW 服务器也被称为 Web 站点

3. Web 站点的默认 TCP 端口号为(　　)。

A. 21　　B. 80　　C. 8080　　D. 1024

4. 如果希望在用户访问网站时，在没有指定具体的网页文档名称的情况下也能为其提供一个网页，那么需要为这个网站设置一个默认网页，这个网页往往被称为(　　)。

A. 链接　　B. 首页　　C. 映射　　D. 文档

5. 虚拟目录的用途是(　　)。

A. 一个模拟主目录的假文件夹

B. 以一个假的目录来避免感染病毒

C. 以一个固定的别名来指向实际的路径，这样，当主目录变动时，对用户而言是不变的

D. 以上皆非

6. 欲在一个网络中创建一台 Web 服务器实现网页浏览服务，为了限制用户的访问，你希望只有知道特定端口的用户才可以访问该主页，可修改站点的属性设置此站点通过端口 8080 提供服务，但在客户机上通过 IE 浏览器访问该主页时发现无须指定端口仍然可以访问，此时应采取(　　)措施才能使新端口生效。

A. 在 Web 服务器上删除端口 80

B. 在 Web 服务器上停止 Web 站点并重新启动

C. 在客户机浏览器上指定 8080 端口来访问 Web 站点

D. 在 Web 服务器上将端口 8080 和服务器的 IP 地址绑定

7. Web 主目录的 Web 访问权限不包括(　　)。

A. 读取　　B. 更改　　C. 写入　　D. 目录浏览

8. 用户访问 Web 服务器的身份验证方式包括(　　)。

A. 基本身份验证　　B. Windows 身份验证

C. . NET Passport 身份验证　　D. 摘要式身份验证

二、简答题

1. Web 服务是如何工作的?
2. 人们采用统一资源定位符(URL)在全世界唯一标识某个网络资源,请描述其格式。
3. 在 Web 网站上设置默认文档有什么用途?
4. 什么是虚拟目录? 它的作用是什么?
5. 在一台服务器上建立多个 Web 站点的方法有哪些?

项目08 FTP服务器的架设

8.1 项目背景

迅达公司架设了自己的 Web 服务器和存放公司文档资料的文件服务器。Web 服务器需要经常更新页面和随时增加新的消息条目；而文件服务器是公司、部门以及个人技术、业务文档资料的集中存放地，公司员工特别是在异地分支机构的员工需要经常从文件服务器下载资料到本地计算机，也需要从各自的计算机上传数据到文件服务器。虽然共享文件夹可以实现资源的互通有无，但它仅限于局域网内的计算机，并不适合互联网。上述更新、下载和上传文档资料的功能要求，可通过搭建 FTP 服务器来实现，不仅如此，FTP 服务器还可通过访问权限的设置确保数据来源的正确性和数据存取的安全性。

8.2 项目知识准备

8.2.1 FTP 服务的基本概念与组成

FTP(File Transfer Protocol，文件传输协议)是用来在局域网或互联网中的计算机之间，实现跨平台高效地传输文件，并支持断点续传功能的标准协议。FTP 服务采用的是客户机/服务器工作模式，FTP 客户机是指用户的本地计算机，FTP 服务器是指为用户提供上传与下载服务的计算机。上传是指将文件从 FTP 客户机传输到 FTP 服务器的过程；下载是将文件从 FTP 服务器传输到 FTP 客户机的过程。

FTP 服务的系统组成和工作工程

由于 FTP 服务的特点是传输数据量大、控制信息相对较少，所以在设计上采用对控制信息与数据分别进行处理的方式，这样用于通信的 TCP 连接也相应地有两条：控制连接与数据连接。其中，控制连接用于在通信双方传输命令与响应信息，完成连接的建立、身份认证与异常处理等控制操作；数据连接用于在通信双方传输文件或目录信息。

要传输文件的用户登录后才能访问服务器上的文件资源。登录方式有两种：匿名登录和授权帐户登录。

(1)匿名登录：匿名登录的 FTP 站点允许任何一个用户免费登录，并从其上复制一些免费的文件，登录时的用户名一般是 anonymous，口令可以是任意字符串。

(2)授权帐户登录:登录时所使用的帐户和口令,必须已经由系统管理员在被登录的服务器上注册并进行过权限设置。

FTP 服务系统由服务器软件、客户机软件和 FTP 通信协议三部分组成。常用的 FTP 服务器软件有 Windows 系统自带的组件 IIS FTP、第三方软件 Serv-U 等。常用的客户机软件有:功能简单易用的浏览器;支持多线程下载、断点续传、功能强大的 CuteFTP;不支持上传但下载速度超快的迅雷、FlashGet(网际快车)等,如图 8-1 所示。

图 8-1　FTP 服务系统组成

8.2.2　FTP 的工作模式与工作过程

为了适应不同的工作场景,FTP 支持两种工作模式:主动模式(PORT 方式)和被动模式(PASV 方式)。主动或被动的选择,是由客户机 FTP 程序的配置决定的。

1. 主动模式下 FTP 的工作过程

主动模式下 FTP 的工作过程是:在开始一个 FTP 的连接时,客户机随机从未使用的非特权端口 N(N>1024,如 1958)向服务器的 FTP 控制端口(默认为 21)发送连接请求→服务器响应请求,双方通过“三次握手”建立起控制连接→当需要传输数据时,客户机在控制连接上用 PORT 命令告诉服务器:“我将 N+1 号端口作为数据端口,你来发起连接。”→服务器在控制连接上向客户机发起建立数据连接的请求→服务器使用 20 端口连接客户机在 PORT 指令中指定的 N+1 号端口,双方通过“三次握手”建立起数据连接→在已建立的数据连接上,开始传输数据,传输完毕后,释放本次的数据连接。如图 8-2 所示。

在上述过程中,由于数据连接的建立请求是由服务器主动发起的,所以称为主动模式。

2. 被动模式下 FTP 的工作过程

被动模式下 FTP 的工作过程是:在开始一个 FTP 的连接时,客户机随机从未使用的非特权端口 N(N>1024,如 1958)向服务器的 FTP 控制端口(默认为 21)发送连接请求→服务器响应请求,双方通过“三次握手”建立起控制连接→当需要传送数据时,客户机在控制连接上发送“PASV”命令告诉服务器:“本次传输将采用被动模式”→服务器在控制连接上用“PORT P”命令告诉客户机:“我将用 P 端口(P>1024,如 2015)作为数据端口,你过来连接 P 端口”→客户机随机从未使用的非特权端口 M(M>1024,如 1959)向服务器的 P 端口发起建立数据连接的请求,双方通过“三次握手”建立起数据连接,并用该连接传输数据。如图 8-3 所示。

在以上数据连接的建立过程中,服务器被动等待客户机发起建立数据连接的请求,所以称为被动模式。即客户机用大于 1024 的随机端口,主动连接服务器大于 1024 的随机端口。

主动 FTP 对 FTP 服务器的安全管理有利,但对客户机的安全管理不利。主动模式下,服务器只在防火墙开启 TCP 21 端口,客户机则要开启多个大于 1024 的随机端口,才能顺利完成数据传输。被动 FTP 对 FTP 客户机的安全管理有利,但对服务器的安全管理不利。在被动模式下,由于控制连接和数据连接均由客户机主动发起,虽然不会被客户机的防火墙阻止,但只有在服务器开启了大于 1024 的所有 TCP 端口和 21 端口后,才能顺利建立连接

并完成数据的传输。

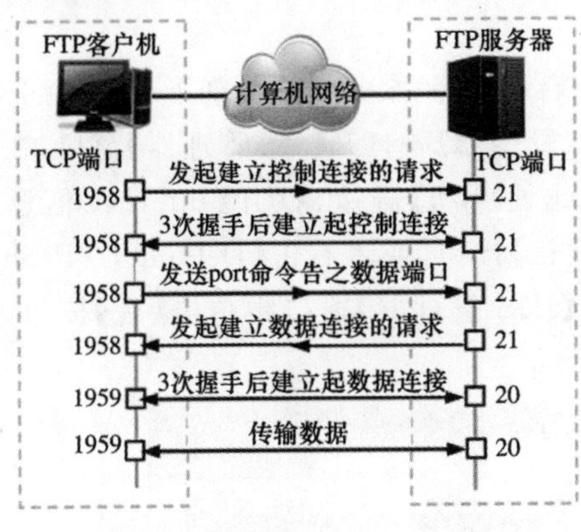

图 8-2　FTP 主动模式的工作过程

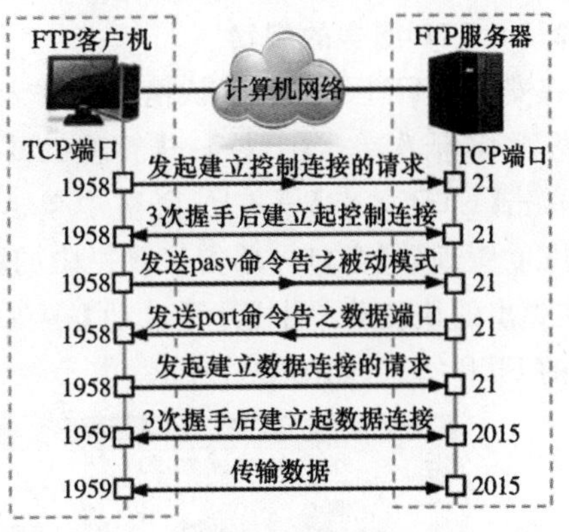

图 8-3　FTP 被动模式的工作过程

8.3 项目实施

任务 8-1　FTP 服务器的安装与启动

FTP 服务是 IIS 7.0 集成的组件之一，利用 IIS 7.0 可以轻松搭建 FTP 服务器。

1. IIS FTP 服务的安装

若系统事先已安装过 IIS 7.0，则可通过“添加角色服务”安装 FTP 组件；若系统还未安装 IIS 7.0，则可通过“添加角色”安装 FTP 服务。下面以后者为例介绍其安装的步骤如下：

步骤 1：依次单击【开始】→【管理工具】→【服务器管理器】→在打开的【服务器管理器】窗口的左窗格中单击【角色】节点→在右窗格中单击【添加角色】→在打开的【添加角色向导】对话框中单击【下一步】按钮→打开【选择服务器角色】对话框，在【角色】列表框中勾选【Web 服务器(IIS)】复选框→在打开的【是否添加 Web 服务器(IIS)所需的功能】对话框中单击【添加必需的角色服务】→单击【下一步】按钮→在打开的【角色服务】列表框中拖动滚动条，找到并勾选【FTP 发布服务】复选框→在弹出的【是否添加 FTP 发布服务所需的角色服务】对话框中单击【添加必需的角色服务】→单击【下一步】按钮，如图 8-4 所示。

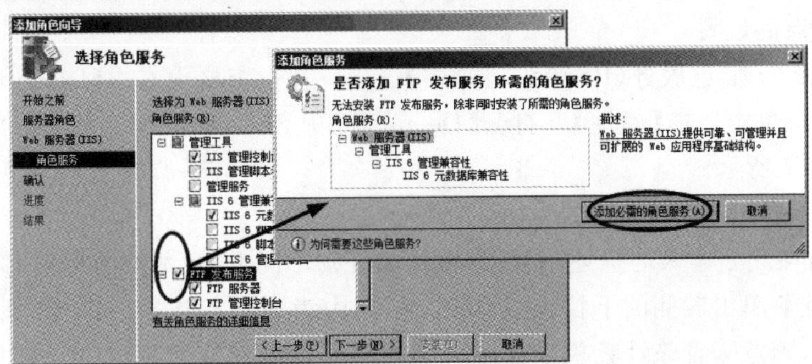

图 8-4　勾选【FTP 发布服务】

步骤 2：在打开的【确认安装选择】对话框中单击【安装】按钮→系统开始安装，安装完成后，单击【关闭】按钮结束安装。

2. IIS FTP 服务的启动

在安装 FTP 服务后，默认情况下并未启动。启动 FTP 服务的步骤如下：

步骤 1：依次单击【开始】→【管理工具】→【IIS 管理器】→打开【IIS 管理器】窗口，在左窗格中单击【FTP 站点】→在右窗格中单击【单击此处启动】链接，打开【Internet 信息服务(IIS)6.0 管理器】窗口→单击工具栏中的【启动项目】按钮，或者右击【Default FTP Site】站点，在弹出的快捷菜单中选择【启动】→在打开的【IIS6 管理器】窗口中单击【是】按钮，启动默认的 FTP 站点，如图 8-5 所示。

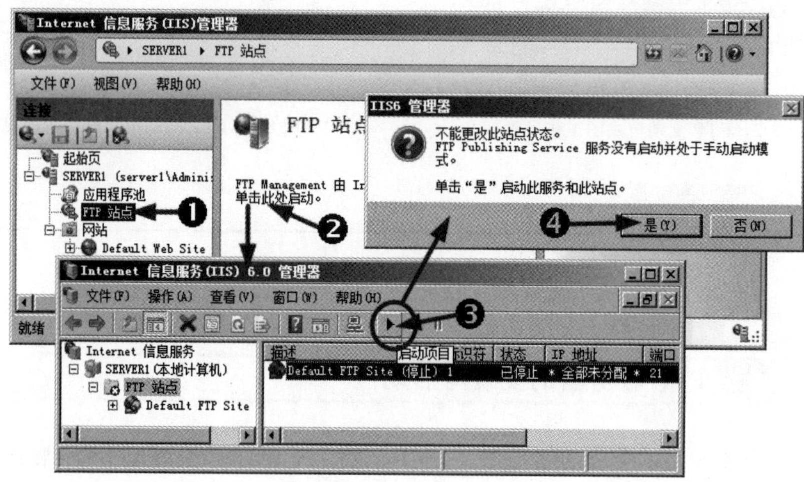

图 8-5 启动默认的【Default FTP Site】FTP 站点

步骤 2：依次单击【开始】→【管理工具】→【服务】菜单项→在打开的【服务】窗口中找到并双击【FTP Publishing Service】服务项→打开【FTP Publishing Service 的属性(本地计算机)】对话框，将其启动类型改为"自动"→单击【确定】按钮，如图 8-6 所示。

任务 8-2 FTP 站点的基本配置

下面以默认的"Default FTP Site"站点为例，介绍 FTP 服务器的基本配置方法。

1. FTP 站点的设置

进入【Internet 信息服务(IIS)6.0 管理器】窗口→在左窗格中右击【Default FTP Site】→在弹出的快捷菜单中选择【属性】→打开【Default FTP Site 属性】对话框，单击【FTP 站点】选项卡，如图 8-7 所示。

其中各设置项说明如下：

- 【描述】：在此处输入的描述信息，通常作为区别不同 FTP 站点的标识。
- 【IP 地址】：单击右侧的下拉按钮可在其列表中为该站点指定一个 IP 地址，如果选择"全部未分配"，则意味着该计算机上任何一个尚未分配给其他 FTP 站点的 IP 地址都有可能作为本 FTP 站点的 IP 地址。

图 8-6　将 FTP 服务设置为自动启动

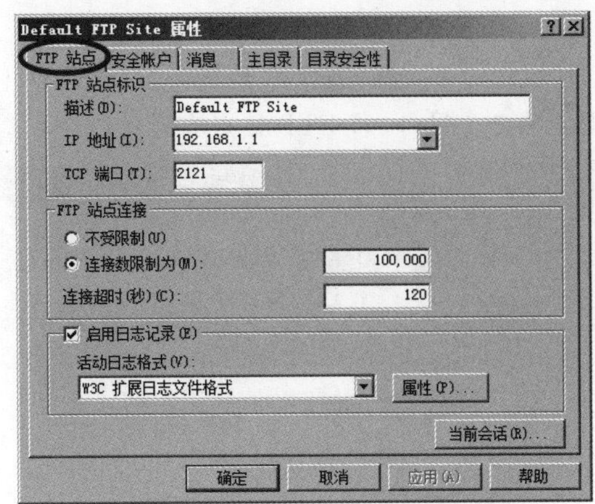

图 8-7　【FTP 站点】选项卡

- 【TCP 端口】:指定运行 FTP 服务的 TCP 端口,默认端口是 21。该项必须设置,不能为空。若更改此端口(如,改为 2121),则用户在连接此站点时,必须输入站点所使用的端口号,如:"ftp://192.168.1.1:2121"。
- 【不受限制】:表示该站点不限制并发连接的客户数量,直至服务器的内存不足。
- 【连接数限制为】:用于强制限制同时连接到本站点的客户数量,这样可保证站点的服务性能。当连接数量达到限制数时,站点会向客户机发送提示消息,具体提示消息可在【消息】选项卡中设置。
- 【连接超时】:用于设置站点在断开与非活动用户的连接之前等待的时间。
- 【启用日志记录】:勾选此项后可以对所有连接到此站点的客户机信息及其操作行为进行记录并存储到指定的文件,以备分析系统故障之用。单击【属性】按钮后可以设置日志文件的记录时间间隔、存储路径以及记录的字段选项(如,客户机的 IP 地址、用户名等)。
- 【当前会话】:单击此处可查看当前连接到 FTP 站点的所有在线访问者的用户名、IP 地址、连接的开始时间等信息,管理员可以在此处断开恶意用户的连接。

2. 安全帐户的设置

在图 8-7 中单击【安全帐户】选项卡,切换出如图 8-8 所示的对话框。此选项卡用于设置允许哪些用户登录访问 FTP 站点。

【允许匿名连接】:若勾选此项,则 FTP 站点既接受匿名用户的访问又接受授权用户的访问。在使用浏览器或第三方图形化工具访问时,匿名用户无须输入用户名和密码便可登录 FTP 站点;在使用命令行工具访问时,登录 FTP 站点的匿名用户名为"ftp"或"anonymous",密码是任意的字符串。但要注意的是:所有的匿名登录,在系统内部使用的匿名用户帐户都是"IUSR_服务器名",它是在安装 FTP 服务器角色时由系统自动建立的。若取消勾选【允许匿名连接】复选框,则必须提供合法的 Windows 用户帐户和密码才能连接到 FTP 站点。该登录方式是较为安全的,不过其提供的安全性能较低,因为它以不加密的形式在网络上传输用户名和密码。

【只允许匿名连接】:若勾选此项,则访问者将无法使用用户名和密码登录,以此防止具有管理权限的用户帐户通过 FTP 访问更改文件。

3. 消息的设置

在图 8-8 中单击【消息】选项卡，可设置用户在连接 FTP 站点时显示的横幅、欢迎和退出等消息。另外，若 FTP 站点有连接数限制，并且目前连接数已经达到限制值，则新的访问者会收到“最大连接数”处填写的信息，此时，新的用户连接会被断开，如图 8-9 所示。

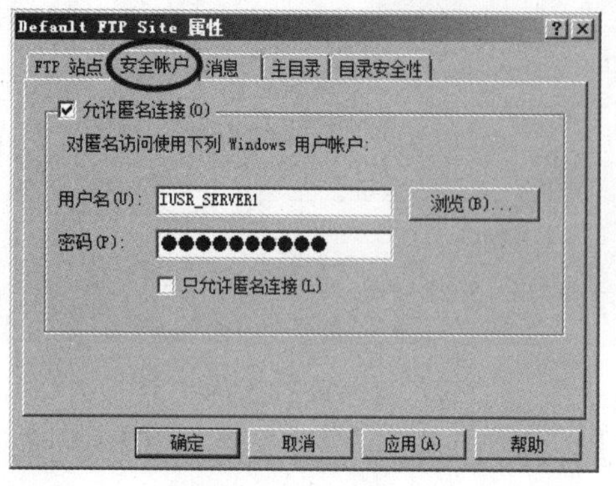

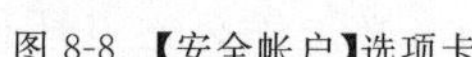
图 8-8 【安全帐户】选项卡

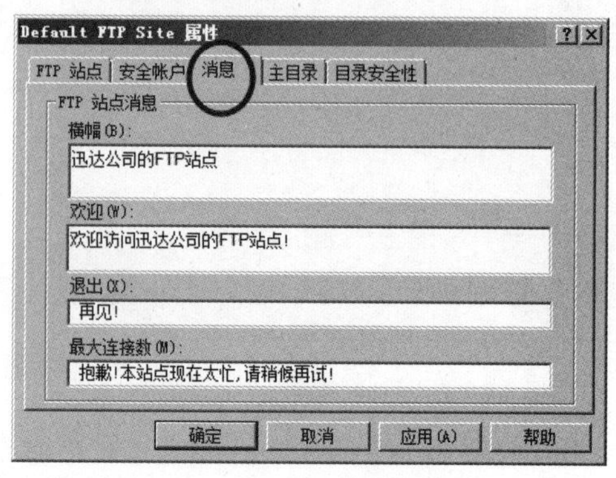

图 8-9 【消息】选项卡

提示：“消息”信息只在命令行访问工具中显示，在各种图形化访问工具中被屏蔽了。

4. 主目录的设置

主目录是 FTP 站点的根目录，当用户连接到 FTP 站点时，会首先访问该目录。在图 8-9 中单击【主目录】选项卡，切换出如图 8-10 所示的对话框，其设置项如下：

【此计算机上的目录】：在此单击【浏览】按钮，在本地计算机磁盘中选择要作为 FTP 站点主目录的文件夹。

【另一台计算机上的目录】：将主目录指定到网络上另外一台计算机中的共享文件夹。要注意的是：如果选中【另一台计算机上的目录】单选项，则【本地路径】编辑框将更改成【网络共享】编辑框，【浏览】按钮改为【连接为】按钮，此时，需要在【网络共享】编辑框中输入共享文件夹的 UNC 路径，以定位 FTP 站点主目录的位置，然后单击【连接为】按钮来设置一个有权限访问此共享文件夹的用户名和密码。

【读取】：允许用户读取或下载存储在主目录或虚拟目录中的文件。

【写入】：允许用户在主目录内添加、修改、上传文件。

【记录访问】：在已启用日志记录的前提下(默认已启用)，将访问主目录的访问者的有关信息记录到日志文件中。

【UNIX】：当主目录内的文件日期与 FTP 服务器的系统时间年份不同时，使用四位数字格式显示年份，若相同，则不会返回年份。

【MS-DOS】：在主目录内的文件日期中用两位数字格式显示年份(可以通过编程方式更改此设置，以便以四位数字格式显示年份)。

5. 目录安全性的设置

在图 8-10 中单击【目录安全性】选项卡，该选项卡主要用于授权或拒绝特定的 IP 地址连接到 FTP 站点。例如，只允许某一段 IP 地址范围内的计算机连接到 FTP 站点，其设置过程为：选中【拒绝访问】单选按钮→单击【添加】按钮→在打开的【授权访问】对话框中选中【一组计算机】单选按钮→在【网络标识】编辑框中输入网络 ID 号→在【子网掩码】编辑框中输入子网掩码→单击【确定】按钮，如图 8-11 所示。

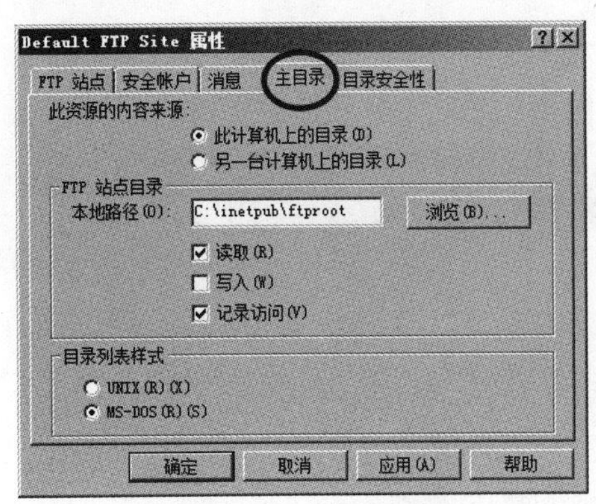

图 8-10　【主目录】选项卡

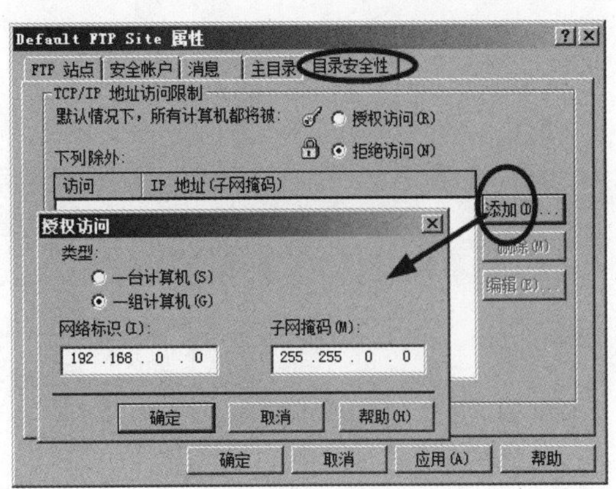

图 8-11　【目录安全性】选项卡

任务 8-3　使用 FTP 客户机工具访问 FTP 站点

用户在客户机上可使用浏览器、资源管理器、第三方 FTP 工具与传统的 FTP 命令行等工具访问 FTP 站点。

1. 使用浏览器和资源管理器访问 FTP 站点

IE 5.0 以上的版本集成了 FTP 客户机功能，利用浏览器访问 FTP 站点的方法是：在浏览器的地址栏按照“ftp://FTP 站点的 IP 地址或 DNS 域名：端口号”格式输入访问地址。若访问的 FTP 站点允许匿名访问，则可直接登录站点，如图 8-12 所示；若是授权用户访问，浏览器会自动弹出【登录身份】对话框，输入用户名、密码并单击【登录】按钮后便可登录，如图 8-13 所示。在资源管理器中访问 FTP 站点的方法与浏览器相同。

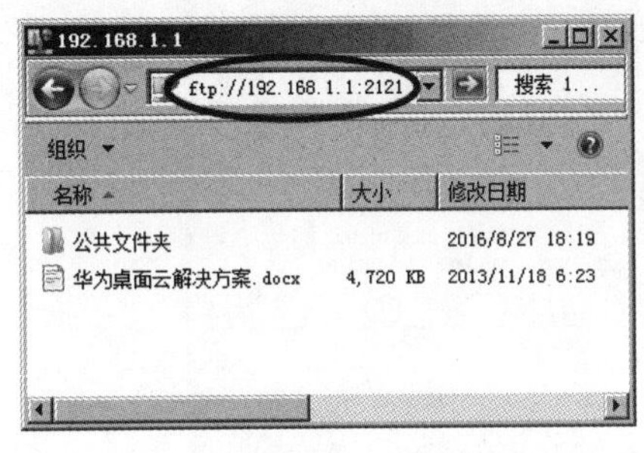

图 8-12　用浏览器访问 FTP 站点

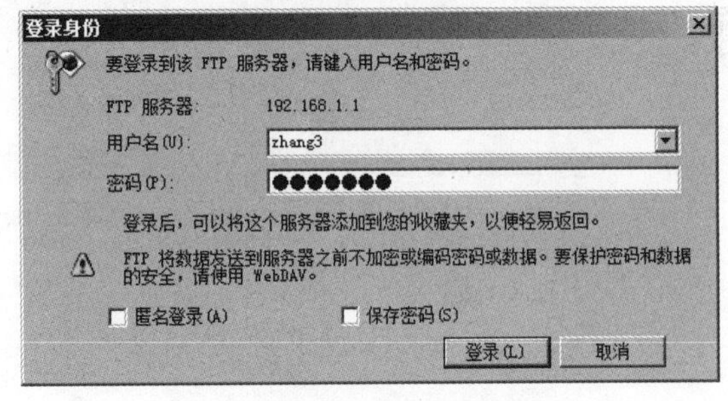

图 8-13　授权用户访问

提示：如果 FTP 站点所在的服务器上启用了防火墙，则应将客户机浏览器做如下设置：启动 IE 浏览器→依次单击【工具】→【Internet 选项】→在打开的【Internet 选项】对话框中单击【高级】选项卡→在【设置】列表框内取消勾选【使用被动 FTP】选项。

2. 使用第三方 FTP 客户机软件访问 FTP 站点

第三方 FTP 客户机软件较多，CuteFTP 是其中的佼佼者。它不仅可通过 SSL 或 SSH2 认证机制提供安全的数据传输，还可同时连接多个 FTP 站点，并提供多种协议支持(FTP、SFTP、HTTP、HTTPS)。

(1)CuteFTP 的安装

安装 CuteFTP 的步骤如下：

步骤 1：在客户机上双击下载的安装文件“cuteftppro. exe”，在打开的安装向导对话框上单击【Next】按钮→在打开的许可证协议对话框上单击【Yes】按钮，如图 8-14 所示。

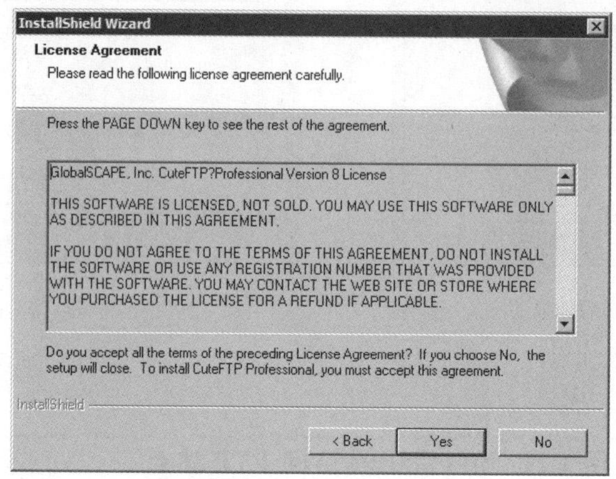

图 8-14　许可证协议对话框

步骤 2：以下各步按提示进行，直至安装完成。

以上是 CuteFTP 英文版安装的过程，为了方便使用可安装汉化包。

如图 8-15 所示是 CuteFTP 的工作主窗口，主要由四个部分构成：

①本地驱动器/站点管理区：显示的是客户机本地的整个磁盘目录。

②服务器目录区：用于显示连接服务器成功后 FTP 服务器上的目录信息。

③登录信息窗口：显示当前连接状态的窗口。

④队列窗口/日志窗口：显示上传、下载清单。

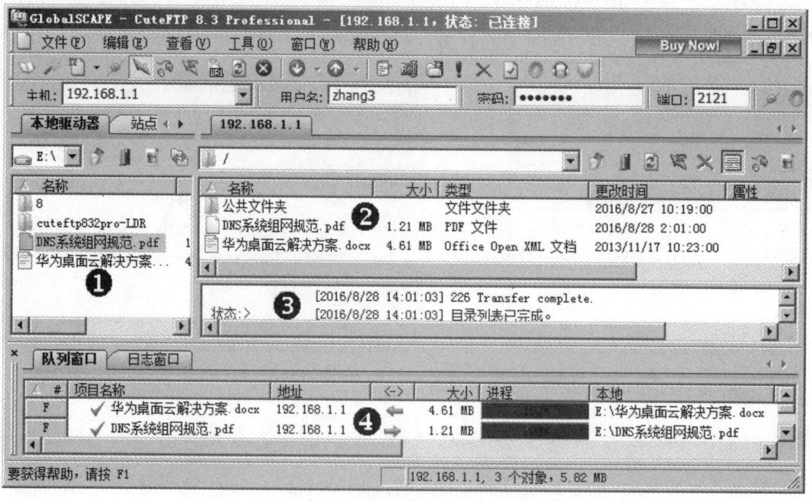

图 8-15　CuteFTP 工作主窗口

(2)为指定的 FTP 站点建立访问的快捷方式

在客户机上可事先对经常访问的 FTP 站点配置有关连接的参数，以方便今后快捷访问。操作步骤如下：

步骤 1：进入 CuteFTP 主窗口→单击【文件】→【新建】→【FTP 站点】，如图 8-16 所示。

步骤 2:在打开的【站点属性:迅达公司的文件服务器】对话框上选择【常规】选项卡→输入远程 FTP 站点的标签、主机地址(IP 地址或域名)、用户名和密码(匿名登录时不需要填)以及选择登录方式,设置完毕后单击【确定】按钮或【连接】按钮,如图 8-17 所示。

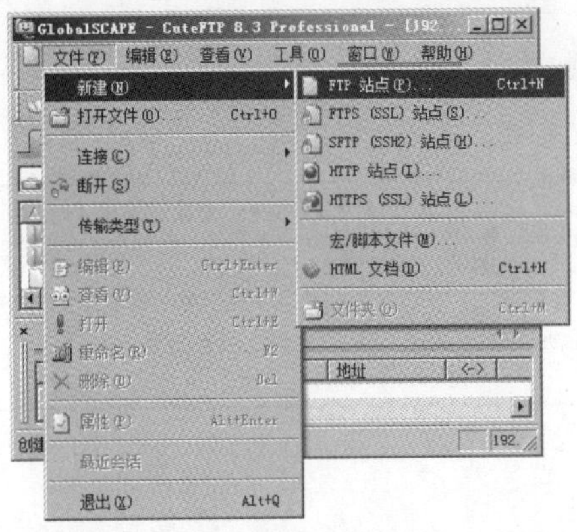

图 8-16　新建 FTP 站点

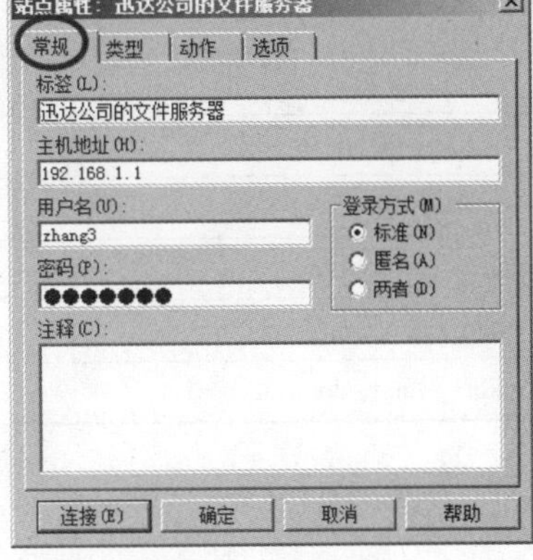

图 8-17　【常规】选项卡

(3)上传和下载文件

登录 FTP 站点后,在 CuteFTP 主窗口中,只需要通过简单的拖拽即可完成文件的上传和下载。上传文件时,只要把本地驱动器中的文件或文件夹拖拽到服务器目录区即可;下载文件时则拖拽的方向相反。

3. 使用传统 FTP 命令行访问 FTP 站点

访问步骤如下:

步骤 1:在客户机上,同时按下【Windows 徽标+R】组合键→在打开的【运行】对话框中输入"cmd"命令→单击【确定】按钮,进入命令行操作界面。

步骤 2:在命令行提示符下按格式"ftp IP 地址"(适合默认的 21 端口号的登录访问)输入命令,或者先后按格式"ftp""open IP 地址 端口号"(适合非 21 端口号的登录访问)输入命令→按回车键后系统开始连接 FTP 站点,连接成功后系统要求输入 FTP 用户名→输入要登录的 FTP 用户名(若以匿名用户身份登录则输入"ftp"或"anonymous")→系统要求输入登录 FTP 用户的密码(匿名用户可直接按回车键),密码正确即可登录到 FTP 站点→若要退出则输入命令"bye",如图 8-18 所示。其他实现上传、下载等功能的常用命令,见表 8-1。

```
管理员: C:\Windows\system32\cmd.exe
C:\Users\Administrator>ftp
ftp> open  192.168.1.1  2121
连接到 192.168.1.1。
220-Microsoft FTP Service
220 迅达公司的FTP站点
用户(192.168.1.1:(none)): ftp
331 Anonymous access allowed, send identity (e-mail name) as password.
密码:
230-欢迎访问迅达公司的FTP站点!
230 Anonymous user logged in.
ftp> dir
200 PORT command successful.
150 Opening ASCII mode data connection for /bin/ls.
08-27-16  10:19AM       <DIR>          公共文件夹
11-17-13  10:23PM              4832435 华为桌面云解决方案.docx
226 Transfer complete.
ftp: 收到 115 字节, 用时 0.00秒 115000.00千字节/秒。
ftp> bye
221  再见!
C:\Users\Administrator>
```

图 8-18　在命令行界面访问 FTP 服务器

表 8-1　　　　其他常用 FTP 命令

命令格式	功　能
dir remote-directory	显示远程目录文件和子目录列表
cd remote-directory	更改远程计算机上的工作目录
get remote-file [local-file]	将远程文件下载到本地计算机
put local-file [remote-file]	将本地文件上传到远程计算机上
ls remote-directory	显示远程目录文件和子目录的缩写列表
delete remote-file	删除远程计算机上的文件
rmdir remote-directory	删除远程目录
mkdir remote-directory	创建远程目录

任务 8-4　创建隔离用户的 FTP 站点

所谓隔离用户的 FTP 站点，是指用户在访问该类 FTP 站点时，每个用户（包括匿名用户）只能在与用户名匹配的目录及其子目录内进行访问，不允许用户浏览自己主目录外的内容，以防止用户查看或覆盖其他用户的内容，从而提高 FTP 站点的安全性。

创建隔离用户 FTP 站点的步骤如下：

步骤 1：在 FTP 站点所在服务器创建登录的用户，如 zhang3、li4（创建过程在此省略）。

步骤 2：规划并创建登录用户的目录结构。在 NTFS 分区中创建一个文件夹作为 FTP 站点的主目录（如，"E:\ftproot"）→在"E:\ftproot"文件夹下创建一个名为"localuser"的子文件夹→在"localuser"文件夹下创建若干个与用户名同名的文件夹（若允许匿名登录访问，则匿名用户对应的文件夹的名称为"public"），如图 8-19 所示。

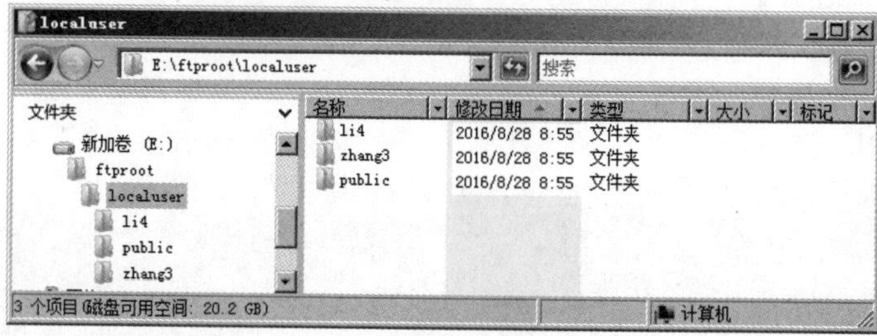

图 8-19　隔离用户的 FTP 站点的目录结构

提示：主目录 ftproot 所在的分区必须为 NTFS 格式；FTP 站点主目录下的子文件夹名称必须为"localuser"，且在其下创建的文件夹的名称与相应用户名相同（除匿名用户特指的 public 以外），否则将无法使用该用户帐户登录。

步骤 3：进入【Internet 信息服务（IIS）6.0 管理器】窗口，在左窗格中右击【FTP 站点】→在弹出的快捷菜单中依次选择【新建】→【FTP 站点】菜单项，如图 8-20 所示。

步骤 4：打开【欢迎使用 FTP 站点创建向导】对话框，单击【下一步】按钮→打开【FTP 站点描述】对话框，在【描述】编辑框内输入描述信息→单击【下一步】按钮，如图 8-21 所示。

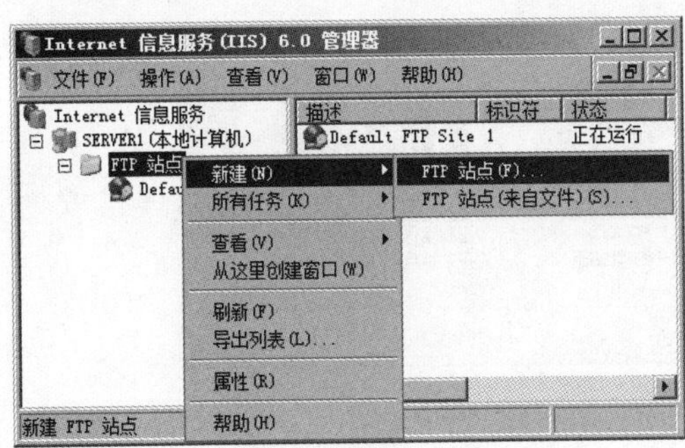

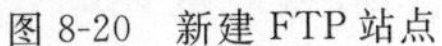
图 8-20　新建 FTP 站点

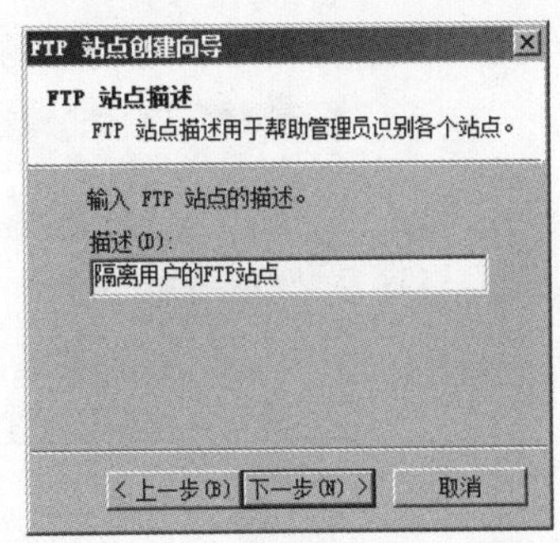

图 8-21　【FTP 站点描述】对话框

步骤 5：打开【IP 地址和端口设置】对话框，在【输入此 FTP 站点使用的 IP 地址】下拉列表框中，选择本站点的 IP 地址→在【输入此 FTP 站点的 TCP 端口(默认=21)】文本框中输入使用的 TCP 端口号→单击【下一步】按钮，如图 8-22 所示。

步骤 6：打开【FTP 用户隔离】对话框，选择【隔离用户】单选按钮→单击【下一步】按钮，如图 8-23 所示。

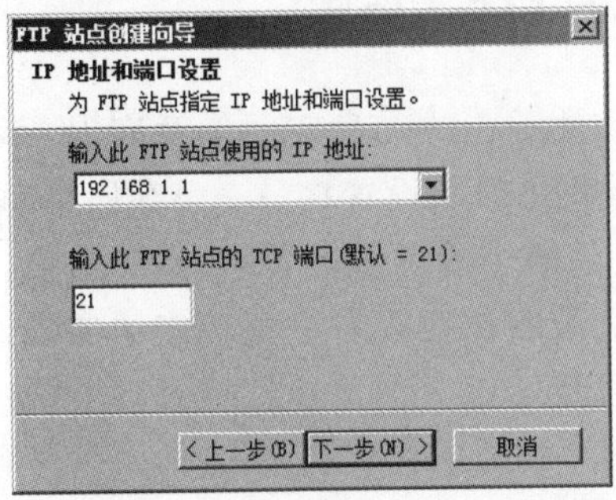

图 8-22　【IP 地址和端口设置】对话框

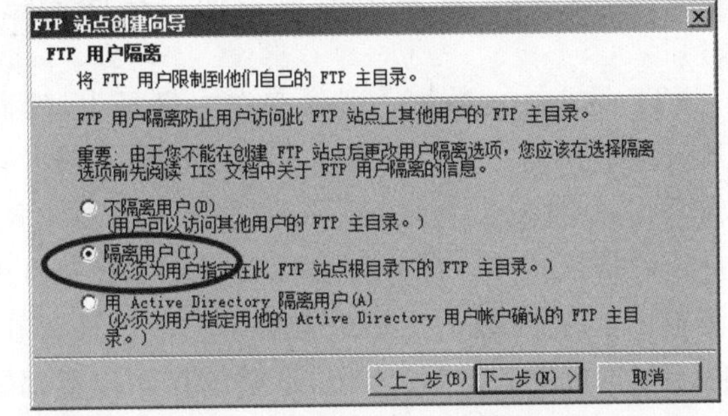

图 8-23　【FTP 用户隔离】对话框

【不隔离用户】：该模式下的 FTP 站点，其所有的合法用户都会在登录后进入相同的目录。由于登录到 FTP 站点的不同用户间的隔离尚未实施，该模式适合于只提供共享内容下载功能的站点，或不需要在用户间进行数据访问保护的站点。

步骤 7：打开【FTP 站点主目录】对话框，单击【浏览】按钮→选择站点的主目录(如，E:\ftproot)→单击【下一步】按钮，如图 8-24 所示。

步骤 8：打开【FTP 站点访问权限】对话框，在【允许下列权限】选项区域中，为主目录设定访问权限，若只想提供文件下载，则勾选【读取】即可；若要上传文件，则应当同时勾选【读取】和【写入】→单击【下一步】按钮，如图 8-25 所示。

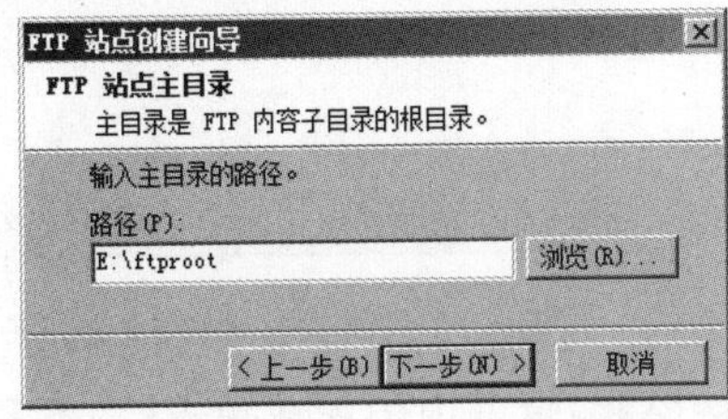

图 8-24　【FTP 站点主目录】对话框

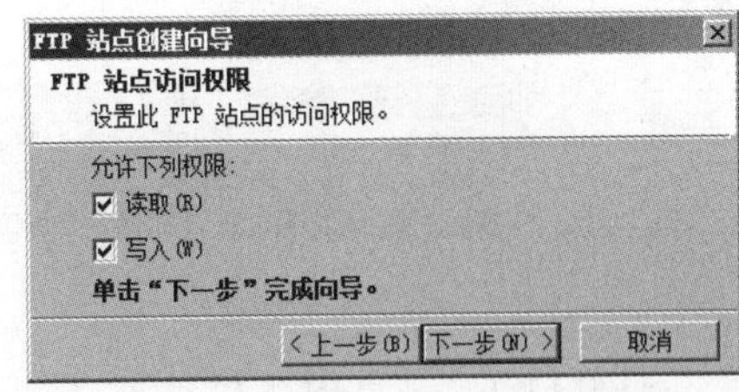

图 8-25　【FTP 站点访问权限】对话框

步骤 9：打开【已成功完成 FTP 站点创建向导】对话框，单击【完成】按钮，即可完成 FTP

站点的配置。建成后的“隔离用户的 FTP 站点”如图 8-26 所示。

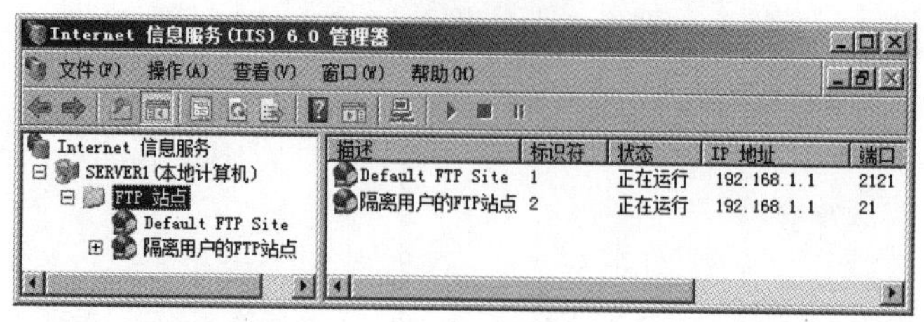

图 8-26　建成后的“隔离用户的 FTP 站点”

步骤 10：访问测试。在客户机的浏览器地址栏输入站点地址（如，ftp://192.168.1.1）并按回车键→在打开的页面中右击空白处→在弹出的快捷菜单中选择【登录】菜单项，在打开的【登录身份】对话框中输入用户名、密码并单击【登录】按钮后便可登录。可以看到，不同的用户登录，其访问的目录会不同。

任务 8-5　使用虚拟目录创建指向任意目录的 FTP 子站点

FTP 站点中的数据一般保存在主目录中，然而主目录所在的磁盘空间毕竟有限，不能满足日益增长的数据存储需求。重新创建 FTP 站点，并将主目录设置在另一个存储空间相对较大的磁盘分区中固然可行，但这种方法要求用户记住两个或更多的 FTP 站点地址，给用户访问带来不便。此外，隔离用户的 FTP 站点的主目录的位置都有一些特定的要求，也就使用户上传、下载的空间位置不够灵活。通过在原 FTP 站点上创建虚拟目录，既可解决空间不足的问题，又可使上传、下载的存储位置部署在用户需要的任意目录中。

为 FTP 站点创建虚拟目录的步骤如下：

步骤 1：右击已创建的 FTP 站点名称（如，“隔离用户的 FTP 站点”）→在弹出的快捷菜单中依次选择【新建】→【虚拟目录】菜单项，如图 8-27 所示。

步骤 2：在打开的【欢迎使用虚拟目录创建向导】对话框中单击【下一步】按钮→打开【虚拟目录别名】对话框，在【别名】编辑框中输入虚拟目录的别名（如，“xundaWEB”）→单击【下一步】按钮，如图 8-28 所示。

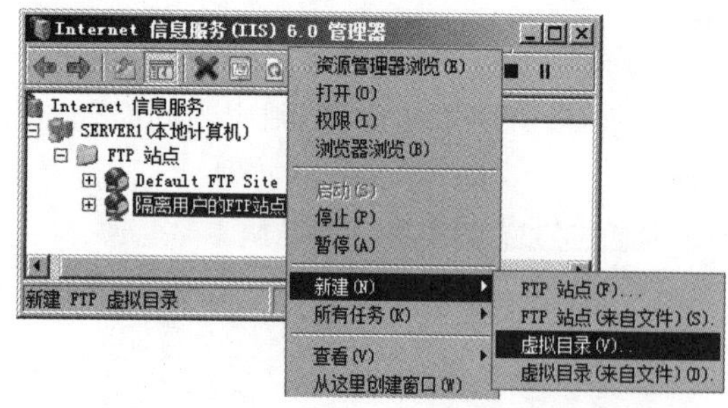

图 8-27　新建虚拟目录

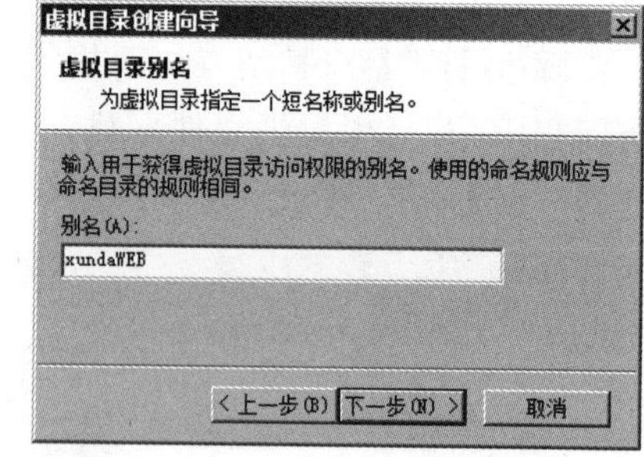

图 8-28　【虚拟目录别名】对话框

步骤 3：打开【FTP 站点内容目录】对话框，在【路径】编辑框内输入或单击【浏览】按钮选择存放上传、下载资源的新的路径→单击【下一步】按钮，如图 8-29 所示。

步骤 4：打开【虚拟目录访问权限】对话框，若要有上传功能，则勾选【读取】和【写入】→

单击【下一步】按钮→单击【完成】按钮，如图 8-30 所示。

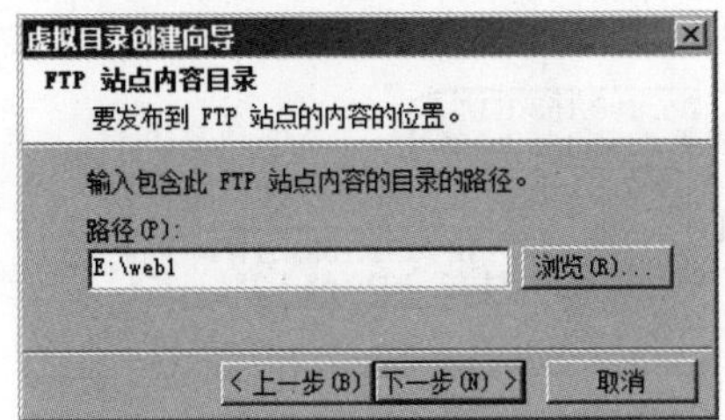

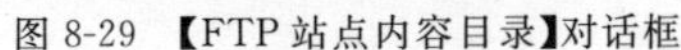

图 8-29 【FTP 站点内容目录】对话框

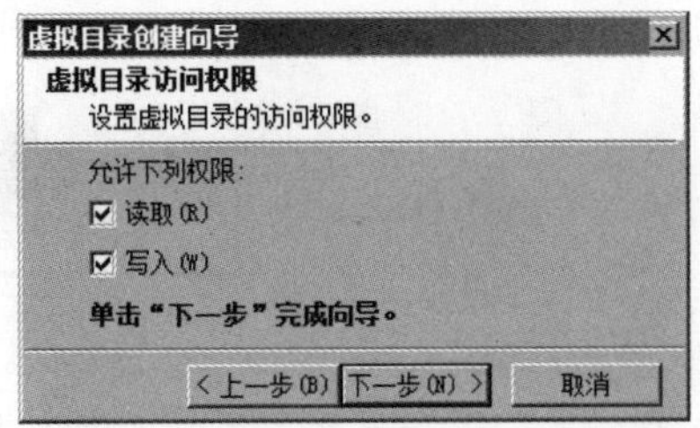

图 8-30 【虚拟目录访问权限】对话框

步骤 5：右击新建的虚拟目录"xundaWEB"→在弹出的快捷菜单中选择【属性】，如图 8-31 所示→打开【xundaWEB 属性】对话框，在此可调整虚拟目录的位置、访问权限及目录安全性，如图 8-32 所示。

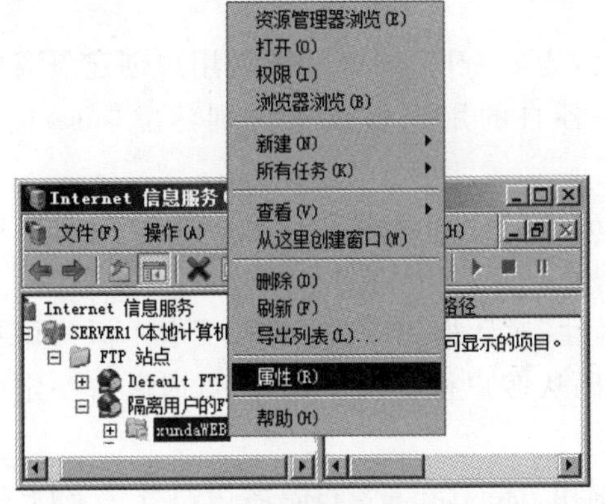

图 8-31 右击新建的虚拟目录"xundaWEB"

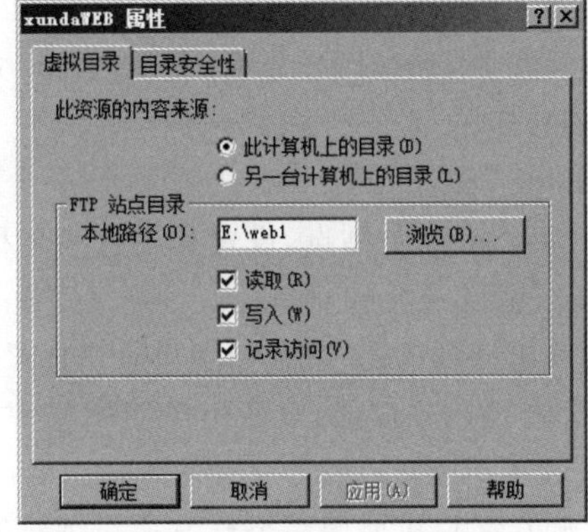

图 8-32 【xundaWEB 属性】对话框

步骤 6：访问虚拟目录。在浏览器地址栏中按格式"ftp://FTP 站点的 IP 地址或域名/别名"输入访问地址，如图 8-33 所示。

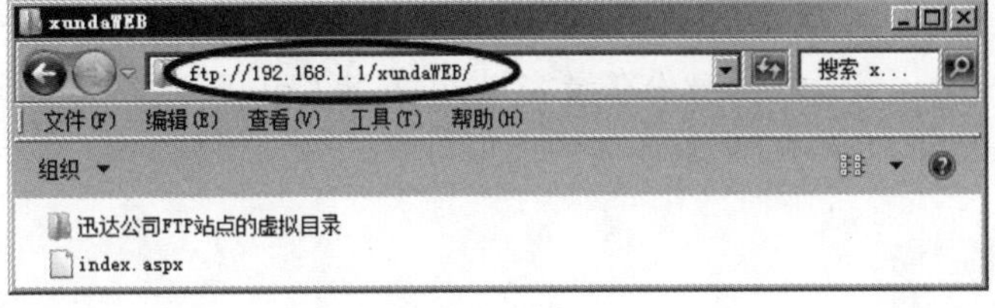

图 8-33 访问虚拟目录

项目实训 8 FTP服务器的配置与管理

【实训目的】

会利用 IIS 创建、配置不隔离用户和隔离用户的 FTP 站点，会在已创建的 FTP 站点上建立与管理虚拟目录；能使用不同方法在客户机访问 FTP 服务器。

【实训环境】

每人 1 台 Windows XP/7 物理机，1 台 Windows Server 2008 虚拟机，1 台 Windows XP/7 虚拟机，CuteFTP 客户机软件，虚拟机网卡连接至虚拟交换机 VMnet1。

【实训拓扑】

实训示意图如图 8-34 所示。

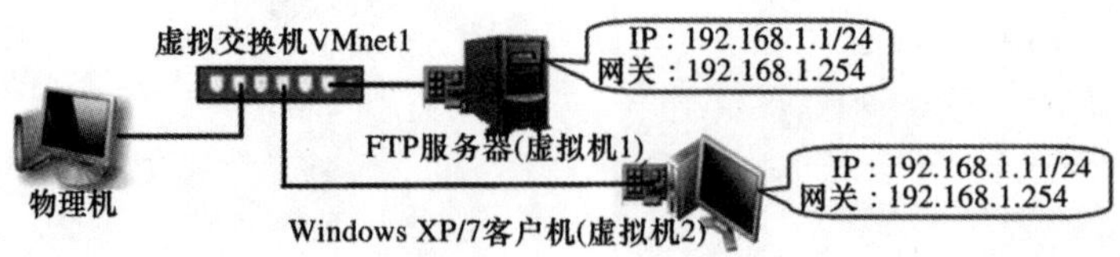

图 8-34 实训示意图

【实训内容】

1. 以管理员 Administrator 身份登录服务器，安装 IIS FTP 服务器角色并启动 FTP 服务。

2. 搭建、配置与访问隔离用户的 FTP 站点。

(1)在服务器上创建用户 user1、user2。

(2)在 E 盘(NTFS 分区)创建"\ftp"文件夹，为 user1、user2 和匿名用户创建隔离用户模式的特定的目录结构，为方便测试效果，在各自的用户目录中分别建立"user1. txt""user2. txt"和"public. txt"文档。

(3)新建 FTP 站点，设置其站点的名称为"myFTP"、IP 地址为 192. 168. 1. 1、TCP 端口号为 21、主目录为 e:\ftp。

(4)定位到 FTP 站点的主目录"\ftp"的"属性"对话框，在"安全"选项卡中添加用户帐户并指派 NTFS 权限，以便用户使用帐户和密码从客户机访问 FTP 站点时具有一定的访问权限。

(5)在客户机使用命令行方式或浏览器分别用 user1、user2 和匿名用户登录 FTP 服务器，查看是否进入各自的目录，并测试能否进入其他目录。

3. 虚拟目录的实现。

(1)基于"myFTP"站点，新建名为"myWeb"的虚拟目录，并将目录路径指向"e:\web1"。

(2)以管理员 Administrator 身份登录客户机，安装 CuteFTP。

(3)使用 CuteFTP 访问 FTP 服务器的虚拟目录，上传、下载文件。

项目习作 8

一、选择题

1. FTP 服务实际上就是将各种类型的文件资源存放在(　　)服务器中，用户计算机上需要安装一个 FTP 客户机的程序，通过这个程序实现对文件资源的访问。

A. HTTP　　B. POP3　　C. SMTP　　D. FTP

2. 用户将文件从 FTP 服务器复制到自己计算机的过程，称为(　　)。

A. 上传　　B. 下载　　C. 共享　　D. 打印

3. 如果没有特殊声明，匿名 FTP 服务器的登录用户帐户为(　　)。

A. user　　B. 用户自己的电子邮件地址

C. anonymous　　D. guest

4. 以下关于FTP服务器的描述中，正确的是(　　)。

A. 授权访问用户可以上传和下载文件

B. FTP不允许双向传输数据

C. FTP服务对象包括授权访问和匿名访问

D. Windows Server 2008 FTP客户机不能访问Linux FTP服务器

5. 有一台系统为Windows Server 2008的FTP服务器，其IP地址为192.168.1.8，要让客户机能使用"ftp://192.168.1.8"地址访问站点的内容，需将站点端口配置为(　　)。

A. 80　　B. 21　　C. 8080　　D. 2121

6. 每个FTP站点均有主目录，在主目录中存放的是该站点所需要的文件夹和(　　)。

A. 文件　　B. 文档　　C. 连接　　D. 快捷方式

7. 下列关于FTP虚拟目录的描述正确的是(　　)。

A. 虚拟目录和主目录必须在同一分区上

B. 虚拟目录和主目录必须在同一计算机上

C. 虚拟目录的作用是扩展磁盘空间

D. 用户访问虚拟目录的方法是按格式"http://ftp服务器IP/虚拟目录名"输入地址

8. 用户在FTP客户机上可以使用(　　)下载FTP站点上的文件资源。

A. UNC路径　　B. 浏览器　　C. 网上邻居　　D. 网络驱动器

二、简答题

1. 简述FTP服务的主要功能及工作过程。

2. 简述隔离用户FTP站点的特征。

3. 若要禁止IP地址为192.168.1.0的计算机访问FTP站点，应如何设置?

项目09 网络整体安全部署综合案例

9.1 项目背景

电子邮件(简称 E-mail)是 Internet 上出现最早的服务之一,是人们利用计算机网络进行信息传递的一种简便、迅速、廉价的现代化通信方式,它不但可以传送文本,还可以传递图片、图像、声音等多媒体信息。此外,附加网络硬盘的邮箱存储,兼顾收发短信、彩信等服务功能的移动邮箱,让用户可以通过手机随时随地收发邮件信息。随着企业互联网应用的日益深入,企业邮件系统显得越来越重要。由于免费的邮件系统存在“垃圾邮件过多”“不能及时维护”“容易使企业重要信息泄露”等缺点,越来越多的企业纷纷建立自己的电子邮件系统。

迅达公司作为一家专业的电子商务公司,为了实现高效、安全的业务运作与快速市场响应,决定采用微软推出的 Exchange 产品部署自己的电子邮件服务系统。

9.2 项目知识准备

9.2.1 电子邮件系统的结构

电子邮件的系统组成和传输过程

电子邮件系统是一种能够书写、发送、接收和存储信件的电子通信系统。该系统由以下四个部分组成,如图 9-1 所示。

图 9-1　电子邮件系统的组成

1. 邮件用户代理 MUA(Mail User Agent)

MUA 是电子邮件系统的客户端程序,它提供了撰写、阅读、发送、接收邮件的用户接口。常用的 MUA 软件有 Outlook 2007/2010/2013/2016、Foxmail、Windows Live mail 等。

2. 邮件传输代理 MTA(Mail Transfer Agent)

MTA 运行在邮件服务器上，负责把邮件由一台计算机传送到另一台计算机。常用软件产品有 Exchange Server(支持移动设备)、Lotus Notes、Postfix、Winmail(国产)等。

3. 邮件递交代理 MDA(Mail Delivery Agent)

MDA 通常是挂在 MTA 下面的一个小程序，其主要功能是：分析由 MTA 所收到的信件表头或内容等数据，从而决定这封邮件的去向。MTA 把邮件投递到邮件接收者所在的邮件服务器，MDA 则负责把邮件按照接收者的用户名投递到邮箱中。此外，MDA 还可以有邮件过滤及其他相关的功能，如丢弃某些特定主题的广告或者垃圾邮件、自动回复邮件等。

4. 电子邮件协议

邮件系统里各种角色(例如 MUA、MTA)之间的通信，应符合有关标准与协议的规范，主要的邮件协议如下：

- SMTP(Simple Mail Transfer Protocol，简单邮件传送协议)：帮助每台计算机在发送或中转信件时找到下一个目的地。通常用于把电子邮件从客户机传输到服务器，或从某一台服务器传输到另一台服务器，默认使用的 TCP 端口为 25，使用 SSL 的端口号是 465 或 587。
- MIME(Multipurpose Internet Mail Extension，多用途的网际邮件扩展)：SMTP 传输的是用 ASCII 码表示的文本邮件，而该协议则允许传输由二进制数据表示的声音、图像、动画等信息。MIME 协议是 HTTP 协议的一部分。
- POP3(Post Office Protocol-Version 3，邮局协议第 3 版)和 POP3S：该协议规定怎样将个人计算机连接到 Internet 的邮件服务器、下载邮件或者删除保存在邮件服务器上的邮件。默认使用的 TCP 端口是 110。POP3S 是使用 SSL 加密的 POP3，默认使用的 TCP 端口是 995。
- IMAP4(Internet Message Access Protocol-Version 4，网际消息访问协议第 4 版)和 IMAP4S：是 POP 的替代品，它除了具备 POP 协议的基本功能以外，还具备对邮箱同步的支持，即提供了如何远程维护服务器上的邮件的功能，默认使用的 TCP 端口为 143。IMAP4S 是使用 SSL 加密的 IMAP4，默认使用的 TCP 端口是 993。

9.2.2　电子邮件的传递过程

用户要收发电子邮件，首先要在各自的 POP 服务器上注册一个 POP 信箱，获得 SMTP 和 POP 服务器的地址信息。假设两个服务器的域名分别为 163. com 和 sina. com，注册用户分别为 zhang3 和 li4，则 E-mail 地址分别为 zhang3@163. com 和 li4@sina. com。

下面以 zhang3@163. com 发给 li4@sina. com 的邮件为例，介绍 E-mail 服务的工作过程，如图 9-2 所示。传递邮件的具体步骤如下：

图 9-2　E-mail 服务的工作过程

①当 163. com 服务器上的用户 zhang3 向 li4@sina. com 发送 E-mail 时，zhang3 使用 MUA 编辑要发送的邮件，然后发送至 163. com 域(本地域)的 SMTP 服务器。

②163. com 的 SMTP 服务器收到邮件后，将邮件放入缓冲区，等待发送。

③163. com 的 SMTP 服务器每隔一段时间处理一次缓冲区中的邮件队列，若是自己负责域(本地域)的邮件，则根据自身的规则决定接收或者拒绝此邮件，否则 163. com 的 SMTP 服务器根据目的 E-mail 地址，使用 DNS 服务器的 MX(邮件交换器资源记录)查询解析目的域 sina. com 的 SMTP 服务器地址，并通过网络将邮件传送给目标域的 SMTP 服务器。

④sina. com 的 SMTP 服务器收到转发的 E-mail 后，根据邮件地址中的用户名判断用户的邮箱，并通过 MDA 将邮件投递到 li4 用户的邮箱中保存，等待用户登录来读取或下载。

⑤sina. com 的 li4 用户利用客户机的 MUA 软件登录 sina. com 的 POP 服务器，从其邮箱中下载并浏览 E-mail。

9.2.3 认识 Exchange Server 2007

1. Exchange 的发展

Exchange 是能将电子邮件、语音邮件、传真、即时通信、语音聊天、视频会议等多种消息沟通方式和载体实行统一协作管理(统一消息或统一通信)的大型综合服务平台。电子邮件是其中主要服务项目之一。由于其功能强大，与 Windows 操作系统兼容性好，许多企业选择使用 Exchange Server 建立自己的邮件系统。自 1996 年微软公司发布 Exchange Server 4.0 开始，Exchange 经历了多次功能扩展和版本升级，见表 9-1。

表 9-1　　Exchange 发展历史

Exchange Server 版本	推出时间
Exchange Server 4.0	1996 年 6 月 11 日
Exchange Server 5.0	1997 年 5 月 23 日
Exchange Server 2000	2000 年 11 月 29 日
Exchange Server 2003	2003 年 9 月 28 日
Exchange Server 2007	2007 年 3 月 8 日
Exchange Server 2010	2009 年 11 月 9 日
Exchange Server 2013	2012 年 12 月 3 日
Exchange Server 2016	2015 年 12 月 17 日

2. Exchange Server 2007 的功能

Exchange Server 2007 的推出，标志着 Exchange 跨入了一个崭新的时代，其主要特征和功能如下：

(1)支持统一消息(Unified Messaging，UM)

统一消息系统能够把通过电话网、移动网和互联网分享的各种类型的信息(如，语音、电子邮件、传真、短消息、即时消息等)整合到电子信箱，使用户可以随时随地使用各种终端(如，电话、传真机、PC 机、手机及 PDA 设备)收发邮件。Exchange Server 2007 统一消息系统将所有电子邮件、语音邮件和传真邮件放入一个 Exchange Server 2007 邮箱，Exchange Server 2007 用户可以通过任何电话、手机或计算机访问邮箱中的语音邮件、电子邮件、传真邮件、日历和联系人，如图 9-3 所示。

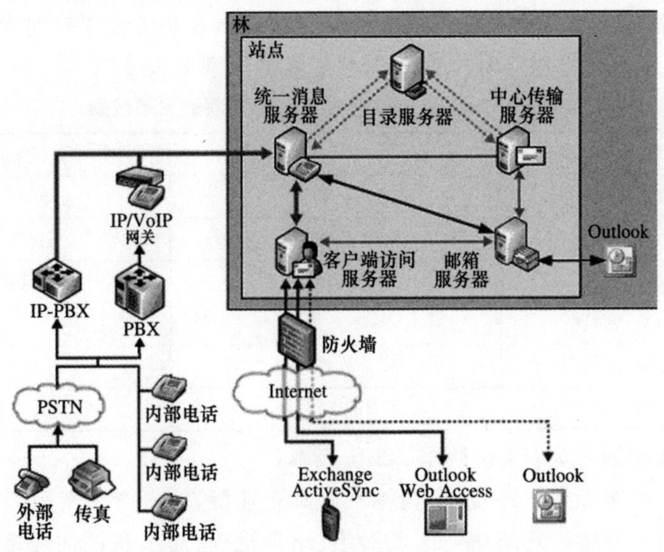

图 9-3　Exchange Server 2007 统一消息系统和服务器角色

(2)首次提供了一个模块化的基于角色的架构

为了便于对不同功能分类管理，提高服务器性能，Exchange Server 2007 引入了五种不同的服务器角色。这些服务器角色可以全部安装在一台物理服务器上，也可以分布在多台服务器上。

• 邮箱服务器：是驻留邮箱和公用文件夹的后端服务器，提供计算收件人的电子邮件地址策略和地址列表的服务，并强制使用托管文件夹，以及生成脱机通讯簿。

• 客户端访问服务器：通过驻留的多种客户端协议(如，POP3、IMP4、HTTPS、Outlook Anywhere)，接受各种不同客户端访问连接，提供更丰富的日历功能、资源管理以及脱机通讯簿下载。该服务器还驻留了 Web 服务。

• 统一消息服务器：负责将语音邮件、传真和电子邮件组合到一个收件箱中，使得用户可以通过电话和计算机访问该收件箱。

• 集线器传输服务器(又称中心传输服务器)：根据内部邮件路由策略，处理在 Exchange 组织内部(本地域)发送的所有邮件，并在内部网络提供防病毒和反垃圾邮件保护。

• 边缘传输服务器：根据外部邮件路由策略，处理从组织内部发送到 Internet 或从 Internet 到组织内部(远程邮件域)的所有邮件路由。该服务器通常作为独立服务器或基于外围域成员服务器部署在组织的外围网络(DMZ 区)中，并在外围网络为组织提供防病毒和反垃圾邮件保护。

(3)更加安全的防护体系

Exchange Server 2007 除了提供全面防病毒和反垃圾邮件保护之外，还提供了用户访问控制、信息加密与签名、数据备份与灾难恢复等一系列加强安全防护的措施。

(4)提供了命令行和图形两种管理、维护服务器的方式

3. Exchange Server 2007 的版本

• 按规模和功能划分为：标准版、企业版。

标准版的设计主要用于满足小型与中型企业的信息与协同作业的需求；并且同样能够针对特定的服务器角色与分公司的需求进行架构规划。企业版主要针对大型企业组织所设计，能够建立更多的存储群组与数据库。两种版本的区别见表 9-2。

表 9-2　　Exchange Server 2007 标准版与企业版的主要区别

特色	标准版	企业版
存储组数量限制	5 个	50 个
数据库数量支持	5 个	50 个
数据库最大限制	无限制	无限制
单一副本群集(SCC)	不支持	支持
本地连续复制(LCR)	支持	支持
群集连续复制(CCR)	不支持	支持

- 按处理器架构划分为：64 位版本、32 位版本。

64 位版本：用于实际生产环境，分为标准版和企业版，输入产品密钥以后成为正式版。

32 位版本：用于非生产环境(例如，实验室、培训机构、演示和评估环境)。只有标准版，不能输入产品密钥，有使用时间限制(120 天)，缺少 Microsoft Update 的反垃圾邮件自动更新功能。随着 64 位处理器的普及，微软声称 Exchange Server 2007 之后不再开发 32 位版。

4. Exchange Server 2007 的客户端访问软件

根据不同的生产环境，用户可选择不同的邮件客户端软件访问邮件服务器。常用的有：

- Office Outlook Web Access(OWA)：它是 Exchange 提供给客户端调用的访问邮件服务器的软件，而不是客户端自身安装的软件，客户端只要有浏览器就可调用该工具收发邮件，特别适合移动用户。其不足是不能把邮件下载到本地。
- Office Outlook 2007/2010/2013/2016：该软件功能较强，在公用文件夹、共享日历、投票选举、外出事务代理等方面都能发挥功效。其缺点是需要在客户端安装 Office 组件。

9.3 项目实施

任务 9-1　安装 Exchange Server 2007

1. 安装要求与先决条件

(1)硬件要求

Exchange Server 2007 对硬件的要求见表 9-3。

表 9-3　　Exchange Server 2007 硬件要求

组　件	要　求
处理器	基于 x64 体系结构的计算机，具有支持 Intel 64 位扩展内存技术(Intel EM 64T)的 Intel 处理器 支持 AMD 64 平台的 AMD 处理器 Intel Pentium 或兼容的 800 MHz 或更快的 32 位处理器(仅用于测试和培训，不支持在生产中运行)

续表

组　件	要　求
内　存	1 GB 或 512 MB 也可以进行安装，但限于实验环境。如果在公司级部署，一定要使用至少 2 GB 的内存。如果小于 2 GB，会导致服务器工作不稳定
页面文件	等于服务器中 RAM 总量再加 10 MB
磁盘空间	在安装 Exchange 的分区上至少具有 1.2 GB 的可用磁盘空间；安装的每个统一消息语言包，需要另外 500 MB 的可用磁盘空间；系统分区上具有 200 MB 的可用磁盘空间；在边缘传输服务器或集线器传输服务器上用于存储邮件队列数据库的分区上至少要有 500 MB 的可用空间；在实际工作中建议采用磁盘阵列 raid5 或 raid0＋1 的方式来部署
文件系统	NTFS 文件系统

(2)操作系统要求

Exchange Server 2007 支持的操作系统有：Windows XP SP3 及以上版本、Windows Server 2003 SP2 (32 位/64 位)、Windows Server 2003 R2(32 位/64 位)、Windows Server 2008(32 位/64 位)、Windows Server 2008 R2。

(3)先决条件

在部署 Exchange Server 2007 之前，不允许在系统中安装简单邮件传输协议(SMTP)服务或网络新闻传输协议(NNTP)服务，但要求安装如下相关组件：

- Microsoft.NET Framework 3.0
- Windows PowerShell
- Microsoft 管理控制台(MMC)3.0
- Internet 信息服务(IIS)7.0
- 远程管理工具："Active Directory 域控制器工具"和"用于 NIS 工具的服务器"

2. 在域环境下安装 Exchange Server 2007

安装环境如图 9-4 所示。

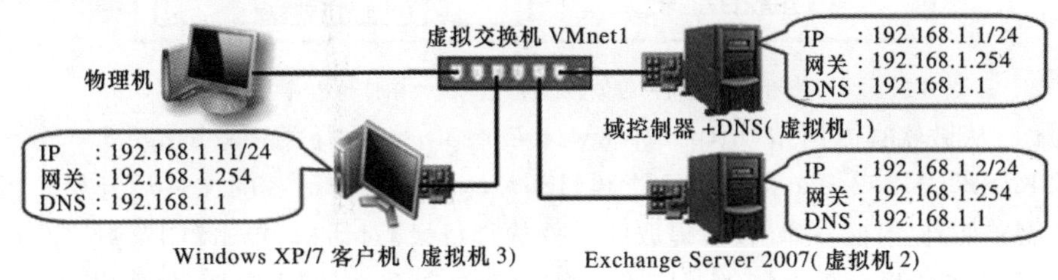

图 9-4　安装环境

要在域环境下才能安装 Exchange Server 2007，其安装步骤如下：

步骤 1：安装域控制器，并将邮件服务器加入到域使其成为域的成员服务器(详细步骤参见项目 3 中的任务 3-1 和任务 3-2)。

步骤 2：在邮件服务器的桌面上右击【计算机】图标→在弹出的快捷菜单中选择【管理】→在打开的【服务器管理器】窗口的左窗格中右击【功能】节点→在弹出的快捷菜单中选择【添加功能】→打开【选择功能】对话框，按照如图 9-5 所示的勾选项进行勾选→单击【下一步】按钮→打开【角色服务】对话框，按照如图 9-6 所示的勾选项进行勾选→两次单击【下一步】按钮→单击【安装】按钮，安装完成后单击【关闭】按钮并重启系统。

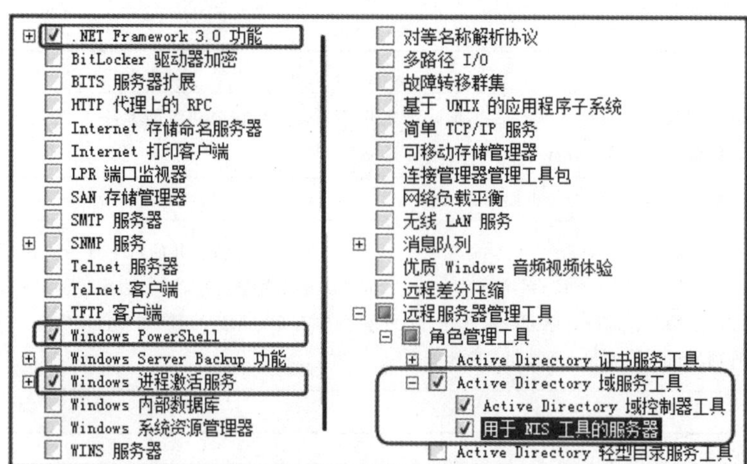

图 9-5 【功能】列表框中的先决条件勾选项

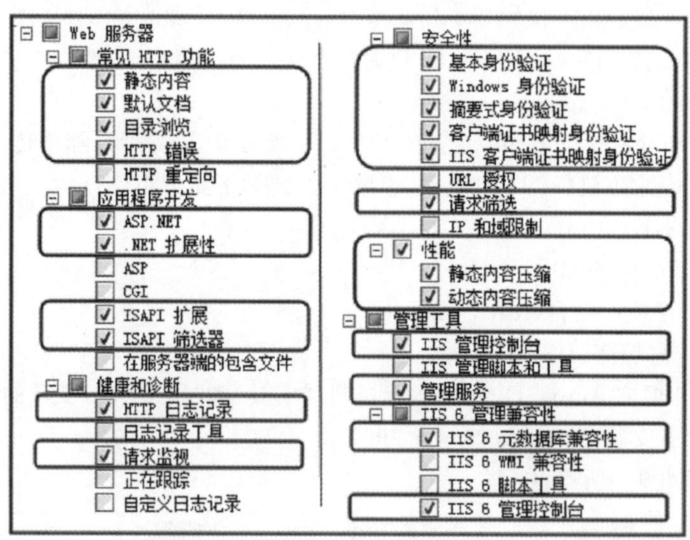

图 9-6 【角色服务】列表框中的先决条件勾选项

步骤 3:从微软官方网站(http://www.microsoft.com)下载 Exchange Server 2007 安装包(E2K7SP3CHS32.exe 或 E2K7SP3CHS64.exe)→双击下载的文件后开始解压,弹出【正在提取文件】提示框→弹出【为提取的文件选择目录】对话框,单击【浏览】按钮→选择解压后文件存放的位置→单击【确定】按钮→弹出【正在提取文件】提示框,提取完成后弹出【提取结束】对话框→单击【确定】按钮,如图 9-7 所示。

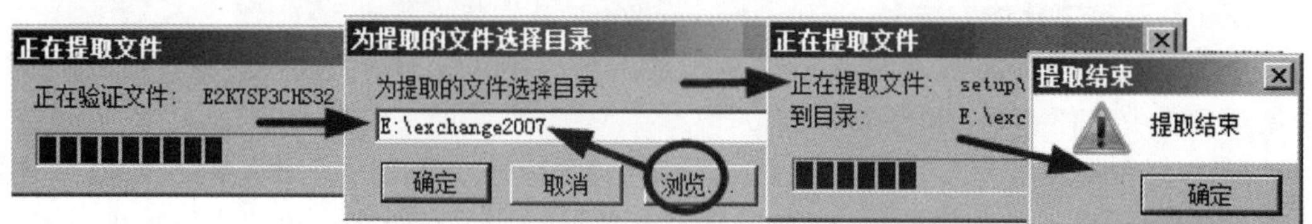

图 9-7 安装包解压过程

提示：若安装介质是光盘，插入光盘后会弹出安装向导；如果禁用了自动播放，那么通过运行其中的 setup.exe 来弹出安装向导。

步骤 4：进入提取目录→双击【setup.exe】安装文件→系统弹出【Microsoft Exchange Server 2007 安装程序正在初始化】提示框，稍后系统打开安装首页，可以看到前面先决条件安装的项目显示“已安装”→单击【步骤 5：安装 Microsoft Exchange Server 2007 SP3】，开始继续安装，如图 9-8 所示。

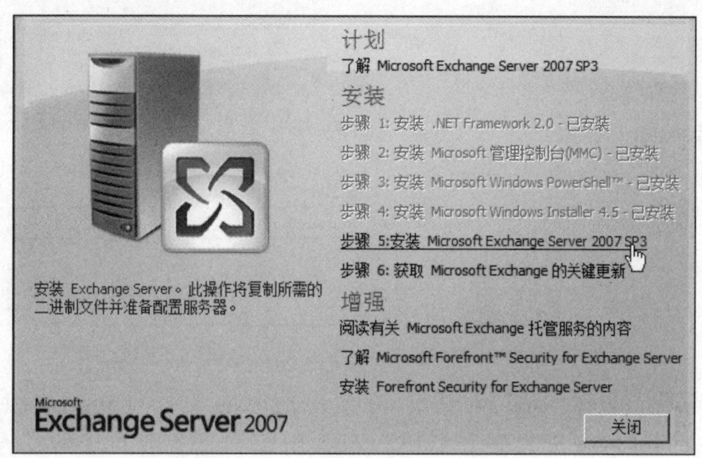

图 9-8　Microsoft Exchange Server 2007 SP3 安装首页

步骤 5：打开【简介】对话框，单击【下一步】按钮→打开【许可协议】对话框，选择【我接受许可协议中的条款】选项→单击【下一步】按钮，如图 9-9 所示。

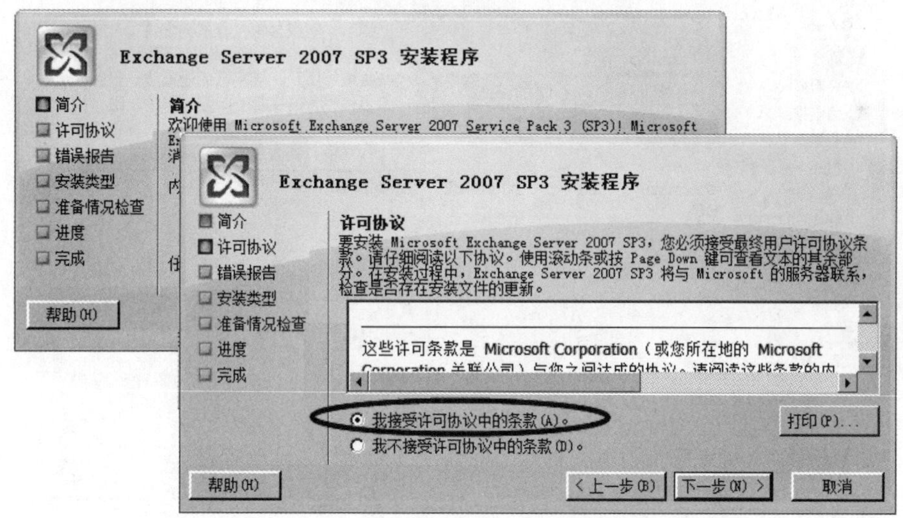

图 9-9　【简介】和【许可协议】对话框

步骤 6：打开【错误报告】对话框，若选择【是(推荐)】，在安装过程中若出现错误，则会在后台向微软发送错误报告；若不愿意向微软发送消息，则选择【否】→单击【下一步】按钮，打开【安装类型】对话框，系统提供了两种选择：典型安装和自定义安装，根据需要进行选择，并且可以通过【浏览】按钮选择 Exchange 的安装路径→单击【下一步】按钮，如图 9-10 所示。

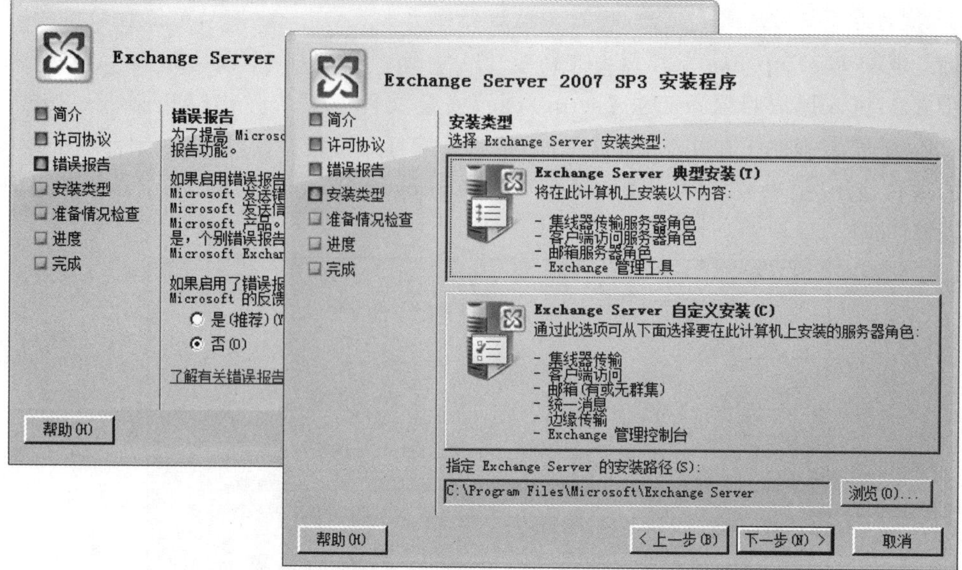

图 9-10 【错误报告】和【安装类型】对话框

步骤 7:打开【Exchange 组织】对话框,在文本框中输入 Exchange 组织的名称→单击【下一步】按钮→打开【客户端设置】对话框,根据组织中是否存在任何正在运行 Outlook 2003 以及更早版本或 Entourage 客户端计算机来选择【是】或【否】→单击【下一步】按钮,如图 9-11 所示。

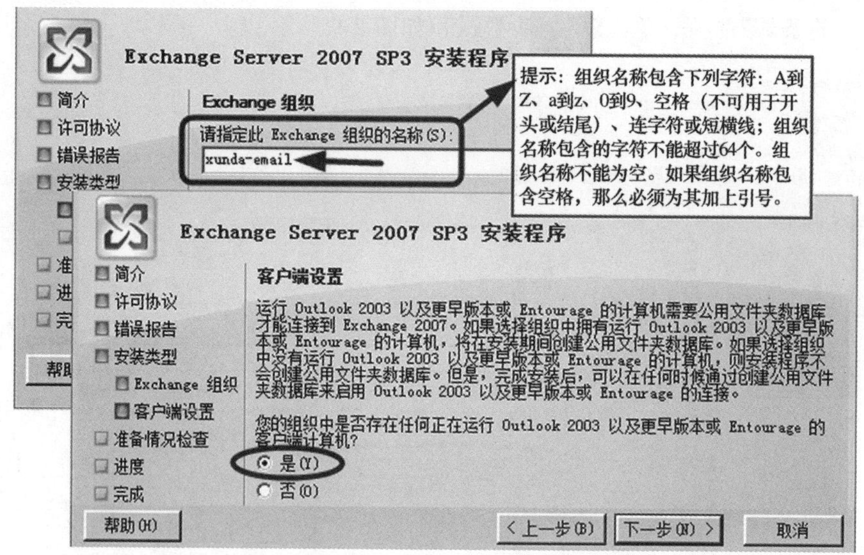

图 9-11 【Exchange 组织】和【客户端设置】对话框

步骤 8:打开【准备情况检查】对话框,安装向导对系统和服务器进行检查,以查看是否可以安装 Exchange Server 2007。若检查中有失败的结果,向导会给出具体的失败信息以及建议的操作,需要进行纠正后重新检查,若没有失败则单击【安装】按钮开始安装。若安装顺利,会在每个项目后显示“已完成”,完成安装后单击【完成】按钮,系统要求重启,单击【确定】按钮,如图 9-12 所示。

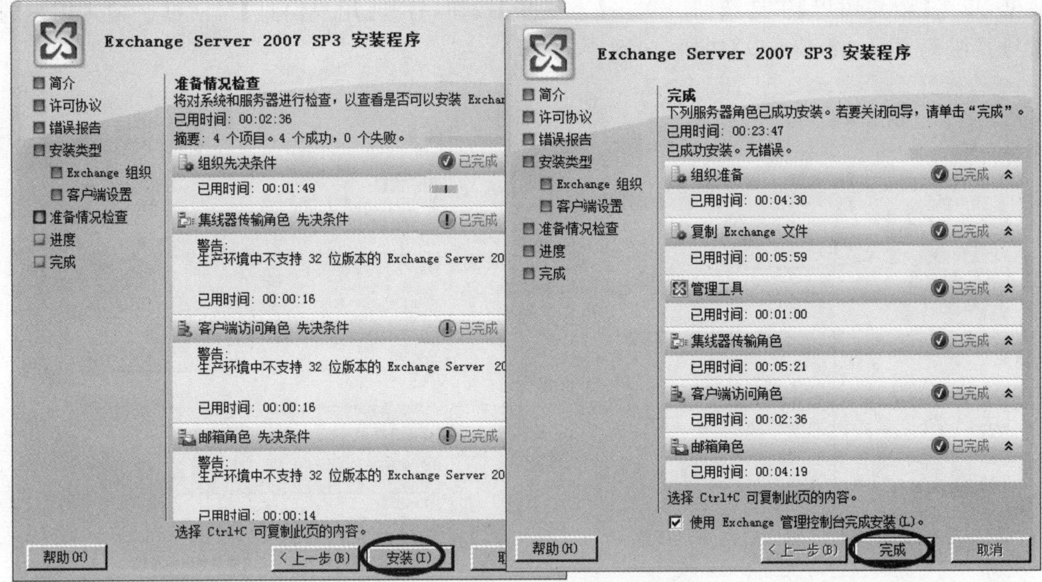

图 9-12　【准备情况检查】和【完成】对话框

任务 9-2　用户邮箱的创建与邮件的收发

1. 用户邮箱的创建

创建步骤如下：

步骤 1：在 Exchange 服务器桌面上依次单击【开始】→【所有程序】→【Microsoft Exchange Server 2007】→【Exchange 管理控制台】，打开【Exchange 管理控制台】窗口，如图 9-13 所示。

图 9-13　【Exchange 管理控制台】窗口

步骤 2：在左窗格中展开【收件人配置】→单击【邮箱】→在右窗格中单击【新建邮箱】→打开【新建邮箱】对话框，单击【用户邮箱】单选按钮→单击【下一步】按钮，打开【用户类型】对话框，单击【新建用户】单选按钮→单击【下一步】按钮，打开【用户信息】对话框→输入用户的帐号及密码→单击【下一步】按钮，如图 9-14 所示。

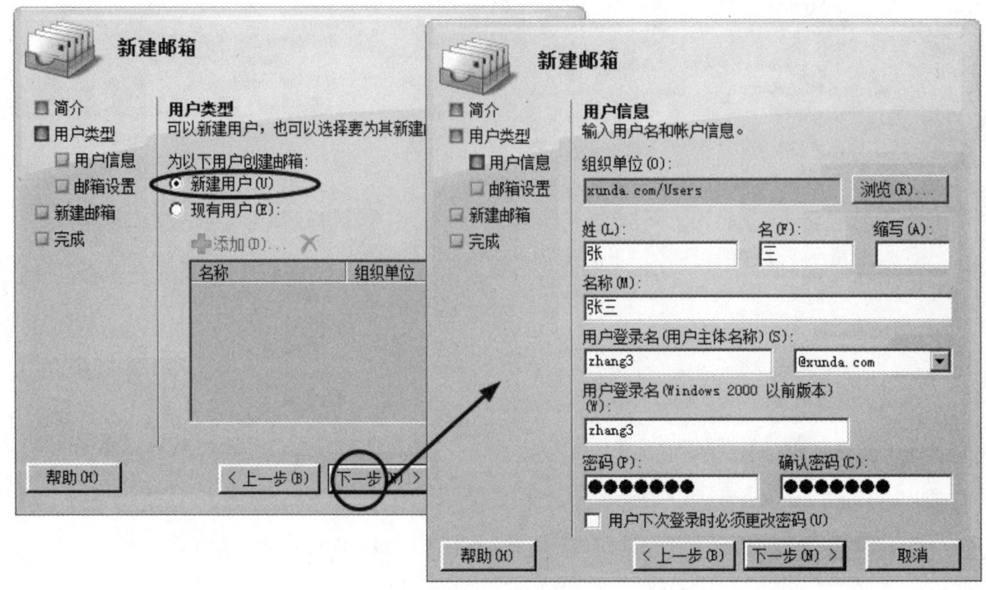

图 9-14 【用户类型】和【用户信息】对话框

步骤 3：打开【邮箱设置】对话框，单击【浏览】按钮→在弹出的【选择邮箱数据库】列表框中选择邮箱数据库（这里选择名称为“Mailbox Datebase”的系统自带的数据库）→单击【确定】按钮，返回【邮箱设置】对话框，单击【下一步】按钮，如图 9-15 所示。

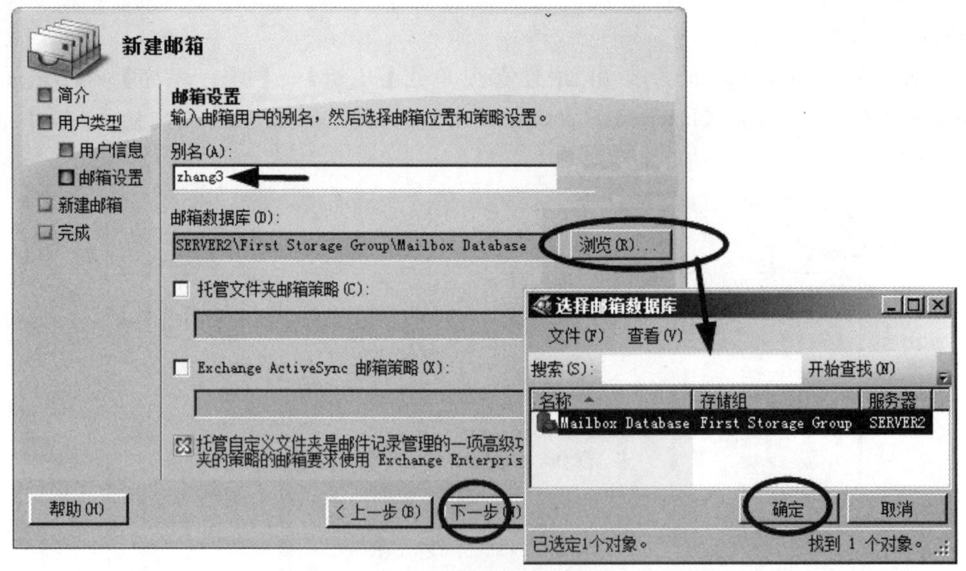

图 9-15 【邮箱设置】对话框

步骤 4：打开【新建邮箱】对话框，显示新建邮箱的配置信息，检查无误后单击【新建】按钮→系统开始创建邮箱，创建完毕后，弹出【完成】对话框，报告新建邮箱是否成功，并在其中显示使用命令行新建邮箱的命令→单击【完成】按钮，结束创建。如图 9-16 所示。

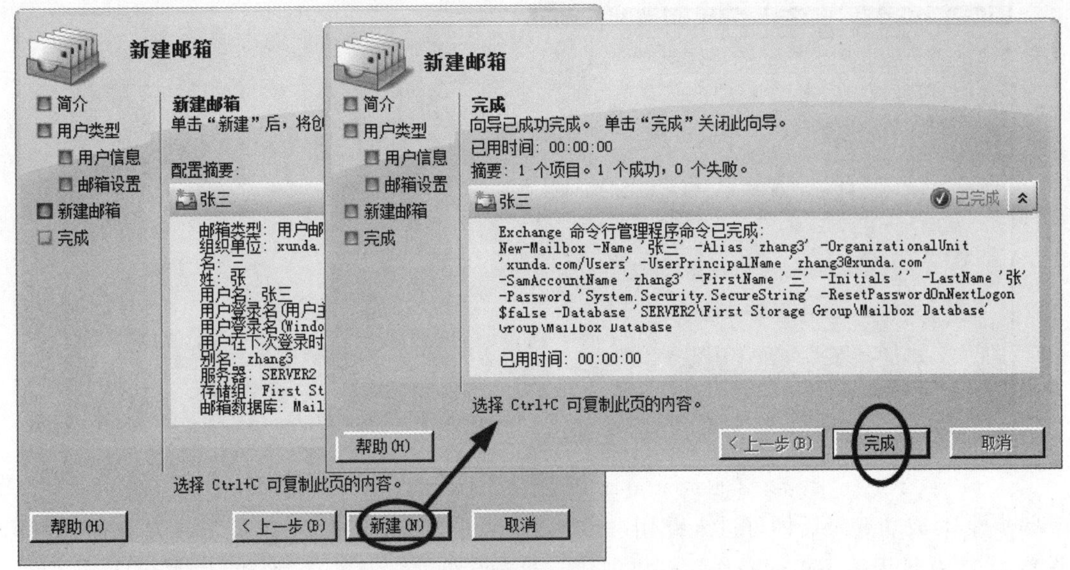

图 9-16　【新建邮箱】和【完成】对话框

2. 使用 OWA 发送和接收邮件

其步骤如下：

步骤 1：在客户端启动浏览器，在地址栏中按照“https://IP 地址或域名/owa 或 exchange”格式输入访问邮件服务器的地址→弹出【此网站的安全证书有问题】页面→单击【继续浏览此网络(不推荐)】链接→弹出【安全警报】对话框，勾选【以后不再显示该警告】单选项→单击【确定】按钮，如图 9-17 所示。

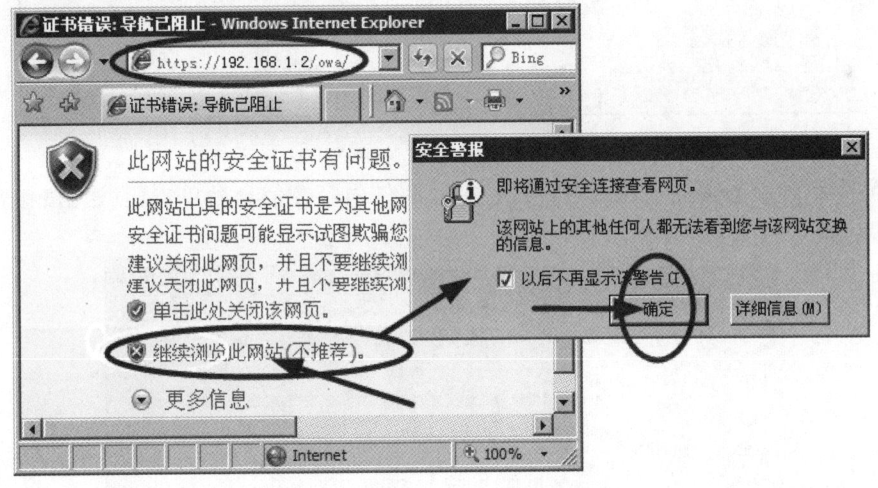

图 9-17　在客户端的浏览器地址栏中输入访问地址

提示：有关证书的知识及出现“证书错误”提示的解决办法将在项目 14 中介绍。

步骤 2：弹出【Office Outlook Web Access】登录页面，在【域名\用户名】和【密码】编辑框中输入相应的内容→单击【登录】按钮，若该用户是第一次登录则会弹出“语言、当前时区”选择页面，单击【确定】按钮，如图 9-18 所示。

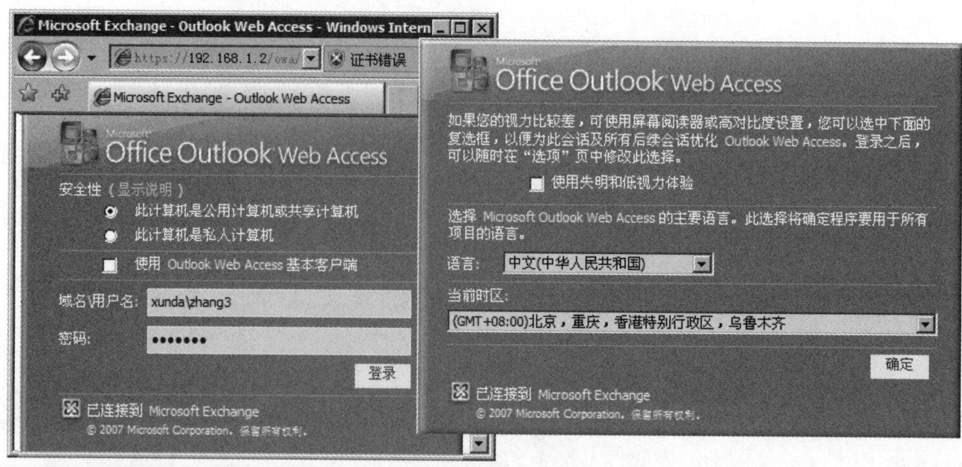

图 9-18　登录页面和语言、时区选择页面

步骤 3：成功登录后即可进入此用户专用的 Web 界面，在此，可以进行收发邮件、定制联系人、查看日历等一系列操作。若要创建一封新邮件，单击【新建】按钮，如图 9-19 所示。

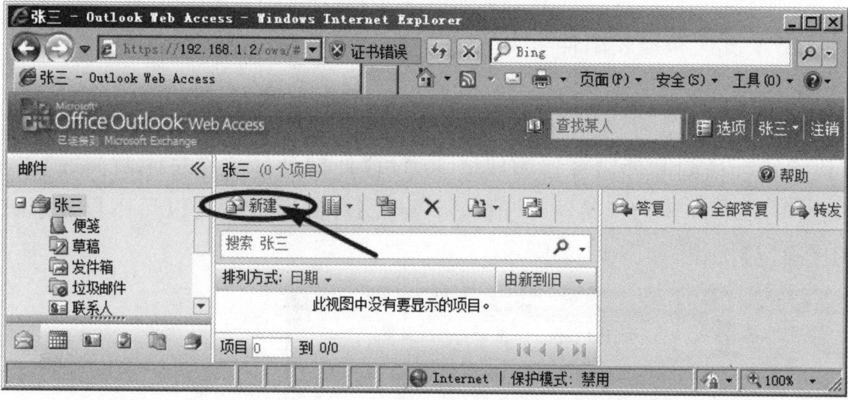

图 9-19　新建邮件

步骤 4：在弹出的页面中输入收件人、主题、邮件内容等信息后单击【发送】按钮，将邮件发送给设定的收件人，如图 9-20 所示。

图 9-20　zhang3 用户发邮件给 Administrator 用户

步骤 5：以上述收件人（如，Administrator）的身份登录邮箱，若收到邮件，则表明 Exchang Server 2007 安装成功，如图 9-21 所示。

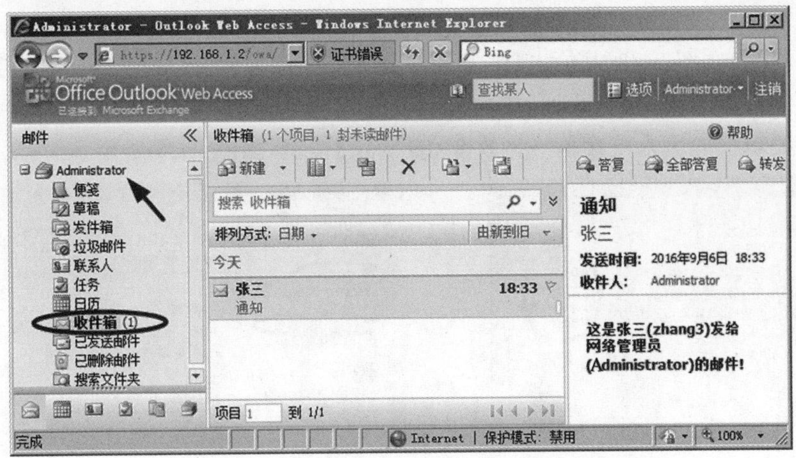

图 9-21　Administrator 用户登录后收到 zhang3 用户的信件

任务 9-3　邮箱存储配额和邮件大小限额的配置

用户邮箱的存储配额是指对该用户在邮件服务器中所有邮件占用的存储总容量进行限额。邮件的大小是指用户每次收发邮件的容量大小。通过设置邮件的大小，避免发送或接收过大的邮件，导致工作效率降低。

1. 为单个用户邮箱配置存储配额

其步骤如下：

步骤 1：在【Exchange 管理控制台】的左窗格中展开【收件人配置】节点→单击【邮箱】→在右窗格中右击用户(如“张三”)→在弹出的快捷菜单中选择【属性】，如图 9-22 所示。

步骤 2：打开【张三属性】对话框→单击【邮箱设置】选项卡→单击【存储配额】→单击【属性】，如图 9-23 所示。

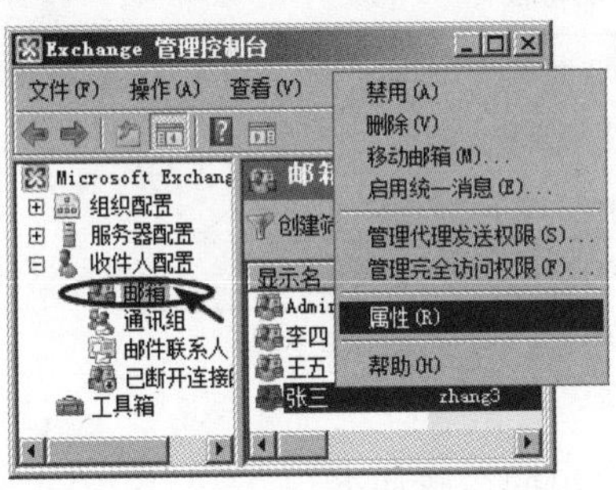

图 9-22　右击“张三”

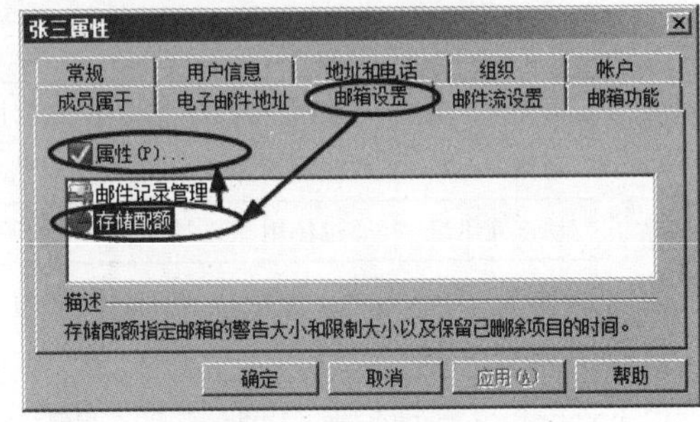

图 9-23　【张三属性】对话框

步骤 3：打开【存储配额】对话框，取消勾选【使用邮箱数据库默认设置】→依次勾选【达到该限度时发出警告(KB)】【达到该限度时禁止发送(KB)】【达到该限度时禁止发送和接收(KB)】，并分别在其后的编辑框内填入限额值→两次单击【确定】按钮，如图 9-24 所示。

提示：如果要对限额值相同的一批邮箱用户设置存储限额，可以在包含了这批用户的邮箱数据库中进行一次性配置，以提高设置的效率。

2. 设置单个用户收发邮件的大小

设置过程为：在图 9-23 中单击【邮箱流设置】选项卡→单击【邮件大小限制】→单击【属性】→打开【邮件大小限制】对话框，依次勾选发送和接收邮件的【最大邮件大小(KB)】并分别在其后的编辑框内填入限额值→两次单击【确定】按钮，如图 9-25 所示。

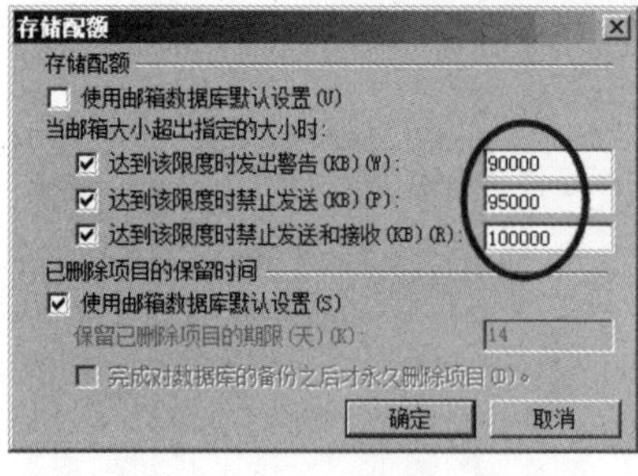

图 9-24 【存储配额】对话框

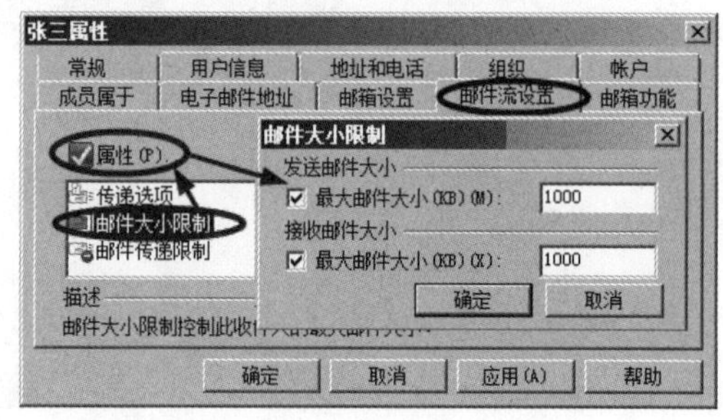

图 9-25 【邮件流设置】选项卡

提示：在 Exchange Server 2007 中不能一次性完成限制所有用户邮件大小的设置，只能针对单个用户或者单个通讯组进行设置。

任务 9-4 使用通讯组实现邮件的群发

邮件管理员可以为公司的不同部门分别建立一个通讯组，并且将用户加入到各自所属部门的通讯组中。当给一个已经启用邮件的通讯组发送邮件时，该通讯组的所有的成员用户都会收到相同的邮件。

Exchange 中的通讯组的类型包括：通用分发组、通用安全组、动态通讯组。各自的特征见表 9-4。

表 9-4　　Exchange 中通讯组的类型及特征

类　型	特　征
通用分发组	只能用于向用户集合群发邮件，无法用于分配权限
通用安全组	既能群发邮件，也能授予对 Active Directory 中的资源的访问权限
动态通讯组	通过使用筛选器设置相应的筛选条件自动生成成员的组

下面以通用分发组为例，介绍实现邮件群发的过程。

1. 创建通用分发组

使用 Exchange 管理控制台创建“技术支持部”通讯组的步骤如下：

步骤 1：在域控制器上进入【Active Directory 用户和计算机】窗口→在域(如，xunda.com)下面建立“技术支持部”组织单位。

步骤 2：进入【Exchange 管理控制台】→在左窗格中展开【收件人配置】→单击【通讯组】→在右窗格中单击【新建通讯组】，打开“新建通讯组”的【简介】对话框→单击【新组】单选按钮→单击【下一步】按钮，打开【组信息】对话框→选择组类型、组织单位→填写“名称、名称(Windows 2000 以前版本)、别名”等信息→单击【下一步】按钮，如图 9-26 所示。

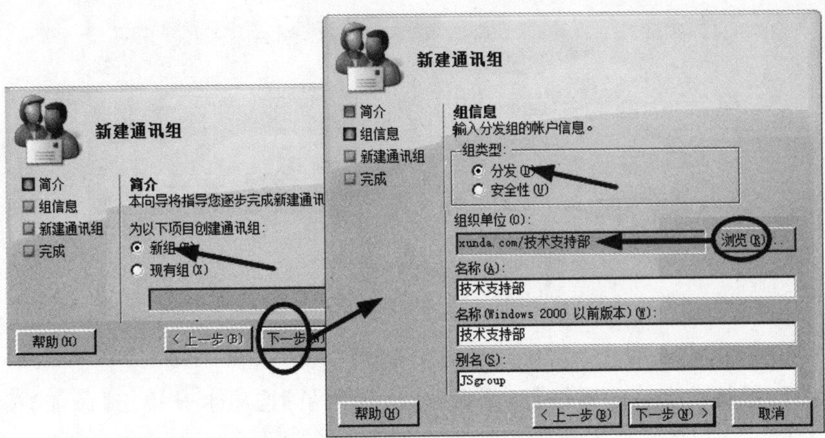

图 9-26　【简介】和【组信息】对话框

步骤 3：打开【新建通讯组】对话框，复查【配置摘要】中显示的配置信息。若想更改配置，单击【上一步】按钮。确认无误后，单击【新建】按钮。如图 9-27 所示。

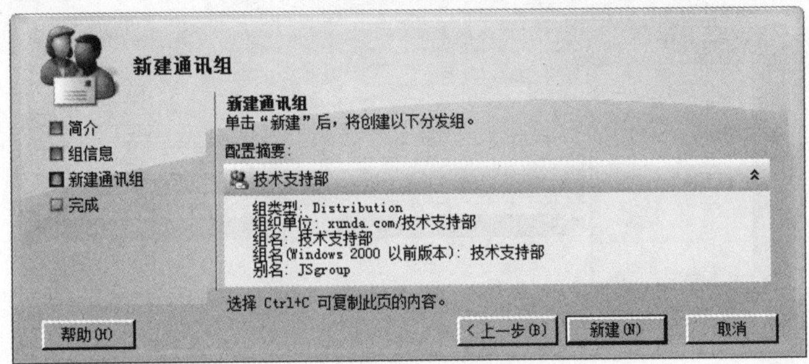

图 9-27　【新建通讯组】的配置摘要

步骤 4：打开【完成】对话框，显示是否已经成功创建通讯组及用于创建通讯组的 Exchange 命令行管理程序命令，单击【完成】按钮，如图 9-28 所示。

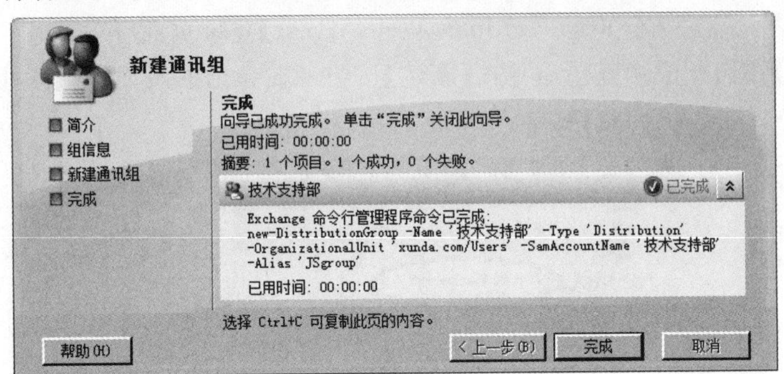

图 9-28　新建通讯组的【完成】对话框

2. 向"技术支持部"通讯组内添加成员

添加步骤为：

步骤 1：在【Exchange 管理控制台】的左窗格中，展开【收件人配置】节点→单击【通讯组】→在右窗格中右击新建的"技术支持部"通讯组→在弹出的快捷菜单中选择【属性】，如图 9-29 所示。

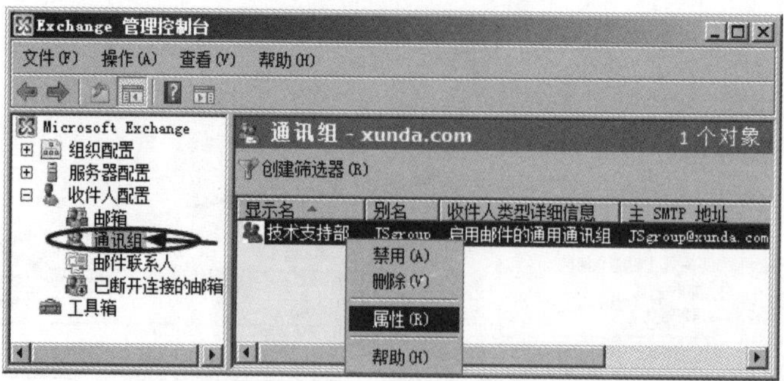

图 9-29 右击“技术支持部”

步骤 2：打开【技术支持部属性】对话框→单击【成员】选项卡→单击【添加】按钮→打开【选择收件人】对话框，在收件人列表框内单击收件人（若要同时选择多个则按住【Ctrl】键）→两次单击【确定】按钮，如图 9-30 所示。

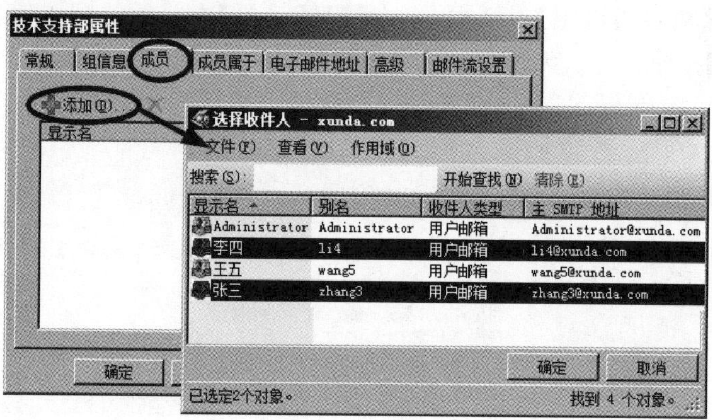

图 9-30 【技术支持部属性】对话框

3. 向通讯组发送邮件

其步骤如下：

步骤 1：在客户端进入【Office Outlook Web Access】登录页面→输入用户“wang5”的信息→单击【登录】按钮→成功登录后单击【新建】按钮→在弹出的页面中输入收件人、主题、邮件内容等信息→单击【发送】按钮，如图 9-31 所示。

图 9-31 填写并群发邮件

步骤 2：以通讯组中的成员身份分别登录邮箱，可以看到接收了相同的邮件。

任务 9-5　使用 Outlook 2007 收发邮件

虽然客户端用户通过浏览器调用 Office Outlook Web Access 能实现邮件的收发，但该方法只适用于访问由 Exchange 搭建的邮件服务器，不能访问由其他软件部署的邮件服务器。Outlook 2007 是一种能访问所有邮件服务器类型的通用客户端邮件收发软件。

为了实现 Outlook 2007 与 Exchange 邮件服务器的正确连接和邮件收发，必须在服务器和客户端双方进行相互匹配的设置。

1. 在服务器开启 POP3 服务和匿名访问功能

Outlook 2007 采用 POP3/SMTP 和 IMAP/SMTP 两种模式收发邮件，但是，Windows Server 中默认未启动 POP3 和 IMAP 服务，并且 Exchange 服务器的默认登录方式是需要证书支持的安全 TLS 连接，为此，需要做相应的调整和配置。其步骤如下：

步骤 1：在安装 Exchange 的服务器桌面上依次单击【开始】→【管理工具】→【服务】→打开【服务】窗口，调整垂直滚动条找到并右击【Microsoft Exchange POP3】服务项→在弹出的快捷菜单中单击【属性】菜单项，如图 9-32 所示。

步骤 2：打开【Microsoft Exchange POP3 的属性(本地计算机)】对话框→在“启动类型”下拉列表框内选择【自动】→单击【启动】按钮→启动完成后，单击【确定】按钮，如图 9-33 所示。

图 9-32　【服务】窗口

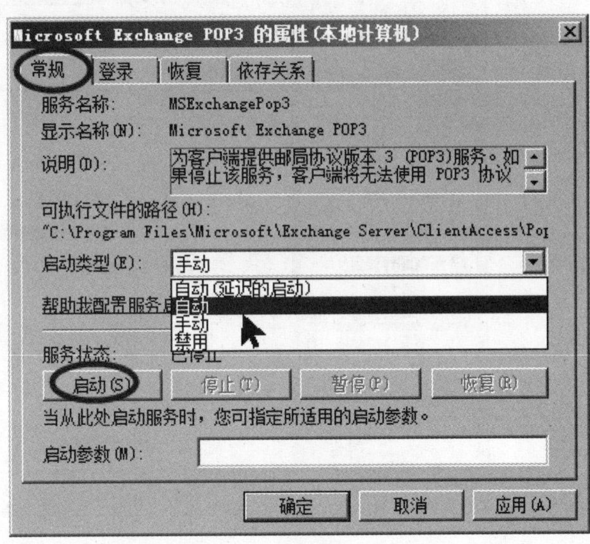

图 9-33　【Microsoft Exchange POP3 的属性(本地计算机)】对话框

步骤 3：进入【Exchange 管理控制台】→展开【服务器配置】→单击【集线器传输】，在“接收连接器”列表框内右击【Default SERVER2】→在弹出的快捷菜单中选择【属性】，如图 9-34 所示。

步骤 4：打开【Default SERVER2 属性】对话框，单击【权限组】选项卡→增添勾选【匿名用户】选项→单击【确定】按钮，如图 9-35 所示。

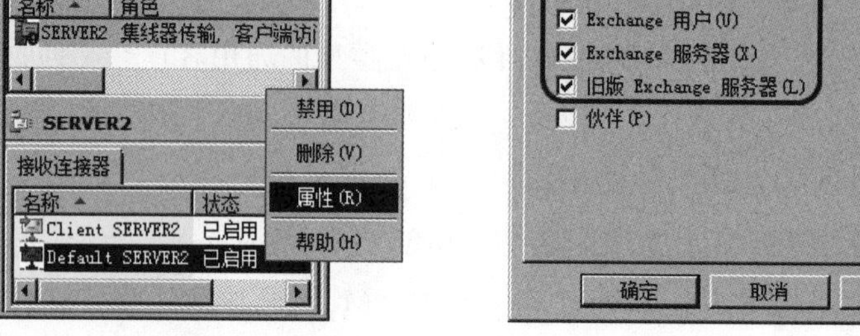

图 9-34　右击“Default SERVER2”

图 9-35　【权限组】选项卡

2. 在客户端建立电子邮件帐户

在客户端使用 Outlook 2007 建立电子邮件帐户的步骤如下：

步骤 1：依次单击【开始】→【所有程序】→【Microsoft Office】→【Microsoft Office Outlook 2007】→在打开的 Outlook 2007 主窗口中依次单击【工具】→【帐户设置】菜单项，如图 9-36 所示。

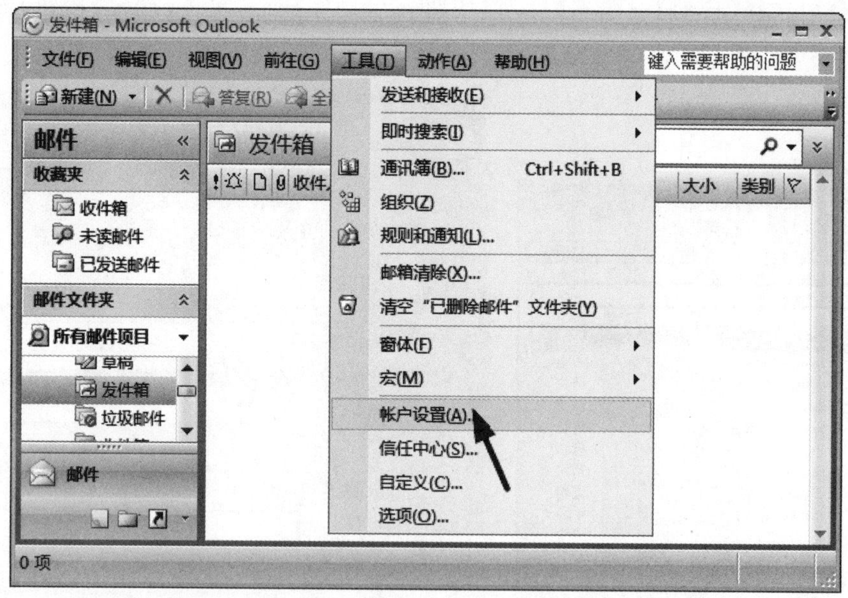

图 9-36　Outlook 2007 主窗口

提示：第一次运行 Outlook 2007 时会弹出创建电子帐户的启动向导。

步骤 2：在打开的【电子邮件帐户】对话框上单击【电子邮件】选项卡→单击【新建】按钮，如图 9-37 所示。

步骤 3：打开【选择电子邮件服务】对话框，选择【Microsoft Exchange、POP3、IMAP 或

HTTP】单选项→单击【下一步】按钮，如图 9-38 所示。

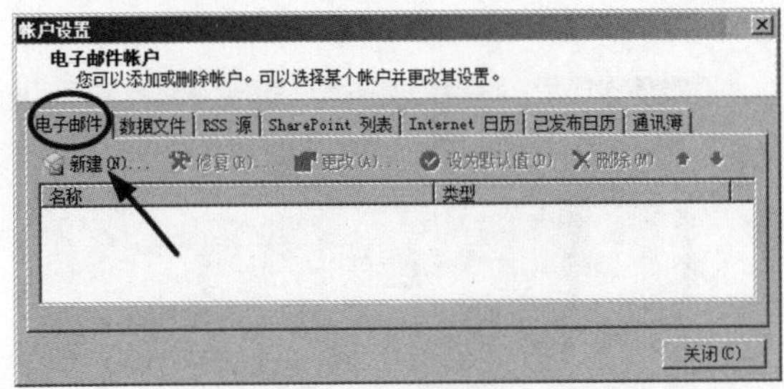

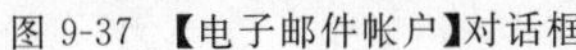

图 9-37　【电子邮件帐户】对话框

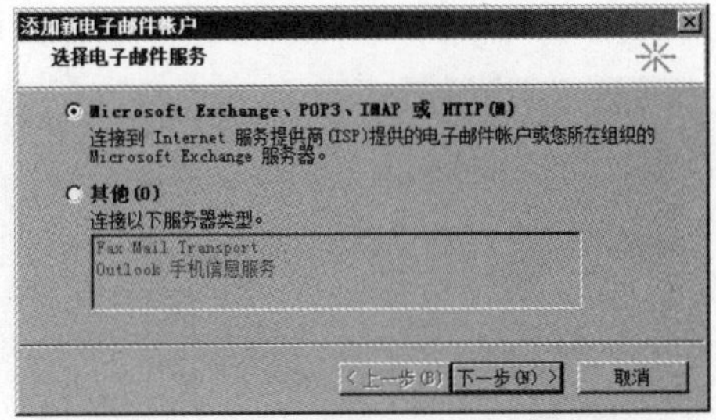

图 9-38　【选择电子邮件服务】对话框

步骤 4：在打开的【自动帐户设置】对话框中勾选【手动配置服务器设置或其他服务器类型】→单击【下一步】按钮，如图 9-39 所示。

步骤 5：打开【选择电子邮件服务】对话框，选择【Internet 电子邮件】单选项→单击【下一步】按钮，如图 9-40 所示。

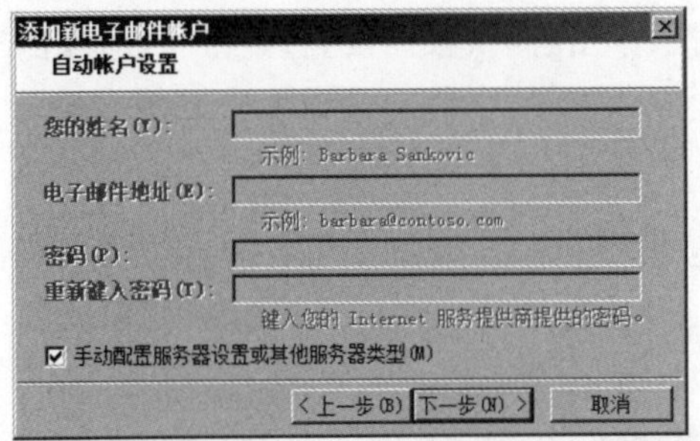

图 9-39　【自动帐户设置】对话框

图 9-40　选择【Internet 电子邮件】单选项

步骤 6：打开【Internet 电子邮件设置】对话框，填写用户、服务器和登录等信息→填写完毕后单击【其他设置】按钮，如图 9-41 所示。

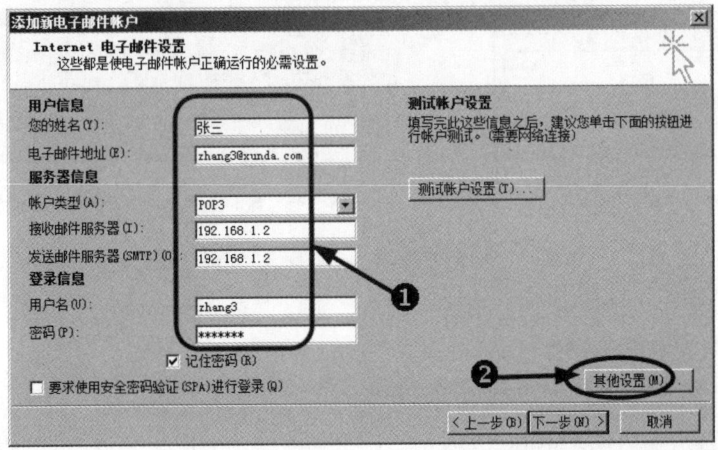

图 9-41　【Internet 电子邮件设置】对话框

步骤 7：打开【Internet 电子邮件设置】对话框，单击【发送服务器】选项卡→勾选【我的发送服务器(SMTP)要求验证】，如图 9-42 所示。

步骤 8：单击【高级】选项卡→勾选【此服务器要求加密连接(SSL)】单选项→填入相应的端口号→勾选【在服务器上保留邮件的副本】→单击【确定】按钮，如图 9-43 所示。

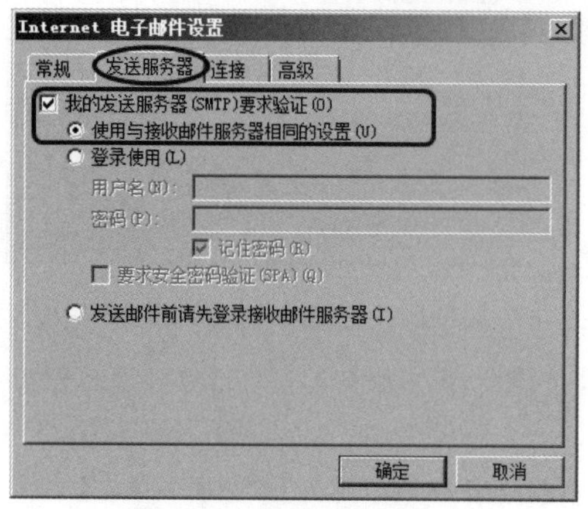

图 9-42 【发送服务器】选项卡

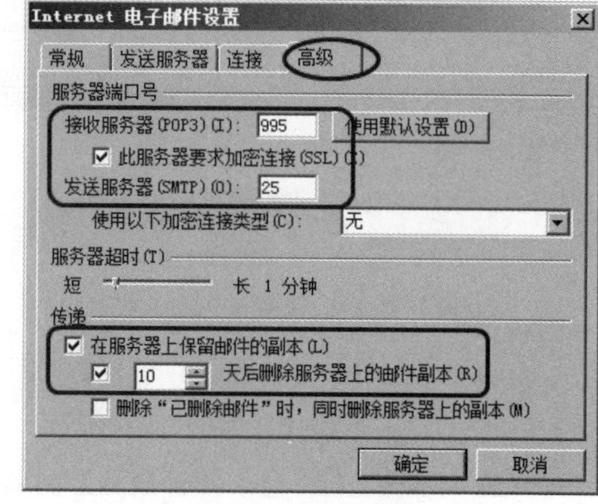

图 9-43 【高级】选项卡

步骤 9：系统返回【Internet 电子邮件设置】对话框，单击【测试帐户设置】按钮→打开【测试帐户设置】对话框，系统开始测试，若测试任务的状态均显示"已完成"，则表明设置正确→单击【关闭】按钮，如图 9-44 所示。

步骤 10：系统返回【Internet 电子邮件设置】对话框，单击【下一步】按钮，在弹出【祝贺您！】对话框中单击【完成】按钮，系统返回【电子邮件帐户】对话框，在此，可以看到新建的邮件帐户。重复步骤 2～步骤 9 可建立多个邮件帐户，如图 9-45 所示。

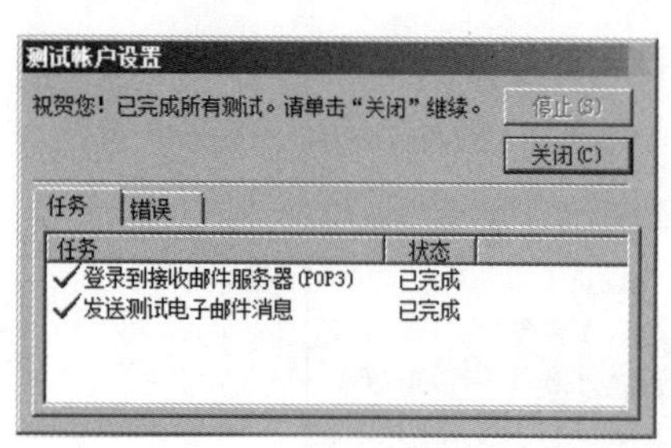

图 9-44 【测试帐户设置】对话框

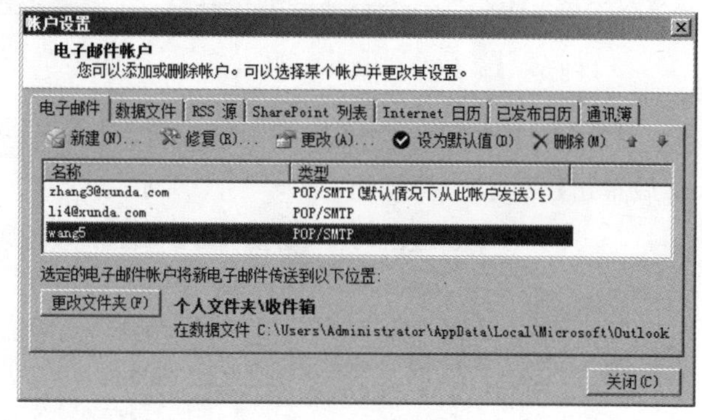

图 9-45 帐户建立完成后的【电子邮件帐户】对话框

提示：以上在客户端创建的邮件帐户必须事先在邮件服务器中注册了同名的用户邮箱。

3. 在客户端收发电子邮件

在客户端收发电子邮件的步骤如下：

步骤 1：在客户端启动 Outlook 2007→在打开的 Outlook 2007 主窗口中单击【新建】按钮→在打开的窗口中单击【帐户】下拉按钮选择发件人→输入收件人的邮箱地址、主题和邮件内容→单击【发送】按钮，如图 9-46 所示。

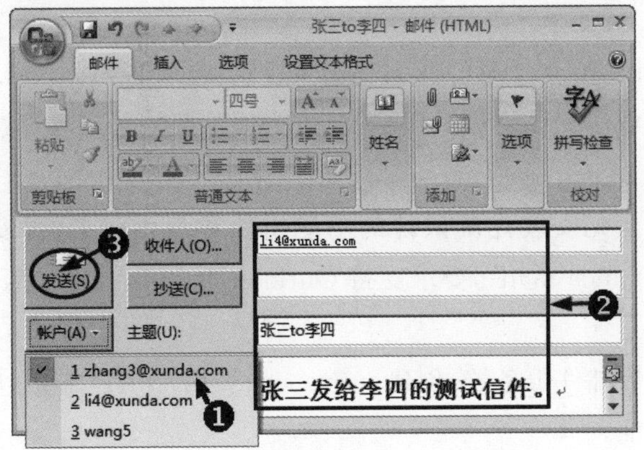

图 9-46　选择发件人、填写并发送邮件

步骤 2：在 Outlook 2007 主窗口上点击【发送/接收】图标，若成功接收，则说明邮件服务系统运行正常，如图 9-47 所示。

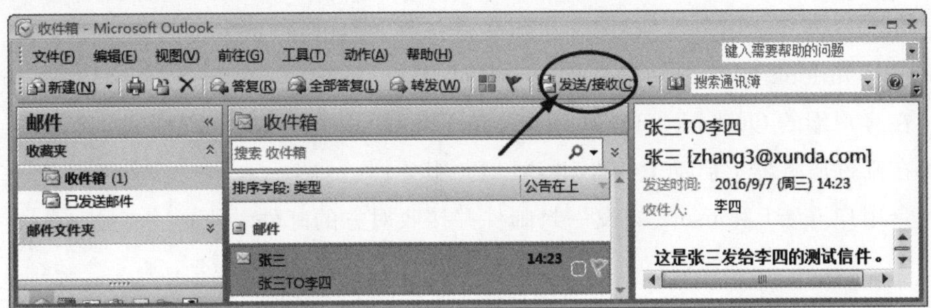

图 9-47　成功收到邮件

项目实训 9　Exchange邮件系统的配置与管理

【实训目的】

会使用 Exchange Server 2007 搭建和配置邮件服务器；能使用浏览器和 Outlook 客户端软件实现电子邮件的收发。

【实训环境】

每人 1 台 Windows XP/7 物理机，2 台 Windows Server 2008 虚拟机，1 台 Windows XP/7 虚拟机，Exchange Server 2007 安装包，虚拟机网卡连接至虚拟交换机 VMnet1。

【实训拓扑】

实训示意图如图 9-48 所示。

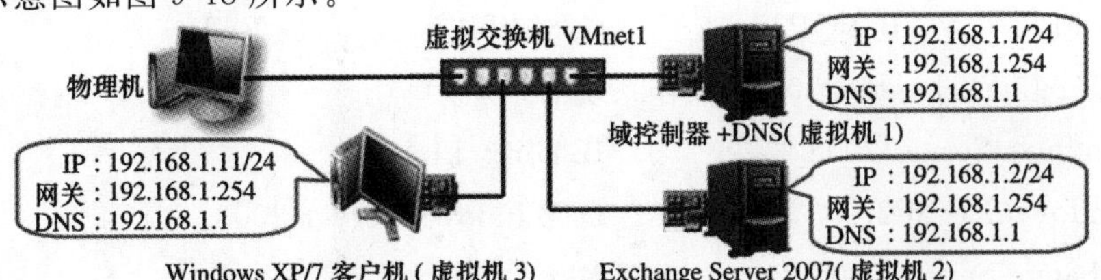

图 9-48　实训示意图

【实训内容】

1. 以管理员 Administrator 身份分别登录域控制器(域名为 xunda. com)和独立服务器，将独立服务器加入到域使其成为成员服务器，重启成员服务器后，以域管理员身份登录成员服务器。

2. 在成员服务器上先安装先决条件的功能组件和角色服务，再安装 Exchange Server 2007，组织名称设为“xunda-mail”，要求支持 Outlook 2003 以及更早版本或 Entourage 的客户端计算机。

3. 安装完成后重启邮件服务器，创建 user1、user2 两个用户邮箱，然后在客户端使用浏览器进行邮件收发验证。

4. 将 user1 用户的邮箱限制为 10 GB，将 user2 用户的邮件大小限制为 20 MB。

5. 在域控制器上建立名为“客户部”的组织单位，将 user1 和 user2 移至“客户部”组织单位。在邮件服务器上建立名为“khb”的分发通讯组，将 user1 和 user2 加入通讯组，使用浏览器由 Administrator 用户给“khb”通讯组发送邮件，验证邮件群发的效果。

6. 使用 Outlook 2007 客户端软件收发邮件

(1)在客户端的 Outlook 2007 中添加 user1 和 user2 用户邮件帐号；

(2)在邮件服务器上启动 POP3 和 IMAP4 服务；

(3)令用户 user1 和 user2 互发一封邮件并接收对方的邮件。

项目习作 9

一、选择题

1. 要在 Internet 上收发电子邮件，用户必须有一个 E-mail 地址，该地址可以由 ISP 提供，也可以在网上向电子邮件服务提供商申请，下列电子邮件地址正确的格式为(　　)。

A. 用户名@电子邮件服务器域名　　B. 用户名#电子邮件服务器域名

C. 用户名$电子邮件服务器域名　　D. 用户名*电子邮件服务器域名

2. 电子邮件系统由邮件用户代理 MUA 和邮件传输代理 MTA 两部分组成，以下程序中属于邮件传输代理的是(　　)。

A. Foxmail　　B. Exchange

C. Outlook 2007　　D. Postfix

3. (　　)协议用于发送电子邮件。

A. HTTP　　B. POP3　　C. SMTP　　D. FTP

4. 可以安装 Exchange 2007 的操作系统有(　　)。

A. Windows Server 2008　　B. Unix/Linux

C. Windows XP SP2　　D. Windows Server 2003

5. Exchange Server 2007 有(　　)版本。

A. 稳定版　　B. 开发版　　C. 标准版　　D. 企业版

6. 关于 Exchange Server 中的通讯组，说法正确的是（　　）。

A. 便于对通讯组中的所有成员实施统一的管理

B. 当通讯组作为收件人时，不可以发给所有组内的收件人

C. 通讯组中的成员不能单独设置

D. 通讯组成员不能有自己的电子邮件地址

7. 在 Exchange Server 2007 中，可以使用（　　）来创建 Exchange 收件人。

A. Exchange 系统管理器　　B. AD 用户和计算机

C. 计算机管理　　D. Exchange 管理控制台

8. 在 Windows 系统上常用的客户端的收发电子邮件的软件有（　　）。

A. Outlook Express　　B. 国产软件“飞狐信使”Foxmail

C. Outlook 2007/2010/2013　　D. OWA

二、简答题

1. 简述电子邮件系统的组成。

2. 简述电子邮件传递邮件的过程。

3. 在 Internet 上传输电子邮件是通过哪些协议完成的？

4. 在安装 Exchange Server 2007 前，需要安装哪些组件？

项目10 Media流媒体服务器的架设

10.1 项目描述

随着网络带宽的不断增加以及“三网合一”(电信网、计算机网和有线电视网)的全面推进,人们在互联网上对视频、音频和动画等流媒体的需求日益增加,和文字、图片相比,流媒体的内容更加丰富直观。通过互联网发布实况转播和点播数字内容,已成为企业从事电子商务活动的重要内容和获得市场商机的重要手段。

作为专门从事电子商务业务的迅达公司,搭建流媒体服务平台,已成为该公司不可或缺的建设项目。

10.2 项目知识准备

10.2.1 什么是流媒体

流媒体就是应用流技术在网络上传输的多媒体文件,而流技术就是把连续的影像和声音信息经过压缩处理后放到网站服务器上,用户可一边下载一边观看、收听,而不需要等到整个压缩文件下载后才可以观看的网络传输技术。该技术先在客户端的计算机上建立一个缓冲区,播放前预先下载一段资料作为缓冲,当网络实际连线速度小于播放所耗用资料的速度时,播放程序就会取用这一小段缓冲区内的资料,避免播放的中断,也使得播放品质得以保证。由此看来,流媒体实际指的是一种新的媒体传送方式,而不是一种新的媒体。通过网络播放流媒体时,文件本身不会在本地磁盘中存储,这样就节省了大量的磁盘空间。

作为新一代互联网应用的标志,流媒体技术广泛应用于在线直播、视频点播、语音聊天、视频监控、远程教育、网络广告、远程医疗、交互式网络电视(IPTV)、视频会议等诸多方面,对人们的学习、工作和生活都将产生深远的影响。

10.2.2 流媒体传输协议

流媒体的不同种类是建立在各种传输协议上的,专门用来传输流媒体的协议主要有以下几种:

1. RTP(Real-time Transport Protocol,实时传输协议)与RTCP(Real-time Transport Control Protocol,实时传输控制协议)

RTP和RTCP是Internet上基于一对一或一对多的两个传输协议。RTP协议提供实时数据(如交互式的音频和视频)的端到端传输服务。当程序开始一个RTP会话时将使用两个端口:一个给RTP,一个给RTCP。RTP本身并不能为按序传输数据包提供可靠的保证,也不提供流量控制和拥塞控制,这些都由RTCP来负责完成。RTCP包中含有已发送的数据包的数量、丢失的数据包的数量等统计资料,服务器可以利用这些信息动态地改变传输速率,甚至改变有效载荷类型。RTP和RTCP配合使用能以有效的反馈和最小的开销使传输效率最佳化。

2. RTSP(Real Time Streaming Protocol,实时流媒体协议)

RTSP是一个应用层协议,它定义了一对多应用程序如何有效地通过网络传送多媒体数据。RTSP在体系结构上位于RTP和RTCP之上,它本身并不传输数据,而是控制传输,如:提供播放、暂停、快进等操作。

3. RSVP(Resource Reserve Protocol,资源预订协议)

由于音频和视频数据流比传统数据对网络的延时更敏感,所以要在网络中传输高质量的音频、视频信息,除带宽要求之外,还需满足其他更多的条件。RSVP是正在开发的IP网上的资源预订协议,使用RSVP预留一部分网络资源(即带宽),能在一定程度上为流媒体的传输提供QoS(Quality of Service)。

4. MMS(Microsoft Media Server protocol,微软媒体服务器协议)

MMS是由微软公司制定的一种流媒体传输协议。该协议用来访问、流式接收Windows Media服务器中的流文件,是连接Windows Media单播服务的默认方法。

10.2.3 流媒体的发布方式

1. 流媒体的播放方式

根据客户端与媒体服务器之间谁发起连接,流媒体的播放方式有:点播和广播。

- 点播:点播连接时,客户端主动发起与服务器连接,允许用户控制媒体流的播放。比如:用户能够对媒体进行开始、停止、后退、快进和暂停等操作。点播连接提供了对流的最大控制,但是由于客户端各自连接服务器,所以对服务器负荷和网络带宽的需求都比较大。
- 广播:指的是用户被动接收流。在广播过程中,客户端只能被动接收,不具备交互性,因而不能控制流。例如,用户不能进行暂停、快进和后退等操作。广播方式中数据包的一个单独拷贝将发送给网络上的所有用户。

2. 流媒体的传输方式

流媒体数据在服务器和网络上的传输方式有:单播、广播和组播。

- 单播:单播发送时,客户端与服务器之间要建立一条单独的数据通道,即为每个连接请求建立一个享有独立带宽的点对点连接。从一台服务器送出的每个数据包只能传送给一个客户机,用户必须分别对媒体服务器发送单独的查询,而媒体服务器必须向每个用户发送所申请的数据包拷贝。这种巨大冗余会造成服务器和网络带宽的沉重负担,响应时间很长,甚至出现停止播放的情况,管理人员也被迫购买硬件和带宽来保证一定的服务质量。单播传输可以用在点播播放方式和广播播放方式上。

• 广播:网络对其中每一台服务器发出的信号都进行无条件复制并转发,所有客户机都可以被动接收到所有信息(不管你是否需要)。有线电视网就是典型的广播型网络,电视机实际上是接收到了所有频道的信号,但只将一个频道的信号还原成画面。在数据网络中也允许广播的存在,但其被限制在二层交换机的局域网范围内,禁止广播数据穿过路由器,防止广播数据影响大面积的计算机,它一般只在一个子网中使用。

上述两种传输方式都比较浪费网络带宽和服务器资源,因此产生了组播(多播)技术。

• 组播(多播):组播发送时,服务器将一组客户请求的流媒体数据发送到支持组播技术的路由器上,然后由路由器一次将数据包根据路由表复制到多个通道上,向用户发送,属于一对多连接。这时候,媒体服务器只需要发送一个信息包,所有发出请求的客户端都共享同一信息包。组播不会复制数据包的多个拷贝并传输到网络上,也不会将数据包发送给不需要它的那些客户,保证了网络上多媒体应用占用网络的最小带宽。但组播不仅需要服务器端支持,更需要多播路由器乃至整个网络结构的支持。组播传输方式一般只能用作广播播放方式,因为用作点播会存在用户控制问题。

3. 流媒体的发布方式

流媒体的播放方式和传输方式可以组合成 4 种发布点类型,即"广播-单播""广播-多播""点播-单播"和"点播-多播"。

10.2.4 主流的流媒体技术产品

目前市场上主流的流媒体技术产品有三家,分别是 Real Networks 公司的 Real Media、Microsoft 公司的 Windows Media 和 Apple 公司的 Quick Time。这三家的技术都有自己的专用算法、文件格式和传输控制协议。三种常用的流媒体技术产品见表 10-1。

表 10-1　　三种常用的流媒体技术产品

	Real Media	Windows Media	Quick Time
服务端	Real Server	Windows Media Server	Quick Time Streaming Server(MAC 平台) Darwin Streaming Server(PC 平台)
编码、编辑工具	Real Producer Real Slide Show 等	Windows Media 编码器 ASF Indexer Author、VidToASF WavToASF 等	MAC 机专业工具 PREMEIRE QuickTime Pro 等
客户端(解码器)	Real Player	Windows Media Player	QuickTime Player
支持流文件格式	*.RA/RM/RAM	*.ASF/WMV	*.WAV/AVI/MOV
压缩方式	REAL 专用算法	MPEG-4 压缩编码	MPEG-4 压缩编码
支持协议	RTP、RTCP、RTSP 和 HTTP	MMS 和 HTTP	RTP、RTCP、RTSP 和 HTTP

10.2.5 流媒体应用系统的组成

一个完整的流媒体应用系统由以下几个部分组成:

• 视频采集制作端:由一台普通计算机、一块高清流媒体(音视频)采集卡和流媒体编码软件组成。流媒体采集卡负责将音视频信息源输入计算机,供编码软件处理。编码软件负责将流媒体采集卡传送过来的数字音视频信号压缩成流媒体格式，如需直播，它还负责实时地将压缩好的流媒体信号上传给流媒体服务器。

- 媒体存储及内容检索系统。
- 服务器：负责管理、存储、发布编码器传上来的流媒体节目。
- 网络与协议：适合流媒体传输协议或实时传输协议的网络。
- 客户端：供客户访问流媒体的播放器等。

如图 10-1 所示是以微软的 Windows Media 产品为例的流媒体应用系统基本结构。

图 10-1　微软 Windows Media 流媒体应用系统基本结构

10.3 项目实施

任务 10-1　使用 WMS 2008 搭建流媒体服务器

Windows Media Services 2008(Windows 媒体服务 2008，简称 WMS 2008)是一款通过 Internet 或 Intranet 向客户端传输音频和视频内容的服务平台，能够像 Web 服务器发布 HTML 文件一样发布流媒体和从摄像机、视频采集卡等设备传来的实况流。

1. WMS 2008 插件的下载与安装

WMS 2008 并没有集成于 Windows Server 2008 中，而是单独作为免费插件，即在 Windows Server 2008 的服务器管理器中并不包括流媒体服务角色的安装项目。为此，先要下载并安装流媒体服务角色安装程序文件。其步骤如下：

步骤 1：使用"http://www.microsoft.com"地址访问微软官方网站，下载中文版的流媒体服务角色安装程序文件。在打开的页面中根据 Windows Server 2008 不同版本在表 10-2 中选择所列文件下载。

表 10-2　流媒体服务角色安装程序文件

文件名	功　能
Windows6.0-KB934518-x64-Admin.msu	64 位(x64)远程管理 Windows Media 服务器工具
Windows6.0-KB934518-x64-Core.msu	64 位(x64)用于 Windows Server 2008 "服务器核心"安装
Windows6.0-KB934518-x64-Server.msu	64 位(x64)Windows Media 服务组件
Windows6.0-KB934518-x86-Admin.msu	32 位(x86)远程管理 Windows Media 服务器工具
Windows6.0-KB934518-x86-Core.msu	32 位(x86) 用于 Windows Server 2008 "服务器核心"安装
Windows6.0-KB934518-x86-Server.msu	32 位(x86)Windows Media 服务组件

步骤 2:将下载的文件复制到服务器→双击下载文件“Windows6.0-KB934518-x64-Server.msu”,系统开始搜索更新,搜索完成后显示【Windows 更新独立安装程序】提示框→单击【确定】按钮,如图 10-2 所示。

图 10-2 【Windows 更新独立安装程序】提示框

步骤 3:打开【阅读这些许可条款】对话框,单击【我接收】按钮,打开【安装】进度对话框并开始安装,安装结束后弹出【安装完成】提示框→单击【关闭】按钮结束安装。

2. WMS 2008 服务的安装

安装步骤如下:

步骤 1:在服务器桌面上依次单击【开始】→【服务器管理器】菜单项,打开【服务器管理器】窗口→在左窗格中单击【角色】→在右窗格中单击【添加角色】→在打开的对话框中单击【下一步】按钮→打开【选择服务器角色】对话框,在【角色】列表框中勾选【Web 服务器(IIS)】复选框→打开【是否添加 Web 服务器(IIS)所需的功能】提示框,单击【添加必需的功能】按钮→勾选【流媒体服务】复选框→单击【下一步】按钮,如图 10-3 所示。

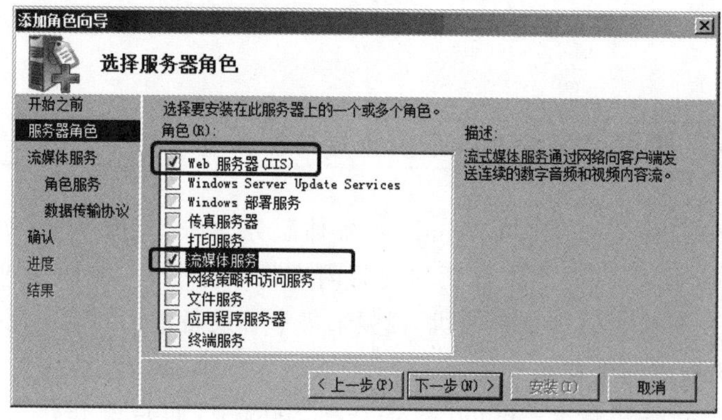

图 10-3 【选择服务器角色】对话框

步骤 2:在打开的【流媒体服务】对话框中单击【下一步】按钮→打开【选择角色服务】对话框,勾选【Windows 媒体服务器】→单击【下一步】按钮,如图 10-4 所示。

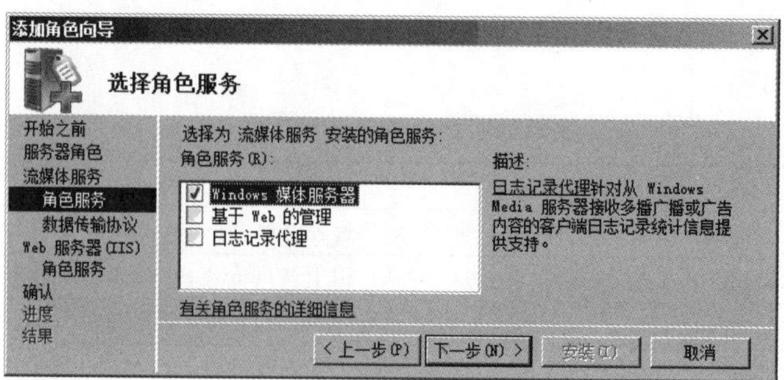

图 10-4 【选择角色服务】对话框

• 基于 Web 的管理：为使用 Web 浏览器远程管理 Windows Media 服务器提供支持，此组件需要安装在启用 IIS 服务器角色的服务器上。

• 日志记录代理：为记录客户端从 Windows Media 服务器接收多播、广播或广告内容的统计数据提供支持，此组件也必须由 IIS 提供支持才能使用，如果与 Windows Media Services 安装在同一台服务器上，为避免连接冲突，必须更改 Default Web Site 或者 Logging Agent 的 HTTP 端口号。

步骤 3：打开【选择数据传输协议】对话框，选择流数字传输媒体内容的数据传输协议，一般默认勾选【实时流协议(RTSP)】复选框。若服务器中没有其他服务占用 80 端口，还可以勾选【超文本传输协议(HTTP)】复选框进行媒体传输→单击【下一步】按钮，如图 10-5 所示

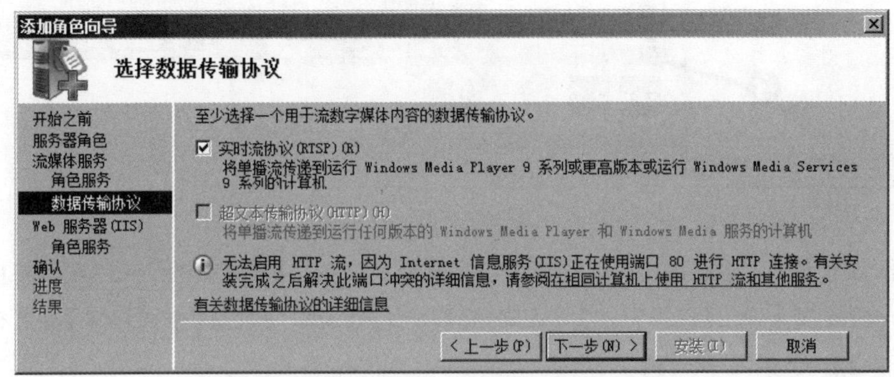

图 10-5　【选择数据传输协议】对话框

提示：在选择数据传输协议页面中，由于选择了“流媒体服务”和“Web 服务器(IIS)”同时安装，而这两种服务都默认占用 80 端口，导致此处的“超文本传输协议(HTTP)”不能选择，需要在安装完成之后将 Web 服务的默认站点的端口改为非 80 才能支持。

步骤 4：在打开的【Web 服务器(IIS)】对话框中单击【下一步】按钮→在打开的【选择角色服务】对话框中单击【下一步】按钮→打开【确认安装选择】对话框，单击【安装】按钮→系统开始安装，安装完成之后，在打开的【安装结果】对话框中单击【关闭】按钮结束安装。

3. WMS 2008 服务器的测试

完成安装 Windows Media Services 服务后，用户可以测试流媒体能否正常播放，测试步骤如下：

步骤 1：依次单击【开始】→【管理工具】→【Windows Media 服务】菜单项→弹出【Windows Media 服务】窗口，在左窗格中依次展开“服务器”(如，server1)→【发布点】节点，默认已创建【＜默认＞(点播)】和【示例_广播】两个发布点→选择【＜默认＞(点播)】发布点→在右窗格中切换到【源】选项卡→在【源】选项卡的【当前目录】列表框中选择播放的媒体文件→单击【测试流】按钮→在弹出的发布点拒绝连接的提示框中单击【是】按钮→在弹出的是

否要安装【桌面体验】提示框中单击【是】按钮，如图 10-6 所示。

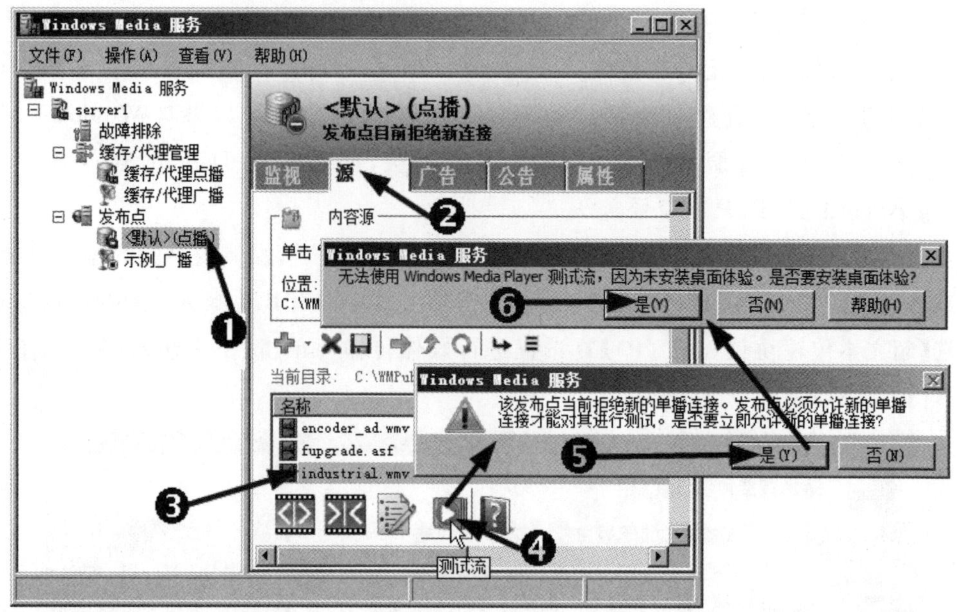

图 10-6 【Windows Media 服务】窗口

步骤 2：系统打开【服务器管理器】窗口，在左窗格中单击【功能】节点→在右窗格中单击【添加功能】链接→弹出【选择功能】对话框，在【功能】列表框中勾选【桌面体验】复选框→单击【下一步】按钮，如图 10-7 所示。

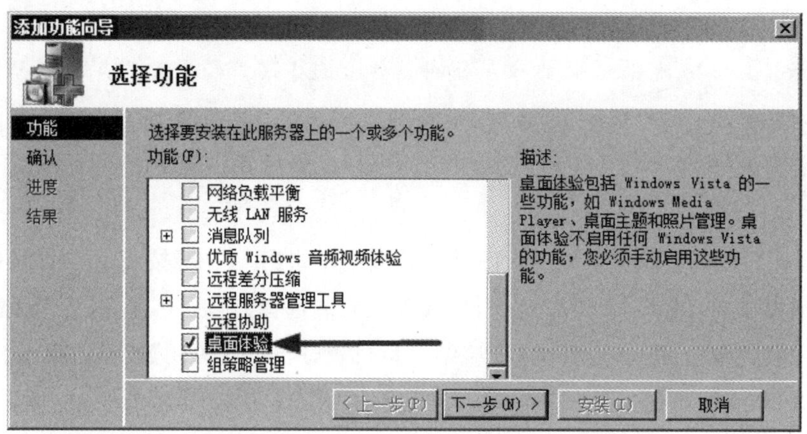

图 10-7 【选择功能】对话框

步骤 3：打开【确认安装选择】对话框，单击【安装】按钮→系统开始安装，安装完成后单击【关闭】按钮→系统弹出【是否希望立即重启系统】提示框，单击【是】按钮→系统开始重启，重启再次登录后，系统会自动打开【服务器管理器】窗口和【继续执行配置】对话框继续执行配置，直至显示【执行结果】对话框后，单击【关闭】按钮。

步骤 4：重复步骤 1，系统弹出【测试流】对话框，若能正常播放所选视频文件，则表明安装成功。如图 10-8 所示。

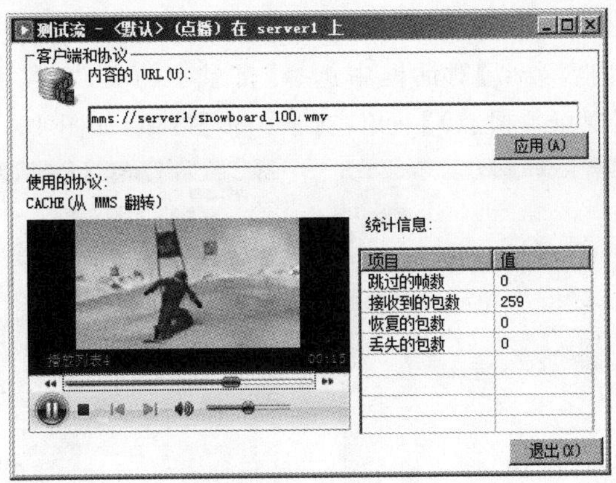

图 10-8　【测试流】对话框

提示：以上安装的【桌面体验】实际上就是视频播放器 Windows Media Player。Windows Server 2008 自带了该播放器，但默认未安装。此处安装播放器用于在本地测试流媒体服务器配置的效果。

任务 10-2　创建点播发布点

Web 服务器是通过"Web 站点"向网络发布网页信息的，而 Media 服务器则是通过"发布点"来向网络发布流媒体信息。Media 服务器能够发布从视频采集卡或摄像机等设备中传来的实况流，也可以发布事先存储的流媒体，还可以发布实况流和流媒体的结合体。一个媒体流可以由一个或多个媒体文件组合而成，也可以由一个媒体文件目录组成。

创建"点播-单播"类型发布点的步骤如下：

步骤 1：在服务器桌面依次单击【开始】→【管理工具】→【Windows Media 服务】→打开【Windows Media 服务】窗口，在左窗格中展开服务器名（如，server1）节点→右击【发布点】→在弹出的快捷菜单中选择【添加发布点(向导)】，如图 10-9 所示。

图 10-9　选择【添加发布点(向导)】命令

步骤 2：启动添加发布点向导，在打开的【欢迎使用"添加发布点向导"】对话框中单击【下一步】按钮→弹出【发布点名称】对话框，在【名称】编辑框中输入可代表发布点内容或用途的名称→单击【下一步】按钮，如图 10-10 所示。

步骤 3：在打开的【内容类型】对话框中选择【目录中的文件(数字媒体或播放列表)(适用于通过一个发布点实现点播播放)】→单击【下一步】按钮，如图 10-11 所示。

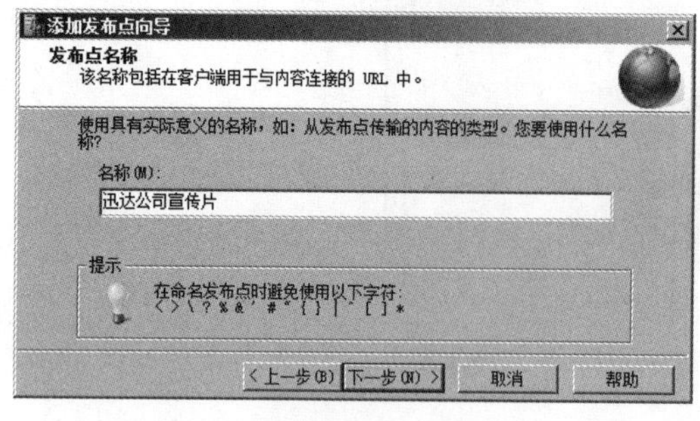

图 10-10　输入发布点名称

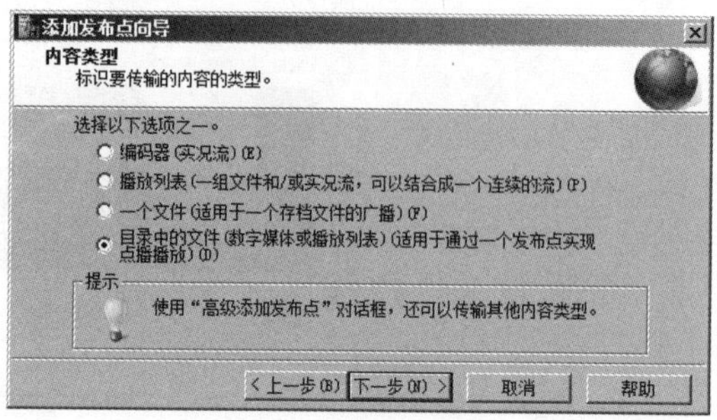

图 10-11　选择要发布的内容类型

图 10-11 中各选项的意义如下：

- 【编码器(实况流)】：创建一个实况流发布点。当流媒体服务器连接到安装有 Windows Media 编码器的计算机上时，编码器可以将来自视频采集卡、电视卡、数字摄像机等设备的媒体源转换为实况流，然后通过发布点广播，以实现现场直播。该选项仅适用于广播发布点。
- 【播放列表(一组文件和/或实况流，可以结合成一个连续的流)】：创建能够添加一个或多个流媒体的发布点，以便发布一组已经在播放列表中指定的媒体流。
- 【一个文件(适用于一个存档文件的广播)】：创建发布单个文件的发布点。默认情况下，WMS 支持发布. wma、. wmv、. asf、. wsx 和. mp3 格式的流媒体。
- 【目录中的文件(数字媒体或播放列表)(适用于通过一个发布点实现点播播放)】：创建能够实现点播播放多个文件的发布点，使用户能够将流媒体文件名包含在网址中来播放单个文件，或者按既定顺序播放多个文件。

步骤 4：在打开的【发布点类型】对话框中选择【点播发布点】→单击【下一步】按钮，如图 10-12 所示。

步骤 5：弹出【目录位置】对话框，单击【浏览】按钮，打开【Windows Media 浏览-server1】对话框→在【数据源】下拉列表中选择磁盘(如 E 盘)→在目录列表框中选择存放要发布流媒体所在的目录(如，公司视频资料库)→单击【选择目录】按钮，如图 10-13 所示。

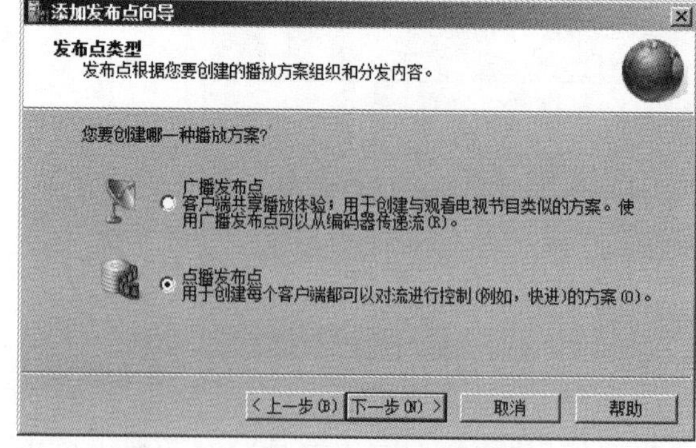

图 10-12　选择发布点类型

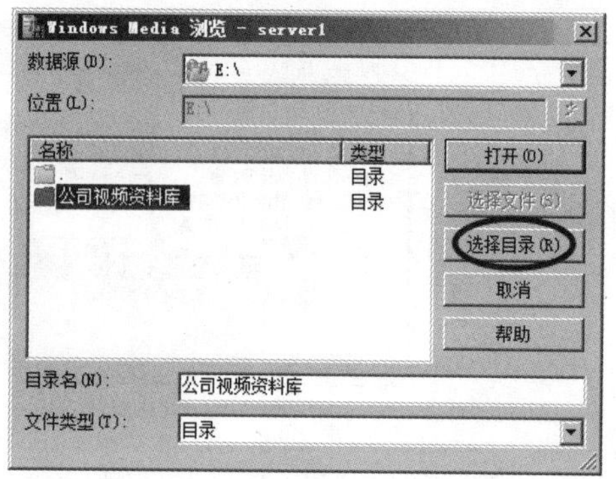

图 10-13　选择发布的目录

步骤 6：返回【目录位置】对话框，如果希望在创建的点播发布点中按照顺序发布目录中的所有文件，则可以选择【允许使用通配符对目录内容进行访问(允许客户端访问该目录及其子目录中的所有文件)】复选框。设置完毕后，单击【下一步】按钮，如图 10-14 所示。

步骤 7：在打开的【内容播放】对话框中选择播放方式。选择【循环播放(连续播放内容)】和【无序循环(随机播放内容)】复选框，从而实现无序循环播放流媒体。单击【下一步】按钮，如图 10-15 所示。

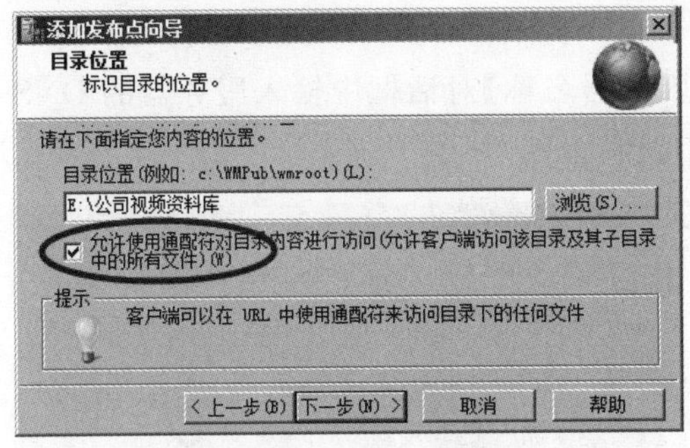

图 10-14　【目录位置】对话框

图 10-15　选择流媒体播放顺序

步骤 8：打开【单播日志记录】对话框，勾选【是，启用该发布点的日志记录】来启用单播日志记录。借助日志记录可以查看哪些节目最受欢迎以及哪个时段服务器最繁忙等信息，据此对播放内容和服务进行调整。单击【下一步】按钮，如图 10-16 所示。

步骤 9：在打开的【发布点摘要】对话框中会显示发布点的设置参数清单，确认设置无误后单击【下一步】按钮，如图 10-17 所示。

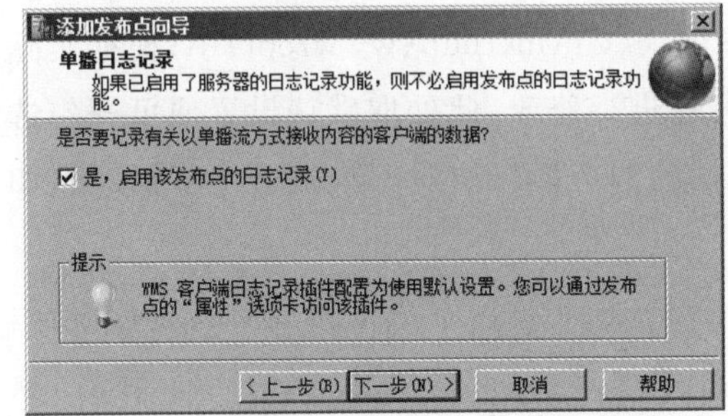

图 10-16　【单播日志记录】对话框

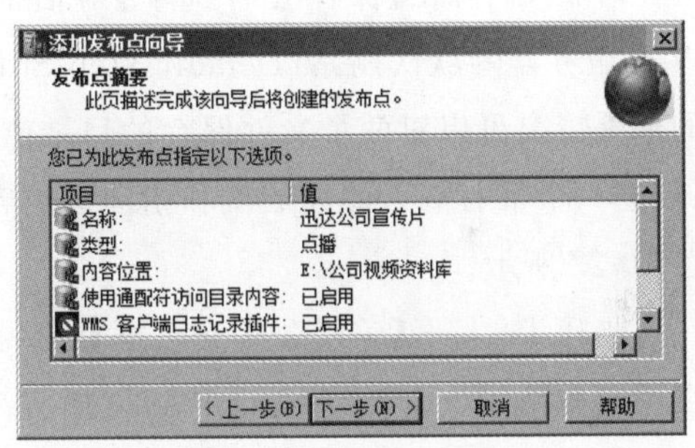

图 10-17　【发布点摘要】对话框

步骤 10：弹出【正在完成“添加发布点向导”】对话框，勾选【完成向导后】复选框→选中【创建公告文件(.asx)或网页(.htm)】单选按钮→单击【完成】按钮，如图 10-18 所示。

步骤 11：弹出【欢迎使用“单播公告向导”】对话框，单击【下一步】按钮，如图 10-19 所示。

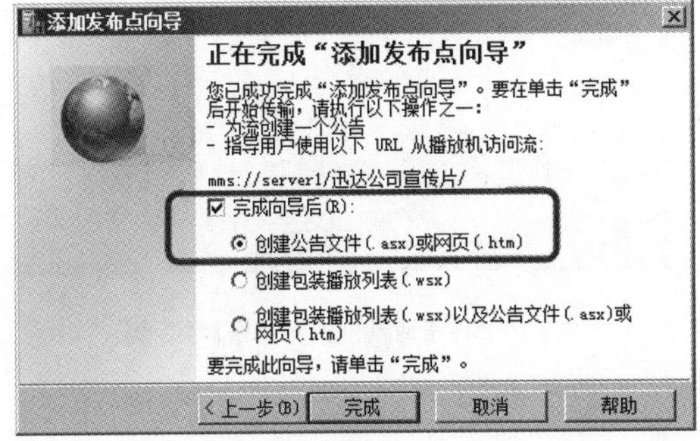

图 10-18　设置公告内容

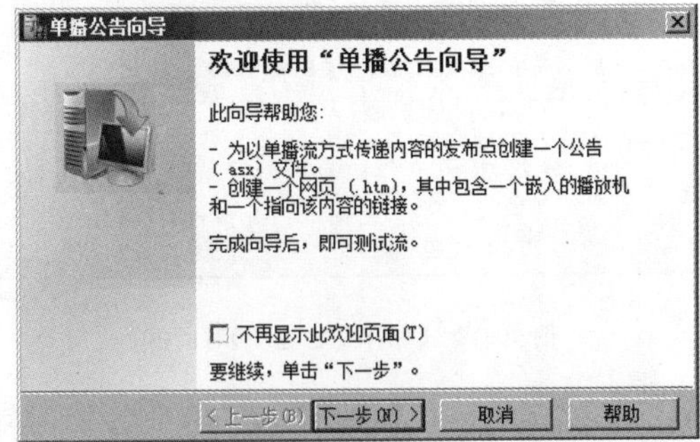

图 10-19　【欢迎使用“单播公告向导”】对话框

步骤 12：弹出【点播目录】对话框。因为在图 10-14 所示的【目录位置】对话框中选择了【允许使用通配符对目录内容进行访问(允许客户端访问该目录及其子目录中的所有文件)】复选框，所以此处可以单击【目录中的所有文件】单选按钮，然后单击【下一步】按钮，如图 10-20 所示。

步骤 13：在打开的【访问该内容】对话框中显示出连接到发布点的网址，即公告内容的位置。为了实现网络访问的准确定位，需要将位置信息中的服务器名修改为 DNS 名称或 IP 地址，为此，单击【修改】按钮→在弹出的【修改服务器名称】对话框中输入服务器的 DNS 名称或 IP 地址→依次单击【确定】按钮、【下一步】按钮，如图 10-21 所示。

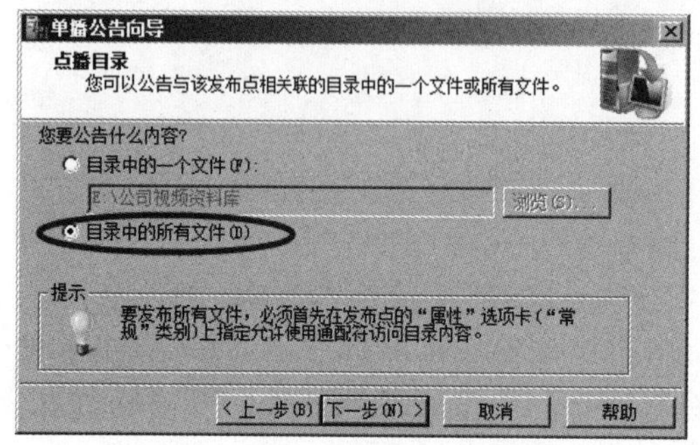

图 10-20 【点播目录】对话框

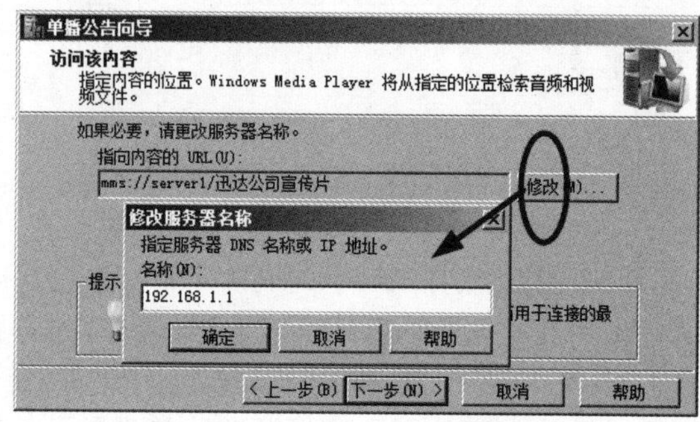

图 10-21 【访问该内容】对话框

步骤 14：弹出【保存公告选项】对话框，在这里两种格式的公告文件均默认保存在了 Web 服务器的默认网站(Default Web Site)的主目录(C:\inetpub\wwwroot)中，根据实际的部署情况可以对两个文件保存的目录位置和名称进行修改，此处取默认设置便可→勾选【创建一个带有嵌入的播放机和指向该内容的链接的网页】复选框→单击【下一步】按钮，如图 10-22 所示。

步骤 15：打开【编辑公告元数据】对话框，单击每一项名称所对应的值并对其进行编辑。在用户使用 Windows Media Player 播放流媒体中的文件时，这些信息(包括标题、作者、版权和横幅等)将出现在标题区域。设置完后单击【下一步】按钮，如图 10-23 所示。

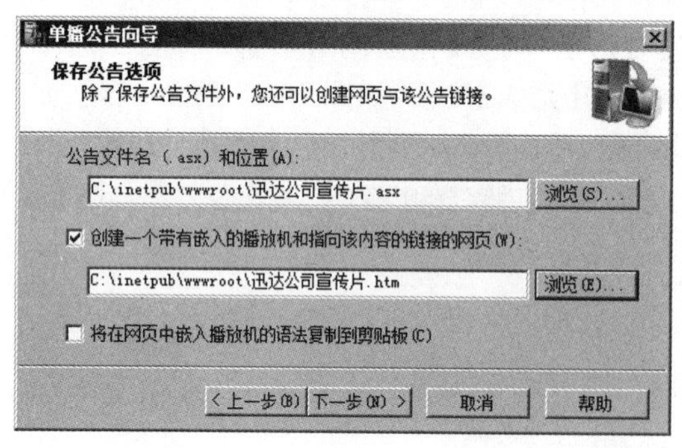

图 10-22 【保存公告选项】对话框

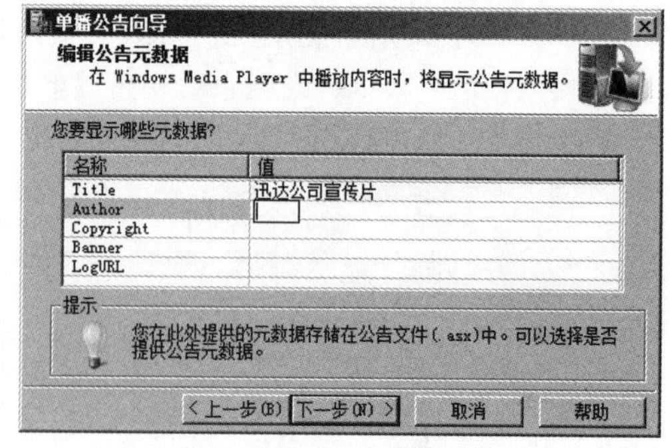

图 10-23 【编辑公告元数据】对话框

步骤 16：弹出【正在完成"单播公告向导"】对话框，提示用户已经为发布点成功创建了一个公告，勾选【完成此向导后测试文件】复选框→单击【完成】按钮，如图 10-24 所示。

步骤 17：弹出【测试单播公告】对话框，若单击两个【测试】按钮后均能播放视频，则表明配置成功，如图 10-25 所示。

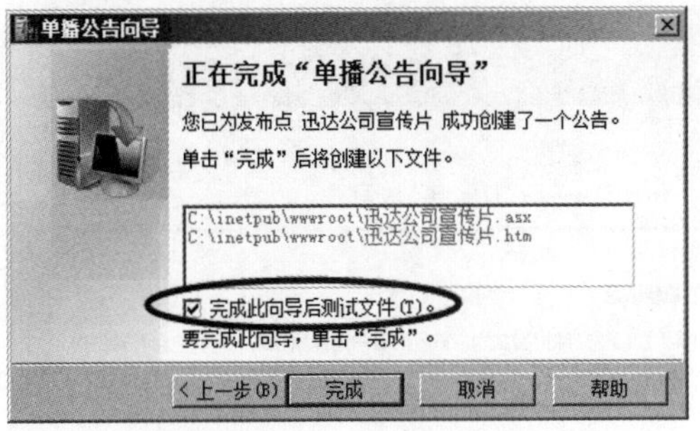

图 10-24 【正在完成“单播公告向导”】对话框

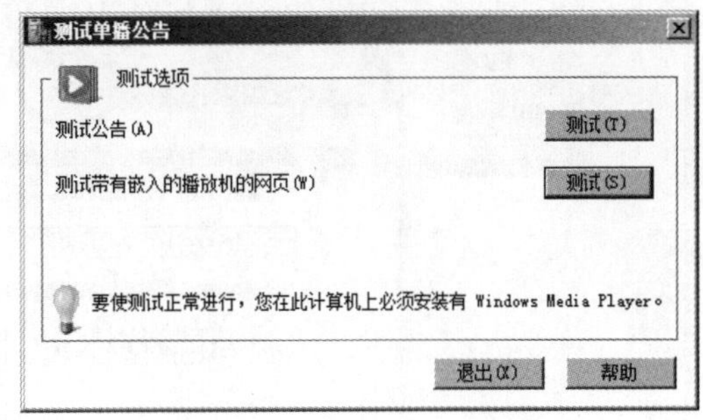

图 10-25 【测试单播公告】对话框

任务 10-3 管理“点播-单播”发布点

发布点是发布流媒体内容并接受用户连接请求的接口。下面以任务 10-2 中创建的“迅达公司宣传片”发布点为例，介绍一些管理事项操作方法。

1.【监视】选项卡

进入【Windows Media 服务】窗口→在左窗格中展开服务器和【发布点】节点→选中【迅达公司宣传片】发布点→在右窗格中单击【监视】选项卡。在此，网络管理员可以查看当前连接的客户端数量和带宽分配情况；通过单击【允许新的单播连接】【拒绝新的单播连接】和【断开所有客户端连接】等按钮可以控制发布点与客户的连接状态，如图 10-26 所示。

2.【源】选项卡

在如图 10-27 所示的【源】选项卡中，单击【更改】按钮可以修改要发布的内容类型和位置；单击【测试流】按钮可测试该发布点是否能正常发布流媒体；单击【查看播放列表播放器】按钮可以新建或打开播放列表。

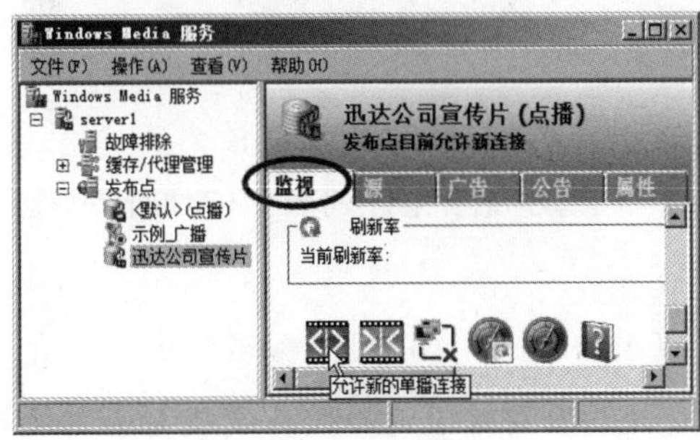

图 10-26 【监视】选项卡

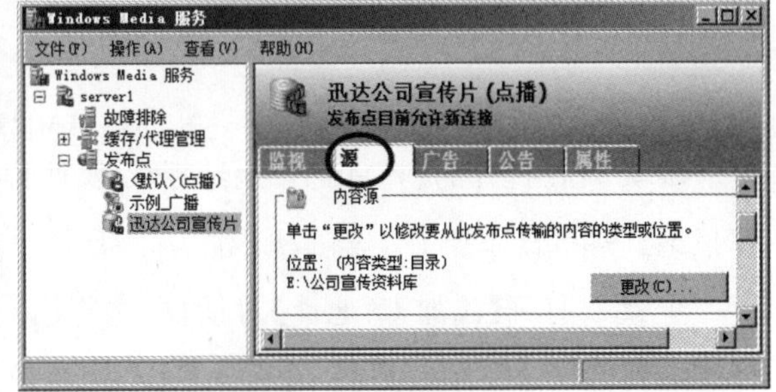

图 10-27 【源】选项卡

3.【公告】选项卡

在如图 10-28 所示的【公告】选项卡中，管理员可以查看并记录连接到该发布点的 URL 地址。另外，可以单击【运行单播公告向导】按钮新建单播公告。

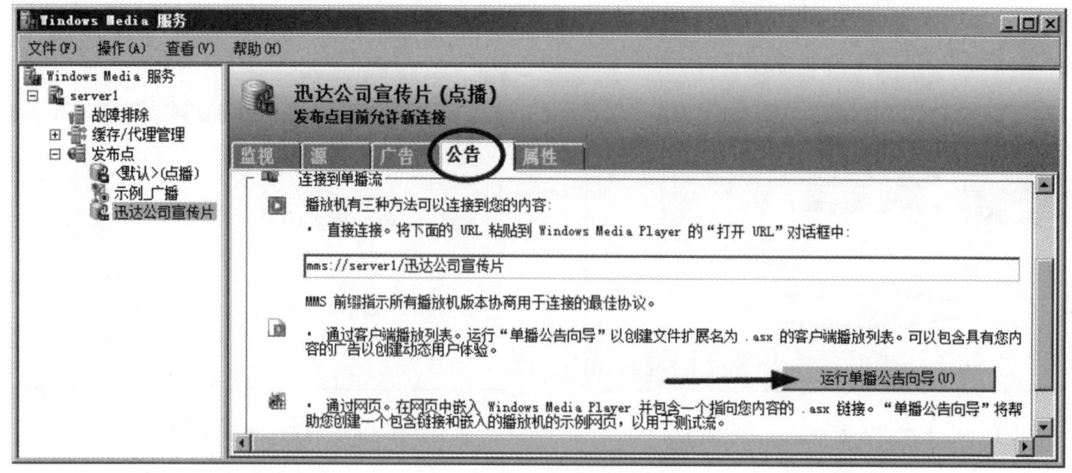

图 10-28 【公告】选项卡

4.【属性】选项卡

在如图 10-29 所示的【属性】选项卡中，管理员可以对【授权】【限制】等 10 个类别的属性项进行设置。例如，可以依据客户端的 IP 地址限制客户端的访问，其设置步骤如下：

步骤 1：在【类别】列表框中选择【授权】选项→在【插件】列表框中双击【WMS IP 地址授权】选项，如图 10-29 所示。

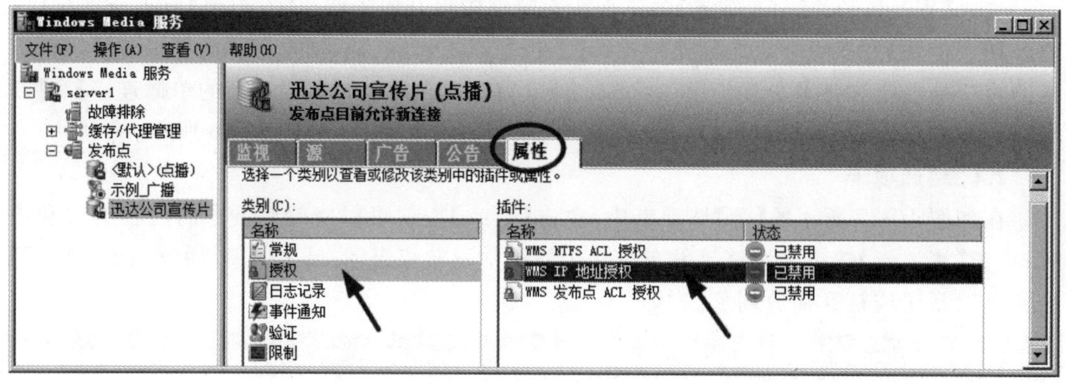

图 10-29 【属性】选项卡

步骤 2：在打开的【WMS IP 地址授权 属性】对话框中选择【除允许列表中的地址外，全部拒绝】→单击【添加 IP】按钮，如图 10-30 所示。

步骤 3：打开【添加 IP 地址】对话框，选择【计算机组】→在【子网地址】编辑框中输入允许连接到流媒体发布点的 IP 地址→在【子网掩码】编辑框中输入子网掩码。设置完毕后两次单击【确定】按钮，如图 10-31 所示。

步骤 4：系统返回【Windows Media 服务】窗口，右击【WMS IP 地址授权】→在弹出的快捷键中选择【启动】使设置生效。

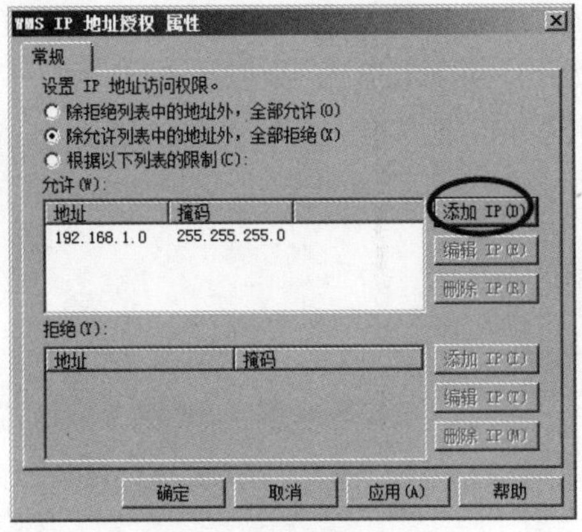

图 10-30　单击【添加 IP】按钮

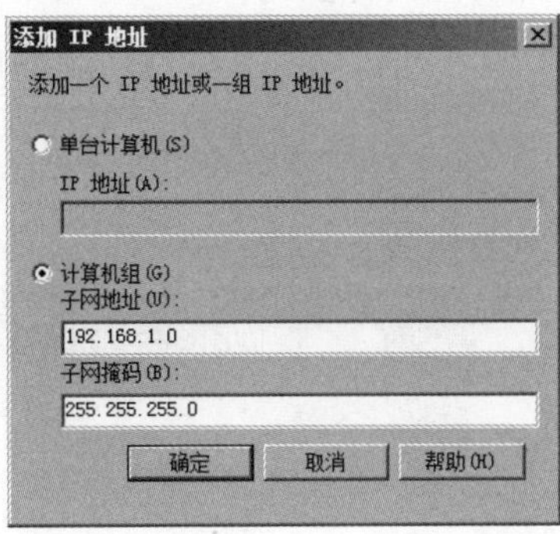

图 10-31　【添加 IP 地址】对话框

任务 10-4　在客户端播放流媒体

成功部署流媒体服务器以后，网络用户可使用本机的播放器或浏览器等工具连接到流媒体服务器，播放发布点发布的媒体流。

1. 在 Windows Media Player 中直接输入地址播放

播放器设置及使用的步骤如下：

步骤 1：在客户机单击【开始】→【所有程序】→【Windows Media Player】→在打开的【Windows Media Player】窗口中右击窗口上部边框→在弹出的快捷菜单中选择【工具】→【选项】→在打开的【选项】对话框中选择【网络】选项卡→勾选“MMS URL 的协议”区域中的全部协议→在【流代理服务器设置】列表框中选中【RTSP】→单击【配置】按钮，如图 10-32 所示。

步骤 2：在打开的【配置协议】对话框中选择【自动检测代理服务器设置】→单击【确定】按钮→返回【选项】对话框→单击【确定】按钮，如图 10-33 所示。

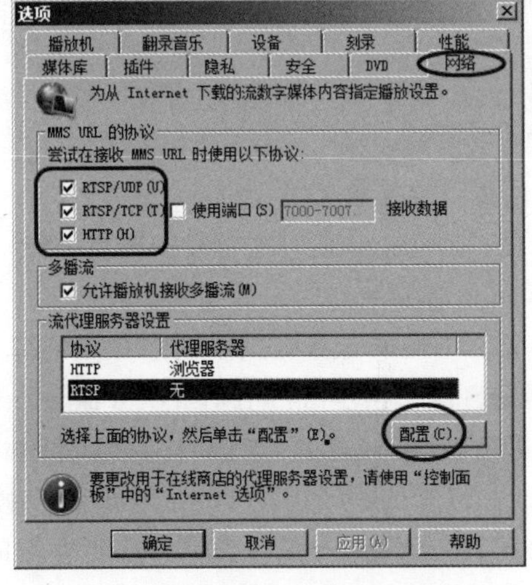

图 10-32　【选项】对话框的【网络】选项卡

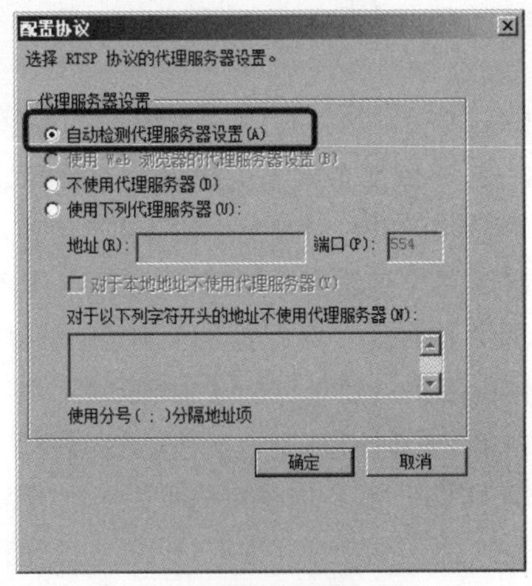

图 10-33　【配置协议】对话框

步骤 3：系统返回到【Windows Media Player】窗口→右击窗口上部边框→在弹出的快捷菜单中选择【文件】→【打开 URL】菜单项，如图 10-34 所示。

步骤 4：打开【打开 URL】对话框，在【打开】编辑框中输入发布点链接地址“mms://流媒体服务器的名称或 IP 地址/发布点名称”(如，“mms://192.168.1.1/迅达公司宣传片”)，如图 10-35 所示。

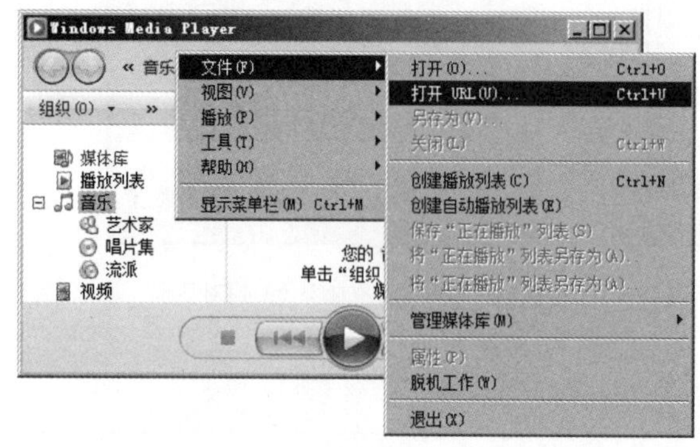

图 10-34 选择【文件】→【打开 URL】

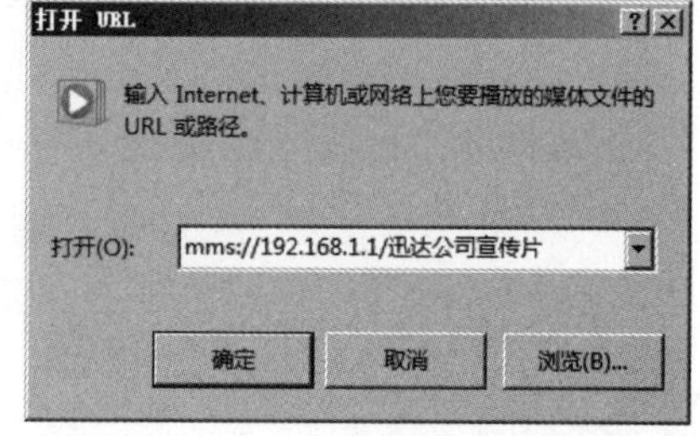

图 10-35 输入发布点链接地址

步骤 5：单击【确定】按钮后，Windows Media Player 将连接到发布点，并开始连续循环播放发布点中的流媒体内容。用户可以对媒体流进行暂停、播放和停止等播放操作，如图 10-36 所示。

提示：对于“点播”方式的发布点，用户可以在【打开 URL】对话框中输入以下几种地址形式连接到流媒体服务器：

- mms://服务标识(服务器名、IP 地址或域名)/发布点名称(请求发布点的所有内容组成的一个流)。
- mms://服务标识(服务器名、IP 地址或域名)/发布点名称/文件名(请求指定的媒体文件或播放列表)。
- mms://服务标识(服务器名、IP 地址或域名)/发布点名称/文件名通配符。

对于“广播-单播”方式的发布点，用户只能输入“＜协议＞://服务器标识(服务器名、IP 地址或域名)/发布点名称”形式的地址。

对于“广播-多播”方式的发布点，用户只能输入“http://服务标识(服务器名、IP 地址或域名)/公告文件名.asx 或多播信息文件名.nsc”形式的地址。

2. 在 Web 服务器上创建视频点播网站实现网页链接播放

用户也可以在浏览器中输入“带有嵌入的播放机和指向该内容的链接的网页”网址来播放流媒体。其实现步骤如下(当流媒体服务和 Web 服务安装在同一计算机上时)：

步骤 1：在服务器配置两个 IP 地址，并分别绑定不同的服务。其中，将 IP 地址绑定到流媒体服务的过程是：进入【Windows Media 服务】窗口→在左窗格中单击服务器名→在右窗格中单击【属性】选项卡→在【类别】列表框中单击【控制协议】→在【插件】列表框中右击【WMS HTTP 服务器控制协议】→选中【属性】→在打开的【WMS HTTP 服务器控制协议属性】对话框中单击【允许所选 IP 地址使用该协议】单选按钮→在列表中勾选要绑定的 IP 地址→单击【确定】按钮→右击【WMS HTTP 服务器控制协议】→选中【启用】。

步骤 2：在 Web 服务器上，确保将使用单播公告向导创建的网页文件（图 10-22 中设置的网页文件“迅达公司宣传片”复制到 Web 服务器上的某网站的主目录下（如，默认网站 Default Web Site 的主目录 C:\inetpub\wwwroot 下）。

步骤 3：在 Web 服务器桌面单击【开始】→【管理工具】→【IIS 管理器】→打开【IIS 管理器】窗口，在左窗格中单击默认网站【Default Web Site】，在中间窗格中找到并双击【默认文档】图标→在右窗格中单击【添加】→打开【添加默认文档】对话框，在【名称】编辑框中输入使用单播公告向导创建的网页文件（如，迅达公司宣传片.htm）→单击【确定】按钮。

步骤 4：在客户端打开浏览器→在地址栏中按照“http://Web 服务器的 IP 地址”格式输入访问地址，此后，就会在网页中弹出 Windows Media Player 播放器进行播放，如图 10-37 所示。

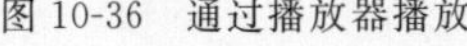
图 10-36　通过播放器播放

图 10-37　通过浏览器播放

提示：若在测试时播放器有“Windows Media Player 已停止工作”的提示，则原因是系统的两个连接池没有被注册，此时，在桌面上单击【开始】→【运行】→在打开的【运行】对话框中先后执行“regsvr32 jscript.dll”“regsvr32 vbscript.dll”命令，然后重启系统即可。

项目实训 10　搭建Media流媒体服务器

【实训目的】

能使用 WMS 2008 搭建和管理流媒体服务器并创建点播发布点，会用 Windows Media Player 进行视频点播。

【实训环境】

每人 1 台 Windows XP/7 物理机，1 台 Windows Server 2008 虚拟机，1 台 Windows XP/7 虚拟机，.wmv 格式的视频文件一个。虚拟机网卡连接至虚拟交换机 VMnet1。

【实训拓扑】

实训示意图如图 10-38 所示。

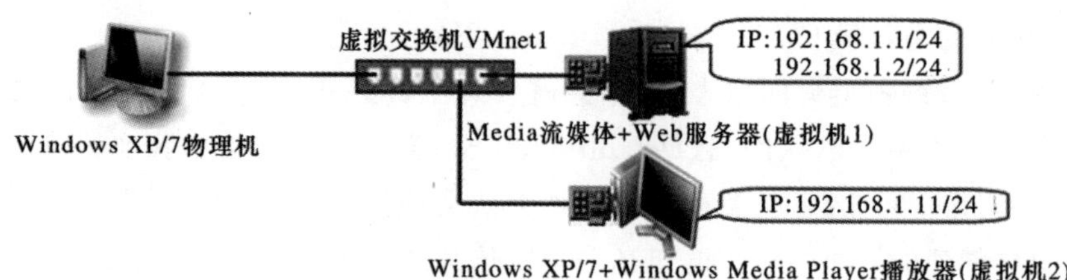

图 10-38　实训示意图

【实训内容】

1. 在服务器端安装 WMS 2008 插件和服务。

2. 在服务器上准备好.wmv 格式的视频文件(若是其他格式的视频文件可通过“格式工厂”或其他转换格式的软件进行转换),然后创建点播发布点。

3. 在客户端使用 Windows Media Player 播放器在线播放发布点视频文件。

4. 在服务器端安装并配置 Web 服务,在客户端使用浏览器播放发布点视频文件。

项目习作 10

一、选择题

1. 以下关于流媒体说法错误的是(　　)。

A. 流媒体首先需要经过特殊编码(压缩),以提高其播放效率

B. 流媒体需要加入流式信息,如计时、压缩和版权信息,以适应边下载边播放

C. 流媒体是一种新的媒体

D. 流媒体是一种可以在网上边下载边播放的多媒体

2. 流媒体技术主要用于(　　)、随时点播、现场直播和视频会议。

A. 远程教育　　B. 名称解析　　C. 路由　　D. 邮件传输

3. 从目前来看,主流流媒体服务器软件有(　　)。

A. IBM　　B. Media

C. Quick Time　　D. Real Server

4. Windows 流媒体服务主要采用(　　)访问协议。

A. FTP　　B. MMS　　C. RTSP　　D. SMTP

5. 在客户端用(　　)播放器来播放流媒体服务器上的媒体流文件。

A. Real Player　　B. Windows Media Player

C. CD Rom　　D. QuickTime Player

6. 下面(　　)不是标准的 Windows Media 文件格式。

A. .asf　　B. .wma　　C. .ra　　D. .wmv

7. 在客户端与流媒体服务器之间建立一条单独的数据通道,从一台服务器发出的每个数据包只能传送给一个客户机,这种传送方式称为(　　)。

A. 广播　　B. 单播　　C. 组播　　D. 点播

8. Windows Media 流媒体服务器能够发布的信息可以是(　　)。

A. 从视频采集卡或摄像机等设备中传来的实况流

B. 事先存储的流媒体

C. 实况流和流媒体的结合体

D. 流媒体文件目录

二、简答题

1. 什么是流媒体？流媒体技术的主要应用有哪些？

2. 常用的流媒体协议有哪些？简述各种流媒体协议的特点。

3. 常用的流媒体服务器产品有哪些？

4. 流媒体应用系统主要由哪几部分组成？

5. 流媒体播放方式、传输方式有哪些？各有什么特点？

项目11 软路由器与NAT服务器的架设

11.1 项目背景

迅达公司的局域网中，个人PC机和服务器总计有两百多台。为了避免网络广播在整个公司网络的传播，提高网络传输率，以及对某些计算机群(如服务器群)进行安全保护，计划将公司局域网按照网络ID号的不同划分成四个子网。然而，分属于不同子网的计算机，即使把它们连接在同一交换机上，也是无法直接互通的。为了实现不同子网计算机的通信，需要在不同子网之间架设路由器或具有路由功能的三层交换机。

网络中的所有计算机必须使用全球唯一的、合法的公网IP地址才能连入Internet。目前，公网IPv4地址资源非常紧缺，迅达公司在申请租用100 MB光纤接入时，仅从ISP(Internet服务提供商)那里获得了一个公网IP地址的使用权，这样，公司的网络中仅有一台计算机可配置公网IP地址，其他计算机配置的均是私网IP地址，配置私网IP地址的计算机无法直接连接到Internet，反之，Internet上的用户也不能直接访问公司内配置私网IP地址的各种服务器。为使公司所有计算机能共享一个公网IP地址访问Internet，网络管理员必须在公司内外网络的交界处部署一台NAT服务器。

11.2 项目知识准备

11.2.1 路由器及其工作原理

路由器的工作原理

1. 路由器的有关概念

路由器是连接不同子网的主要设备，它能把数据包从一个子网经过合理的路径选择转发到另一个子网，从而实现不同子网中计算机之间的通信。Internet就是成千上万个IP子网通过路由器连接起来的国际性网络，因此，Internet也被称为以路由器为节点的“网间网”。在“网间网”中，路由器不仅负责IP数据包的转发，还要负责与别的路由器进行联络，共同确定“网间网”的路由选择和路由表的维护。如图11-1所示。

路由器可分为硬件路由器(又称硬路由器)和软件路由器(又称软路由器)。硬件路由器是专门设计的路由设备，如图11-2所示。软件路由器是利用普通计算机配合一定软件而形成的路由解决方案。一台装有 Windows Server 2008 并启动和配置了“路由和远程访问”服务角色的计算机可以配置成一台软件路由器。软件路由器具有硬件路由器的大多数功能，可用在小型网络系统中连接不同的子网。

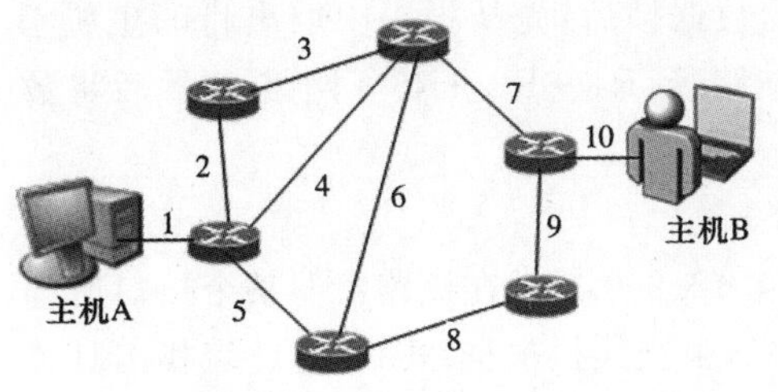

图 11-1　主机 A 与主机 B 之间的路由器分布

图 11-2　硬件路由器内部结构

每台路由器上都维护着一张特定的路由表，路由表由多条路由记录组成，每条路由记录包含了能够到达的目的网络、转发路径及优劣评价。路由器就是依据路由表转发来自不同网络的请求的。根据产生方式的不同，路由记录有两种：静态路由和动态路由。

- 静态路由：是在组建网络时根据网络结构和配置情况由网络管理员手动设定的。静态路由不能对网络的改变做出反应，一般用于网络规模不大、拓扑结构固定的网络中。
- 动态路由：是通过相邻路由器之间的相互通信，传递路由信息，由路由协议软件利用收到的路由信息自动更新路由表的过程，它能实时地自动适应网络结构的变化。如果路由更新信息表明网络发生了变化，路由协议软件就会重新计算路径，并发出新的路由更新信息。动态路由适用于网络规模大、拓扑结构复杂的网络。

路由协议是路由器软件重要的组成部分。路由协议用来建立和维护路由表并根据一定的度量标准决定最佳路径。根据是否在一个自治域内部使用，动态路由协议分为内部网关协议（IGP）和外部网关协议（EGP）。这里的自治域是指一个具有统一管理机构、统一路由策略的网络。自治域内部采用的路由选择协议称为内部网关协议，常用的有 RIP（路由信息协议）、OSPF（开放式最短路径优先协议）；外部网关协议主要用于多个自治域之间的路由选择，常用的是 BGP（边界网关协议）和 BGP-4 等。

2. 路由器的工作原理

路由器有多个接口（或端口），用于连接多个不同的 IP 子网。每个接口上所配置的 IP 地址的网络号要求与所连接的 IP 子网的网络号相同。不同的接口设置不同的网络号，连接不同的 IP 子网，这样才能使各子网中的主机通过自己子网的 IP 地址把要发送的 IP 数据包发送到路由器上。

下面通过一个例子来说明路由器的工作原理。例：主机 A 需要向主机 B 传送信息，它们之间需要经过多个路由器的接力传递。现在我们来看在如图 11-3 所示的网络环境下，路由器是如何实现其路由、数据转发功能的。信号传递的步骤如下：

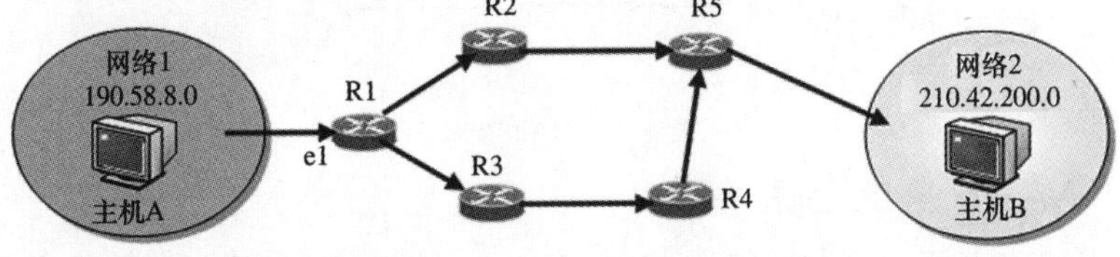

图 11-3　路由器的工作原理

步骤 1：主机 A 将主机 B 的地址，连同数据信息以数据帧的形式通过集线器或交换机以广播的形式发送给同一网段中的所有节点，当路由器 R1 的 e1 接口监听到这个数据帧后，分析得知发送的目标节点不是本网段的，需要路由转发，于是它就把数据帧接收下来。

步骤 2：路由器 R1 的 e1 接口接收到主机 A 的数据帧后，先从报头中取出目的主机 B 的 IP 地址，并根据路由表计算出发往主机 B 的最佳路径：R1→R2→R5→网络 2，然后将数据帧发往路由器 R2。

步骤 3：R2 重复 R1 的工作，并将数据帧转发给 R5。

步骤 4：路由器 R5 同样取出目的地址，发现 210.42.200.0 就在该路由器某个接口所连接的网段上，若在网络中有交换机则可先发给交换机，由交换机根据 MAC 地址表找出具体的网络节点位置；若没有交换机设备则根据其 IP 地址中的主机 ID 直接把数据帧发送给主机 B。

步骤 5：主机 B 收到主机 A 的数据帧，一次完整的数据通信转发过程就完成了。

11.2.2 公网 IP 地址和私网 IP 地址

由于 IPv4 地址资源的严重短缺，IPv4 地址被人为地分成了在 Internet 上使用的公网 IP 地址(公用地址)和适合局域网内部使用的私网 IP 地址(专用地址)。

公网 IP 地址由 InterNIC(Internet 网络信息中心)分配，并授权 ISP 租用给用户，每个公网 IP 地址在全球互联网上都是唯一的。

私网 IP 地址是保留给组织内部私有网络使用的 IP 地址，可以被不同的组织重复使用，其地址范围见表 11-1。

表 11-1　私网 IP 地址的范围

类别	网络 ID	默认子网掩码	私网 IP 地址范围	可用 IP 地址数量
A 类	10.0.0.0	255.0.0.0	10.0.0.0～10.255.255.255	16777216
B 类	172.16.0.0	255.240.0.0	172.16.0.0～172.31.255.255	1048576
C 类	192.168.0.0	255.255.0.0	192.168.0.0～192.168.255.255	65536

各组织单位可根据网络规模和网络拓扑结构，从以上三类私网地址中选择使用。配置私网 IP 地址的计算机不能直接与 Internet 通信。单位或个人的计算机若要访问 Internet，必须至少从 ISP 处获得一个临时使用或固定使用的公网 IP 地址。通常家用计算机使用的 ADSL 接入技术中，ADSL 登录拨号的过程就是从 ISP 处临时获得一个公网 IP 的过程，连接成功后便可上网浏览。单位内部网络中配置私网 IP 地址的计算机，若要连接到 Internet，则所有的私网 IP 地址必须转换成公网 IP 地址。反过来，Internet 上的用户若要访问企业内部服务器(如，Web 服务器)，也需要将服务器所配置的私网 IP 地址映射为公网 IP 地址后发布到 Internet 上。实现以上功能的技术称为 NAT 技术，如图 11-4 所示。

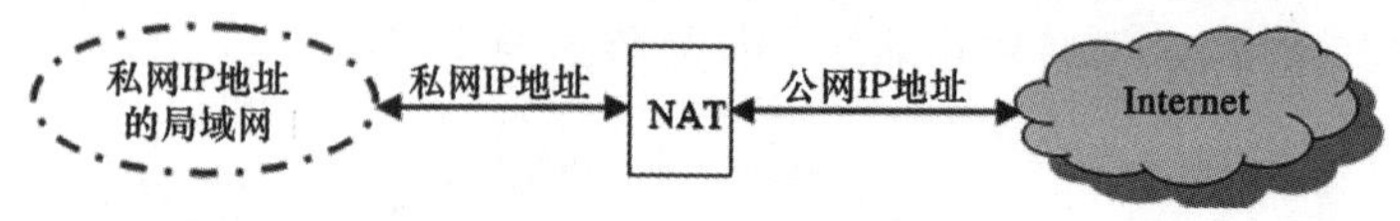

图 11-4　NAT 技术

11.2.3 NAT 服务的工作过程

通过采用 NAT(Network Address Translation，网络地址转换)技术，能将私网 IP 地址

转换成有效的公网IP地址，实现组织内部使用私网地址的计算机上网。

NAT服务的工作过程

NAT的工作过程如图11-5所示，具体步骤如下：

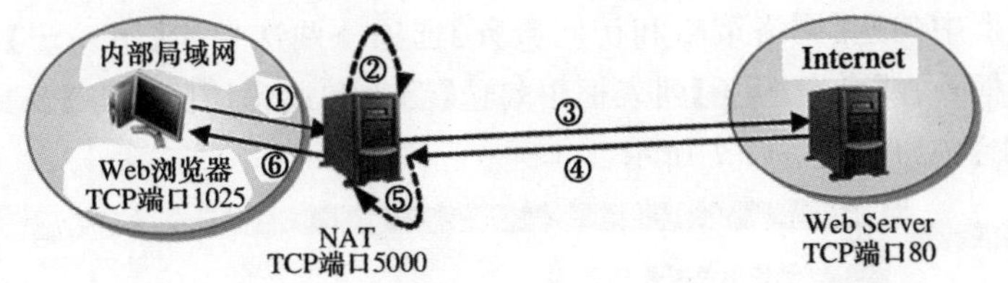

图11-5　NAT的工作过程

①当内网中使用私网IP地址的客户端需要与Internet上的计算机(目标主机)通信时，客户端将数据发送到NAT。

②NAT将收到的数据包中的客户机的私网IP地址和TCP/UDP端口号更改为ISP分配的公网IP地址和可能改变的TCP/UDP端口号。同时将改变前后的IP地址、端口号的映射关系记录下来，以便后续过程使用。

③NAT将替换地址信息后的数据包发送给Internet上的目标主机。

④目标主机将处理结果的数据包返回给NAT。

⑤当NAT收到目标主机返回的数据包后，根据第②步记录的映射关系，使用内部客户机的私网IP地址和端口号代替数据包中的目标IP地址和端口号。

⑥NAT将数据包发送给内网的客户机。

11.3 项目实施

任务11-1　安装、配置并启用路由服务

利用Windows Server 2008提供的"路由和远程访问"服务，可以把Windows服务器配置为一台路由器。为此，在一台Windows Server 2008服务器上安装两块网卡，分别连接到两个子网，然后在Windows Server 2008上安装、配置并启动路由服务，就可以实现两个子网的互联互通。其网络连接如图11-6所示。

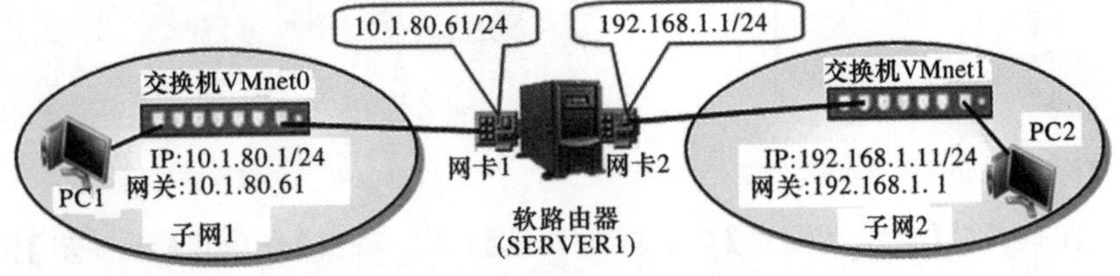

图11-6　一台软路由器连接两个子网

1. 安装与配置"路由和远程访问"

在服务器上安装、启用"路由和远程访问"的步骤如下：

步骤1：以管理员Administrator身份登录服务器→在桌面上单击【开始】→【管理工具】

→【服务器管理器】→打开【服务器管理器】窗口，在左窗格中单击【角色】节点→在右窗格中单击【添加角色】→打开【添加角色向导】对话框，单击【下一步】按钮→打开【选择服务器角色】对话框，在【角色】列表框中勾选【网络策略和访问服务】选项→两次单击【下一步】按钮，打开【选择角色服务】对话框→在【角色服务】列表框中勾选【路由和远程访问服务】及其关联的子服务项→单击【下一步】按钮，如图 11-7 所示。

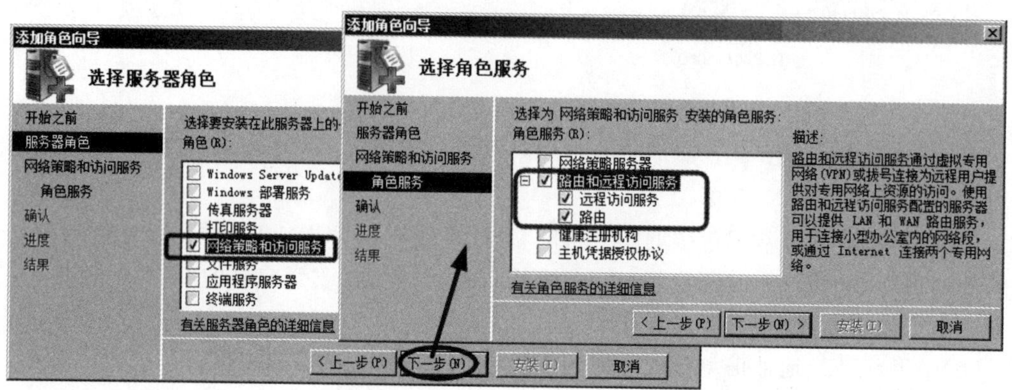

图 11-7　先后勾选【网络策略和访问服务】和【路由和远程访问服务】

步骤 2：在打开的【确认安装选择】对话框中单击【安装】按钮，系统开始安装，安装完成后单击【关闭】按钮。

步骤 3：依次单击【开始】→【管理工具】→【路由和远程访问】→打开【路由和远程访问】窗口，在左窗格中右击计算机名称（如，SERVER1）→在弹出的快捷菜单中选择【配置并启用路由和远程访问】，如图 11-8 所示。

步骤 4：在打开的【路由和远程访问服务器安装向导】对话框中单击【下一步】按钮→在打开的【配置】对话框中选择【自定义配置】→单击【下一步】按钮，如图 11-9 所示。

图 11-8　选择【配置并启用路由和远程访问】

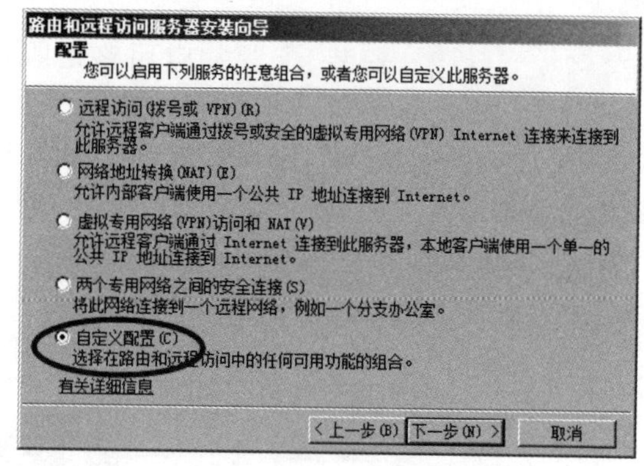

图 11-9　选择【自定义配置】

步骤 5：在打开的【自定义配置】对话框中勾选【LAN 路由】→单击【下一步】按钮，如图 11-10 所示。

步骤 6：在打开的【正在完成路由和远程访问服务器安装向导】对话框上单击【完成】按钮→在弹出的【启动服务】对话框中单击【启动服务】按钮→系统开始启动“路由和远程访问服务”，启动完成后返回【路由和远程访问】窗口，如图 11-11 所示。

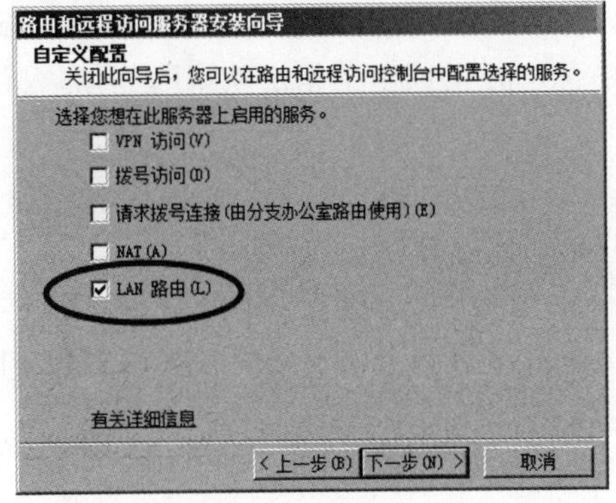

图 11-10　勾选【LAN 路由】

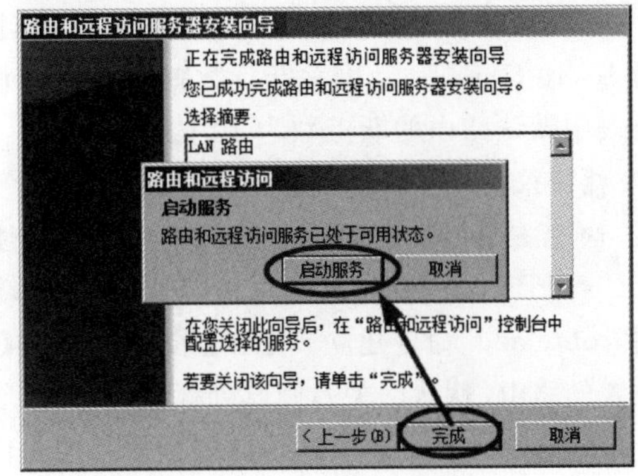

图 11-11　单击【完成】和【启动服务】

2. 查看路由表

查看系统的路由表的方式有两种：

- 在命令提示符下运行 route print 命令；
- 在【路由和远程访问】窗口中查看：展开启动路由的计算机名→展开【IPv4】→右击【静态路由】→在弹出的快捷菜单中选择【显示 IP 路由表】，如图 11-12 所示。

3. 认识路由表的结构

路由表由若干路由记录组成，每个路由记录包含目标、网络掩码、网关、接口、跃点数和协议等信息，如图 11-13 所示。

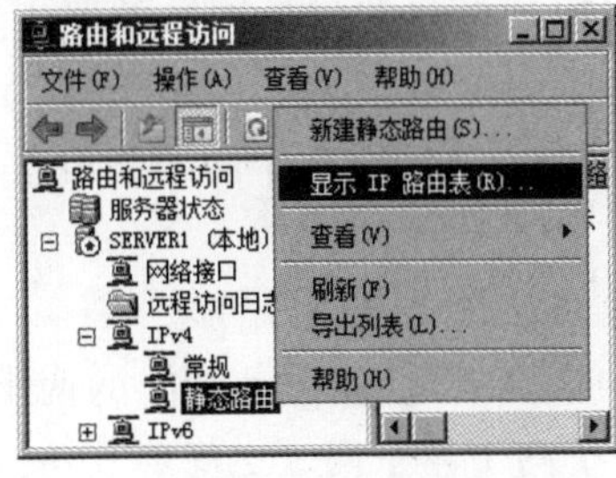

图 11-12　查看路由表

SERVER1 - IP 路由表

目标	网络掩码	网关	接口	跃点数	协议
0.0.0.0	0.0.0.0	10.1.80.254	网卡1	266	网络管理
10.1.80.0	255.255.255.0	0.0.0.0	网卡1	266	网络管理
10.1.80.61	255.255.255.255	0.0.0.0	网卡1	266	网络管理
10.1.80.255	255.255.255.255	0.0.0.0	网卡1	266	网络管理
127.0.0.0	255.0.0.0	127.0.0.1	环回	51	本地
127.0.0.1	255.255.255.255	127.0.0.1	环回	306	本地
192.168.1.0	255.255.255.0	0.0.0.0	网卡2	266	网络管理
192.168.1.1	255.255.255.255	0.0.0.0	网卡2	266	网络管理
192.168.1.255	255.255.255.255	0.0.0.0	网卡2	266	网络管理
224.0.0.0	240.0.0.0	0.0.0.0	网卡2	266	网络管理
255.255.255.255	255.255.255.255	0.0.0.0	网卡2	266	网络管理

图 11-13　路由表内容

【目标】：是通过此路由所要到达的目标网络的主机地址、网络地址或缺省路由地址。其中有几条特殊的目标地址的含义如下：

- 0.0.0.0——称为缺省路由，当数据包的目标网段不在路由表中时的路由处理。
- 255.255.255.255——当路由器收到一个绝对广播数据包时的路由处理。
- 127.0.0.0——本地回送地址。
- 224.0.0.0——当路由器收到一个组播数据包时的路由处理。

【网络掩码】：是目标网络的子网掩码。

【网关】：数据包需要发送到的下一个路由器的入口 IP 地址。

【接口】：为到达目标网络的从本路由器出去的接口名称。

【跃点数】：用来表示发送数据包的成本，跃点数常称为跳数(也就是经过的路由器的数量)，跃点数越小表示路径越优，路由表中有多个相同目标位置的路由记录时，路由器会先选择跃点数最小的路径转发数据包，Windows Server 2008 系统具备自动计算跃点数的功能，其计算公式为：跃点数＝接口跃点数＋网关跃点数。

其中,接口跃点数是以网络接口的速度计算的。如:100 Mbps 网卡默认为 20,1 Gbps 为 10,10 Gbps 为 5;网关跃点数默认为 256,假如在 1 Gbps 的网卡上指定默认网关,那么路由表中默认路由的跃点数为 10+256=266。

【协议】:用于表明此路由获得的方式。

- 若是在【路由和远程访问】窗口中手动建立的路由,则此处标记为“静态”。
- 若不是在【路由和远程访问】窗口中手动建立,而是利用其他方式手动建立的,比如利用“route add”命令建立或是在【本地连接】的【Internet 协议版本 4(TCP/IPv4)属性】窗口中设置的路由(默认网关),则此处标记为“网络管理”。
- 若是利用的 RIP 通信协议是从其他路由器学习得来的,则此处标记为“RIP”。
- 以上情况之外的,此处均标记为“本地”。

从图 11-13 路由表可见,当启动“路由和远程访问”服务后,系统已经自动添加了与该路由器直接连接的两个目标子网的路由记录,此时子网 1、子网 2 中的计算机之间可以互访(可在 PC1 上“ping”PC2 的 IP 地址测试其连通性)。

任务 11-2 配置静态路由

当路由器正常启动后,连接在同一路由器上的各子网中的主机是相互自动连通可达的,这是因为在该路由器的路由表中,已经自动添加了它们相互可达的目标网络的路由记录。而与该路由器没有直接相连的其他目标子网,其路由记录尚未产生,因而其数据包还不能转发到达。为此,可用以下两种方法来添加与该路由器未直接相连的目标子网的路由条目:

- 手动配置静态路由。
- 在所有路由器的每个接口上添加动态路由协议,由协议自动更新、添加。

如图 11-14 所示,在子网 1 与子网 3 没有直接相连的情况下,仅仅启动中间的两个软路由器,还不能实现互访。此时,可通过添加静态路由实现子网 1 与子网 3 之间的互访。

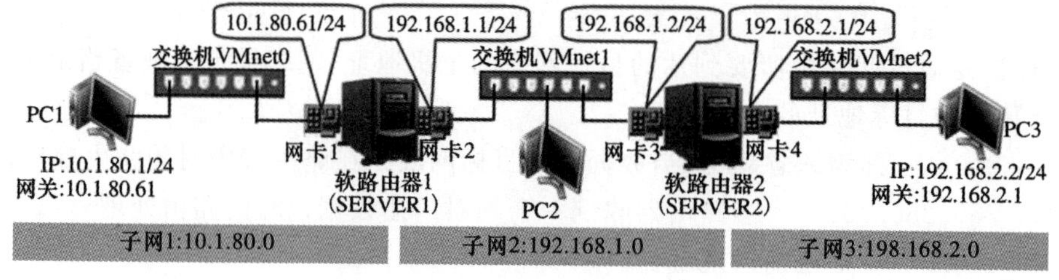

图 11-14 两台软路由器连接三个子网

首先分别登录 SERVER1 和 SERVER2,参照任务 11-1 的方法步骤,先后将二者配置为路由器,然后执行以下步骤:

步骤 1:在软路由器 1 上进入【路由和远程访问】窗口→展开【IPv4】→右击【静态路由】→在弹出的快捷菜单中选择【新建静态路由】,如图 11-15 所示。

步骤 2:打开【IPv4 静态路由】对话框,在【接口】下拉列表中选择在软路由器 1 上能够从子网 1 到达子网 3 的工作接口(这里只能是网卡 2)→在【目标】编辑框中输入目标网络的网络地址→在【网络掩码】编辑框中输入目标网络的子网掩码→在【网关】编辑框中输入下一个路由器入口的 IP 地址→单击【确定】按钮，如图 11-16 所示。

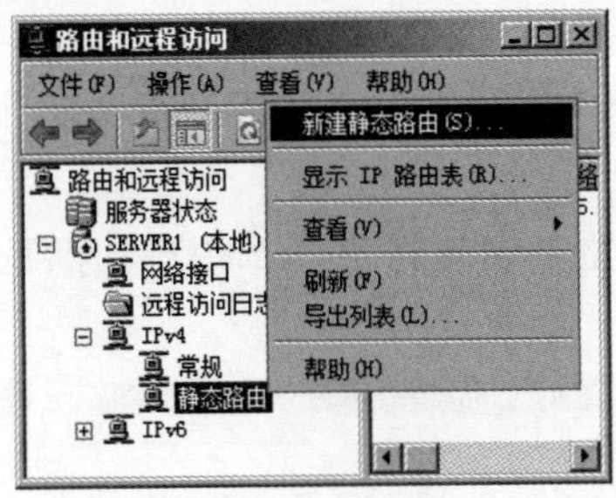

图 11-15　选择【新建静态路由】

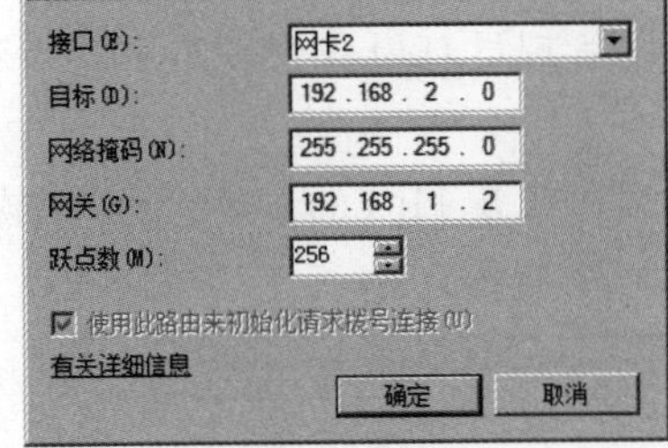

11-16　在软路由器 1 上添加静态路由

步骤 3：由于通信是双向的，还需要子网 3 的数据包能发给子网 1，所以在软路由器 2 上也要配置静态路由。采用同样的方法在软路由器 2 上添加静态路由，如图 11-17 所示。

设置好静态路由后，在各自的路由器的路由表中都增加了一条静态路由记录，软路由器 2 的路由表如图 11-18 所示。

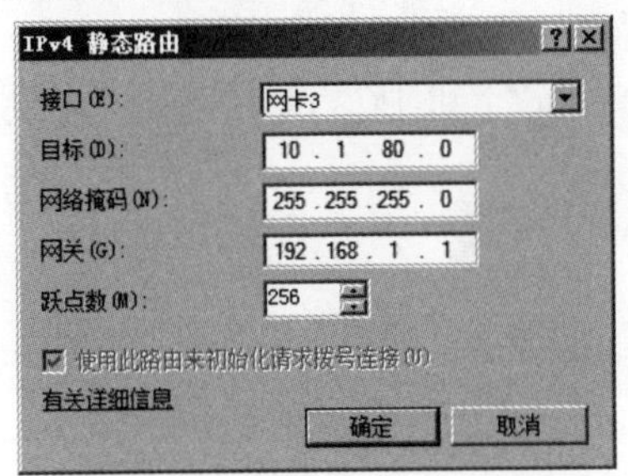

11-17　在软路由器 2 上添加静态路由

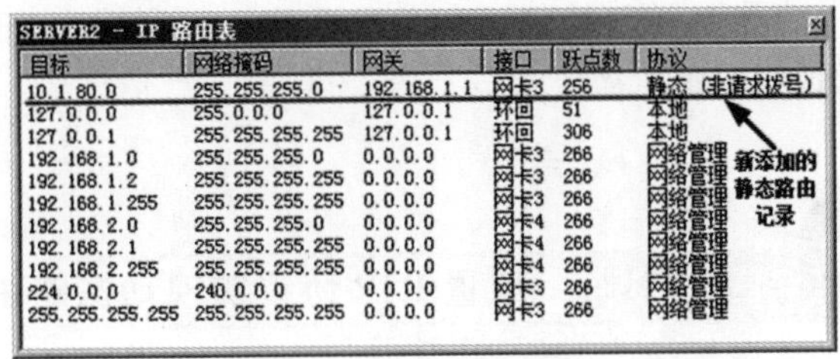
SERVER2 - IP 路由表

目标	网络掩码	网关	接口	跃点数	协议
10.1.80.0	255.255.255.0	192.168.1.1	网卡3	256	静态（非请求拨号）
127.0.0.0	255.0.0.0	127.0.0.1	环回	51	本地
127.0.0.1	255.255.255.255	127.0.0.1	环回	306	本地
192.168.1.0	255.255.255.0	0.0.0.0	网卡3	266	网络管理
192.168.1.2	255.255.255.255	0.0.0.0	网卡3	266	网络管理
192.168.1.255	255.255.255.255	0.0.0.0	网卡3	266	网络管理
192.168.2.0	255.255.255.0	0.0.0.0	网卡4	266	网络管理
192.168.2.1	255.255.255.255	0.0.0.0	网卡4	266	网络管理
192.168.2.255	255.255.255.255	0.0.0.0	网卡4	266	网络管理
224.0.0.0	240.0.0.0	0.0.0.0	网卡3	266	网络管理
255.255.255.255	255.255.255.255	0.0.0.0	网卡3	266	网络管理

图 11-18　软路由器 2 的路由表

步骤 4：测试连通性。在主机 PC1 上利用 ping 命令“ping”主机 PC3 的 IP 地址，可以连通，说明配置生效，如图 11-19 所示。

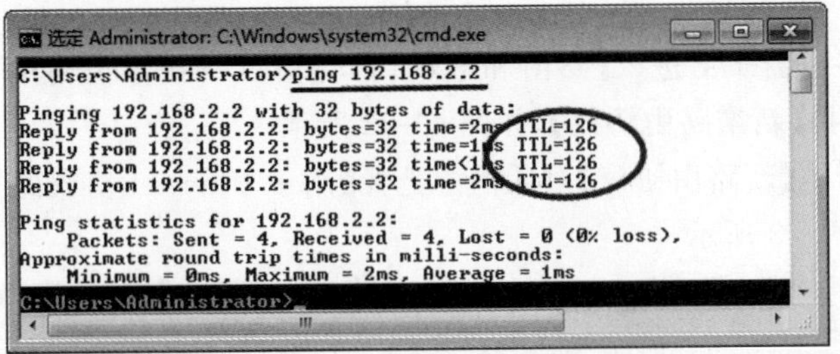

图 11-19　检测子网 1 与子网 3 的连通性

提示：在 Windows Server 2008 中同一子网的主机连接时默认的 TTL 值为 128，不同子网间的主机连接时，每经过一个路由器 TTL 的值就会减 1。

任务 11-3　默认路由的配置

默认路由（或缺省路由）指的是路由表中未直接列出目标网络的路由选择项，它用于发送目标网络没有包含在路由表中的数据包。默认路由一般在只有 1 条出口路径的末端网络

(如,图 11-14 中的子网 1 和子网 3)的路由器上配置。默认路由是静态路由的一种特殊情况,由网络管理员手动配置。下面是针对图 11-14 的默认路由的配置步骤:

步骤 1:以管理员身份登录软路由器 1 和软路由器 2→分别删除任务 11-2 中配置的静态路由。

步骤 2:按照任务 11-2 的步骤,分别在软路由器 1 和软路由器 2 中添加默认路由,如图 11-20 和图 11-21 所示。

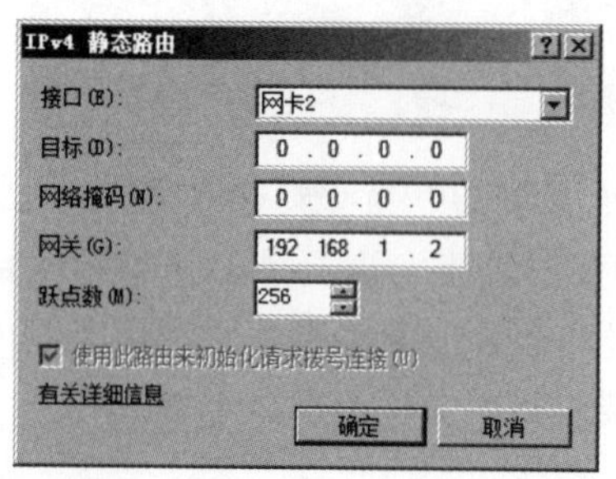

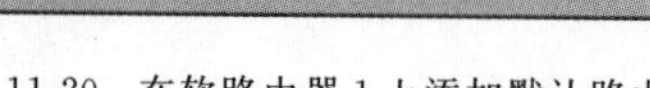
11-20 在软路由器 1 上添加默认路由

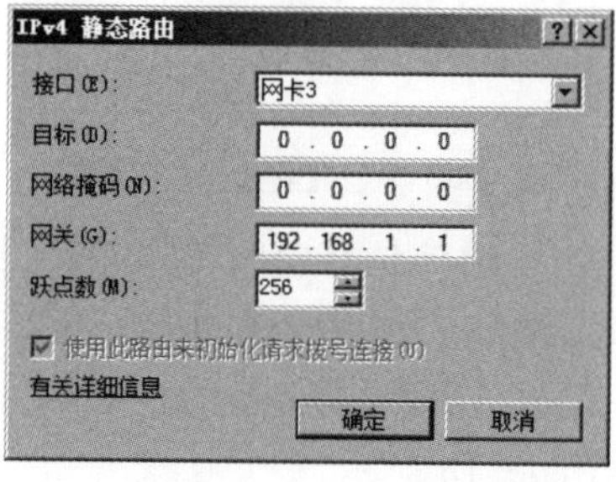

11-21 在软路由器 2 上添加默认路由

步骤 3:测试连通性。在主机 PC1 上利用 ping 命令"ping"主机 PC3 的 IP 地址,可以连通,说明配置生效。

任务 11-4 配置 RIP 协议实现动态路由

Windows Server 2008 支持 RIP 动态路由协议。本任务按照图 11-14 所示的结构图实施动态路由的设置,其步骤如下:

步骤 1:以管理员身份分别登录软路由器 1 和软路由器 2→删除任务 11-3 中配置的默认路由。

步骤 2:在软路由器 1 上进入【路由和远程访问】窗口→在左窗格中右击【常规】→在弹出的快捷菜单中选择【新增路由协议】,如图 11-22 所示。

步骤 3:在打开的【新路由协议】对话框中选择【用于 Internet 协议的 RIP 版本 2】→单击【确定】按钮,如图 11-23 所示。

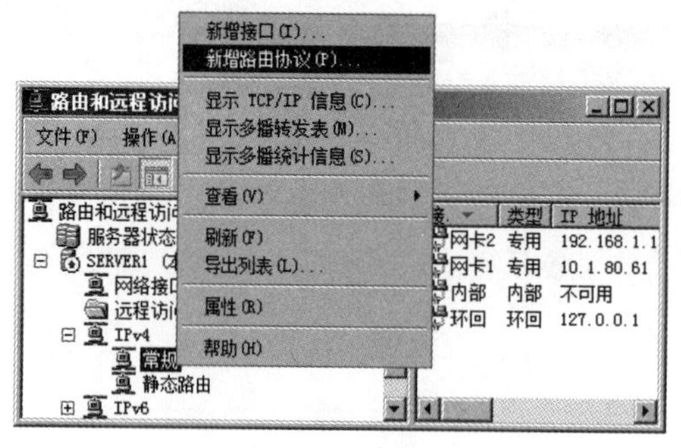

图 11-22 选择【新增路由协议】

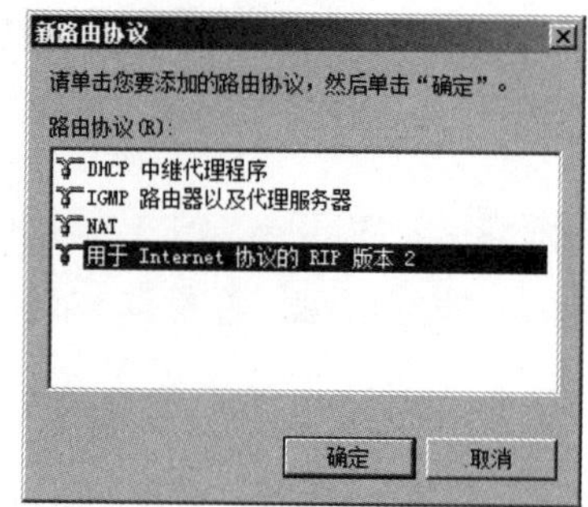

图 11-23 【新路由协议】对话框

步骤 4:在【路由和远程访问】窗口中右击【RIP】→在弹出的快捷菜单中选择【新增接口】,如图 11-24 所示。

步骤 5：弹出【用于 Internet 协议的 RIP 版本 2 的新接口】对话框→在【接口】列表框中选择第一个网络接口(如，网卡 1)→单击【确定】按钮，如图 11-25 所示。

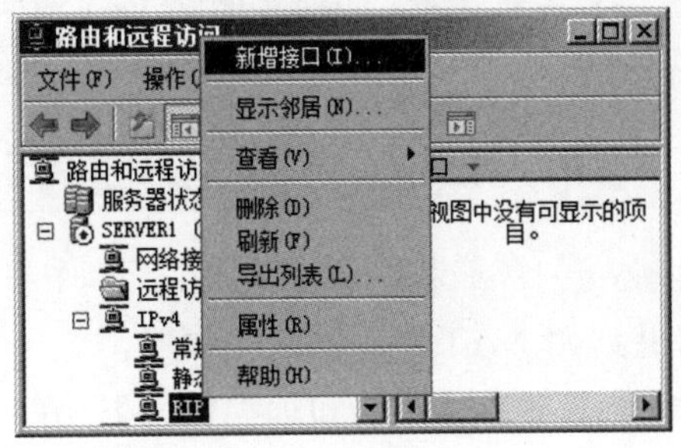

图 11-24　选择【新增接口】

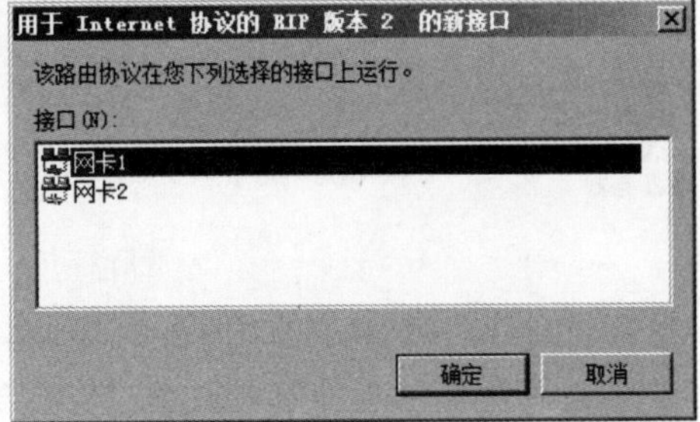

图 11-25　选择接口

步骤 6：弹出【RIP 属性-网卡 1 属性】对话框，各选项取系统默认值即可→单击【确定】按钮，如图 11-26 所示。

步骤 7：重复步骤 4～步骤 6，将 RIP 协议添加到第二个网络接口(如，网卡 2)。接口协议添加完后的画面如图 11-27 所示。

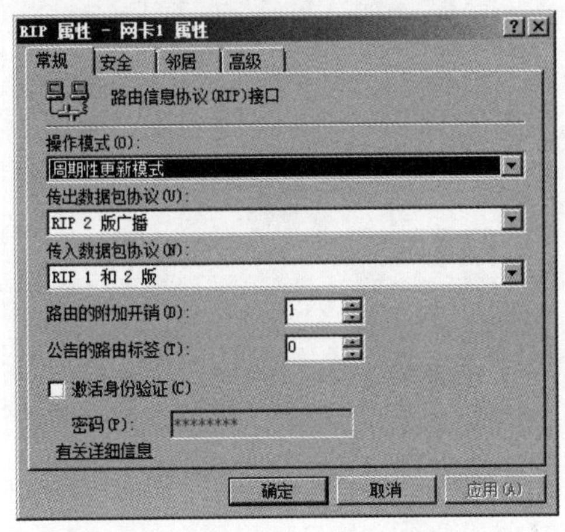

图 11-26　【RIP 属性-网卡 1 属性】对话框

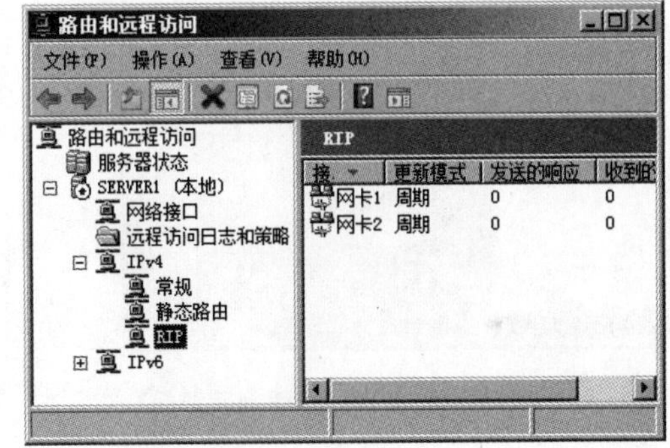

图 11-27　RIP 协议上添加的接口

步骤 8：以同样的方法在软路由器 2 上将 RIP 路由协议添加到所有网络接口(如，网卡 3、网卡 4)上。

RIP 协议可实现路由器之间路由表的动态交换与更新。添加动态路由协议后，子网 1、子网 2 和子网 3 就可以自由互访了。

任务 11-5　使用 NAT 服务实现共享上网

1. 配置并启用 NAT 服务

NAT 服务器通常配置两块网络接口卡，一块连接内网，一块连接公网，若连接公网的通过 ADSL 拨号上网，则可配置为自动获取 IP 地址；若通过有固定 IP 地址的专线接入，则配置为 ISP 提供的 IP 地址。其结构如图 11-28 所示。

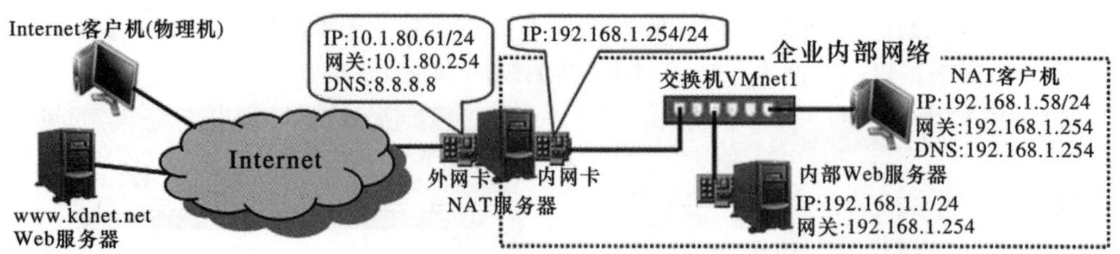

图 11-28 NAT 服务结构

在安装“路由和远程访问”服务的基础上，配置并启用 NAT 服务的步骤如下：

步骤 1：在服务器桌面上依次单击【开始】→【管理工具】→【路由和远程访问】→在打开的【路由和远程访问】窗口中右击服务器名称(如，SERVER2)→在弹出的快捷菜单中选择【配置并启用路由和远程访问】，如图 11-29 所示。

步骤 2：在打开的【路由和远程访问服务器安装向导】对话框中单击【下一步】按钮→在打开的【配置】对话框中选择【网络地址转换(NAT)】→单击【下一步】按钮，如图 11-30 所示。

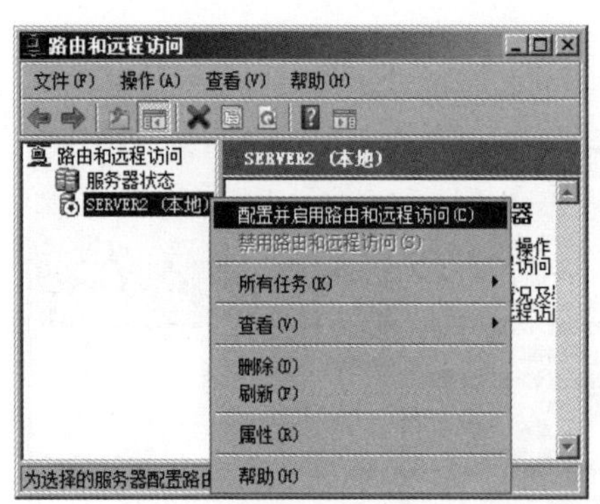

图 11-29 选择【配置并启用路由和远程访问】

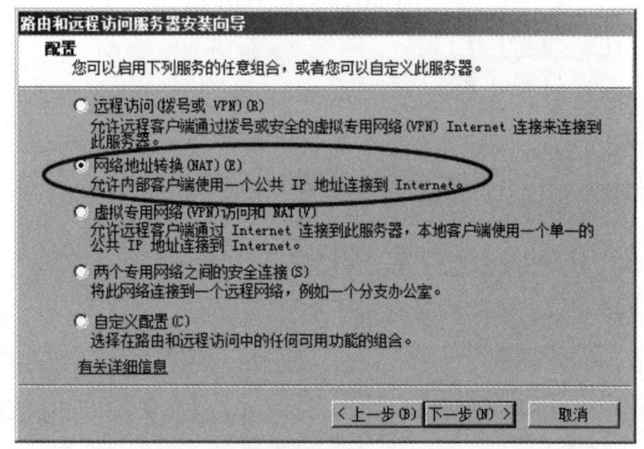

图 11-30 选择【网络地址转换(NAT)】

步骤 3：弹出【NAT Internet 连接】对话框，单击【使用此公共接口连接到 Internet】单选按钮→在【网络接口】列表框中单击连接公网的网络接口(如，“外网卡”)→单击【下一步】按钮，如图 11-31 所示。

•【使用此公共接口连接到 Internet】：如果 NAT 服务器的 Internet 接入采用固定永久的连接方式，如专线或以太网连接等，则选择此项。

•【创建一个新的到 Internet 的请求拨号接口】：如果 NAT 服务器的 Internet 接入采用非固定永久的连接方式，即在需要时才连接，例如传统拨号、ADSL 或 ISDN 连接等，选择此项，并根据向导设置连接时所需要的拨入号码、用户名和密码等参数。

步骤 4：当内网卡没有配置公网的 DNS 服务器的 IP 地址时，会弹出【名称和地址转换服务】对话框，选择【我将稍后设置名称和地址服务】→单击【下一步】按钮→在打开的【正在完成路由和远程访问服务器安装向导】对话框中单击【完成】按钮，如图 11-32 所示。

•【启用基本的名称和地址服务】：此选项中可以设置由 NAT 服务器提供 DHCP 服务，为 NAT 客户端自动分配 IP 地址、子网掩码和默认网关；同时还提供 DNS 代办转发服务功能，向 Internet 转发 NAT 客户端发来的域名解析请求。

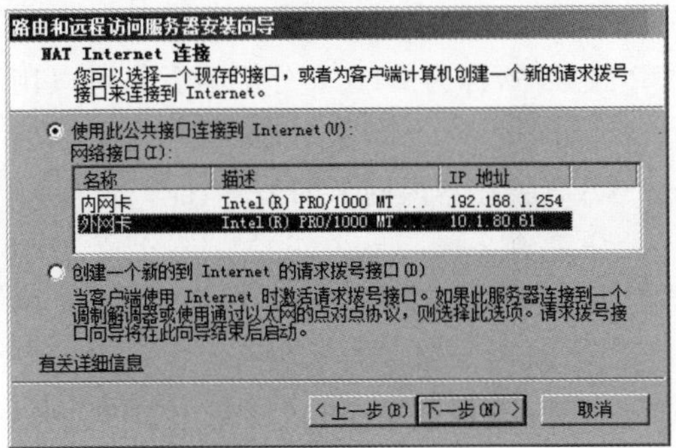

图 11-31　选择连接外网的接口

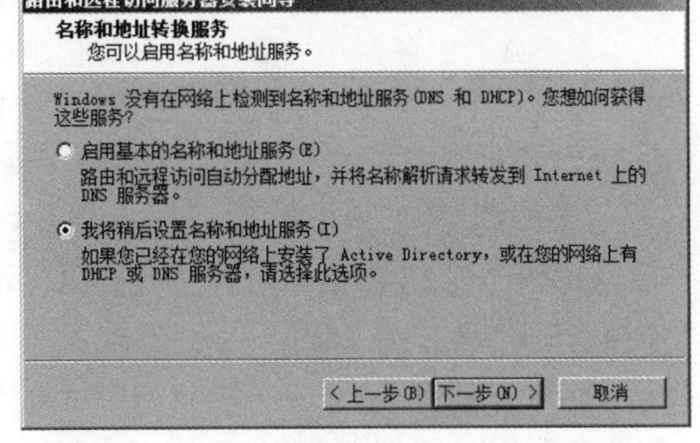

图 11-32　【名称和地址转换服务】对话框

•【我将稍后设置名称和地址服务】：不使用 NAT 服务器提供的 DHCP 和 DNS 代办转发服务，而是另外配置单独的 DHCP 和 DNS 服务器。

2. NAT 客户机的配置与测试

内部网络中的计算机只要修改其 TCP/IP 的设置即可访问 Internet，其步骤如下：

步骤 1：以管理员身份登录内网中的客户机→在桌面上右击【网络】→在弹出的快捷菜单中选择【属性】→在打开的【网络和共享中心】窗口中单击【更改适配器设置】→在打开的【网络连接】窗口中右击“本地连接”→在弹出的快捷菜单中选择【属性】→在打开的【本地连接 属性】对话框中选择【Internet 协议版本 4(TCP/IPv4)】→单击【属性】按钮→在打开的【Internet 协议版本 4(TCP/IPv4)属性】对话框中，输入客户机的 IP 地址、子网掩码，确保“默认网关”设置为 NAT 服务器的“内网卡”的 IP 地址，如图 11-33 所示。

步骤 2：访问测试。启动浏览器→在浏览器地址栏中输入 Internet 上 Web 服务器的域名(如，www.kdnet.net)，若网页能打开，则表明 NAT 服务器工作正常，如图 11-34 所示。

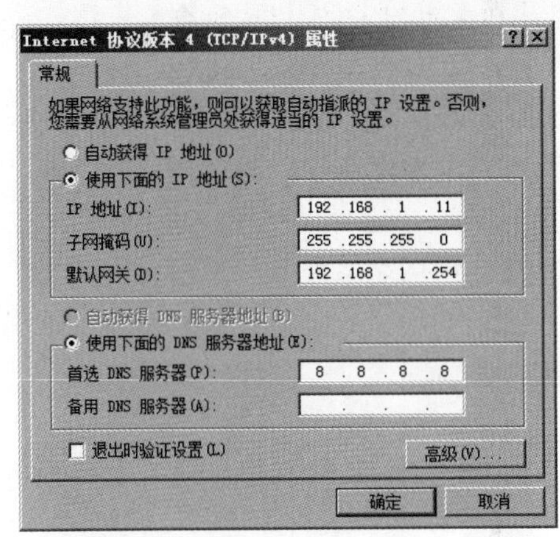

图 11-33　内部客户机的 TCP/IP 配置

图 11-34　验证 NAT 服务

任务 11-6　启用 NAT 服务器中的 DHCP 服务和 DNS 中继代理

Windows Server 系统的 NAT 服务器内置了 DHCP 服务和 DNS 中继代理两项服务。

1. 配置 NAT 服务器中的 DHCP 分配器

在 NAT 服务器中内置了一个简化版的 DHCP 服务器，称为 DHCP 分配器。它可以用来给内网中的计算机自动分配 IP 地址、子网掩码、默认网关和 DNS 服务器的 IP 地址四项参数，其中默认网关和 DNS 服务器的 IP 地址均是 NAT 服务器内网卡的 IP 地址。

DHCP 分配器的启用与配置步骤如下：

步骤 1：进入【路由和远程访问】窗口，在左窗格中右击【NAT】节点→在弹出的快捷菜单中单击【属性】选项，如图 11-35 所示。

步骤 2：在打开的【NAT 属性】对话框中选择【地址分配】选项卡→勾选【使用 DHCP 分配器自动分配 IP 地址】单选按钮→在【IP 地址】编辑框中，输入与 NAT 服务器内网卡的 IP 地址在同一子网的网络号→在【掩码】编辑框输入相应的子网掩码，如图 11-36 所示。

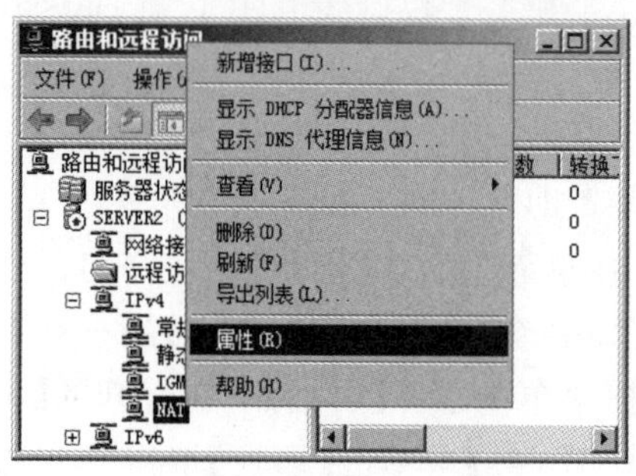

图 11-35 右击【NAT】

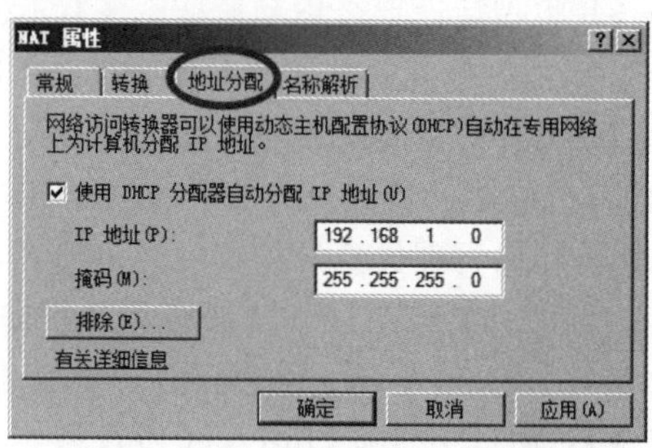

图 11-36 【NAT 属性】的【地址分配】选项卡

步骤 3：单击【排除】按钮→打开【排除保留的地址】对话框，在此，可重复单击【添加】按钮，将已被内网计算机静态占用的所有 IP 地址一一排除掉，如图 11-37 所示。

提示：NAT 服务器的 DHCP 分配器只能自动分配一个子网的 IP 地址，若内网中有多个子网且要求自动分配 IP 地址，则必须通过内网中另外专用的 DHCP 服务器来实现。

2. 启用 NAT 服务器中的 DNS 中继代理

当内网中的计算机需要域名解析时，可以将 DNS 服务器的 IP 地址配置为 NAT 服务器内网卡的 IP 地址，NAT 服务器会作为 DNS 中继代理来代为转发解析请求。

在 NAT 服务器上启用 DNS 中继代理的步骤如下：

步骤 1：在图 11-36 中单击【名称解析】选项卡→勾选【使用域名系统(DNS)的客户端】复选框→单击【确定】按钮，如图 11-38 所示。

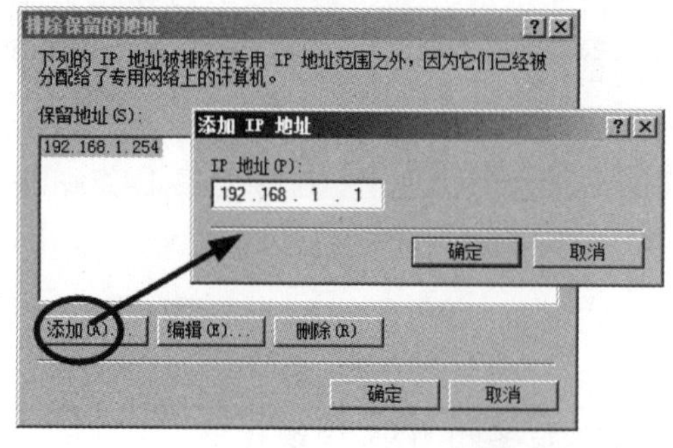

图 11-37 配置 DHCP 分配器的排除地址

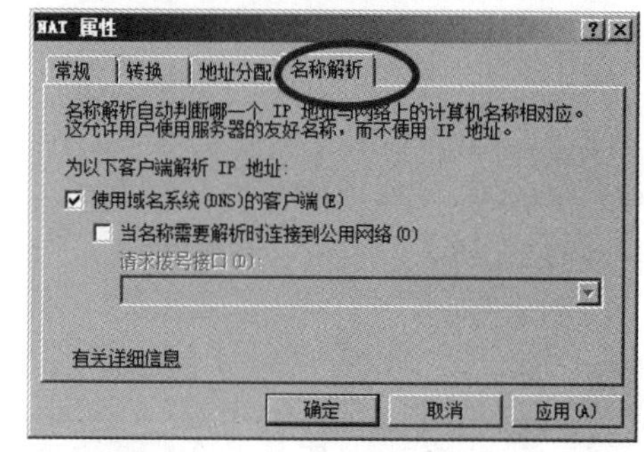

图 11-38 【NAT 属性】的【名称解析】选项卡

步骤 2：在 NAT 服务器的内网卡或外网卡上配置 DNS 服务器的 IP 地址(如，8.8.8.8)。

步骤 3:在 NAT 服务器的 Windows 防火墙上开放 DNS 流量,以允许接收客户端提交的 DNS 查询请求。为此,在桌面上右击【网络】→在弹出的快捷菜单中选择【属性】→在打开的【网络和共享中心】窗口的左下角单击【Windows 防火墙】→在打开的【Windows 防火墙】窗口中单击【启动和关闭 Windows 防火墙】→在打开的【Windows 防火墙设置】对话框中单击【例外】选项卡→单击【添加端口】按钮→打开【添加端口】对话框,填写名称和 DNS 服务端口号 53、选择 UDP 协议→连续两次单击【确定】按钮。如图 11-39 所示。

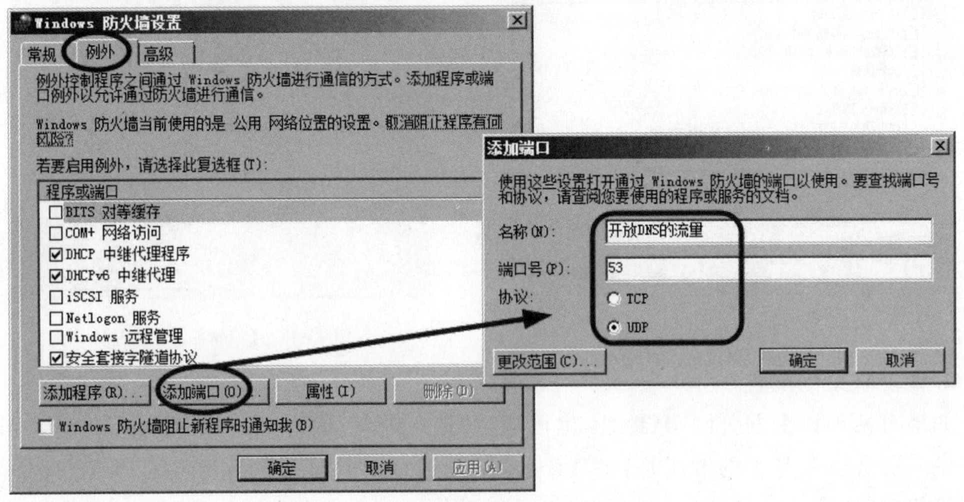

图 11-39　开放 NAT 服务器的 DNS 流量

提示:①NAT 服务器本身并不能完成域名解析,它只是接收 NAT 客户端发来的名称解析请求并转发给内网卡或外网卡上 TCP/IP 配置处所指定的 Internet 上的 DNS 服务器,并将 DNS 服务器返回的解析结果转发给内网的 NAT 客户端。

②内网中 NAT 客户端的 DNS 服务器 IP 地址应指向 NAT 服务器内网卡的 IP 地址或公网中 DNS 服务器的 IP 地址。

任务 11-7　让互联网用户访问内网服务器

NAT 服务器不仅可以让内网用户共享接入 Internet,还可以通过在 NAT 服务器上配置“端口映射”和“地址映射”使外网的用户访问内网中使用私网 IP 地址的服务器。

1. 端口映射的配置

以发布内网的 Web 网站为例,说明其配置步骤:

步骤 1:在【路由和远程访问】窗口的左窗格中单击【NAT】→在右窗格中双击“外网卡”接口→在打开的【外网卡 属性】对话框中单击【服务和端口】选项卡→在【服务】列表框中,勾选要对外开放的服务[如,“Web 服务器(HTTP)”],如图 11-40 所示。

步骤 2:打开【编辑服务】对话框,在【专用地址】编辑框内输入内部网络中要开放服务的计算机的 IP 地址→单击【确定】按钮,如图 11-41 所示。

提示：通过端口映射功能，只能开放部分服务项目，而对于一些特殊的应用程序的执行(如某些网络游戏)，只开放某些端口是不够的，此时可通过“地址映射”的方式来解决此问题，但其配置的条件是公司申请到了至少 2 个公网 IP 地址。

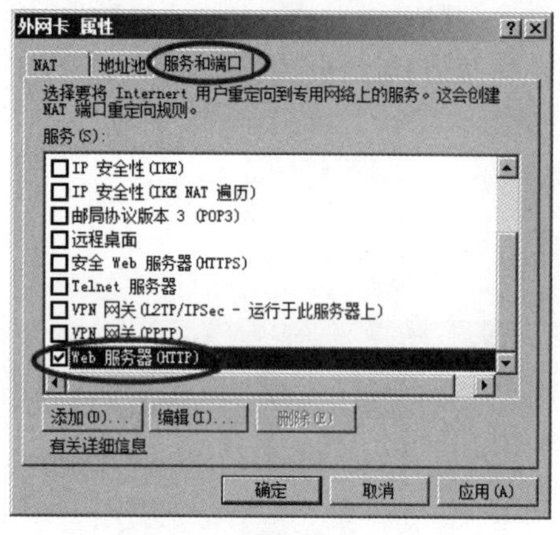

图 11-40 【服务和端口】选项卡

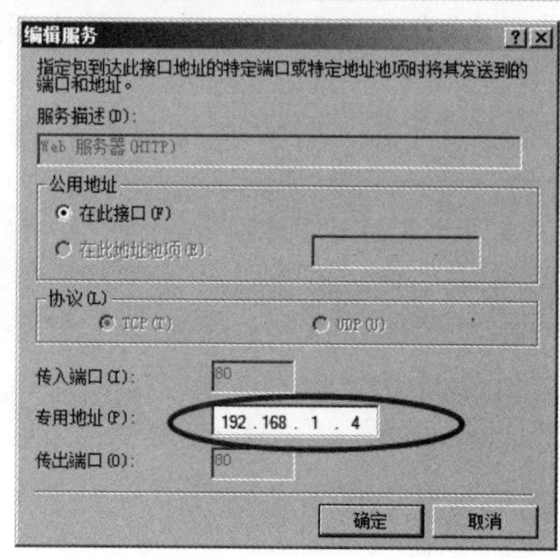

图 11-41 【编辑服务】对话框

2. 地址映射的配置

如果有两个以上的公网 IP 地址，也可通过“地址映射”的方式向外网用户开放内网计算机提供的服务。其基本的做法是：将某个公网 IP 地址映射到内网中采用私网 IP 地址的某台计算机后，所有从外部传送给此公网 IP 的数据包，不论其目的端口为多少，都会被 NAT 服务器转发给此计算机。

具体配置步骤如下：

步骤 1：在图 11-40 中单击【地址池】选项卡→单击【添加】→在打开的【添加地址池】对话框中填入 ISP 提供的公网 IP 地址的范围→单击【确定】按钮，如图 11-42 所示。

步骤 2：返回【地址池】选项卡对话框，单击【保留】按钮→在打开的【地址保留】对话框中单击【添加】按钮→打开【添加保留】对话框，在【保留此公用 IP 地址】编辑框内输入 ISP 提供的公网 IP 地址(保留的公网 IP 地址只映射到特定的私网 IP 地址，不再用于动态映射的通信)→在【为专用网络上的计算机】编辑框内输入内网中被映射的向外提供服务的计算机的 IP 地址→勾选【允许将会话传入到此地址】→连续单击三次【确定】按钮，如图 11-43 所示。

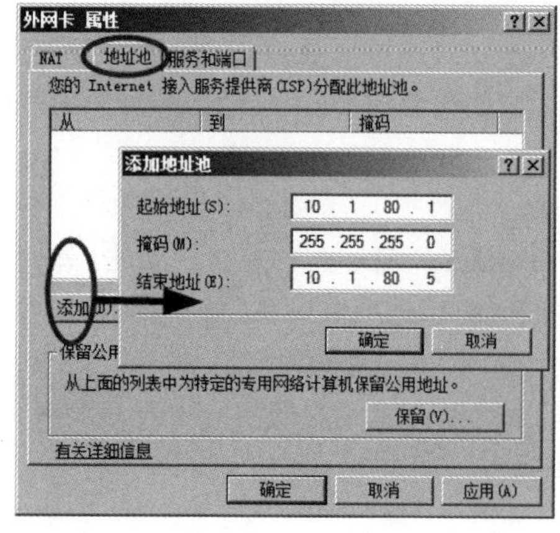

图 11-42 添加地址池

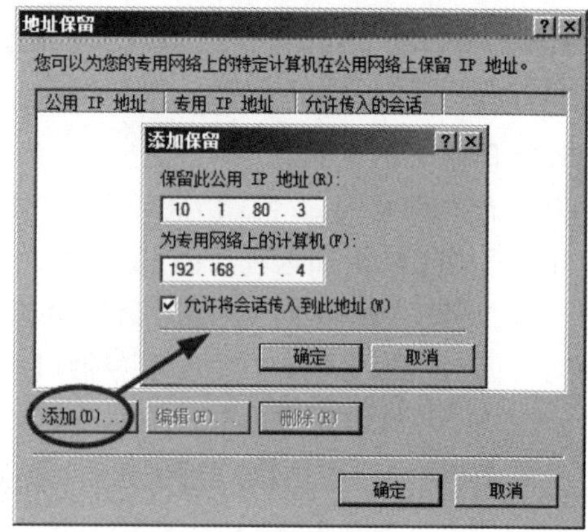

图 11-43 添加保留区

完成上述配置后，所有外部网络上以 10.1.80.3 为目标地址的数据包都会被 NAT 服务器转交给内网中 IP 地址为 192.168.1.4 的计算机。

提示：如果选择【允许将会话传入到此地址】，并且没有针对公网 IP 或私网 IP 做任何数据包的筛选过滤的安全设置，那么内网中被映射的这台使用私网 IP 的计算机将处于不设防的状态。因此，对 NAT 的外网卡进行入站规则的设置就显得非常必要了。设置方法参见项目 13 中有关"高级安全 Windows 防火墙"的介绍。

项目实训 11-1　软路由器的配置

【实训目的】

能够将安装 Windows Server 2008 的计算机配置为软路由器，掌握配置静态路由、默认路由及动态路由的方法。

【实训环境】

每人 1 台 Windows XP/7 物理机，2 台 Windows Server 2008 虚拟机，1 台 Windows XP/7 虚拟机。

【实训拓扑】

软路由器实训示意图如图 11-44 所示。

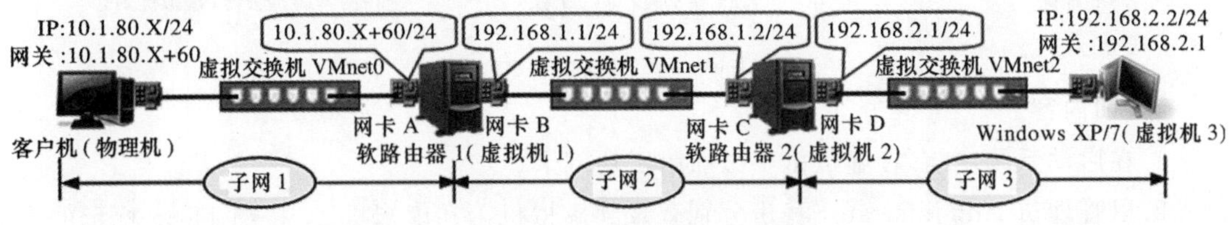

图 11-44　软路由器实训示意图

【实训内容】

1. 启动系统前，为虚拟机 1 和虚拟机 2 添加第 2 块网卡。

2. 以管理员 Administrator 身份分别登录到虚拟机 1、虚拟机 2 和虚拟机 3，按图 11-44 标示的参数配置各网卡的 TCP/IP 参数和连接的虚拟交换机。

3. 在客户机用 ping 命令"ping"虚拟机 1 的网卡 A，能否"ping"通？

4. 在客户机用 ping 命令"ping"虚拟机 1 的网卡 B，能否"ping"通？

5. 在客户机用 ping 命令"ping"虚拟机 3，能否"ping"通？

6. 在虚拟机 1、虚拟机 2 分别安装、启用并配置路由和远程访问中的 LAN 路由。再次在客户机用 ping 命令"ping"虚拟机 3，能否"ping"通？

7. 在软路由器 1 和软路由器 2 上，分别使用"route print"命令查看路由表。查看在软路由器 1 上是否有到达子网 3 的路由条目？在软路由器 2 上是否有到达子网 1 的路由条目？

8. 在软路由器 1 中添加到达子网 3 的静态路由条目，在软路由器 2 中添加到达子网 1 的静态路由条目，然后再做第 5 题，能否"ping"通？

9. 删除第 8 题添加的两条静态路由条目，针对网卡 A、网卡 B、网卡 C 和网卡 D 添加 RIP 协议，然后再做第 5 题，能否"ping"通？

10. 在虚拟机 3 上，添加一个共享文件夹，然后从客户机访问该共享文件夹。

项目实训 11-2 NAT服务的配置

【实训目的】

学会启动与配置 NAT 服务器和 NAT 客户机，实现内网计算机共享上网和外网用户访问内网服务器。

【实训环境】

每人 1 台 Windows XP/7 物理机，2 台 Windows Server 2008 虚拟机，虚拟机 2 准备好 Web 网站，虚拟机网卡连接至虚拟交换机 VMnet0 和 VMnet1。其中，10.1.80.0/24 网段是校园网内能上 Internet 的网络地址(在此作为模拟公网的地址)。

【实训拓扑】

NAT 服务实训示意图如图 11-45 所示。

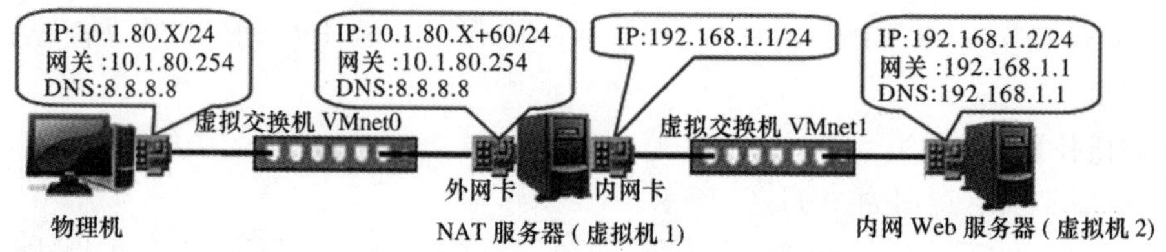

图 11-45 NAT 服务实训示意图

【实训内容】

1. 在启动系统之前，在虚拟机 1 添加第 2 块网卡。
2. 以管理员 Administrator 身份分别登录到虚拟机 1 和虚拟机 2，按图 11-45 标示的参数配置各网卡的 TCP/IP 参数和连接的虚拟交换机。
3. 在虚拟机 1 上，启动并配置 NAT 服务器。
4. 配置内部 NAT 客户机(虚拟机 2)，然后打开浏览器，在地址栏中输入公网上任意网站地址，测试能否访问该网站，若能成功访问则 NAT 服务配置成功。
5. 在虚拟机 1 上针对 Web 服务配置端口映射功能。
6. 配置外部 NAT 客户机(物理机)，然后打开浏览器，在地址栏中输入“http://10.1.80.X+60”(虚拟机 1 外网卡的 IP 地址)，访问该网站。若能成功访问表明外网能访问内网的服务器，端口映射配置成功。

项目习作 11

一、选择题

1. 下面关于静态路由和动态路由的描述正确的是(　　)。

A. 动态路由是由管理员手动配置的，静态路由是路由协议自动学习的

B. 静态路由是由管理员手动配置的，动态路由是路由协议自动学习的

C. 静态路由指示路由器转发那些与路由器不直接相连的网络的数据包，动态路由指示

路由器转发那些与路由器直接相连的网络的数据包

D. 动态路由指示路由器转发那些与路由器不直接相连的网络的数据包，静态路由指示路由器转发那些与路由器直接相连的网络的数据包

2. 下列关于路由器路由表的叙述错误的是(　　)。

A. 路由表是为一组计算机做的路由

B. 路由表是根据计算机的 MAC 地址进行路由的

C. 接口的地址是路由器自己的端口地址

D. 网关的地址可能是本地的地址，也可能是同一网段的路由器的 IP 地址

3. 路由器是依据(　　)来转发数据包的。

A. 路由表　　　　B. 数据包的 IP 地址

C. 路由协议　　　　D. 数据包的物理地址

4. 利用 Windows Server 2008 中的 RRAS 配置了软路由器 R1 和 R2，且想配置动态路由协议，以便 R1 和 R2 自动交换路由信息，则 R1 和 R2(　　)。

A. 只能都使用 RIP　　　　B. 只能都使用 OSPF

C. 使用相同协议即可　　　　D. 使用不同协议也行

5. 关于公用地址和专用地址的错误说法是(　　)。

A. 公用地址在 Internet 上使用具有唯一性

B. 专用地址可重复使用

C. 公用地址是在公网上使用的 IP 地址

D. 专用地址是专门连接 Internet 的 IP 地址

6. 内部网络的计算机通过 NAT 服务器向 Internet 中的某个主机发送请求时，NAT 服务器会将(　　)地址转换为公用地址。

A. 内部网络计算机的源 IP 地址　　B. 内部网络计算机的目的 IP 地址

C. NAT 服务器的内网卡 IP 地址　　D. 内部网络计算机的网关

7. 某小型企业的网络使用 Windows Server 2008 的 NAT 服务实现内部员工对 Internet 的访问，在 NAT 服务器上有两块网卡，连接内部网络的网卡配置的 IP 地址为 192.168.1.254/24，连接外部网络的网卡配置的 IP 地址为 210.42.198.8/24。现在内部网络的一台工作站通过该 NAT 服务器向 Internet 的一台 IP 地址为 61.110.34.56 的主机发送数据包，则数据包经过 NAT 服务器后其(　　)。

A. 源地址不变，目标地址被改为 210.42.198.8

B. 源地址不变，目标地址被改为 61.110.34.56

C. 目标地址不变，源地址被改为 210.42.198.8

D. 目标地址不变，源地址被改为 61.110.34.56

8. NAT 服务器可以让内部局域网的用户连接 Internet，也可让外网用户访问内网的某些计算机，对于后者，应该进行(　　)的配置。

A. 地址映射　　B. 防火墙　　C. 包过滤　　D. 端口映射

二、简答题

1. 简述路由器的工作过程。

2. Windows Server 2008 搭建的软路由器与专用的硬件路由器有何不同?

3. 简述静态路由与动态路由各自的用途与差别。

4. 什么是专用地址和公用地址?

5. 简述 NAT 服务器的工作过程。

教学情境 3
安全维护

名人名言

人永远不能预知哪种设计会被采用，但是一开始我们就很确信，这种技术（指以太网）会十分强大而且会被广泛采用。

——罗伯特·梅特卡夫

项目12 使用权限、备份与恢复实现存储安全

12.1 项目背景

信息安全始终是企业信息化过程中一个重要方面，网络中始终存在的病毒和恶意攻击行为，可导致计算机系统崩溃或数据损失。网络管理员需要采取一系列的措施来保护公司网络和服务器的安全。要搭建一台安全的服务器，首先面对的问题是对服务器中存储资源的权限分配和备份与恢复。权限决定着用户可以访问的资源对象，也决定着用户享受的服务项目。由于资源的所有者和用途不同，需要针对不同的用户设置不同的访问权限，比如，财务部的数据只允许公司负责人和财务部的员工查看，并且财务部的有关人员可以修改，而其他员工则无法看到。面对此类现实需求，公司网络管理员小刘首先将服务器磁盘的各个分区(或卷)全部转换成了 NTFS 分区(卷)，并针对不同用户或部门成员对同一文件或文件夹设置了不同的访问权限以保障资料的安全。同时，为了避免故障导致丢失数据的情况发生，还对重要的数据进行手动和自动备份，以便在发生故障时能够及时恢复。

12.2 项目知识准备

12.2.1 网络安全的含义与特征

网络安全涉及从硬件到软件、从单机到网络的各个方面的安全机制。网络安全是指网络系统的硬件、软件及系统中的数据受到保护，不因偶然的或者恶意的行为而遭到破坏、更改、泄漏，保证系统连续可靠正常地运行，网络服务不中断。

一个网络是否安全应具备以下五个方面的特性：

保密性：数据在产生、传输、处理和存储的各个环节不泄露给非授权用户、实体或过程。

完整性：数据在存储或传输过程中不被修改。

可用性：当需要时数据可被授权用户使用。

可控性：数据时刻处于合法所有者或使用者的有效掌控之下。

可审查性：管理员能够跟踪用户的操作行为。

12.2.2 Windows Server 2008 安全管理机制

Windows Server 2008 安全管理机制主要体现在以下几个方面：

• 身份验证:是防止非法访问的第一道关卡,用于确认尝试登录访问网络资源的用户身份,即控制能够登录到服务器的用户。

• 访问控制:身份验证无法告诉用户能做些什么,而访问控制可决定用户能对哪些资源具有哪些操作权限(如,文件的"读"或"写"权限)。访问控制规定了访问发起者(如用户、进程、服务等)对访问对象(需要保护的资源)的访问权限,并在身份验证的基础上,根据身份对提出访问资源的请求加以控制,其主要任务是保证网络资源不被非法使用和访问。

• 安全策略:规定了用户在使用计算机、运行应用程序和访问网络等方面的行为约束规则。根据影响范围的不同,Windows Server 2008 支持本地安全策略、域控制器安全策略、域安全策略、组策略四种类型的安全策略。

• 审核:就是把发生的事件按照预先设定的方式记录下来以供检查和分析。通过审核可以跟踪用户或操作系统的活动,并将审核的事件记录到安全日志中,如相应事件的类型、产生的时间、相关用户和结果等。这就为可能出现的安全性破坏事件提供了证据。

• 数据保护:Windows Server 2008 提供了数据存储方面的加密文件系统(EFS);数据恢复方面的 RAID、backup、安全模式;数据传输方面的数字签名技术、Internet 验证服务(IAS)、IPSec 和 FIPS 加密、SSL 和 IAS/RADIUS 认证、凭证管理器等多种保护技术。

• 公钥结构:公钥基础结构(PKI)是一个包括数字证书、证书颁发机构(CA)和其他注册机构(RA)的体系,它通过使用公钥加密技术,对电子交易中涉及的每一方的合法性进行验证,并进行身份验证,各种 PKI 标准正作为电子商务不可或缺的组成部分被广泛实施。

• 域信任:Windows Server 2008 支持域信任和林信任,域信任允许用户对其他域上的资源进行身份验证和访问。

• 高级安全 Windows 防火墙:一种基于软件的监控状态筛选防火墙,它通过检查传入和传出的数据包并将其与一组规则进行比较,从而确定是否让数据包入站和出站。

12.2.3 权限的含义与种类

权限指的是用户对计算机或网络中的资源的访问能力。权限可以配置给用户帐户或组帐户,对同一资源针对不同的帐户设置不同的访问权限可以防止重要资源被他人篡改,导致系统崩溃。Windows 操作系统中的权限分为两种:NTFS 权限和共享权限。

1. NTFS 权限

NTFS 权限是指用户对 NTFS 分区(卷)上的文件或文件夹的访问能力。NTFS 权限只适用于 NTFS 磁盘分区(卷),不能用于 FAT 或 FAT32 的磁盘分区。

在 NTFS 分区上的每一个文件和文件夹都有一个列表,被称为 ACL(Access Control List,访问控制列表)。在 ACL 中,每一个用户或组都对应一组访问控制项(Access Control Entry,ACE),每个 ACE 都记录了一个用户和组对该资源的访问权限。当一个用户试图访问一个文件或文件夹时,NTFS 文件系统会检测该用户是否存在于被访问的文件或文件夹对应的 ACL 中,若不存在则无法访问;若存在,则进一步比较该用户的访问权限与 ACL 中的访问权限是否一致,若一致就允许访问,否则就无法访问。

NTFS 权限分为两大类:标准 NTFS 权限、特殊 NTFS 权限。

标准 NTFS 权限提供的文件和文件夹权限的具体意义见表 12-1。

表 12-1　　**标准 NTFS 权限的具体意义**

标准权限	文　件	文件夹
读　取	读取文件内的数据，查看文件的属性、所有者以及权限	查看文件夹中的文件及子文件夹名称，查看文件夹的属性、所有者和拥有的权限等
列出文件夹目录	无	“读取”＋查看文件夹中的子文件夹与文件名称
写　入	修改文件内容，可将文件覆盖，改变文件属性	在文件夹里添加文件与文件夹，更改文件夹属性、查看文件夹所有者以及权限等
读取和执行	“读取”＋执行应用程序	“列出文件夹目录”＋文件夹的继承性
修　改	“写入”＋“读取和执行”＋删除文件、改变文件名	“写入”＋“读取与运行”＋删除、重命名子文件夹
完全控制	具有所有的 NTFS 权限	具有所有的 NTFS 权限

标准 NTFS 权限是特殊 NTFS 权限的特定组合，Windows Server 2008 系统为了简化管理，将一些特殊 NTFS 权限组合起来形成了常用的标准 NTFS 权限，当需要分配权限时，可以通过分配一个标准 NTFS 权限以达到一次分配多个特殊 NTFS 权限的目的。

特殊 NTFS 权限是标准 NTFS 权限的补充和细化，它包含了在各种情况下对资源的访问权限，约束了用户访问资源的所有行为。主要的特殊 NTFS 权限，见表 12-2。

表 12-2　　**主要的特殊 NTFS 权限**

特殊权限	访问能力
遍历文件夹/执行文件	“遍历文件夹”：即使用户没有访问文件夹的权限，也允许用户进入到文件夹内，此权限只适用于文件夹；“执行文件”：允许运行程序文件，此权限适用于文件，不适用于文件夹
读取扩展属性	可以查看文件夹或文件的扩展属性。扩展属性是由应用程序自行定义的，不同的应用程序可能有不同的设置
创建文件/写入数据	“创建文件”让用户可以在文件夹内创建文件；“写入数据”让用户能够更改与覆盖文件内的现有数据
创建文件夹/附加数据	“创建文件夹”在文件夹内创建子文件夹；“附加数据”让用户可以在文件的后面添加数据，但是无法更改、删除、覆盖原有的数据
写入扩展属性	用户可以更改文件夹或文件的扩展属性
删除子文件夹及文件	让用户可以删除该文件夹内的子文件夹与文件，即使用户对这个子文件夹或文件没有“删除”的权限，也可以将其删除
删　除	删除文件夹与文件。即使用户对该文件夹或文件没有“删除”的权限，但是只要它在父文件夹中被授予“删除子文件夹及文件”的权限，他还是可以删除该文件夹或文件
更改权限	让用户可以更改文件夹或文件的权限设置
取得所有权	每个文件或文件夹都有其所有者，默认情况下文件或文件夹的创建者自动获得“取得所有权”权限。该权限将取得文件或文件夹的所有权，不论用户对该文件夹或文件的权限是什么，他永远具有更改该文件夹或文件权限的能力

对于已经设置好 NTFS 权限的文件或文件夹，不可避免地会遇到复制或移动的情况。复制或移动后权限变化的情况见表 12-3。

表 12-3　　NTFS 分区上的资源在复制和移动后权限变化对照表

资源变化情况	复制	移动
在同一个 NTFS 分区内	继承目的地文件夹的权限	保留原来的权限
在不同 NTFS 分区之间	继承目的地文件夹的权限	继承目的地文件夹的权限
NTFS 分区→FAT/FAT32 分区	NTFS 权限丢失	

2. 共享权限

共享权限特指用户对共享文件夹的访问权限，有三种：读者、参与者和所有者。

Windows 操作系统可以共享 FAT、FAT32 和 NTFS 分区(卷)下的文件夹(不能直接设置单个文件的共享)。共享权限只影响网络访问者，NTFS 权限既影响网络访问者也影响本地访问者。共享权限和 NTFS 权限是独立的，即它们不互相更改。网络用户对于共享文件夹的最终访问权限是共享权限与 NTFS 权限的交集，是二者最为严格的权限。

12.2.4　数据的备份与恢复技术

自 Windows Server 2008 开始，系统的备份和恢复工具由 ntbackup 替换为 Windows Server Backup，后者在以下几个方面有了较大改进：

- 备份速度更快：Windows Server Backup 利用卷影副本服务和块级别的备份技术来有效地备份和恢复操作系统、文件以及文件夹。备份模式分为完全备份和增量备份(只备份上次备份后变化的数据)。当用户第一次完成完全备份后，可设置自动运行增量备份(旧版本中，用户需手动选择每次的备份是完全备份还是增量备份)。
- 恢复效率更高：Windows Server Backup 在恢复先前备份好的数据内容时，可以对目标备份内容进行智能识别，判断它是采用了完全备份还是增量备份，若是完全备份，则会自动对所有的数据内容执行恢复操作，若是增量备份，则会自动对增量备份内容进行恢复操作；而传统的数据备份功能在执行数据恢复操作时，不具有智能识别备份方式，而且在恢复采用增量备份的数据时，只能逐步地恢复。
- 支持 DVD 光盘备份：随着备份量的增大以及刻录工具的普及，DVD 介质的备份使用越来越普遍，Windows Server Backup 提供了对于 DVD 光盘备份的支持。

12.3 项目实施

任务 12-1　NTFS 文件系统的获取

获取 NTFS 文件系统的方法有多种，在此介绍几种常见的方法：

1. 在安装系统时获取

在初始安装 Windows Server 2008 系统时会提示格式化选定的磁盘分区，并将该分区无选择地格式化为 NTFS 文件系统，从而获得 NTFS 文件系统，如图 12-1 所示。

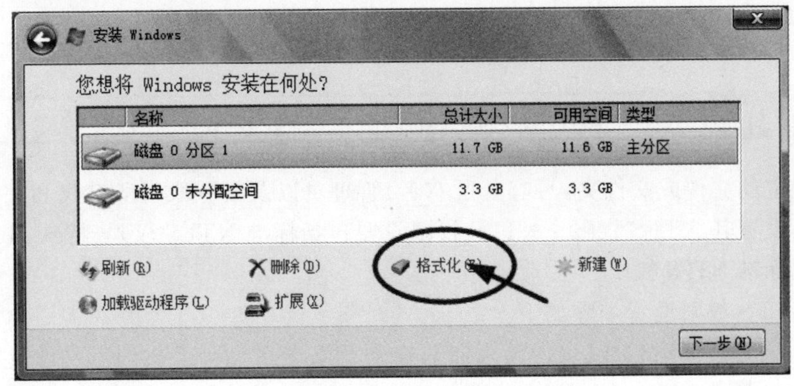

图 12-1 系统安装中将选定的磁盘分区格式化

2. 在安装系统后获取

若要把以前格式化为 FAT 的分区转换为 NTFS 分区,需根据不同的情况进行不同的处理。

(1)要转换的分区是非系统分区且分区内无数据时

此时,可以直接进行格式化来获取 NTFS 文件系统,具体步骤如下:

步骤 1:在桌面上双击【计算机】图标→右击需要进行转换的磁盘分区(如 E:)→在打开的快捷菜单中选择【格式化】。

步骤 2:打开【格式化 新加卷(E:)】对话框,在【文件系统】下拉列表中选择【NTFS(默认)】→单击【开始】按钮,如图 12-2 所示。

(2)要转换的分区是系统分区或非系统分区内有数据时

这就要求转化后既能获取 NTFS 文件系统,又能保留全部数据。具体步骤如下:

步骤 1:单击【开始】→【运行】菜单项→在打开的【运行】对话框中输入"convert e:/fs:ntfs"命令,其中"e:"为要转换的分区盘符→单击【确定】按钮,如图 12-3(a)所示。

步骤 2:打开如图 12-3(b)所示的窗口,在光标处输入要转换分区的卷标→按【Enter】键后开始转换。

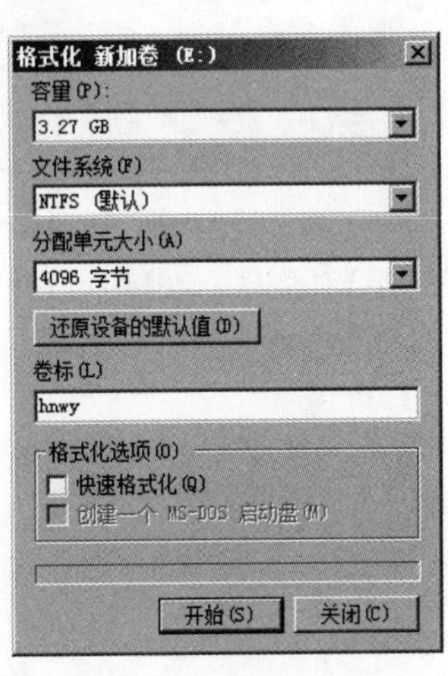

图 12-2 格式化磁盘分区

图 12-3 转换为 NTFS 分区

任务 12-2 NTFS 权限的设置

对于指定的文件或文件夹，只有其所有者、管理员以及具有取得所有权和完全控制权的用户才可以设置其 NTFS 权限。NTFS 权限设置包括标准 NTFS 权限、特殊 NTFS 权限。

1. 设置标准 NTFS 权限

标准 NTFS 权限设置步骤如下：

步骤 1：通过【计算机】或【资源管理器】，在 NTFS 分区（卷）上找到需要设置权限的文件或文件夹→右击该文件或文件夹→在弹出的快捷菜单中选择【属性】→在打开的【属性】对话框中选择【安全】选项卡→单击【编辑】按钮，打开【迅达公司资料库 的权限】对话框，如图 12-4 所示。

步骤 2：若设置权限的用户或组没有出现在【组或用户名】列表框中，则单击【添加】按钮→打开【选择用户或组】对话框，在【输入对象名称来选择（示例）】列表框中输入要添加的用户名或组名，也可通过单击【高级】→【立即查找】按钮来选定添加的用户或组，如图 12-5 所示。

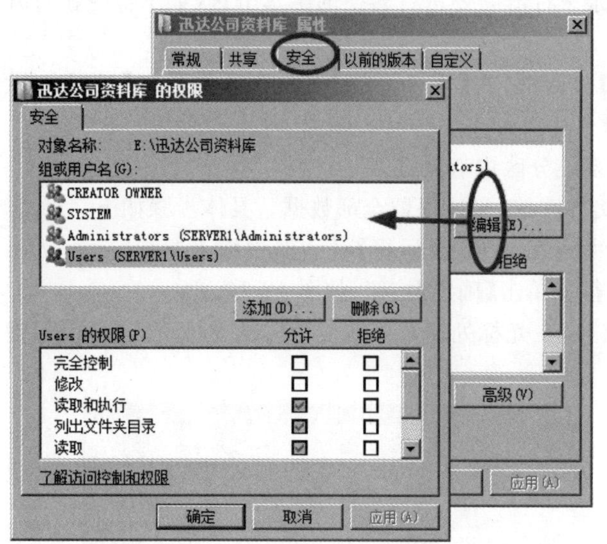

图 12-4 【迅达公司资料库 的权限】对话框

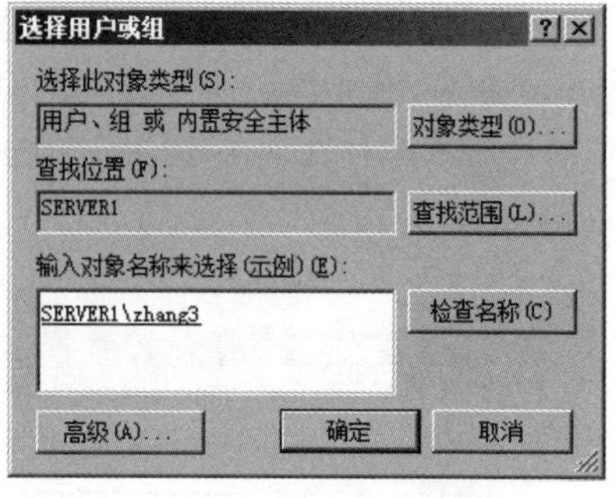

图 12-5 【选择用户或组】对话框

步骤 3：单击【确定】按钮，返回到【迅达公司资料库 的权限】对话框→在【组或用户名】列表框中选择要进行权限设置的用户或组→在【zhang3 的权限】列表中，通过勾选【允许】或【拒绝】来设置用户或组的权限→设置完后，两次单击【确定】按钮。

提示：①如果为多个用户设置相同的权限，可以结合组来进行管理。如果需要删除用户或组的权限，则在【组或用户名】列表框中选择用户或组，单击【删除】即可。

②“权限”是针对文件或文件夹等资源而言的。也就是说，设置权限只能以资源为对象，即“设置某个文件（夹）有哪些用户可以拥有相应的权限”，而不能以用户或组为对象。

2. 设置特殊 NTFS 权限

在大多数的情况下，标准 NTFS 权限是可以满足管理需要的，但对于权限管理要求严

格的环境，却不能满足。如：只想赋予某用户建立文件夹的权限，却没有建立文件的权限，或只能删除当前文件夹中的文件，却没有删除当前文件夹中子文件夹的权限等。此时，特殊NTFS权限就可大显身手了。

设置特殊NTFS权限的步骤如下：

步骤1：打开需设置特殊权限的文件或文件夹的【属性】对话框→选择【安全】选项卡→单击【高级】按钮→弹出【迅达公司资料库 的高级安全设置】对话框，选择【权限】选项卡→单击【编辑】按钮，弹出可进行编辑的【迅达公司资料库的 高级安全设置】对话框，若设置权限的用户或组没有出现在【权限项目】列表框中，则单击【添加】按钮→添加完后，在【权限项目】列表中选定需要设置特殊权限的用户或组→单击【编辑】按钮，如图12-6所示。

步骤2：打开【迅达公司资料库 的权限项目】对话框，在【应用于】下拉列表中选择【该文件夹，子文件夹及文件】→在【权限】列表框中，勾选相应权限的【允许】或【拒绝】→连续四次单击【确定】按钮，如图12-7所示。

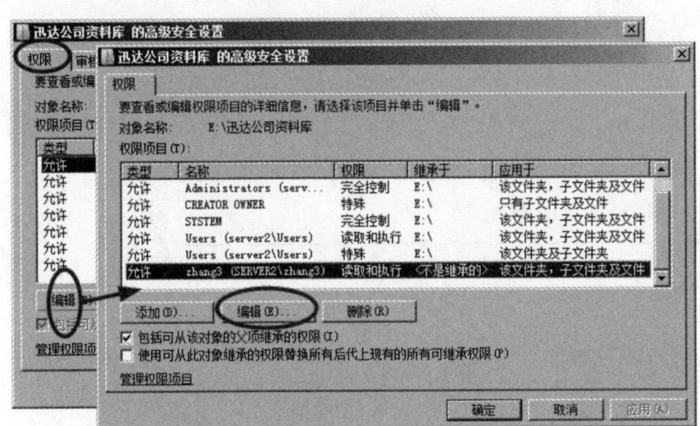

图12-6　高级安全设置

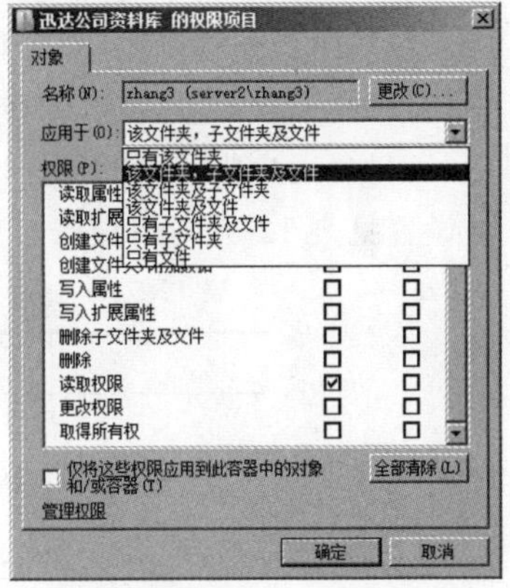

图12-7　特殊权限设置

在如图12-7所示的对话框中：

【更改】：可以更改设置的用户或组。

【应用于】：单击其下拉按钮，可选择权限影响的位置或范围。

【仅将这些权限应用到此容器中的对象和/或容器】：若勾选此复选框，则向文件和子文件夹传播所设置的特殊权限；若不勾选，则阻止权限的继承。

任务12-3　NTFS权限的应用规则

一个用户可能会隶属于多个组，而这些组对某种资源赋予了不同的权限，这种多重权限的最终有效权限，必须通过NTFS权限多种规则来确认。

1. 权限的累加规则

用户对文件或文件夹的权限是分配给该用户及所属的所有组的NTFS权限的总和。

例如，用户张三同时隶属于“销售部”组和“技术支持部”组，它们对文件“zsfile2. txt”的权限设置见表12-4。

表 12-4　　NTFS 权限的累加

资源	用户或组	权限
zsfile2. txt	张三	写入
	销售部	读取
	技术支持部	读取和执行

此时，用户张三对文件“zsfile2. txt”访问的最终有效权限为这三个权限的累加之和，即“写入＋读取＋读取和执行”。

2. 权限的拒绝规则

有时某个资源需要禁止某用户的某项访问权限，如果在权限设置时仅在“允许”栏中不予勾选，其漏洞仍然存在。根据权限的累加规则，用户对于某一资源的权限是该用户及其所属各组权限的累加，虽然没有直接给该用户分配某项权限，但若在组中分配了该权限，该用户仍有此项权限。要避免这一问题，可通过“拒绝”权限的设置来解决。

权限的拒绝规则是：对于同一资源，虽然权限具有累加性，但只要用户及其所属的各组中，有一处某权限设置为“拒绝”，那么用户最终的该项权限将是“拒绝”访问。

例如，用户张三同时属于“销售部”组和“技术支持部”组，它们对文件“zsfile3. txt”的权限设置见表 12-5，则用户张三对文件“zsfile3. txt”访问的最终有效权限为“读取”。

表 12-5　　NTFS 权限的拒绝

资源	用户或组	权限
zsfile3. txt	张三	写入
	销售部	读取
	技术支持部	拒绝写入

3. 权限的继承规则

默认情况下，NTFS 权限具有继承性，即文件和文件夹继承来自父文件夹的权限、根目录（如，“C:\”）或磁盘分区的权限。当用户为一个文件夹设置 NTFS 权限时，不仅为该文件夹分配了权限，也为其包含的文件和子文件夹指定了权限，还为在该文件夹中今后新创建的文件和子文件夹指定了权限。继承下来的权限以灰色显示，且不能直接修改，只能在此基础上添加其他权限，如图 12-8 所示。

权限继承的好处是简化了资源的权限分配，但有些文件或文件夹不需要从上一级继承权限而需单独设置时，可以将继承权限阻断，然后重新设置权限。例如，文件夹“E:\test”中有 100 个文件“file1. txt”～“file100. txt”，但“file1. txt”要求有与众不同的权限。此时，可以先对文件夹“E:\test”统一设置所需要的权限，再让文件“file1. txt”不继承文件夹“E:\test”的权限，然后单独设置文件“file1. txt”的权限。

在下级文件或子文件夹阻止上一级文件夹权限继承的步骤如下：

步骤 1：在桌面上双击【计算机】图标，找到要阻止从上一级文件夹权限继承的下级文件或子文件夹→右击该文件或子文件夹→在弹出的快捷菜单中选择【属性】→单击【安全】→【高级】→打开【file1. txt 的高级安全设置】对话框，单击【编辑】按钮→在打开的可编辑的【file1. txt 的高级安全设置】对话框中取消默认勾选的【包括可从该对象的父项继承的权限】选项，如图 12-9 所示。

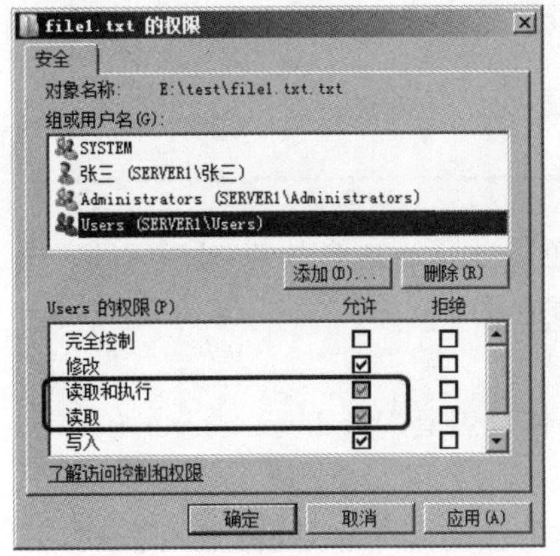

图 12-8 继承的权限为灰色

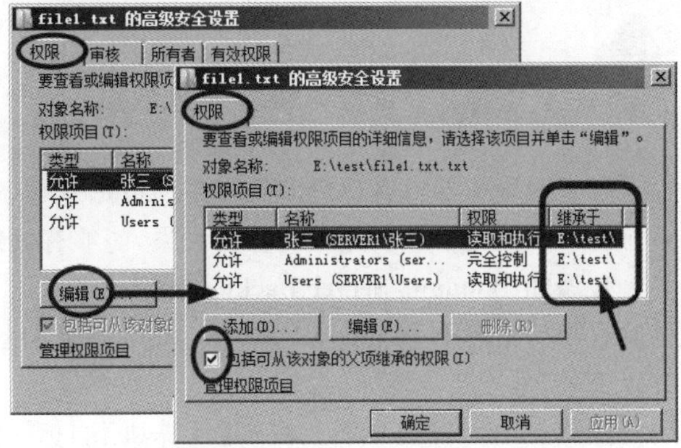

图 12-9 取消勾选【包括可从该对象的父项继承的权限】选项

步骤 2：打开如图 12-10 所示对话框，单击【复制】或【删除】，就取消了权限的继承。

图 12-10 中的按钮选项说明如下：

【复制】：以前的 NTFS 权限会全部保留下来，此后不再继承父文件夹任何权限，并且可以修改。

【删除】：删除从父文件夹继承来的所有 NTFS 权限，此后不再继承父文件夹任何权限，并且可以自行添加相应权限。

步骤 3：单击【确定】按钮→返回【file1. txt 的高级安全设置】对话框，由此可见，父文件夹的权限继承已全部取消，在此可独立于父文件夹单独设置资源的权限了，如图 12-11 所示。

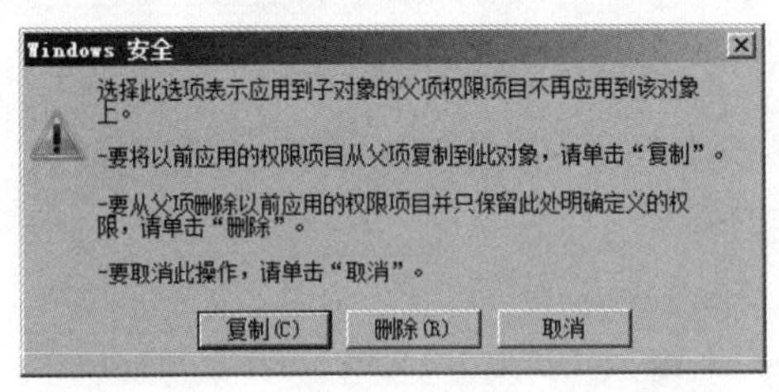

图 12-10 选择【复制】或【删除】取消继承

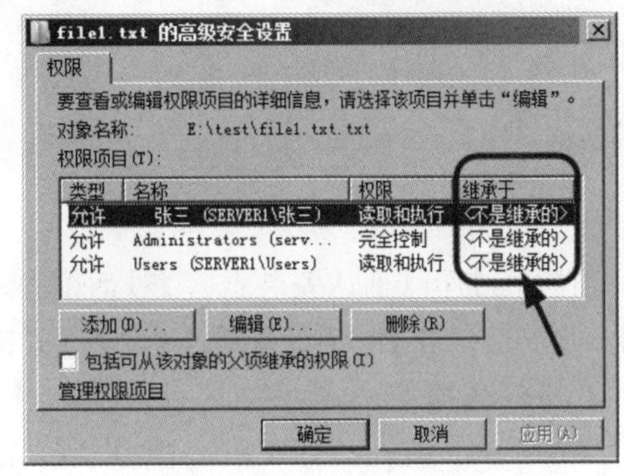

图 12-11 继承权限被取消

提示：若要恢复继承关系，只要在图 12-11 中重新勾选【包括可从该对象的父项继承的权限】选项，再单击【应用】按钮即可。

4. 权限的优先规则

当用户或组对某个文件夹以及该文件夹下的文件设置了不同的 NTFS 权限时，文件权限将优先于文件夹权限，即用户对文件的最终权限就是授予该文件的权限。

例如，用户张三对文件夹“D:\test”有“读取”权限，对文件“D:\test\file4. txt”有“修改”权限，则张三对文件“file4. txt”的最终有效权限是“修改”。

任务 12-4 备份与恢复磁盘数据

经常对服务器或客户机的硬盘中的数据进行备份，可以防止由磁盘故障、电力不足、病毒感染以及其他事故所造成的数据丢失，能够有效地恢复数据。

1. 添加 Windows Server Backup 功能

在默认情况下，Windows Server 2008 自带的备份和恢复工具 Windows Server Backup 并未安装，其安装步骤如下：

步骤 1：在计算机桌面上右击【计算机】图标，在弹出的快捷菜单中选择【管理】→打开【服务器管理器】窗口，在左窗格中右击【功能】，在弹出的快捷菜单中选择【添加功能】选项，如图 12-12 所示。

步骤 2：打开【添加功能向导-选择功能】对话框，在【功能】列表框内展开【Windows Server Backup 功能】选项→勾选【Windows Server Backup】选项（另一选项“命令行工具”是命令行界面中使用的备份工具，可酌情勾选）→单击【下一步】按钮，如图 12-13 所示。

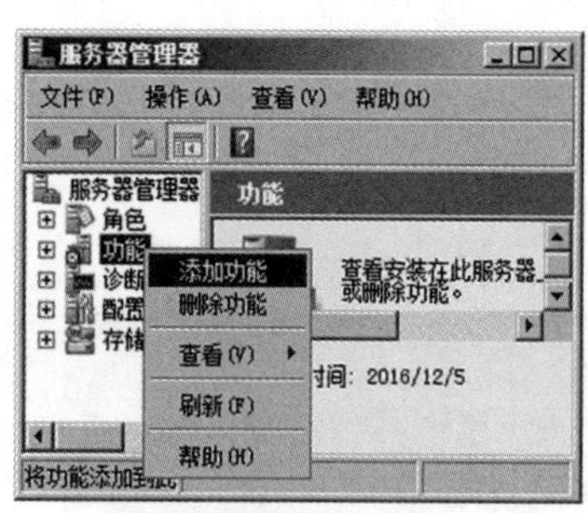

图 12-12 【服务器管理器】窗口

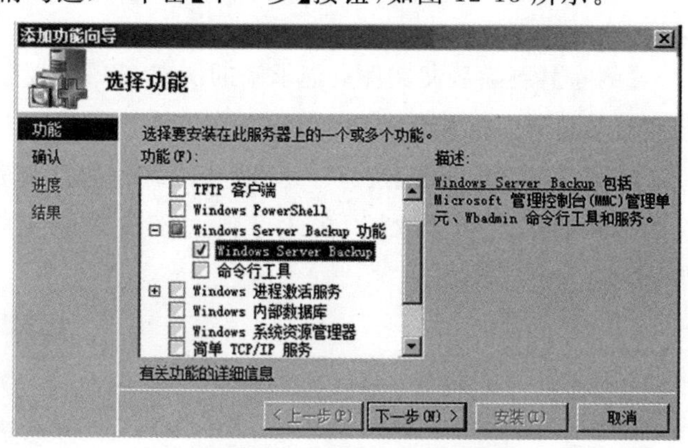

图 12-13 【选择功能】对话框

步骤 3：打开【确认安装选择】对话框，单击【安装】按钮→系统开始安装，安装完成后，在弹出的【安装结果】对话框中单击【关闭】按钮，结束安装。

2. 备份数据

Windows Server Backup 必须是 Administrators 组或 Backup Operators 组的成员才可以使用。利用该工具可以备份整个服务器（即其中的所有卷）、选定卷（无法仅备份单个文件或文件夹）。Windows Server Backup 工具提供了两种执行备份的方式：

- 备份计划：通过制订的计划，定期自动执行备份；
- 一次性备份：手动立即执行单次备份工作。

下面以“备份计划”备份为例，介绍其操作的步骤：

步骤 1：单击【开始】→【管理工具】→选择【Windows Server Backup】菜单项，打开【Windows Server Backup】窗口→在右窗格中单击【备份计划】选项，如图 12-14 所示。

步骤 2：在打开的【入门】对话框中单击【下一步】按钮→打开【选择备份配置】对话框，若要备份整个服务器的资源，则可选择【整个服务器（推荐）】选项，此处，选择【自定义】选项→

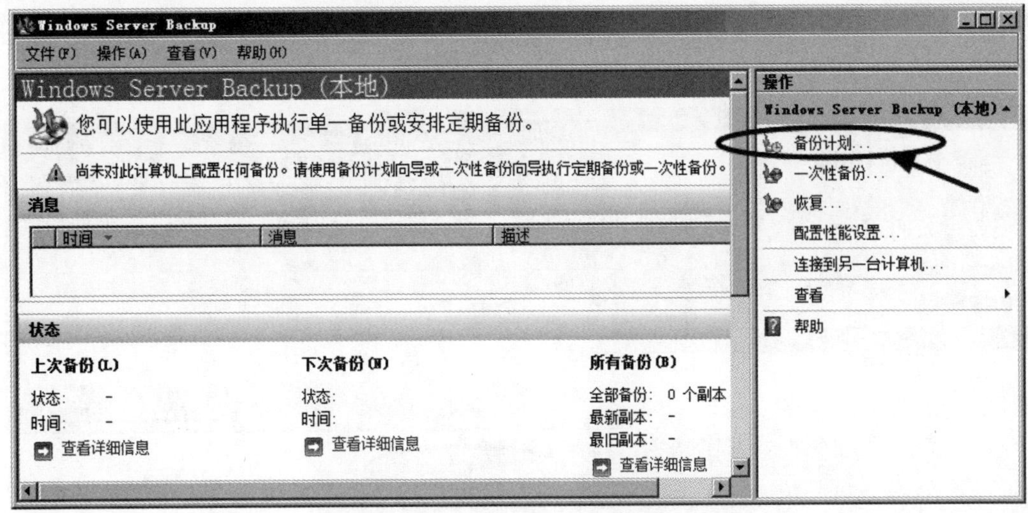

图 12-14 【Windows Server Backup】窗口

单击【下一步】按钮，如图 12-15 所示。

步骤 3：打开【选择备份项目】对话框，显示当前服务器中所有的卷，其中，只有 NTFS 格式的卷才可选（由于 G 卷是 FAT32 格式的卷故不能被选中作为备份的卷），同时包含了引导文件、操作系统文件或应用程序的卷（如，C 卷）默认会被选中，并且不可取消。勾选要备份的磁盘（如，E 卷）→单击【下一步】按钮，如图 12-16 所示。

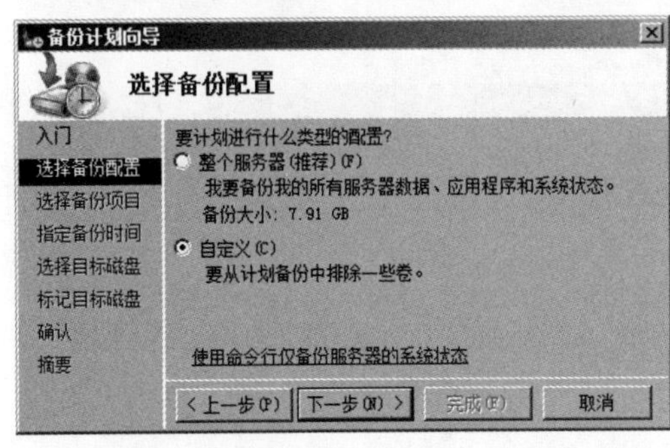

图 12-15 【选择备份配置】对话框

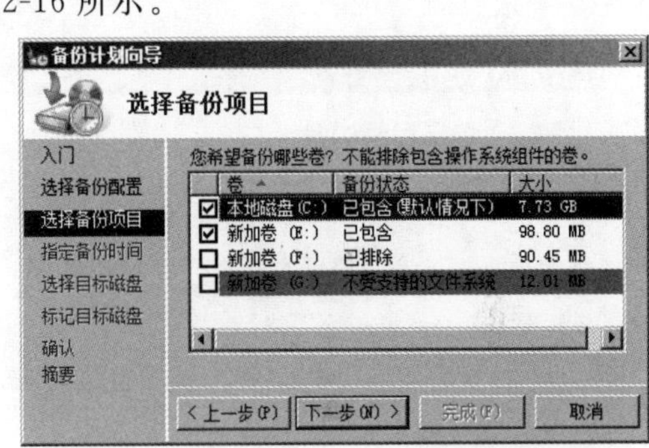

图 12-16 【选择备份项目】对话框

步骤 4：打开【指定备份时间】对话框，在此，可以设置备份的频率和时间。若希望在每天的特定时间执行备份，需选中【每日一次】单选按钮，然后选择每天进行备份的开始时间；若希望每天执行多次备份，需选中【每日多次】单选按钮，然后从【可用时间】列表框中选择一个开始时间，并单击【添加】按钮将其加入到【已计划的时间】列表框中，为要添加的每个开始时间重复此操作→单击【下一步】按钮，如图 12-17 所示。

图 12-17 【指定备份时间】对话框

步骤 5：打开【选择目标磁盘】对话框，在此设置保存备份的目标磁盘。若要使用的目标磁盘没有列出，则需单击【显示所有可用磁盘】按钮→在打开的【显示所有可用磁盘】对话框中勾选用于备份的目标磁盘→单击【确定】按钮，如图 12-18 所示。

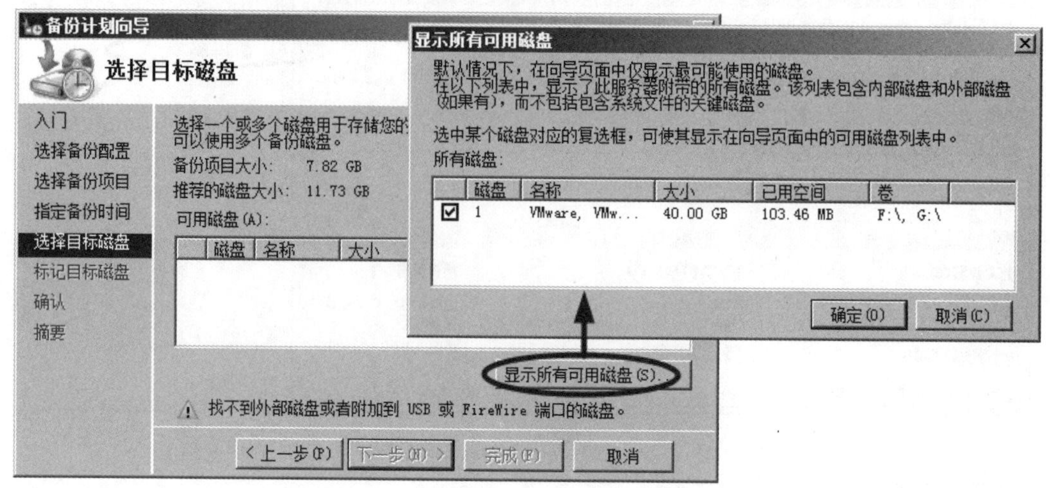

图 12-18　单击【显示所有可用磁盘】按钮

步骤 6：系统返回【选择目标磁盘】对话框，勾选目标磁盘→单击【下一步】按钮，弹出一个消息对话框，通知所选磁盘将会被格式化，现有的数据都会被删除→单击【是】按钮，如图 12-19 所示。

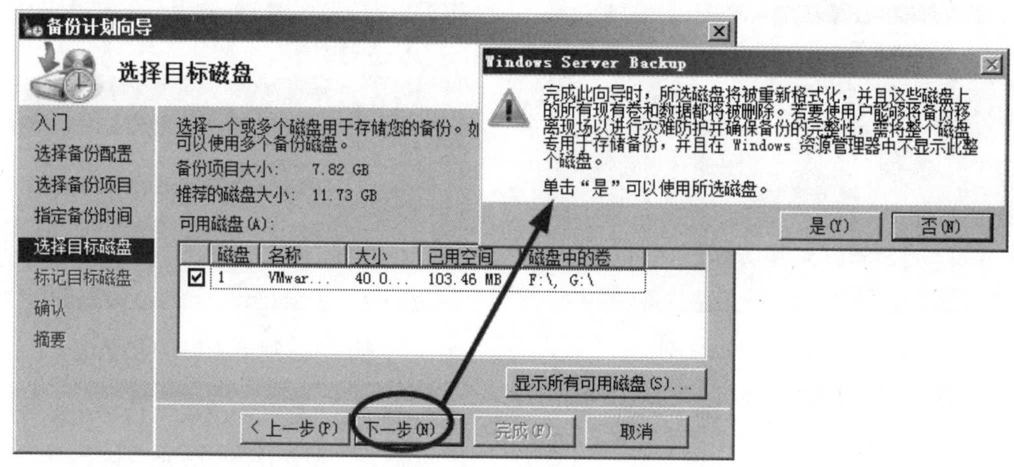

图 12-19　【选择目标磁盘】对话框

步骤 7：打开【标记目标磁盘】对话框，显示所有所选目标磁盘的标签信息（包括磁盘的类型、服务器的名称和当前的日期与可用空间的大小），如图 12-20 所示。如果希望从这些磁盘上的备份中恢复，那么就需要通过这些信息选择磁盘。因此，作为网络管理员一定要将这些信息记录下来，对于外部磁盘，可将包含这些信息的标签直接贴到硬盘上→单击【下一步】按钮，打开【确认】对话框→在复查信息无误后单击【完成】按钮→打开【摘要】对话框，系统开始对目标磁盘进行格式化→格式化完成后单击【关闭】按钮。

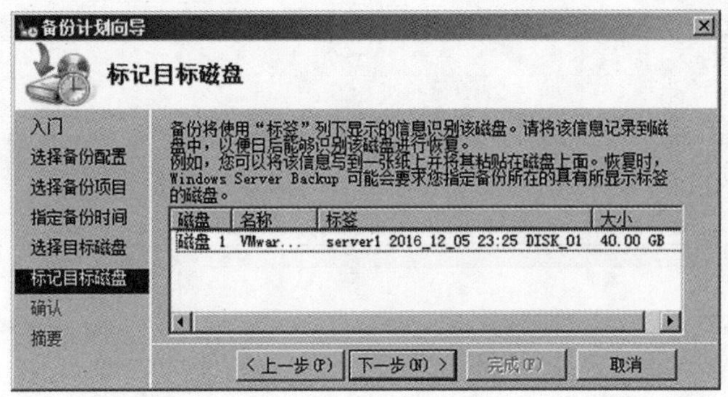

图 12-20　【标记目标磁盘】对话框

步骤 8：系统返回【Windows Server Backup】窗口，若要修改前面的备份计划，则可以在右窗格中再次单击【备份计划】，打开【计划的备份设置】对话框，由此可以看到“当前计划备份设置”的参数，并可以进行“修改备份”和“停止备份”，如图 12-21 所示。

步骤 9：若要优化备份计划，则可以在【Windows Server Backup】窗口的右窗格中单击【配置性能设置】选项→打开【优化备份性能】对话框，在此，可以针对不同的备份磁盘选择不同的备份类型。选择【自定义】→在磁盘或卷的下拉列表框中选择备份类型→单击【确定】按钮，如图 12-22 所示。

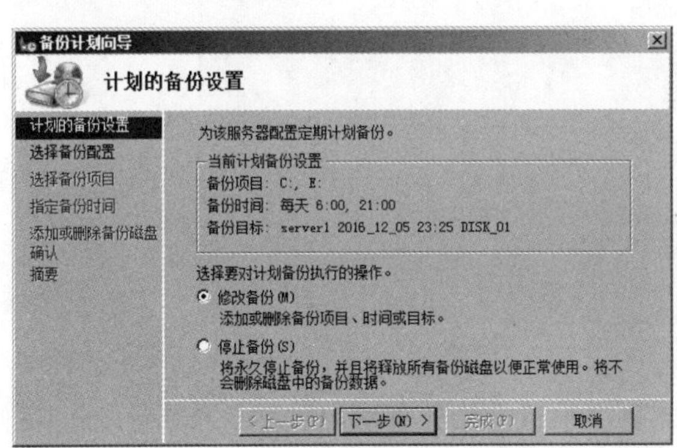

图 12-21　【计划的备份设置】对话框

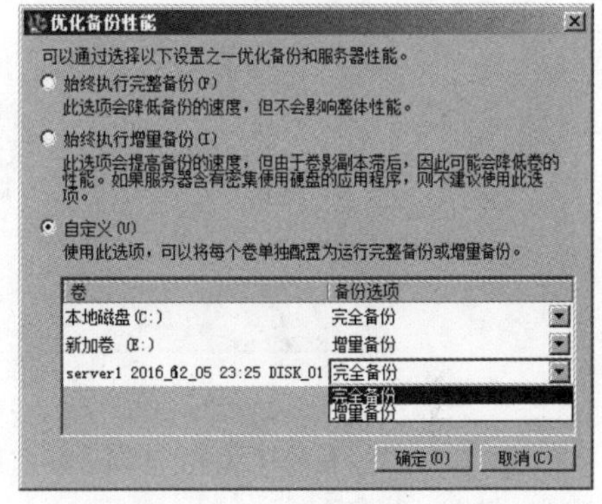

图 12-22　【优化备份性能】对话框

- 【完全备份】：备份选定卷中的所有文件。
- 【增量备份】：仅备份选定卷中的自上次完全或增量备份以来创建或更改的文件。

至此，一份自动备份计划设置完毕，只要计划时间一到，系统就会自动启动备份。

提示：若要随时手动执行备份计划，可在【Windows Server Backup】窗口的右窗格中单击【一次性备份】→在打开的【备份选项】对话框中选择【备份计划向导中用于计划备份的相同选项】单选按钮→单击【下一步】按钮→在打开的【确认】对话框中单击【备份】按钮，系统开始执行备份计划的备份，备份完成后单击【关闭】按钮。

3. 恢复数据

利用此前通过 Windows Server Backup 工具创建的备份可以恢复文件、文件夹、磁盘(卷)、操作系统或整台服务器。具体恢复步骤如下：

步骤 1：进入【Windows Server Backup】窗口→在右窗格中单击【恢复】选项，如图 12-23 所示。

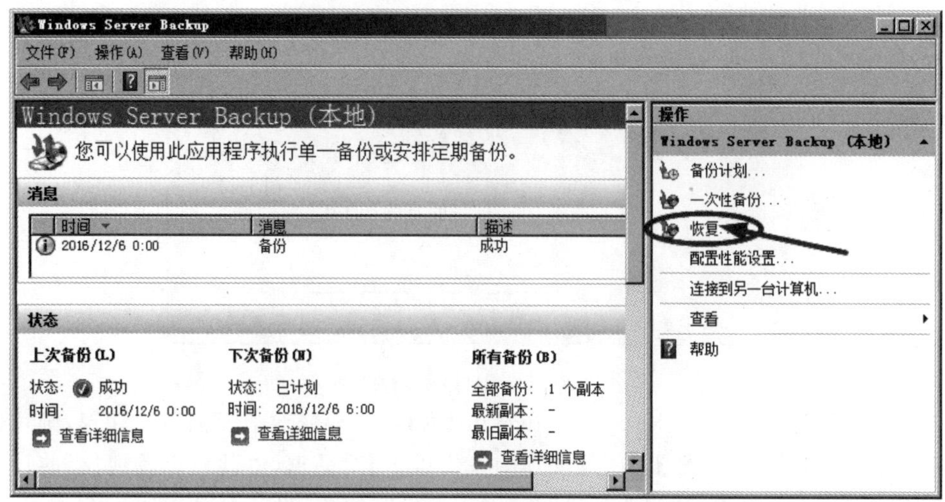

图 12-23 单击【恢复】选项

步骤 2:打开【恢复向导-入门】对话框,在此可设置恢复的数据源→选择【此服务器(SERVER1)】单选按钮→单击【下一步】按钮,如图 12-24 所示。

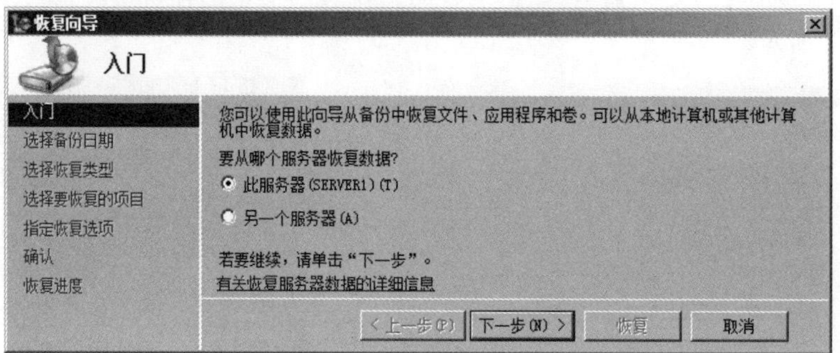

图 12-24 【恢复向导-入门】对话框

步骤 3:打开【选择备份日期】对话框,单击需要执行恢复的备份的日期→单击【下一步】按钮,如图 12-25 所示。

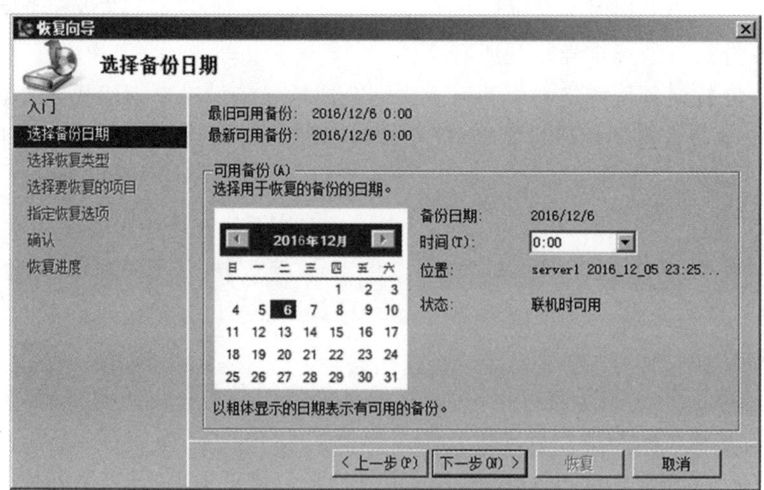

图 12-25 【选择备份日期】对话框

步骤 4：打开【选择恢复类型】对话框，在此可选择是恢复文件和文件夹，还是恢复整个卷，选择【文件和文件夹】→单击【下一步】按钮，如图 12-26 所示。

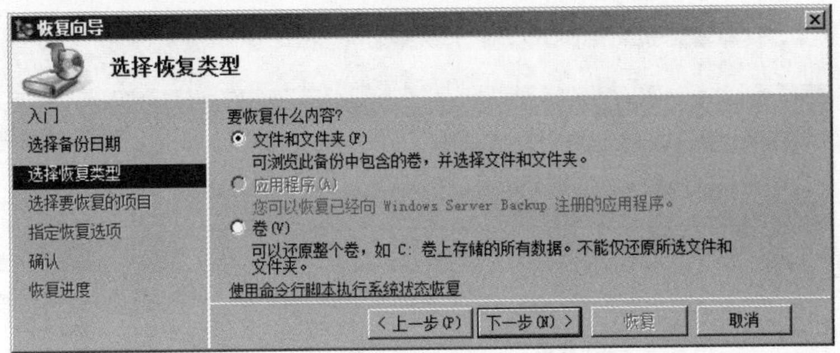

图 12-26　【选择恢复类型】对话框

步骤 5：打开【指定恢复选项】对话框，选择【另一个位置】存放恢复的目标位置→单击【浏览】按钮→在打开的【浏览文件夹】对话框中选择要恢复的文件夹或文件（如，“softtools”文件夹）→单击【确定】按钮，在返回的【指定恢复选项】对话框中单击【下一步】按钮，如图 12-27 所示。

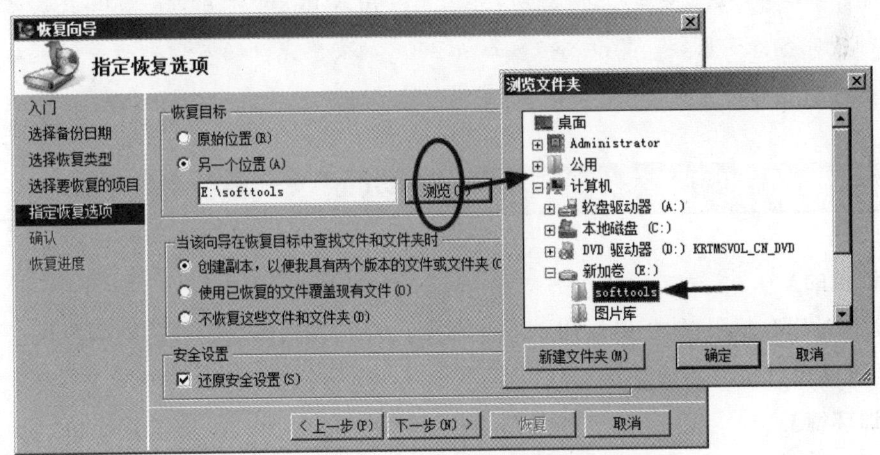

图 12-27　【指定恢复选项】对话框

步骤 6：在打开的【确认】对话框中显示恢复的数据项目，确认无误后单击【恢复】按钮→系统开始初始化，然后执行恢复操作→恢复完成后单击【关闭】按钮，如图 12-28 所示。

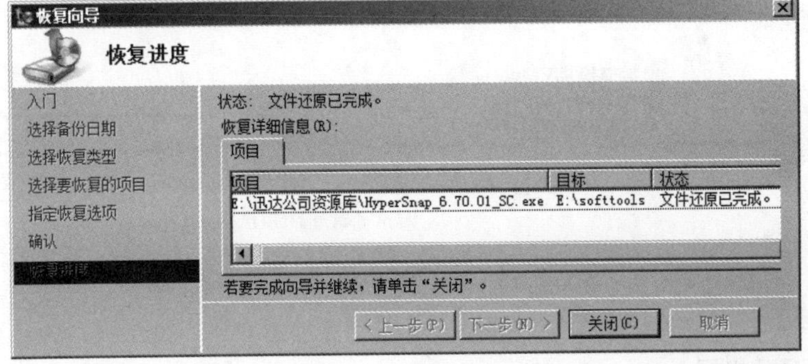

图 12-28　【恢复进度】对话框

步骤 7:系统返回【Windows Server Backup】窗口,在此,可看见已备份和恢复过的历史信息,如图 12-29 所示。

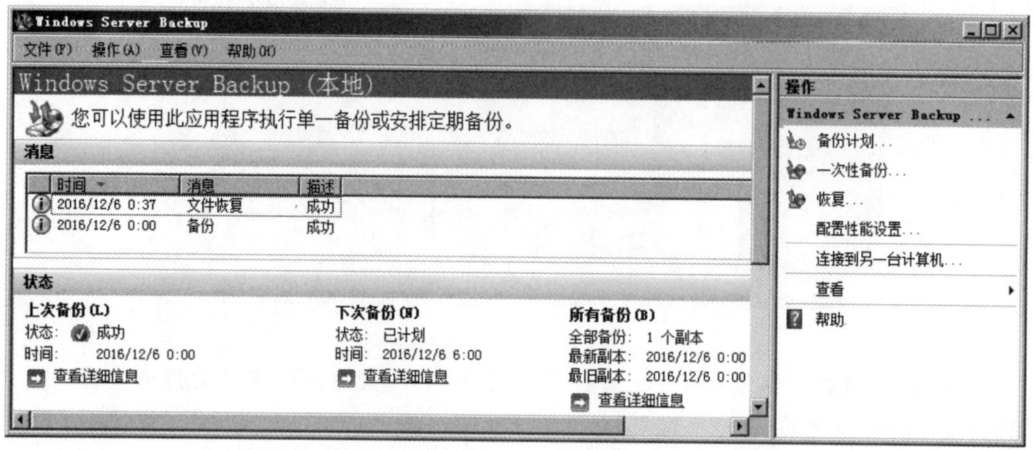

图 12-29 成功执行备份和恢复后的【Windows Server Backup】窗口

提示:如果系统死机而无法启动,那么需要用 Windows Server 2008 安装光盘引导系统,进行系统备份还原,将 Windows Server 2008 的安装光盘插入到光驱并设置从光驱引导,在出现安装界面时选择"修复计算机"。

项目实训 12 NTFS权限与备份恢复的实施

【实训目的】

会设置 NTFS 权限;能正确运用 NTFS 权限的应用规则部署资源的访问权限。能对服务器中的数据进行备份和恢复。

【实训环境】

每人 1 台 Windows XP/7 物理机,1 台 Windows Server 2008 虚拟机,虚拟机网卡连接至虚拟交换机 VMnet1。

【实训拓扑】

实训示意图如图 12-30 所示。

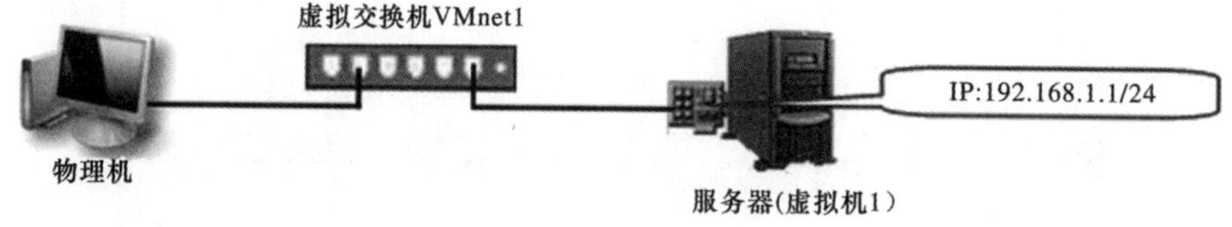

图 12-30 实训示意图

【实训内容】

1. 设置 NTFS 权限

(1)以管理员 Administrator 身份登录服务器,创建如表 12-6 所示域帐户。

表 12-6　　域帐户

组或用户	密码	隶属于	说明
user1	123. com	Administrators	工作用的管理员
user2	123. com	Users	普通用户
user3	123. com	Users	普通用户
user4	123. com	Users	普通用户
group1	无	无	工作用的组帐户

(2)注销当前用户，用 user1 登录服务器，在 E 盘根目录下建立文件夹 d1，并在其中建立一个文件 f1. txt 和一个子文件夹 d11。

(3)设置 d1 文件夹权限为用户 user1 有“完全控制”权限。

2. 文件所有权的获得

(1)注销当前用户，用 Administrator 登录服务器，在 E 盘根目录下创建文件夹 d2，设置该文件夹及文件夹下所有文件的所有者和组分别是 user2 和 group1，本组成员可读可写，其他组用户无权访问使用。

(2)将 d1 文件夹的所有权从 user1 用户夺取过来。

3. 文件(夹)的继承权

(1)在 E 盘根目录下创建文件夹 d3，再在它里面新建 1 个文件 f3. txt。

(2)设置文件夹 d3 对 user3 有修改权限，设置文件 f3. txt 对 user3 只有读取权限(先取消继承再设置权限)。

4. 权限的累加性

(1)将用户 user4 加入到组 group1，在 E 盘根目录下创建文件夹 d4。

(2)设置用户 user4 对文件夹 d4 只有读取权限。设置组 group1 对文件夹 d4 有修改权限。

(3)通过查看，用户 user4 对文件夹 d4 的最终有效权限是什么？

5. 复制或移动前后 NTFS 权限的变化

(1)注销当前用户，用 user1 登录服务器，按表 12-7 要求创建文件夹，并针对 user1 设置指定权限(其他用户删除)，然后将 d51 复制到指定位置，填写复制后的结果。

表 12-7　　创建文件夹

复制前的位置	复制前 user1 权限	复制后 d51 的位置	目标地 d51 权限
D:\d51	只读	D:\d52\d51	
D:\d52	列目录、写入		
E:\d53	修改	E:\d53\d51	

(2)将以上对 d51 文件夹的复制操作改为移动操作，其权限的变化又如何？

6. 制订备份任务计划

(1)用 Administrator 登录服务器，安装 Windows Server Backup 功能组件。

(2)创建文件夹 E:\d6，并在文件夹下创建 3 个文本文件 f61. txt、f62. txt 和 f63. txt。

(3)创建“完全备份”备份文件夹 E:\d6 所在卷的备份计划，每天 22:00 开始备份。

(4)通过一次性备份执行备份计划。

(5)删除文件夹 E:\d6 中的文本文件 f61.txt。

(6)修改备份计划,将各磁盘的备份类型改为增量备份。

(7)恢复备份文件,查看 E:\test 中的文本文件"f61.txt"是否恢复。

项目习作 12

一、选择题

1. 使用(　　)命令可以将 FAT 分区转换为 NTFS 分区。

A. convert　　B. fdisk　　C. format　　D. label

2. 某公司有 6 个部门,网络管理员为各部门分别建立了一个组帐户,以及部门中成员的用户帐户,分配组帐户对本部门资源有修改权限,而对其他部门的资源有拒绝完全控制的权限,公司经理想随时掌握各部门的情况,希望有读取权限,于是管理员将经理的用户帐户同时加入各部门的组帐户中,结果公司经理对所有资源的访问权限为(　　)。

A. 允许读取　　B. 允许修改

C. 允许完全控制　　D. 拒绝完全控制

3. 公司的系统管理员在一个 NTFS 分区上为一个文件夹设置了 NTFS 权限,当把这个文件夹复制到本分区的另一个文件夹下时,该文件夹的 NTFS 权限是(　　)。

A. 保留原有 NTFS 权限

B. 继承目标文件夹的 NTFS 权限

C. 没有 NTFS 权限设置,需要管理员重新分配

D. 原有 NTFS 权限和目标文件夹 NTFS 权限的综合

4. 关于权限继承的描述,正确的是(　　)。

A. 所有的新建文件夹都会继承上级的权限

B. 子文件夹可以取消继承的权限

C. 父文件夹可以强制子文件夹继承它的权限

D. 如果用户对子文件夹没有任何权限,也能够强制其继承父文件夹的权限

5. 有一个 NTFS 格式文件夹 Folder1,它下面有一文件 File1。现对它们设置如下权限:将 File1 文件的 NTFS 权限设置为 Everyone 组具有读取权限,将文件夹 Folder1 的共享权限设置为 Everyone 组具有完全控制权限,则用户最终通过网络访问 File1 时的权限是(　　)。

A. 完全控制　　B. 更改　　C. 读取　　D. 没有任何权限

6. 有一台系统为 Windows Server 2008 的文件服务器,该服务器上所有的分区都是 NTFS 格式,在 D 分区上有一个文件夹 files,管理员将该文件夹中的文件"soft.doc"复制到桌面上,该文件的 NTFS 权限将(　　)。

A. 保持原有 NTFS 权限不变　　B. 根据 D 分区是否为系统分区确定

C. 继承桌面的 NTFS 权限设置　　D. 清空所有的权限设置

7. 想每天备份一次数据，最方便的方式是(　　)。

A. 每天下班前手动备份一次

B. 创建一个备份任务计划，设置每天晚上 9:00 备份数据

C. 每天下班前手动克隆(ghost)一遍文件服务器

D. 每天下班前手动备份一次服务器上新发生的数据

8. 在 Windows Server 2008 中，对备份有了一定的改变。关于 Windows Server 2008 的备份叙述正确的是(　　)。

A. 只能选择备份整个卷而不能单独备份某个文件夹或文件

B. 支持备份 FAT32 格式的磁盘(卷)

C. 虽然不支持备份单个文件夹或文件，但支持恢复单个文件夹或文件

D. 如果运行计划备份，需要有一个磁盘或卷专门用于存储备份数据

二、简答题

1. NTFS 的含义是什么？通过哪些方法可以获得 NTFS 文件系统？

2. 文件夹复制到另一个 NTFS 分区，权限如何变化？文件夹移动到同一个 NTFS 分区的另一个文件夹中，权限如何变化？

3. 举例说明共享权限与 NTFS 权限的应用规则。

4. 完全备份和增量备份的区别是什么？一次性备份和计划备份的区别是什么？

项目 13 使用安全策略和防火墙构筑访问安全

13.1 项目背景

服务器的安全威胁归根结底来自于本地登录访问和通过网络的远程登录访问，为此，Windows Server 2008 系统通过内置的一系列的安全策略和软件防火墙监管和防范访问者。虽然 Windows Server 2008 进行了初始的安全策略设置，但与实际的防范要求还有较大差距。

为了减少网络攻击行为的威胁，保障服务器的安全，迅达公司网络管理员小刘，采取了以下措施来加固服务器：对 Windows Server 2008 系统安装了最新的补丁程序，以修复系统自身的漏洞和错误；设置帐户策略以防止密码被盗；添加审核策略来跟踪资源访问者；启用并配置 Windows Server 2008 自带的防火墙对进、出服务器的数据包进行筛选。

13.2 项目知识准备

13.2.1 安全策略及类型

安全策略(security policy)规定了用户在使用计算机、运行应用程序和访问网络等方面的行为约束规则。合理运用和设定安全策略，可以使计算机受到的安全威胁大大降低。根据影响范围的不同，Windows Server 2008 支持以下 4 种类型的安全策略：

- 本地安全策略：实现本地计算机的安全。包括帐户策略、本地策略、公钥策略、软件限制策略和 IP 安全策略。
- 域控制器安全策略：实现域控制器的安全。
- 域安全策略：实现整个域的安全。
- 组策略：实现整个网络的安全。

13.2.2 认识高级安全 Windows 防火墙

Windows Server 2008 系统内置的防火墙除了保留旧版本的"Windows 防火墙"外，还推出了功能更为强大的"高级安全 Windows 防火墙"(简称 WFAS)。WFAS 的优势有：

- 支持双向保护，可以对出站、入站通信进行过滤。

• 实现了更高级的出站和入站规则(防火墙规则)的创建与配置。用户可以针对 Windows Server 上的各种对象标准(如,计算机上运行的应用程序的名称和路径、系统服务名称、TCP 端口、UDP 端口、IPv4 或 IPv6 的本地和远程的 IP 地址、配置文件、接口类型、用户、用户组、计算机、协议、ICMP 类型等)创建防火墙规则,以确定阻止或允许流量通过。规则中添加(叠加)的标准越多,高级安全 Windows 防火墙匹配传入、传出流量就越精细。

• 实现了防火墙与 Internet 协议安全(IPSec)的功能整合。用户可以设置连接安全规则请求或要求计算机在通信之前彼此进行身份验证,还可以配置通信时的密钥交换、数据保护(完整性和加密)。

13.3 项目实施

任务 13-1 帐户策略的设置

1. 密码策略的设置

入侵者最基本的攻击方式就是破解系统的密码,Windows Server 2008 通过密码策略来提高密码破解的难度。主要包括提高密码复杂性、增加密码长度、提高更换密码使用频率等。

密码策略设置步骤如下:

步骤 1:依次单击【开始】→【管理工具】→【本地安全策略】→打开【本地安全策略】窗口,展开【帐户策略】节点→选择【密码策略】,如图 13-1 所示。

步骤 2:双击【密码必须符合复杂性要求】→打开【密码必须符合复杂性要求 属性】对话框,选择【已启用】单选按钮,启动密码复杂性策略→单击【确定】按钮,如图 13-2 所示。

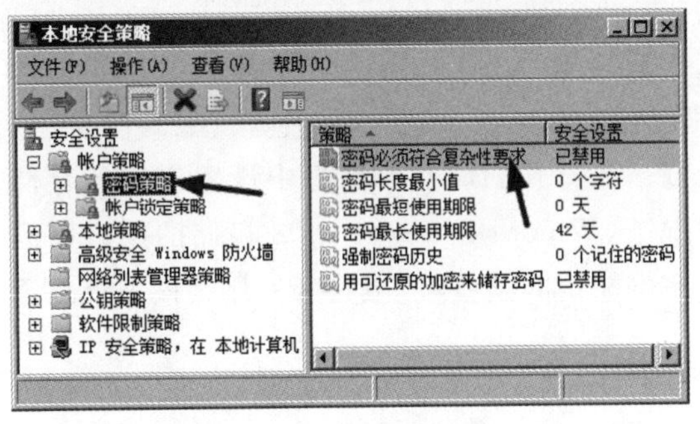

图 13-1 设置【密码策略】

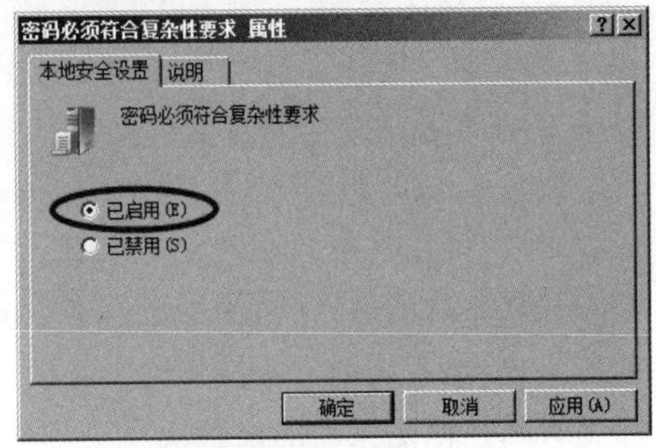

图 13-2 设置密码必须符合复杂性要求

提示:密码复杂性包含了以下三个方面的要求:密码中的符号不能包含用户名中两个以上的连续字符;密码长度至少有 6 个字符;密码中至少包含 A~Z、a~z、0~9、特殊字符(例如!、$、#、%)等 4 类字符中的 3 类。在工作组网络中此项功能默认已禁用,在域网络中默认已启用。

步骤 3:双击【密码长度最小值】→在打开的属性对话框中设置密码必须至少包含多少个字符,如图 13-3 所示。设置范围为 0~14,如将字符数设置为 0,表示没有密码。

步骤 4:双击【密码最短使用期限】→在打开的属性对话框中设置密码自从上次应用后距离下次更改密码的最短时间,如图 13-4 所示。设置范围为 0～998,单位为天,若设置为 0 天,表示密码可随时更改。

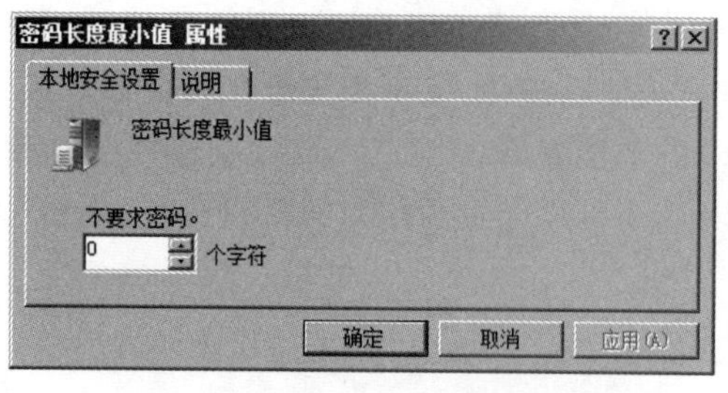

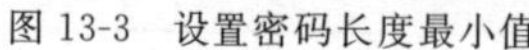
图 13-3 设置密码长度最小值

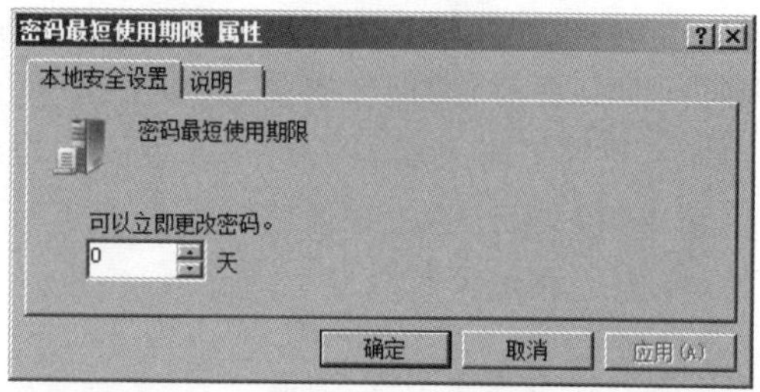

图 13-4 设置密码最短使用期限

步骤 5:双击【密码最长使用期限】→在打开的属性对话框中设置密码使用的最长时间,如图 13-5 所示。设置范围为 0～998,单位为天,默认设置为 42 天,最佳设置范围为 30～90 天,如设置为 0,表示密码永不过期。

步骤 6:双击【强制密码历史】→在打开的属性对话框中设置可以重复使用的旧密码的个数,如图 13-6 所示。设置范围为 0～24,若设置为 0,表示可以使用任何一个旧密码,若设置为 3,则用户的新密码不可与前 3 次使用过的密码相同。

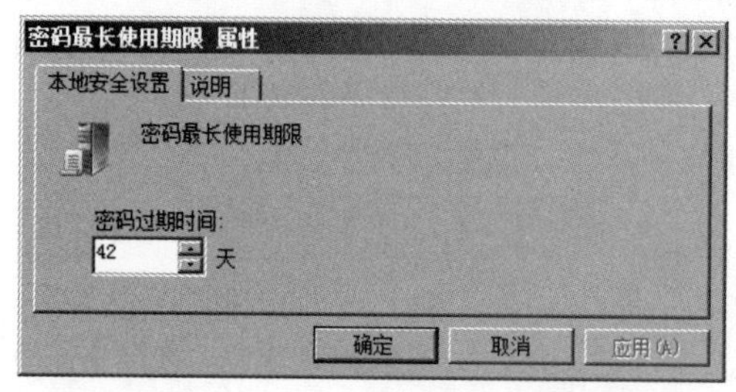

图 13-5 设置密码最长使用期限

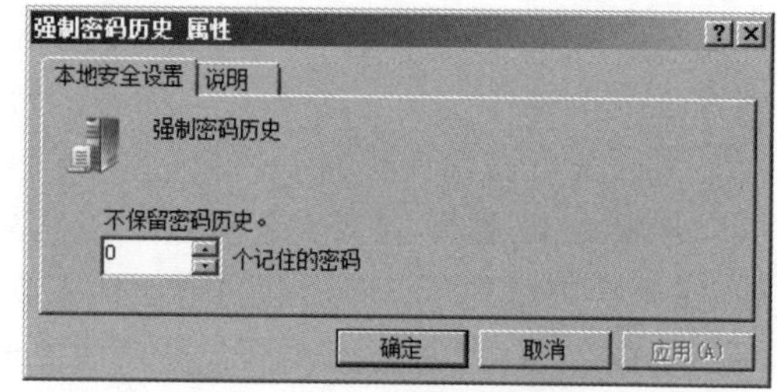

图 13-6 设置强制密码历史

提示:密码最短使用期限必须小于密码最长使用期限。除非密码最长使用期限设置为 0,那么密码最短使用期限可设置为 0～998 的任意值。

步骤 7:双击【用可还原的加密来储存密码】→在打开的属性对话框中设置密码的存储方式,是否可用还原的加密方式存储。默认情况下,Windows Server 2008 存储的用户密码只有操作系统能够访问,如果允许某些应用程序也能访问某些帐户的密码,那么该项策略需要开启,但是系统的安全性将大大降低。

2. 帐户锁定策略的设置

帐户锁定是指在某些情况下(如帐户遇到使用密码词典或暴力破解方式等),为保护该帐户的安全而将此帐户进行锁定,使其在一定时间内暂时不能使用,从而使破解失败。Windows Server 2008 系统在默认情况下,为方便用户起见,没有启用帐户锁定策略。

设置帐户锁定策略的步骤如下:

步骤 1:依次单击【开始】→【管理工具】→【本地安全策略】→在打开的【本地安全策略】窗口中展开【帐户策略】→选择【帐户锁定策略】,如图 13-7 所示。

步骤 2:双击【帐户锁定阈值】→在打开的属性对话框中设置用户输入几次错误密码后

将被系统自动锁定，如图 13-8 所示。设置范围为 0～999。默认为 0，表示不锁定帐户。

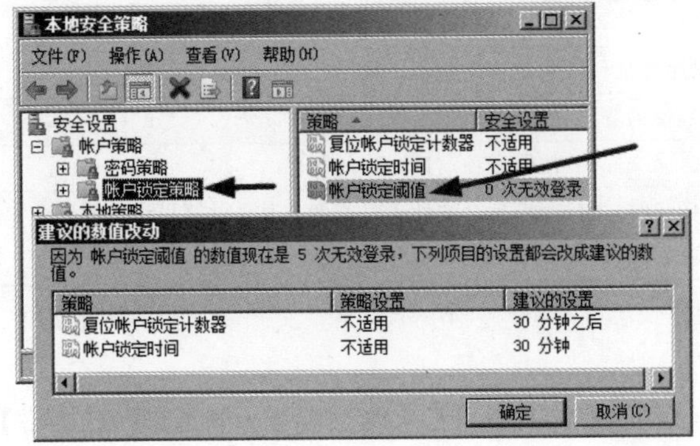

图 13-7　帐户锁定策略设置窗口

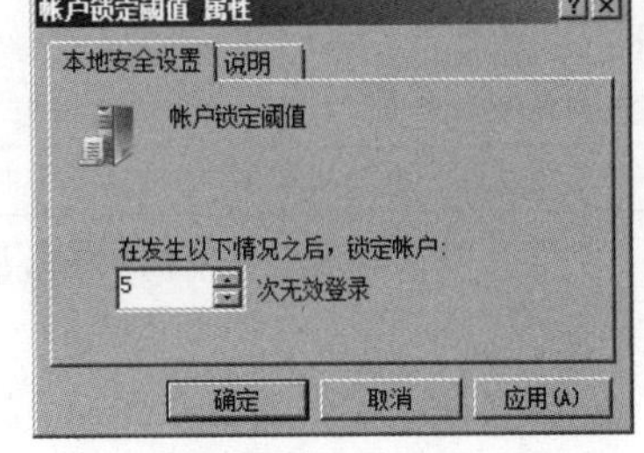

图 13-8　设置帐户锁定阈值

步骤 3：在“帐户锁定阈值”设置完毕后，“复位帐户锁定计数器”“帐户锁定时间”都会被激活（此前，这两项均不能设置）。双击【帐户锁定时间】→在打开的属性对话框中设置帐户被锁定多少分钟后将自动解锁。设置范围为 0～99999，单位为分钟，若设置为 0 分钟，代表永久锁定，不能自动解锁，必须由系统管理员手动解锁，如图 13-9 所示。

步骤 4：双击【复位帐户锁定计数器】→在打开的属性对话框中设置用户输入错误密码后系统开始计数时，计数器保持的时间，如图 13-10 所示。如果定义了帐户锁定阈值，该复位时间应小于或等于帐户锁定时间。例如，当设定“复位帐户锁定计数器”为 30 分钟，“帐户锁定阈值”为 5 次，则表示在 30 分钟之内输入小于 5 次的错误登录密码，假设为 4 次，此时计数器将会设定为 4。而在第一次输入错误密码 30 分钟以后，计数器将被重置为 0。这时如果再次输入错误密码，“帐户锁定阈值”将会达到 5 次，但是因为“复位帐户锁定计数器”被重置了，此时帐户也不会被锁定。

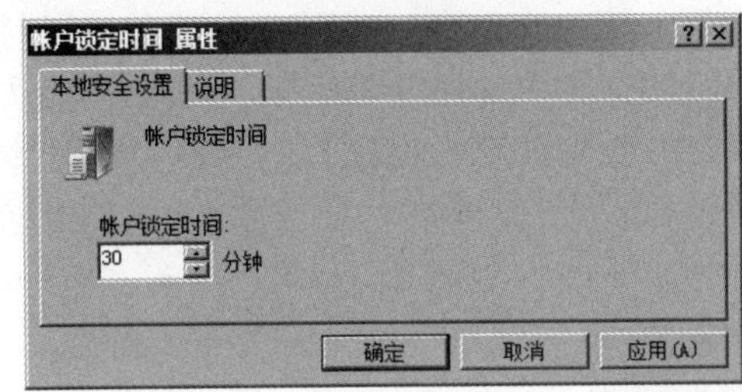

图 13-9　设置帐户锁定时间

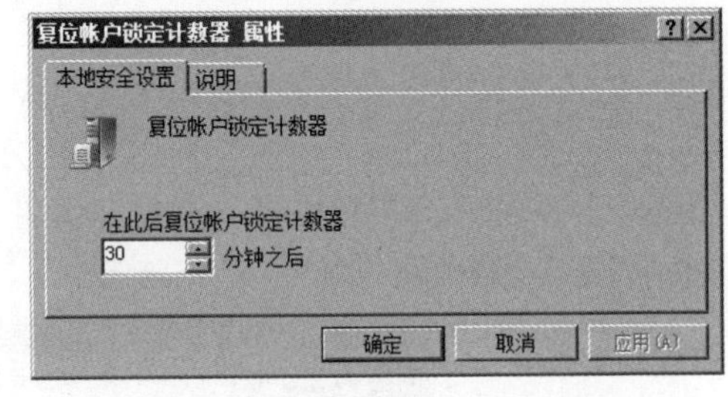

图 13-10　设置复位帐户锁定计数器

提示：系统管理员 Administrator 帐户不会被锁定。

任务 13-2　审核策略的设置

配置审核策略就是确定把哪些事件写入计算机的安全日志中，以便跟踪用户和操作系统的活动。Windows Server 2008 的所有审核策略均默认为“无审核”状态，需要手动开启。常用审核策略见表 13-1。

表 13-1 常用的审核策略

审核策略	说　明
审核策略更改	是否对用户权限分配策略、审核策略或信任策略的更改进行审核
审核登录事件	是否审核此策略应用到的系统中发生的登录和注销事件
审核对象访问	是否审核用户访问某个对象（如文件、文件夹、注册表项、打印机）的事件
审核帐户登录事件	是否审核在这台计算机用于验证帐户时，用户登录到其他计算机或者从其他计算机注销的每个实例
审核系统事件	是否审核用户重新启动、关闭计算机以及对系统安全或安全日志有影响的事件

下面以“审核对象访问”为例，说明用户访问“迅达公司资料库”文件夹的审核策略的配置步骤：

步骤 1：进入【本地安全策略】窗口→在左窗格中展开【本地策略】→单击【审核策略】→在右窗格中双击【审核对象访问】，如图 13-11 所示。

步骤 2：打开【审核对象访问 属性】对话框，若想审核成功和失败的访问则勾选【成功】和【失败】→单击【确定】按钮，如图 13-12 所示。

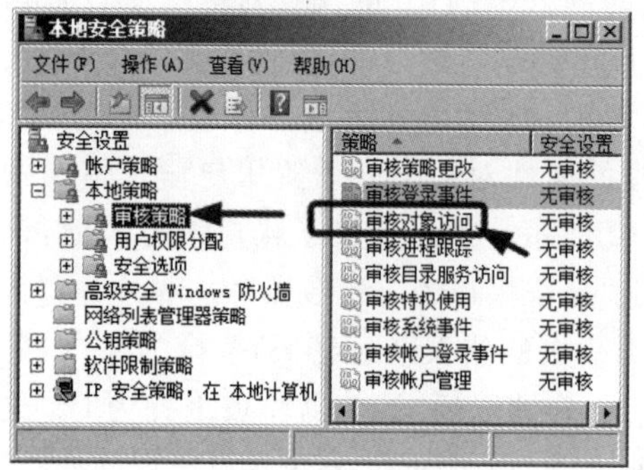

图 13-11 审核策略设置窗口

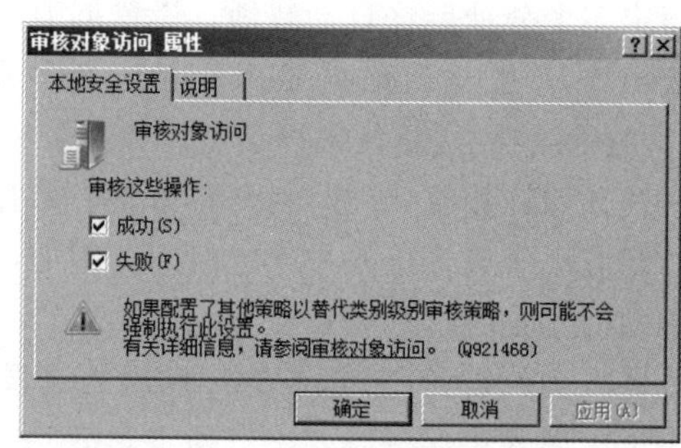

图 13-12 设置审核登录事件

步骤 3：打开“Windows 资源管理器”并定位到待审核的文件夹（如，“E:\迅达公司资料库”）→右击该文件夹，在弹出的快捷菜单中选择【属性】→弹出其属性对话框，单击【安全】选项卡→单击【高级】按钮→在打开的【迅达公司资料库 的高级安全设置】对话框中单击【审核】选项卡→单击【编辑】按钮→在打开的可编辑的【迅达公司资料库 的高级安全设置】对话框中单击【添加】按钮，如图 13-13 所示。

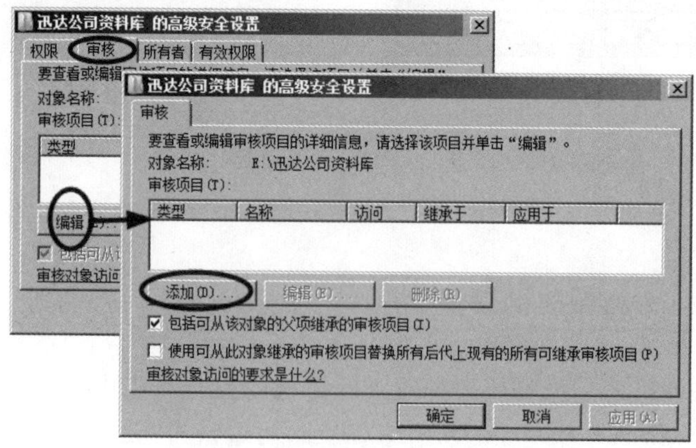

图 13-13 【迅达公司资料库 的高级安全设置】对话框

提示：启用审核的文件夹必须位于 NTFS 分区。

步骤 4：打开【选择用户或组】对话框，单击【高级】→【立即查找】按钮，选择所要审核的用户或组(如，"Everyone")→单击【确定】按钮，如图 13-14 所示。

步骤 5：打开【迅达公司资料库 的审核项目】对话框，其中列出了被选中对象的可审核的事件，勾选其中与删除相关的"删除子文件夹及文件"和"删除"等审核项目→四次单击【确定】按钮，关闭对象的属性窗口，审核将立即生效。如图 13-15 所示。

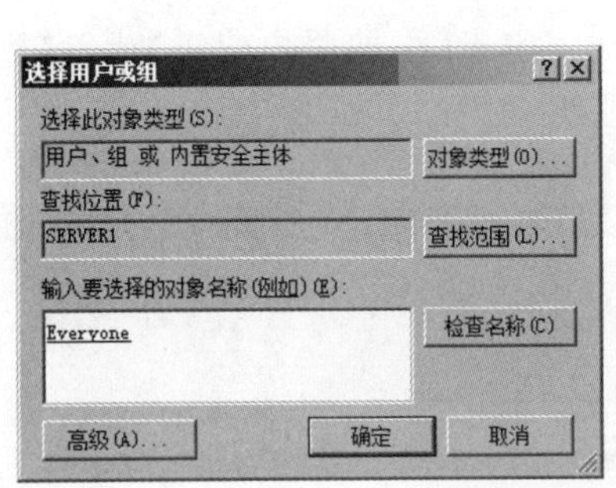

图 13-14　【选择用户或组】对话框

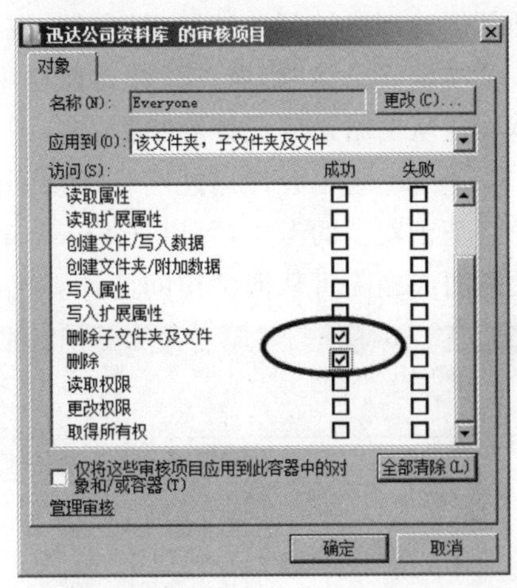

图 13-15　【迅达公司资料库 的审核项目】对话框

步骤 6：为了验证审核效果，使用受审核记录的用户在"迅达公司资料库"文件夹中删除一个文件或文件夹，然后使用事件查看器查看审核信息。查看方法是：依次单击【开始】→【管理工具】→【事件查看器】菜单项，打开【事件查看器】窗口→在左窗格中展开【Windows 日志】节点→单击【安全】→在右窗格的【安全】列表中双击其中事件 ID 为 4656 的事件，这时可以看到删除事件的详细记录(如，访问类型是"DELETE"、被删除对象、访问者是谁等信息)。如图 13-16 所示。

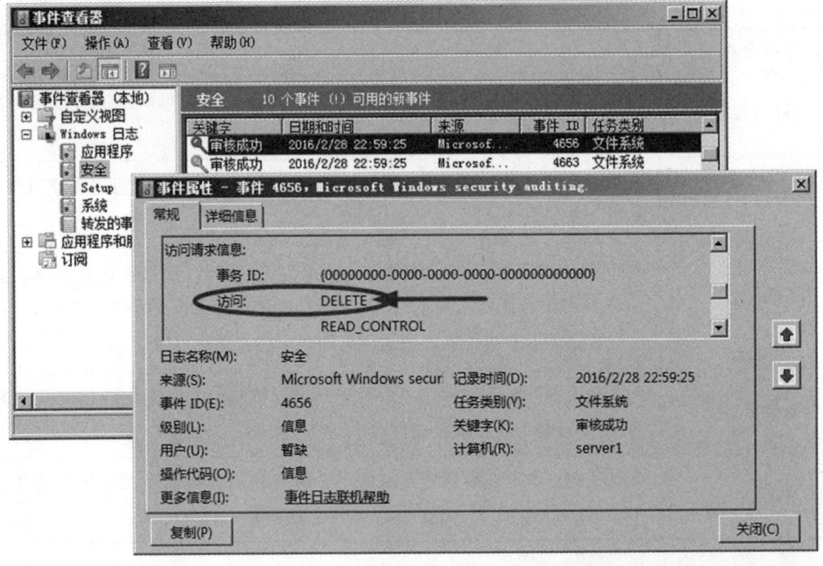

图 13-16　用事件查看器查看审核信息

任务 13-3 用户权限分配的设置

用户权限分配是用户在计算机系统或域中执行某项任务的能力。如:从本地登录系统、更改系统时间、关闭系统、从网络访问此计算机等。

下面以“从网络访问此计算机”为例,说明用户权限分配的设置过程:

进入【本地安全策略】窗口→在左窗格中展开【本地策略】→单击【用户权限分配】→在右窗格中双击【从网络访问此计算机】策略,打开【从网络访问此计算机 属性】对话框,从此可以看出 Everyone 组也允许通过网络连接到此计算机,即网络中的所有用户都可以访问到这台计算机,基于安全的考虑,可以把 Everyone 组删除。单击【添加用户或组】或者【删除】按钮,可以添加或删除可从网络访问此计算机的用户或组,如图 13-17 所示。

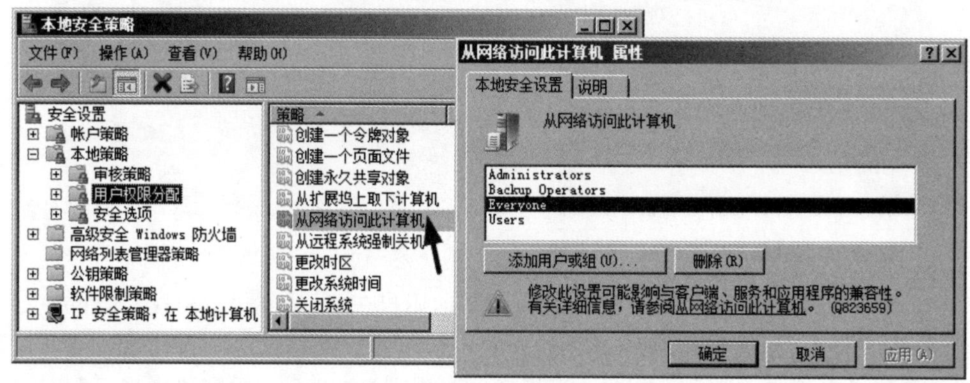

图 13-17 设置“从网络访问此计算机”的用户或组

其他用户权限分配的方法与上面介绍的类似,这里不再赘述。下面列出 Windows Server 2008 中几个常用的用户权限分配的安全策略,见表 13-2。

表 13-2 常用的用户权限分配

用户权限分配名称	说 明
从网络访问此计算机	默认任何用户均可从网络访问计算机,根据实际需要可以撤销某组帐户从网络访问的权限
拒绝从网络访问这台计算机	有些用户只在本地使用,不允许通过网络访问此计算机,就可以将此用户加入到该策略中
允许在本地登录	此登录权限确定了可交互式登录到该计算机的用户,通过在连接的键盘上按【Ctrl+Alt+Del】组合键启动登录,该操作需要用户拥有此登录权限。另外,一些能使用户进行登录的服务或管理应用程序可能也需要此登录权限
拒绝本地登录	此安全设置确定阻止哪些用户登录到该计算机。若一个帐户同时受上述策略的制约,则此策略设置将取代允许在本地登录策略
关闭系统	确定哪些在本地登录到计算机的用户可以使用关机命令关闭操作系统。默认只有 Administrators 和 Backup Operators 组中的用户能关机

任务 13-4　安全选项的设置

在安全选项中的安全策略，是一些和操作系统安全有关的设置。表 13-3 列出了几个常用的安全选项。

表 13-3　　**常用安全选项**

安全选项名称	说　明
关机：允许系统在未登录的情况下关闭	通常情况下，只有登录系统后具有权限的用户才能关机，如果有时需要在无须登录 Windows 的情况下关闭计算机，可将此策略启用
帐户：使用空白密码的本地帐户只允许进行控制台登录	密码为空的用户不能通过网络访问此计算机，此策略禁用后，密码为空的用户将不会受到限制
交互式登录：试图登录的用户的消息文本	该安全设置指定用户登录时向其显示的文本信息。该文本通常用于警告。例如警告用户登录后哪些操作不被允许等
网络访问：不允许 SAM 帐户和共享的匿名枚举	是否禁止通过共享会话猜测管理员系统口令
帐户：来宾帐户状态	确定是否禁用来宾帐户

例如，在局域网的成员计算机上要让用户在登录前(按 Ctrl＋Alt＋Del 键后)必须阅读公司使用计算机的注意事项，其设置步骤如下：

步骤 1：进入【本地安全策略】窗口→在左窗格中展开【本地策略】→选择【安全选项】→在右窗格中双击【交互式登录：试图登录的用户的消息标题】，如图 13-18 所示。

步骤 2：在打开的【交互式登录：试图登录的用户的消息标题 属性】对话框中输入“提醒!!!”→单击【确定】按钮，如图 13-19 所示。

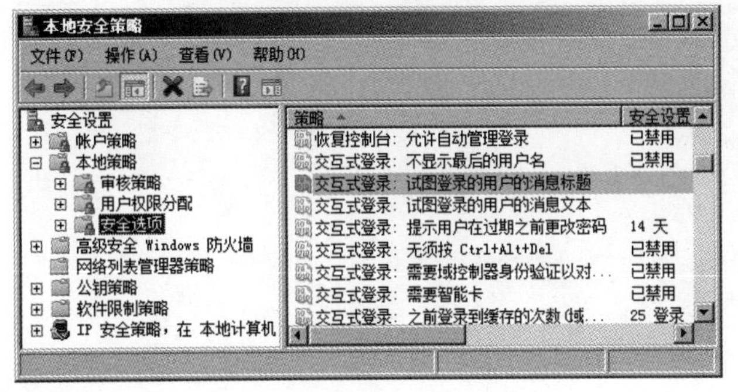

图 13-18　【安全选项】设置

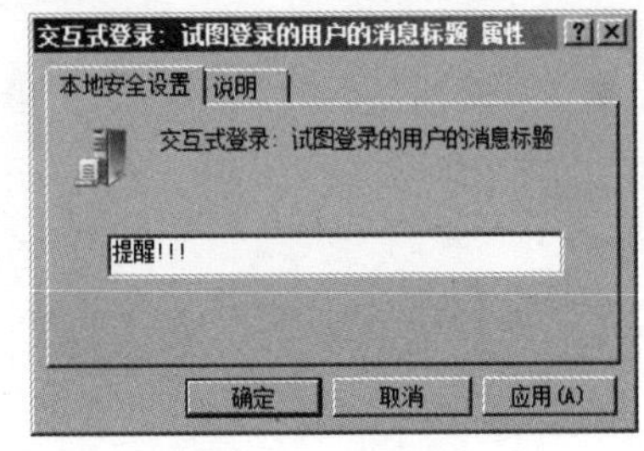

图 13-19　设置消息标题

步骤 3：系统返回【本地安全策略】窗口→在右窗格中双击【交互式登录：试图登录的用户的消息文本】→在打开的【交互式登录：试图登录的用户的消息文本 属性】对话框中输入“迅达电子商务公司提醒您：使用计算机必须遵守本公司信息安全的有关规定!!”→单击【确定】按钮，如图 13-20 所示。

步骤 4：单击【开始】→【运行】→在打开的【运行】对话框中输入“gpupdate”命令，刷新计算机的本地安全策略(或重启计算机)→重启系统→在登录界面出现后，按【Ctrl＋Alt＋

Del】组合键，系统会显示【提醒!!!】对话框，阅读后，单击【确定】按钮，即可输入帐户名称和密码进行登录，如图 13-21 所示。

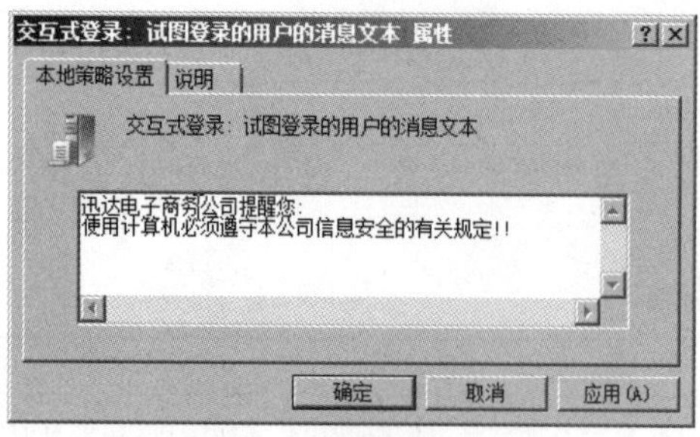

图 13-20　设置消息文本

图 13-21　交互式登录提示框

任务 13-5　高级安全 Windows 防火墙的配置

1. 启用/关闭 Windows Server 2008 防火墙

Windows Server 2008 的防火墙要发挥作用就必须处在启用状态，默认情况下 Windows Server 2008 的防火墙已被启用。其启用/关闭的过程如下：

在桌面上单击【开始】→【控制面板】→在打开的【控制面板】窗口中双击【Windows 防火墙】图标→在打开的【Windows 防火墙】窗口中单击【启用或关闭 Windows 防火墙】链接，打开【Windows 防火墙设置】对话框→在【常规】选项卡中选中【启用】单选按钮→单击【确定】按钮后系统便启用"Windows 防火墙"，如图 13-22 所示。

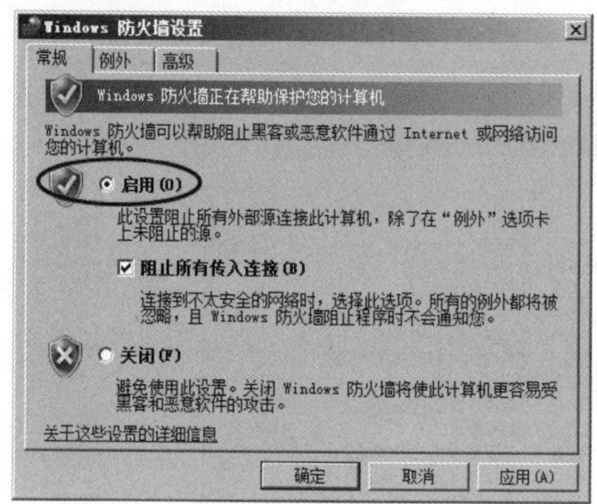

图 13-22　【Windows 防火墙设置】对话框

Windows 防火墙启用后会监视所有服务端口，主动从外面进入或从计算机内出去的通信都会接受防火墙的检查并和自己的设置相比较，从而决定是否让数据包入站或出站。

2. 入站规则的添加与设置

默认情况下，Windows 防火墙阻止所有传入流量，除非是对计算机以前的传出请求(请求的流量)的响应，或者创建了用于允许该流量的特别允许规则。例如，若使用 Windows 内置的 IIS 组件搭建了 Web 服务器，系统会自动添加和启用该服务对应的默认端口为 TCP

80 的"万维网服务(HTTP 流入量)"的入站规则。但是,若将 Web 服务的端口更改为非默认的 TCP 8080 端口或者安装的是第三方的 Web 服务软件(如,Apache Web 软件),则需要配置用户自定义入站规则,以支持 Web 服务客户访问该服务器。

添加与配置自定义入站规则的步骤如下:

步骤 1:在桌面上单击【开始】→【管理工具】→【高级安全 Windows 防火墙】菜单项→打开【高级安全 Windows 防火墙】窗口,在左窗格中单击【入站规则】,在右窗格中单击【新规则】。如图 13-23 所示。

提示:在上述单击【入站规则】后,可以看到系统对常见应用预定义了一些规则,这些预定义的规则会随着服务器的某些服务启动而自动启用。比如启动了远程桌面,就自动把"远程桌面(TCP-In)"规则启用。

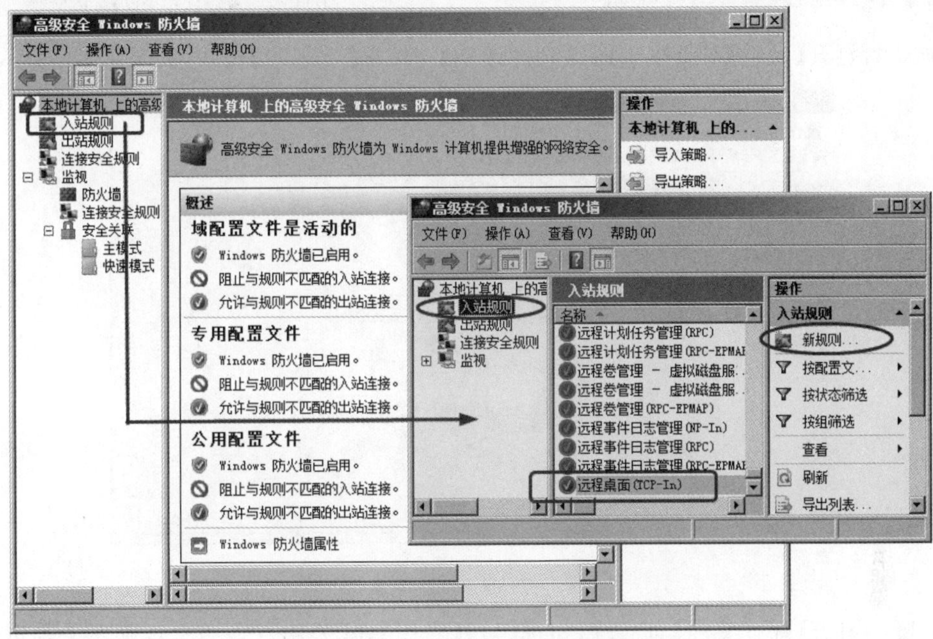

图 13-23　【高级安全 Windows 防火墙】窗口

【域配置文件是活动的】:当计算机是某个域网络的成员并且 Windows 确定该计算机当前已连接到承载该域的网络时,可选择该网络位置类型。当域成员计算机经身份验证成功登录域时会自动选择该类型。

【公用配置文件】:默认情况下,将该网络位置类型分配给所有新检测到的网络。通常,分配给该位置类型的设置具有最多的限制,因为公用网络上存在的安全风险较多。

【专用配置文件】:对于用户信任的网络(如家庭网络或小型办公网络),可以选择该网络位置类型。与域网络相比,指定给该位置类型的设置通常具有更多限制,因为家庭网络不像域网络那样要主动进行管理。新检测到的网络不会自动指定为"专用"位置类型。用户必须明确选择将该网络指定为"专用"位置类型。

步骤 2:打开【规则类型】对话框,选择【端口】→单击【下一步】按钮,如图 13-24 所示。

步骤 3:打开【协议和端口】对话框,选择【TCP】→选择【特定本地端口】→输入 8080→单击【下一步】按钮,如图 13-25 所示。

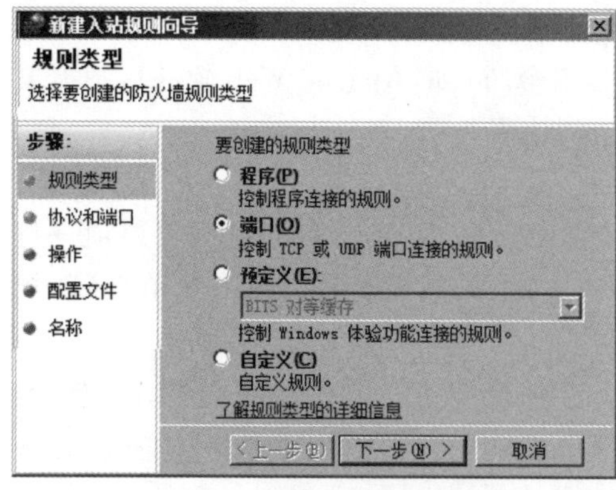

图 13-24 【规则类型】对话框

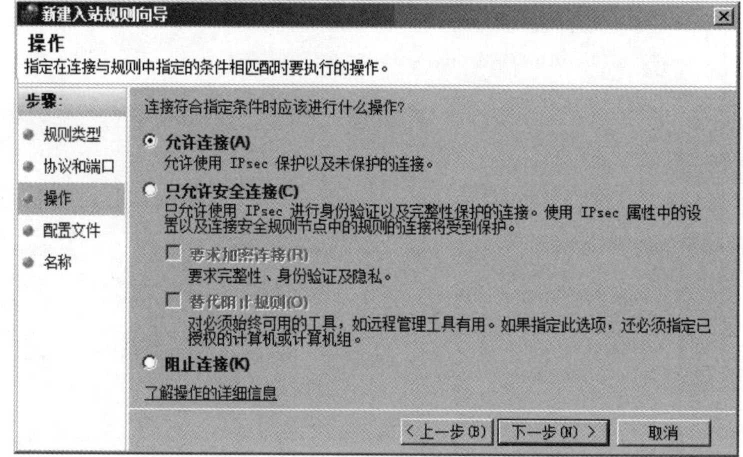

图 13-25 【协议和端口】对话框

步骤 4:打开【操作】对话框,选择【允许连接】→单击【下一步】按钮,如图 13-26 所示。

图 13-26 【操作】对话框

步骤 5:打开【配置文件】对话框,勾选【域】【专用】和【公用】(表明本规则在三种可能的网络位置均可以生效)→单击【下一步】按钮,如图 13-27 所示。

步骤 6:打开【名称】对话框,在【名称】编辑框中输入“允许内网用户连接 8080 端口的 Web”→单击【完成】按钮,如图 13-28 所示。

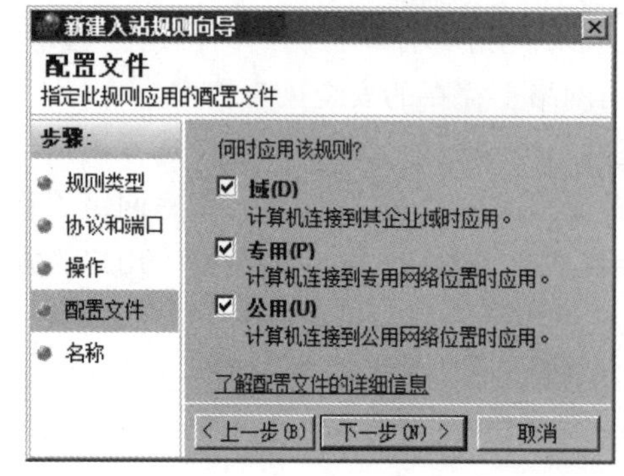

图 13-27 【配置文件】对话框

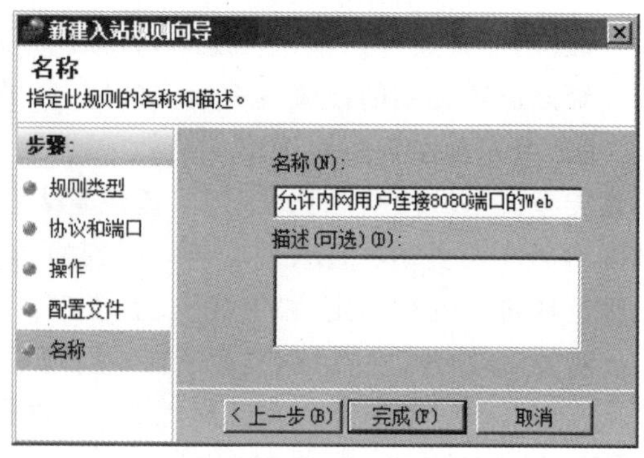

图 13-28 【名称】对话框

步骤 7:系统返回【高级安全 Windows 防火墙】窗口,在左窗格中单击【入站规则】→在中间窗格中右击新建的入站规则→在弹出的快捷菜单中选中【属性】,如图 13-29 所示。

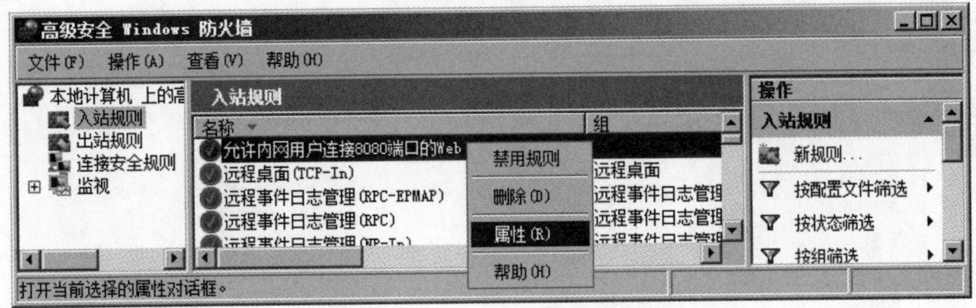

图 13-29　右击新建的入站规则

步骤 8:打开【允许内网用户连接 8080 端口的 Web 属性】对话框,单击【作用域】选项卡→在【本地 IP 地址】区域内选择【下列 IP 地址】→单击【添加】按钮→弹出【IP 地址】对话框,在【此 IP 地址或子网】编辑框中输入允许的 IP 地址(如,192.168.8.0/24)→两次单击【确定】按钮,如图 13-30 所示。

完成以上设置后,内网(192.168.8.0/24)中的用户就可以访问端口号为 8080 的 Web 网站了。

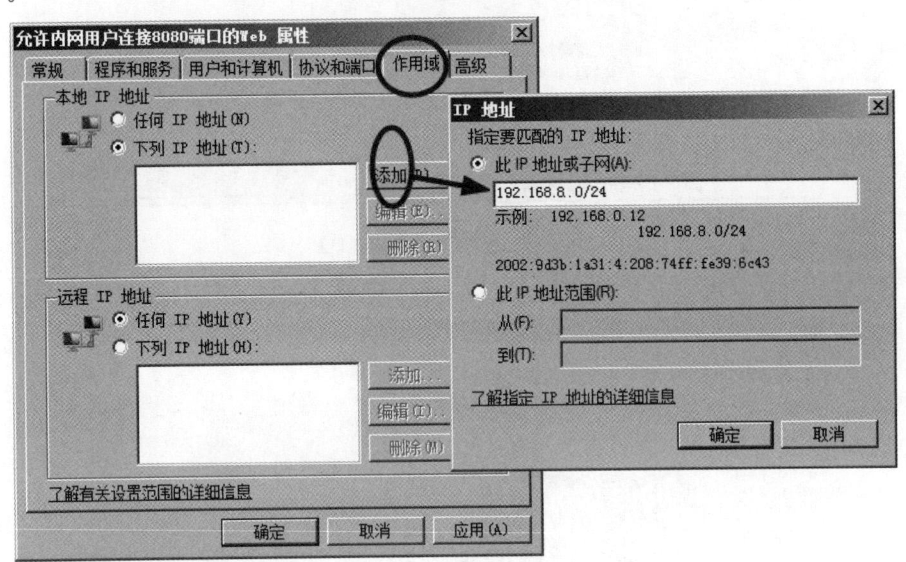

图 13-30　【允许内网用户连接 8080 端口的 Web 属性】对话框

3. 出站规则的添加与设置

默认情况下,高级安全 Windows 防火墙不阻止出去的流量(但阻止标准服务以异常方式进行通信的服务强化规则除外)。用户可以针对数据包的协议、端口等创建出站规则。

阻止当前服务器主机访问其他 Web 服务器的设置步骤如下:

步骤 1:在【高级安全 Windows 防火墙】窗口的左窗格中右击【出站规则】,在弹出的快捷菜单中选择【新规则】菜单项,如图 13-31 所示。

步骤 2:打开【规则类型】对话框,选择【端口】→单击【下一步】按钮,如图 13-32 所示。

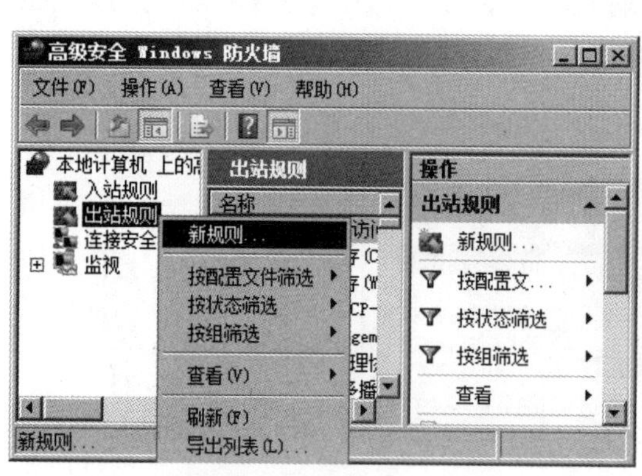

图 13-31 右击【出站规则】

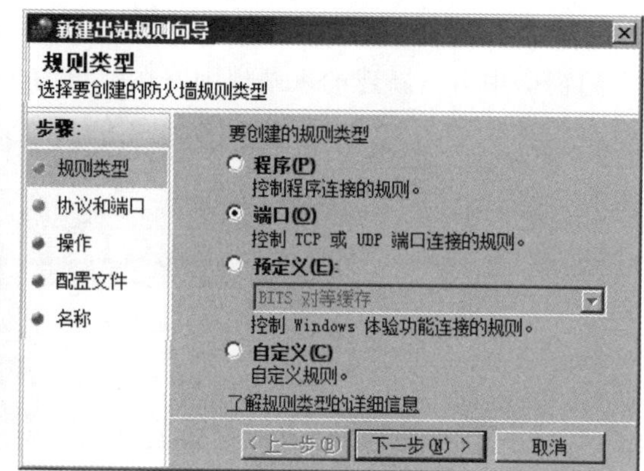

图 13-32 选择【端口】

步骤 3：在打开的【协议和端口】对话框中选择【TCP】→选择【所有本地端口】→单击【下一步】按钮，如图 13-33 所示。

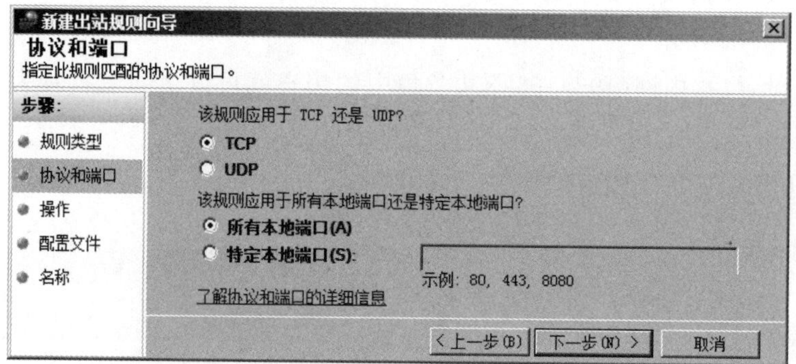

图 13-33 选择【所有本地端口】

步骤 4：打开【操作】对话框，选择【阻止连接】→单击【下一步】按钮，如图 13-34 所示。

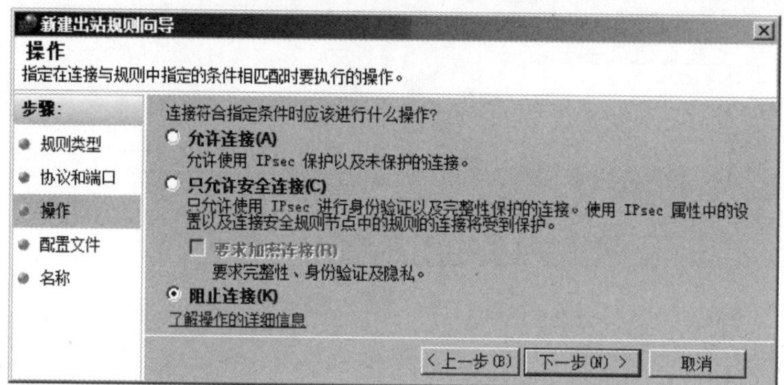

图 13-34 选择【阻止连接】

步骤 5：打开【配置文件】对话框，选中【域】【专用】和【公用】→单击【下一步】按钮，如图 13-35 所示。

步骤 6：打开【名称】对话框，在【名称】编辑框中输入“禁止本服务器访问其他 Web 服务器”→单击【完成】按钮，如图 13-36 所示。

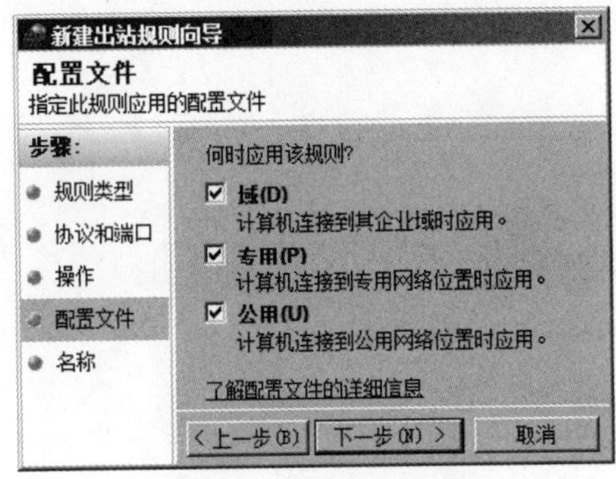

图 13-35 【配置文件】对话框

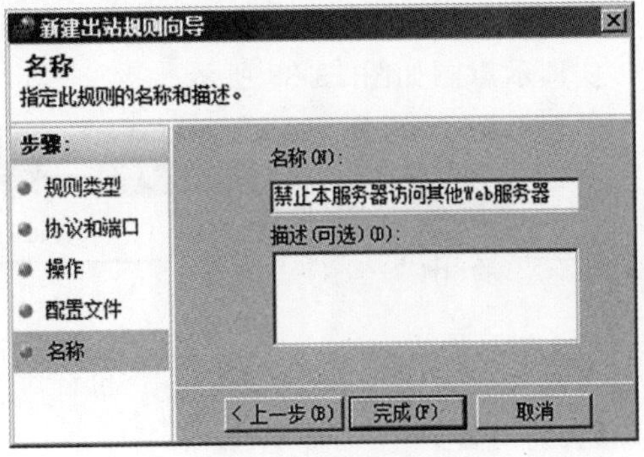

图 13-36 【名称】对话框

步骤 7：系统返回【高级安全 Windows 防火墙】窗口，在左窗格中单击【出站规则】→在右窗格中右击刚才创建的出站规则→在弹出的快捷菜单中选择【属性】选项，如图 13-37 所示。

步骤 8：打开【禁止本服务器访问其他 Web 服务器 属性】对话框，单击【协议和端口】选项卡→单击【远程端口】的下拉按钮→在弹出的列表框中选择"特定端口"，并将端口号设置为 80，这样就能够阻止本服务器访问其他 Web 服务器了，如图 13-38 所示。

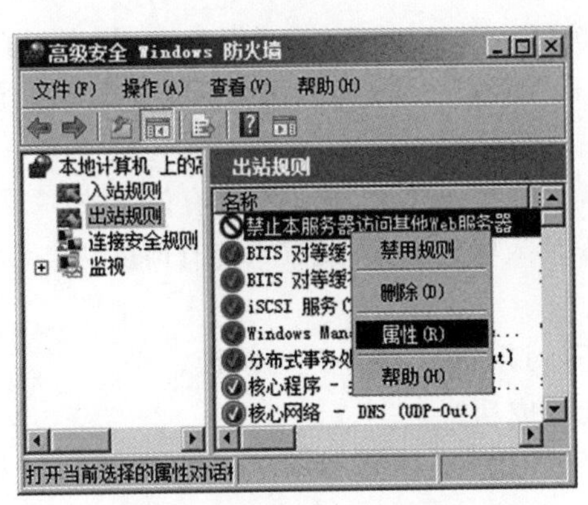

图 13-37　右击刚才创建的出站规则

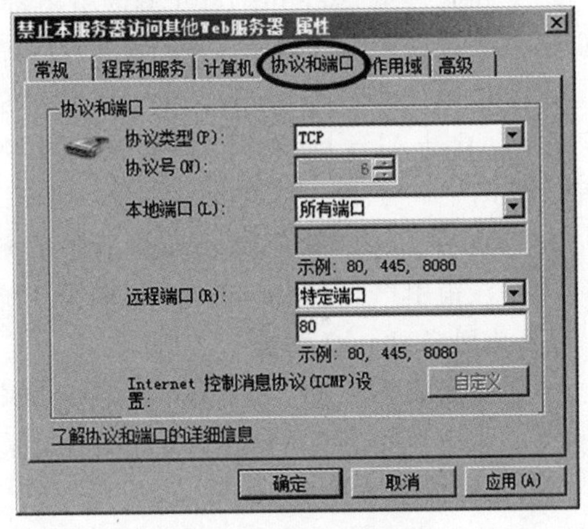

图 13-38　设置协议和端口

步骤 9：访问测试。在启用"禁止本服务器访问其他 Web 服务器"规则后，测试能否外出访问其他 Web 网站。

项目实训 13　安全策略与防火墙的配置

【实训目的】

可进行安全策略的设置与测试；能够配置高级安全 Windows 防火墙的入站、出站规则。

【实训环境】

每人 1 台 Windows XP/7 物理机，1 台 Windows Server 2008 虚拟机，1 台 Windows XP/7 虚拟机，虚拟机网卡连接至虚拟交换机 VMnet8，使其内网计算机能连接互联网。

【实训拓扑】

实训示意图如图 13-39 所示。

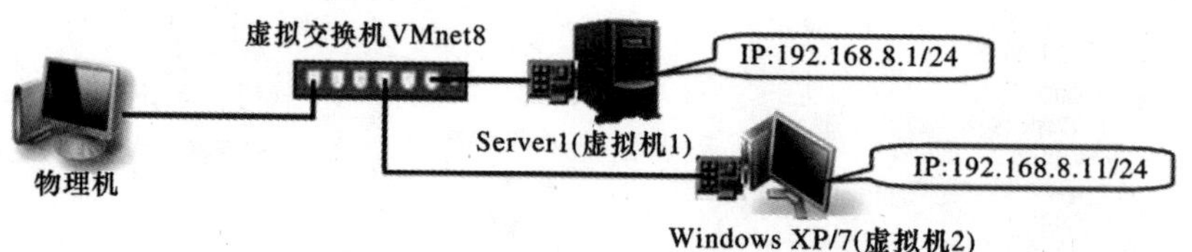

图 13-39　实训示意图

【实训内容】

1. 设置密码策略和帐户策略

(1)以管理员 Administrator 身份登录服务器,并创建一个用户 zhang3。

(2)设置密码策略:密码长度最小值为 8,启用密码必须符合复杂性要求,密码使用最长期限为 30 天。

(3)设置帐户锁定策略:用户锁定阈值为 4 次。

(4)刷新安全策略。

2. 验证密码策略和帐户策略

(1)由管理员 Administrator 修改用户 zhang3 的密码,密码为“123”后,观察有何提示信息,再次修改密码为“123abc!”后,观察有何提示信息。

(2)注销当前登录用户,用 zhang3 登录系统,按【Ctrl＋Alt＋Insert】组合键(相当于真实机的【Ctrl＋Alt＋Del】组合键)更改密码,将旧密码“123abc!”改为新密码“abc”,观察系统有何提示。

(3)注销用户,再次使用 zhang3 登录系统,错误输入密码 4 次,观察系统有何反映。

(4)注销用户,用 Administrator 登录系统,错误输入密码 4 次,观察系统有何反映。

3. 为用户 zhang3 解锁

(1)在当前登录用户为 Administrator 的情况下,对用户 zhang3 进行解锁。

(2)注销当前登录用户,用 zhang3 登录系统,能否成功?

4. 审核策略的设置与验证

(1)注销当前登录用户,用管理员帐号登录,设置“审核登录事件”的状态为“成功”。

(2)在 E 盘(NTFS 分区)上新建一个文件夹 dir,并在文件夹的安全属性中添加用户 zhang3 对该文件删除审核为“成功”。

(3)设置用户 zhang3 对 dir 文件夹有完全控制的权限。

(4)注销用户,使用用户 zhang3 登录系统,将 dir 文件夹删除。

(5)注销用户,使用管理员帐号登录系统,使用“事件查看器”查看“安全”日志,检查是否有用户 zhang3 登录的记录,是否有用户 zhang3 删除文件夹操作的记录。

5. 高级安全 Windows 防火墙的设置

(1)在虚拟机 1 上安装并启用 Web 服务。

(2)在【高级安全 Windows 防火墙】窗口的入站规则中,找到并配置“万维网服务(HTTP 流入量)”预定义的规则,通过设置使得只有 IP 在 192.168.8.1～192.168.8.180 范围的计算机才可以访问本机的 Web 服务器,其他 IP 地址的计算机不可以访问。

(3)验证:在虚拟机 2 上启动浏览器,输入 http://192.168.8.1,测试能否访问 Web 服务器的默认首页;将虚拟机 2 的 IP 地址修改为 192.168.8.200,再次测试能否访问。

(4)在虚拟机 1 的高级安全 Windows 防火墙中添加一条基于端口类型的出站规则,名称为“禁止访问互联网上的 Web 网站”,协议类型为 TCP,操作类型为阻止连接,使得在虚拟机 1 上不可通过浏览器访问外部的任何 Web 网站。

提示:添加程序类型的阻止连接规则,IE 浏览器的执行程序的默认位置为“C:\Program Files\Internet Explorer\iexplore.exe”。

(5)验证:在虚拟机 1 上使用 IE 浏览器能否访问互联网中的 Web 网站。

项目习作13

一、选择题

1. 下列密码中,符合密码复杂性要求的是(　　)。

A. 12345678　　B. 123.com　　C. N3#　　D. NT5

2. 关于帐户锁定的描述正确的是(　　)。

A. 当帐户锁定后,将永远无法使用

B. 如果帐户锁定时间为 0,那么必须由管理员解锁,否则一直无法使用

C. 如果帐户锁定时间为 30 分钟,那么 30 分钟后帐户将自动解锁

D. 管理员帐户也会被锁定

3. 管理员设置“帐户锁定阈值”为 3、“帐户锁定时间”为 30、“复位帐户锁定计时器”为 15,表示(　　)。

A. 若用户在 15 分钟内连续输错 3 次密码,则锁定该用户 30 分钟

B. 若用户在 30 分钟内连续输错 3 次密码,则锁定该用户 15 分钟

C. 用户锁定 15 分钟后自动解锁

D. 用户锁定 30 分钟后,再等 15 分钟计时器复位才能输入帐号登录

4. 出于安全性的考虑,禁止其他人使用密码猜测的方法登录你的计算机,当用户连续 3 次输入错误的密码时就将该用户锁定,应该采取(　　)措施。

A. 设置计算机本地策略中的帐户锁定策略,设置“帐户锁定阈值”为 3

B. 设置计算机本地策略中的安全选项,设置“帐户锁定阈值”为 3

C. 设置计算机帐户策略中的帐户锁定策略,设置“帐户锁定阈值”为 3

D. 设置计算机帐户策略中的密码策略,设置“帐户锁定阈值”为 3

5. 在 Windows Server 2008 系统中,若启用本地策略中的(　　)策略,则不会在“登录到 Windows”对话框中显示最后成功登录的用户的名称。

A. 交互式登录:不需要按 Ctrl+Alt+Del

B. 交互式登录:不显示上次的用户名

C. 审核帐户登录的成功事件

D. 拒绝本地登录

6. 以下(　　)属于“用户权限分配”指派的权限。

A. 拒绝本地登录　　B. 关闭系统

C. 允许在本地登录　　D. 管理用户

7. 在 NTFS 分区上有一个存放敏感数据的文件夹。由于工作需要管理员要离开公司一段时间，若希望将来能知道在这段时间哪些用户访问过此文件夹的内容，应该采取(　　)措施。

A. 在这台计算机上启用审核策略中的“审核对象访问”中的成功事件

B. 在这台计算机上启用审核策略中的“审核对象访问”中的失败事件

C. 在这个文件夹上设置对 everyone 的审核

D. 在这个文件夹上设置 NTFS 权限

8. 有一台 Web 服务器的 IP 地址为 192.168.1.10，本地计算机的默认出站连接设置为允许，若要阻止该计算机通过 IE 访问 Web 服务器，应该采取的措施是(　　)。

A. 新建入站规则，指定程序路径和操作

B. 新建出站规则，指定程序路径和操作

C. 新建入站规则，指定协议、端口和操作

D. 新建出站规则，指定协议、端口和操作

二、简答题

1. 密码策略主要包括哪些具体策略，各有什么作用？

2. 用户帐户被锁定后，如何能使其正常登录？在系统内无其他管理员帐户的情况下，如何启用被锁定的 Administrator 用户？

3. Windows Server 2008 中集成的防火墙有什么用处？

项目14 使用PKI证书和VPN保障传输安全

14.1 项目背景

在网络环境下，信息不仅要求在存储和访问数据时具备安全性，还要求在Internet上的传输过程中也具备安全性。数据传输的安全性是整个数据安全体系重要的一环。证书和VPN是目前实现数据安全传输的两个最流行的技术。

证书服务提供的数字证书，可以在一个不可信任的网络上辨识一个客户和服务器，在信息发送前对其进行加密处理，当对方接收到信息后，能够验证该信息是否确实是由发送方发送的，同时还可以确定信息的完整性，即检查信息在传输过程中是否被他人非法篡改。VPN服务能让分布于不同地点的网络与网络、站点与网络之间，在不安全的Internet上构建起安全的专用通道，使得数据在传送途中即使被他人截获也因事先加密过而无法识别。

迅达公司作为专业的电子商务公司，一方面，需要搭建证书服务器发放数字证书给分公司、员工、客户、合作伙伴、供货商等，让证书持有者能安全地访问本公司的电子商务网站。另一方面，通过VPN服务使分公司或是出差在外的员工，通过网络能安全、及时地向总公司报送业务数据。

14.2 项目知识准备

14.2.1 认识PKI

加密技术-1 认识PKI公钥基础结构

在各种网络安全解决方案中，形成了两套安全体系——PKI体系和非PKI体系。其中，非PKI体系的应用最为广泛，例如，大量使用的“用户名称＋口令”的形式就属于非PKI体系，数字证书技术则属于PKI体系。由于非PKI体系的安全性相对较弱，所以近年来PKI安全体系得到了越来越广泛的关注和应用。

PKI(Public Key Infrastructure，公钥基础结构)是指在分布式计算环境中，根据公开密钥理论及算法，使用公钥加密、数字签名、数字证书等技术来确保网上信息的传输安全并负责验证证书持有者身份的一种安全服务体系。PKI的主要目的是通过自动管理密钥和证书，为用户建立起安全的网络运行环境。

一个典型的 PKI 体系包括以下四个组件：

①公钥加密技术。

②数字证书：用于用户的身份验证。

③证书颁发机构(CA)：CA 是一个可信任的实体，负责发布、更新和吊销证书。

④注册机构(RA)：RA 具有接受用户的证书申请等功能。

PKI 体系能够实现的功能有：

①身份验证：确认用户的身份标识。

②数据完整性：是指数据在传输过程中不能被非法篡改。

③数据机密性：是指数据在传输过程中，不能被非授权者偷看。

④数据的有效性：是指数据不能被否认，即数据行为人不能否认自己的行为。

14.2.2 信息加密技术及分类

加密技术-2 对称密钥加密技术传统加密技术

加密技术-3 非对称密钥加密技术公钥加密技术

信息加密技术有两类：对称密钥加密技术、非对称密钥加密技术。

1. 对称密钥加密技术(传统加密技术)

在对称加密算法中，数据发送方将明文和加密密钥一起经过加密算法处理后，使其变成杂乱无章的密文发送出去。接收方收到密文后，若想解读原文，需要使用加密用过的密钥及相同算法的逆算法对密文进行解密，使其恢复成可读明文。其基本过程如图 14-1 所示。

在对称密钥体制中，加密变换使用的密钥和解密变换使用的密钥是相同的，收发双方都使用同一个密钥对数据进行加密和解密，这就要求在进行安全通信前需要以安全方式进行密钥交换，双方必须确保这个共同密钥的安全性。

对称密钥加密技术具有密钥较短、加密效率高、系统开销小、加解密速度快等优点，适合于大规模和大流量数据加密。不足之处是收发双方都使用相同密钥，安全性得不到保证。此外，每对用户每次使用对称加密算法时，都需要使用其他人不知道的唯一密钥，这会使得收发双方所拥有的密钥数量成几何级数增长，密钥管理成为用户的负担。对称加密算法在网络上使用较为困难，主要是因为密钥的维护量大管理困难，使用成本较高。

在计算机网络系统中广泛使用的对称加密算法有 DES、Triple-DES、RC4、RC5 等。

2. 非对称密钥加密技术(公钥加密技术)

顾名思义，非对称密钥加密技术中所使用的加密密钥和解密密钥不是同一个，其中一个为可以公开的加密密钥(简称“公钥”)，另一个是必须秘密保存的解密密钥(简称“私钥”)，而且由公钥很难求出私钥。图 14-2 展示了非对称算法的加密和解密流程。

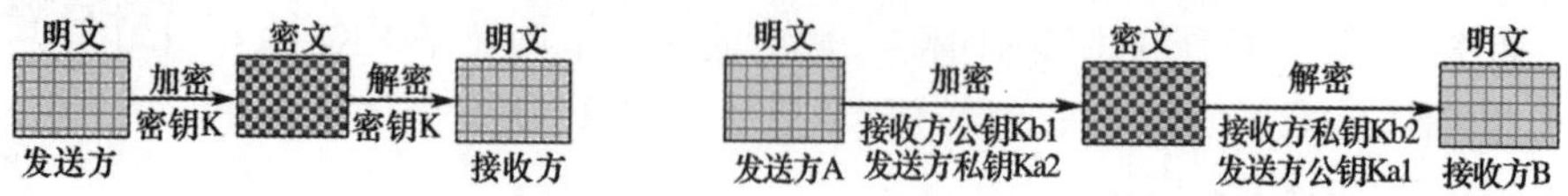

14-1 对称密钥加密技术的加密过程　　图 14-2 非对称密钥技术的加密解密过程

非对称算法的优点就是密钥管理很简单。私钥持有者可把他的公钥发送给任何想与之通信的人，或发到互联网等公开地方供别人查询和下载，对方用公钥加密得到的密文，只有通过相对应的私钥才能解密，这样公钥加密可以对数据进行保护。反过来，如果明文是使用私钥加密的，任何拥有相应公钥的人都能够解开密文，很明显，私钥加密不能满足数据机密性的要求（因为公钥是公开的），但可以通过公钥解密进行身份认证，或用在不可抵赖性的应用中。非对称算法的缺点是加解密速度较慢，不适应大数据量加解密作业。

根据两种密钥使用的先后顺序的不同，非对称加密技术分为数据加密和数字签名。

（1）数据加密（先用公钥加密后用私钥解密）

传输数据时，发送方使用接收方的公钥加密数据，并将它传送。当接收方收到数据后，使用自己的私钥解密这些数据。如 A 给 B 发送数据，A 拥有自己的私钥与 B 的公钥，B 拥有自己的私钥与 A 的公钥。A 使用 B 的公钥对数据进行加密，通过网络发送给 B，那么即使第三方截取了该数据，也无法看到数据的具体内容，因为只有 B 的私钥才可以解密，而 B 的私钥只有 B 自己才有。从而保证了数据的机密性，如图 14-3 所示。

图 14-3　数据加密工作过程

数据加密确保只有预期的接收者才能解密和查看原始数据，从而提供了发送数据的机密性。但是数据加密不能保证身份验证、不可否认和完整性。因为是用 B 的公钥加密的数据，而 B 的公钥是公开的，第三方也会有 B 的公钥，从而可以伪造数据发给 B。

（2）数字签名（先用私钥加密后用公钥解密）

数字签名是通过一个单向函数对要传送的报文进行处理得到的，用于认证信息来源并核实信息是否发生变化的一个字母数字串。数字签名可以用来验证信息是否确实是由发送方发送来的（即身份验证），还可以确认信息在发送过程中是否被篡改。

下面以 RSA（取名来自发明此签名算法的三位开发者的名字的首字母）签名的过程为例，说明其工作原理，如图 14-4 所示。

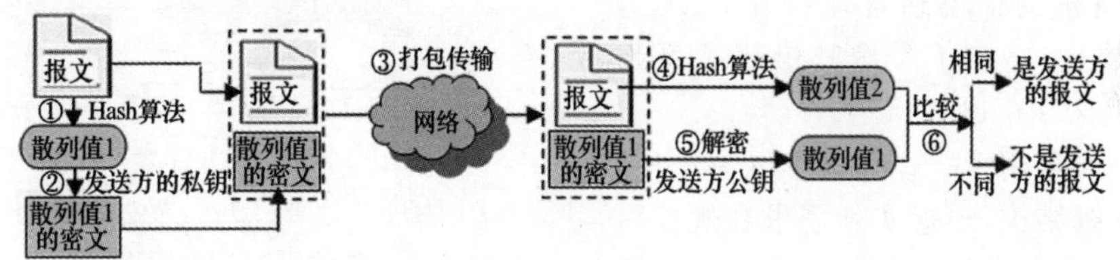

图 14-4　无保密机制的 RSA 签名过程

①发送方对报文采用 Hash 算法生成一个 128 位的散列值（称为报文摘要）。

②发送方用加密算法和自己的私钥对这个散列值进行加密，产生一个摘要密文，这就是发送方的数字签名。

③将这个加密后的数字签名作为报文的附件和报文一起发送给接收方。

④接收方从接收到的原始报文中采用相同的摘要算法计算出 128 位的散列值。

⑤报文的接收方用解密算法和发送方的公钥对报文附加的数字签名进行解密。

⑥如果两个散列值相同，那么接收方就能确认报文是由发送方签名的。

提示：Hash 算法是一个数学函数，它把任意长度的字符串文件变换成固定长度的字符串（散列值），典型的输出长度是 128 位或者 160 位，并且它是一个不可逆的字符串变换算法，Hash 值对输入的数据而言是一个唯一值，输入数据的任何改变，该值都会随之改变。因此，散列值被形象地称为数字指纹，就像人的指纹一样，成为验证报文身份的“指纹”。

数字签名只保证数据的完整性、身份验证和不可否认。因签名的是摘要值而不是原始数据，所以不能保证机密性。

加密和签名互不排斥，可以既加密又签名。

14.2.3 证书及证书颁发机构

加密技术-4 证书及证书颁发机构 CA

发件人使用的公钥和私钥、收件人使用的公钥均来源于证书服务，证书是密钥的载体并由权威机构颁发。由权威机构颁发的包含了公钥信息的电子文档称为数字证书(简称证书)，颁发数字证书的权威机构就称为 CA(Certificate Authority，证书颁发机构)。

1. 数字证书的内容及类型

数字证书提供了一种在 Internet 上进行身份验证的方式，是用来标志和证明网络通信双方身份的数字信息文件，是个人或单位在 Internet 等公共网络上的身份证。

数字证书的格式及内容遵循 X.509 标准。一个标准的 X.509 数字证书包含以下内容：

- 证书的版本信息：v1、v2、v3。
- 证书的序列号：每个证书都有一个唯一的证书序列号。
- 证书所使用的签名算法：CA 签发该证书所使用的密码算法的标识符。
- 证书的发行机构名称。
- 证书的有效期：是一个时间区间，包括证书有效期的起始时间和终止时间。
- 证书所有者的名称。
- 证书所有者的公开密钥：用来标识证书持有者公钥和相应的公钥算法。
- 证书发行者对证书的签名。

根据证书作用的不同，其类型主要有：个人数字证书、单位数字证书、单位员工数字证书、服务器证书、VPN 证书、WAP 证书、代码签名证书和表单签名证书。

2. CA 的体系结构及作用

一个完整的证书认证系统中，CA 分为不同的层次，各层 CA 按其隶属关系形成树形结构，如图 14-5 所示。

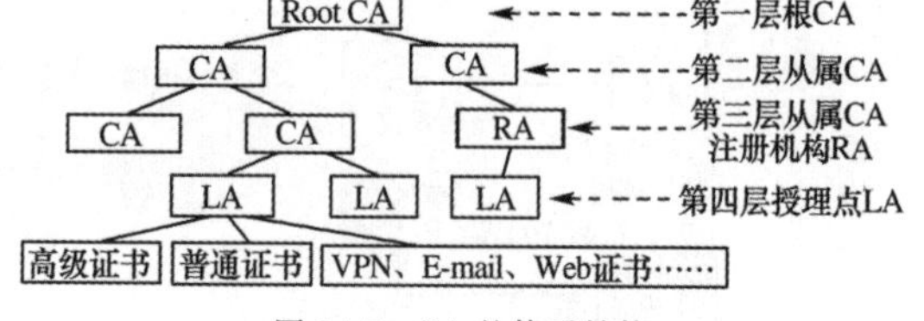

图 14-5 CA 的体系结构

CA 一般采用 RCA－CA－SCA－RA－LA 等 5 级结构，根据实际需求和规模可以灵活设计为 RCA－CA－RA－LA 等 4 级结构或 RCA－CA－RA、RCA－CA－LA 等 3 级结构。

- RCA(Root CA，根 CA)——是结构的最上层，由国家主要管理部门主持设置，主要职能是负责制定和审批 CA 的总政策，签发与管理根 CA 证书、发放证书给所辖其他的 CA(从属 CA)，当然也可以发放证书给使用者、与其他 PKI 域的 CA 进行交叉认证。
- SCA(Subordinate CA，从属 CA)——从属 CA 必须先从其父 CA(根 CA 或上一级的从属 CA)取得证书，然后，才可以发放证书给使用者或下一级从属 CA。从属 CA 可以按地区、行业、品牌或企业来划分。其主要职能是签发与管理用户证书以及与其他 CA 的交叉认证证书、授权设立 RA 管理中心、处理各 RA 管理中心发来的各种业务请求、管理所辖 RA 的所有用户资料以及负责维护系统的安全。
- RA(证书注册机构)——分为远程注册机构与本地注册机构，其主要职能是审批与管理下属各 LA/RA 的设立和权限、负责本地用户资料的录入、审核，以及为用户制作证书 IC 卡、保存和维护本地用户资料库，并与 CA 中心(或上级 RA)通信，完成各种业务操作。

• LA(受理点)——直接面向用户服务，LA 可以与远程 RA 结合在一起直接为用户服务，主要职能是负责本地用户资料的录入、审核，以及为用户制作证书介质，与 RA 中心进行通信，完成各种业务操作。

国外知名的 CA 有：VeriSign、Symantec、Entrust、GlobalSign、Thawte 等。国内知名的 CA 有：沃通(WoSign)、天威诚信、国富安、亚洲诚信、中国金融认证中心等。

14.2.4　VPN 远程访问服务构成与分类

1. 什么远程访问服务？

远程访问服务(Remote Access Service，RAS)是为远程办公人员、外出人员，以及监视和管理多个异地服务器的网络管理员等远程用户提供的，通过某种远程连接方式，对组织内部网络的软硬件资源进行访问的服务。

基于 Windows Server 2008 平台的远程访问服务支持两种连接方式，如图 14-6 所示。

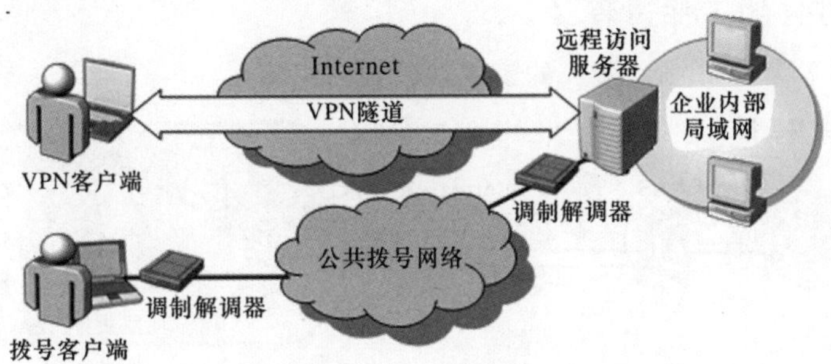

图 14-6　两种远程访问服务连接

• 拨号网络连接：通过电话网络的设备接入计算机网络的连接方式。包括使用标准电话线的调制解调器、ISDN(综合业务数字网)、ADSL(非对称数字用户线路)等连接方式。

• VPN(Virtual Private Network，虚拟专用网络)连接：是一条穿越公共网络(如，Internet)，能在异地的两台计算机或局域网之间传输加密数据并在数据包中封装了身份验证信息和一致性校验信息的信息隧道。VPN 的“虚拟性”是指整个 VPN 网络的任意两个节点之间的连接并没有传统专网建设所需的点到点的物理链路，而是架构在公共网络(如，Internet)之上的逻辑网络；VPN 的“专用性”是指 VPN 的隧道一经建立便不会被他人占用，直到撤销 VPN 连接为止。总之，通过 VPN 连接提供的服务可以帮助远程用户、公司分支机构、商业伙伴及供应商与公司的内部网建立可信的安全连接，并保证数据的安全传输。

2. VPN 服务系统的组成

VPN 服务系统的组成主要包括以下构件：

(1)VPN 服务器：用于接收并响应远程访问客户机的连接请求，并建立连接，进而帮助远程客户访问内部网络资源。

(2)VPN 客户端：用于发起 VPN 连接请求的主机。

(3)隧道协议：用来创建 VPN 客户机到 VPN 服务器的安全连接。Windows Server 2008 支持的隧道协议有 PPTP(Point-to-Point Tunneling Protocol，点对点隧道协议)、L2TP(Layer Two Tunneling Protocol，第二层隧道协议)、SSTP(Secure Socket Tunneling Protocol，安全套接字隧道协议)、IKEv2(Internet Key Exchange Protocol-Version 2，互联网密钥交换协议第二版)。

(4)Internet 连接：VPN 服务器和客户机都必须连入 Internet。

3. VPN 分类

(1)按应用环境可分为:

- Access VPN(远程访问虚拟网):远程用户主机和公司内部网之间的 VPN。
- Intranet VPN(内联虚拟网):公司远程分支机构的 LAN 和公司总部 LAN 之间的 VPN。
- Extranet VPN(扩展虚拟网):在供应商、商业合作伙伴的 LAN 和公司的 LAN 之间的 VPN。

(2)按使用的设施可分为:

- 软件 VPN:如,Windows 自带的“路由和远程访问”、Linux 自带的 Poptop 等。
- 硬件 VPN:如,路由器、交换机、防火墙等网络硬件设备中嵌入的 VPN 功能模块,以及专用的 VPN 设备。

14.2.5 VPN 的工作过程

下面以图 14-7 为例,介绍 VPN 的工作过程:

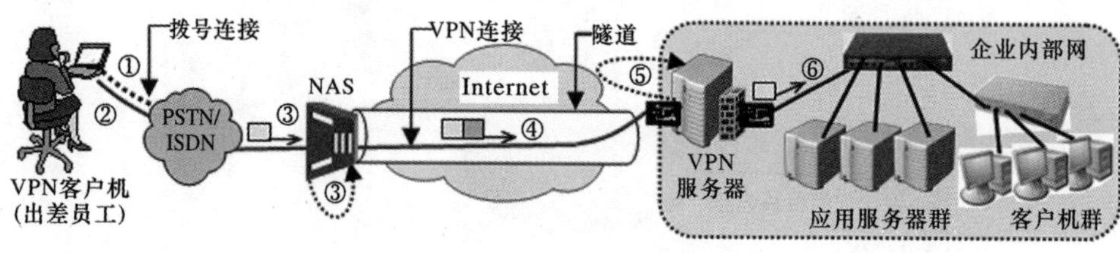

图 14-7 VPN 工作过程

①远端 VPN 客户机通过拨号等方式连接到公共网络,建立与互联网的拨号连接。

②VPN 客户机发起 VPN 连接请求,用户拨号本地 NSP(网络服务提供商)的接入设备,如网络访问服务器 NAS(Network Access Server),发出 PPP 连接请求,NAS 收到呼叫后,在用户和 NAS 之间建立 PPP 链路,然后,NAS 对用户进行身份验证,确定是合法用户后与企业内部的 VPN 服务器(VPN 网关)建立一条虚拟连接(VPN 连接)。在建立 VPN 连接的过程中,双方必须确定采用何种 VPN 隧道协议和连接线路的路由路径等。

③VPN 客户机通过 VPN 连接建立的隧道访问企业内部网络的资源,在进入隧道前 NAS 对访问数据包进行加密和再封装,封装的方式根据所采用的 VPN 技术不同而不同。

④将封装后的数据包通过隧道在公共网络上传送至接收方的 VPN 服务器。

⑤VPN 服务器收到数据包对其进行解包处理并还原成原始的数据包,核对数字签名无误后,根据所使用的 VPN 协议,对数据包进行解密。

⑥VPN 服务器将还原后的原始数据包发送至目标主机,由于原始数据包的目标地址是企业内部的某台主机的 IP,所以该数据包能够被正确地发送到目标主机。

由此可见:VPN 数据包的传送过程包括了数据封装、加密、传输、拆封和解密等环节。封装前后的数据包如图 14-8 所示。

IP 包(私有 IP)	PPP

(a)封装前的数据包

封装前的数据包		隧道协议	UDP	IP 包(公有 IP)
IP 包(私有 IP)	PPP			

(b)封装后的数据包

图 14-8 封装前后的数据包

14.3 项目实施

任务 14-1　安装证书服务器

用户可以向权威的第三方 CA 机构申请证书，也可以使用 Windows Server 2008 所提供的“证书服务”组件搭建自己的 CA，然后利用该 CA 向本单位或系统中的用户发放证书，以加强内部信息传输安全性。自建证书服务器的步骤如下：

步骤 1：单击【开始】→【管理工具】→【服务器管理器】→打开【服务器管理器】窗口，在左窗格中单击【角色】节点→在右窗格中单击【添加角色】→在打开的【开始之前】对话框中单击【下一步】按钮→在打开的【Active Directory 证书服务简介】对话框中单击【下一步】按钮→打开【选择服务器角色】对话框，在【角色】列表框中勾选【Active Directory 证书服务】选项→单击【下一步】按钮，如图 14-9 所示。

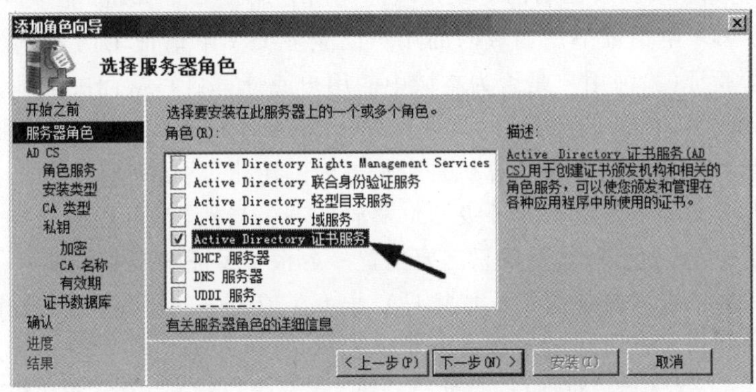

图 14-9　勾选【Active Directory 证书服务】选项

步骤 2：打开【选择角色服务】对话框，在【角色服务】列表框中勾选【证书颁发机构】【证书颁发机构 Web 注册】选项→在弹出的提示框中单击【添加必需的角色服务】按钮→系统返回【选择角色服务】对话框，单击【下一步】按钮，如图 14-10 所示。

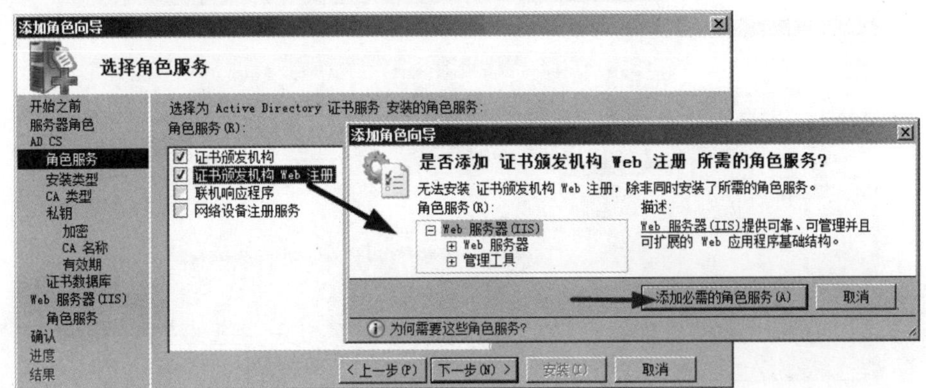

图 14-10　【选择角色服务】对话框

步骤 3:在打开的【指定安装类型】对话框中勾选【独立】选项(由于此处未在域网络环境中创建,直接默认为【独立】且【企业】按钮不可选)→单击【下一步】按钮,打开【指定 CA 类型】对话框→首次创建,勾选【根 CA】→单击【下一步】按钮,如图 14-11 所示。

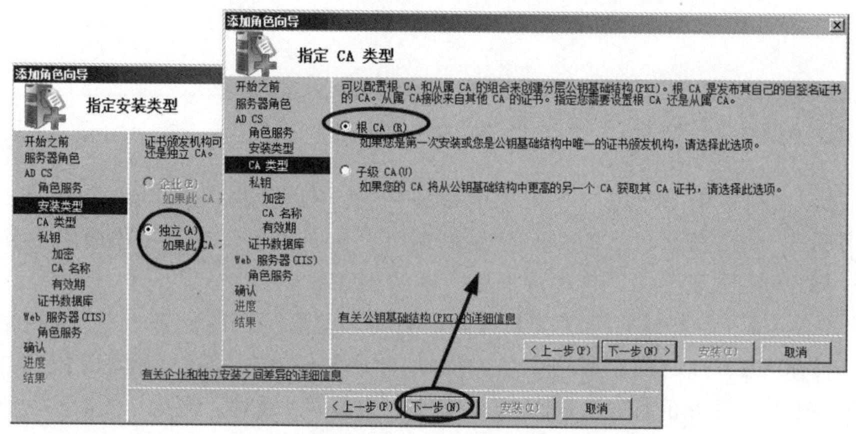

图 14-11 【指定安装类型】和【指定 CA 类型】对话框

- 【企业】:企业 CA 发放证书的对象是域内的所有用户和计算机,非本域内的用户或计算机无法向企业 CA 申请证书。当域内的用户向企业 CA 申请证书时,企业 CA 将通过活动目录进行身份验证(验证用户是否为本域中的用户或计算机),从而决定是否发放证书。
- 【独立】:独立 CA 的计算机可以是运行 Windows Server 2008 的独立服务器、域成员服务器或域控制器。无论用户和计算机是否是域内的用户,均可向其申请证书。
- 【根 CA】:根 CA 主要用来为子级 CA 发放证书。当然,也可以直接向用户或计算机发放证书。对于中小企业来说,一般只需要配置一台根 CA 证书服务器即可。
- 【子级 CA】:子级 CA 必须先从其父 CA(根 CA 或上一级子级 CA)取得证书,然后才可以向用户或计算机及其下级的子级 CA 发放证书。

步骤 4:打开【设置私钥】对话框,首次创建选择【新建私钥】选项→单击【下一步】按钮→打开【为 CA 配置加密】对话框,在此可进行加密服务提供程序的设置,选择散列算法(建议选用 SHA-1)和密匙长度。根据安全应用的需要可以选择 512、1024、2048 或 4096 位密钥长度→单击【下一步】按钮,如图 14-12 所示。

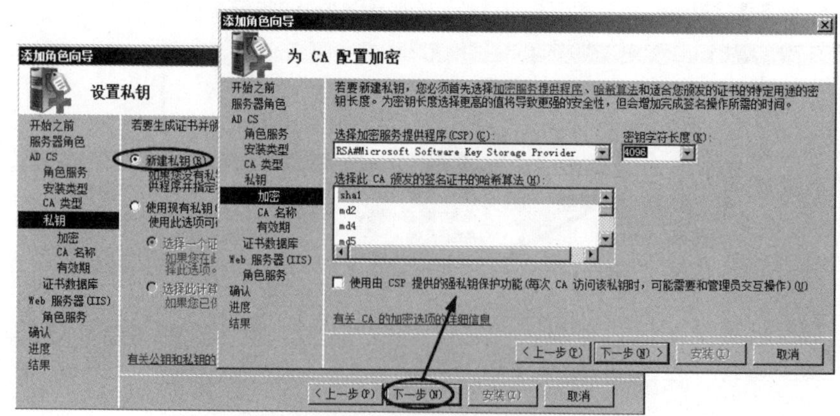

图 14-12 【设置私钥】和【为 CA 配置加密】对话框

步骤 5：打开【配置 CA 名称】对话框，在【此 CA 的公用名称】编辑框中输入 CA 的公用名称(如，xunda-CA)→单击【下一步】按钮，如图 14-13 所示。

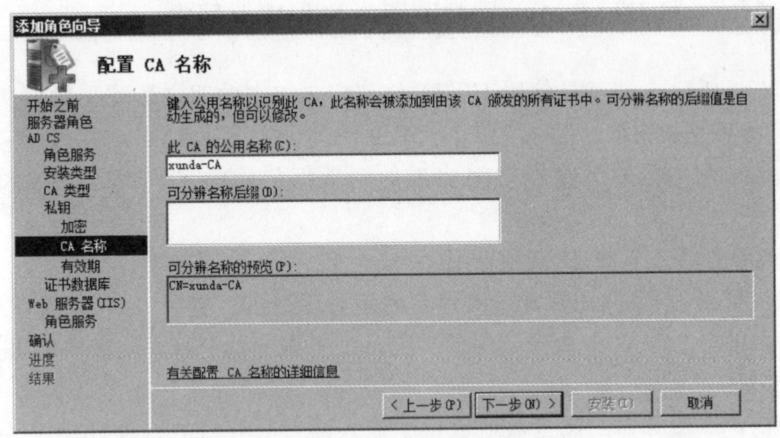

图 14-13　【配置 CA 名称】对话框

步骤 6：打开【设置有效期】对话框，证书的有效期取默认值(5 年)→单击【下一步】按钮→打开【证书数据库设置】对话框，设置证书数据库、证书数据库日志存储路径，取默认值，单击【下一步】按钮→打开【Web 服务器(IIS)】对话框，在此，安装 IIS 服务是为了使用户能够通过网页页面申请证书→单击【下一步】按钮→打开【选择角色服务】对话框，在默认勾选项的基础上添加【ASP. NET】选项→在弹出的提示框中单击【添加必需的角色服务】→单击【下一步】按钮，打开【确认安装选择】对话框，确认前面的设置无误后单击【安装】按钮→系统开始安装，安装完成后单击【关闭】按钮。如图 14-14 所示。

步骤 7：单击【开始】→【管理工具】→【Certification Authority】，打开【certsrv-[证书颁发机构(本地)]】窗口，在此，可以对证书进行一系列管理，如：启动或停用证书服务器，吊销、颁发证书等，如图 14-15 所示。

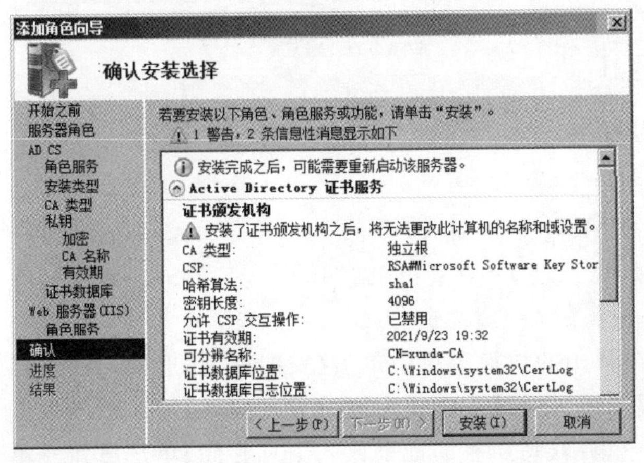

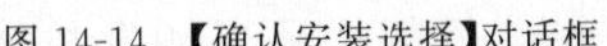

图 14-14　【确认安装选择】对话框

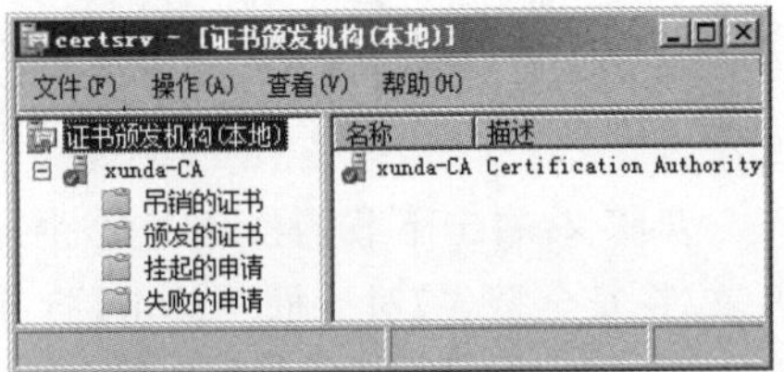

图 14-15　证书颁发机构窗口

任务 14-2 将 HTTP Web 网站改造为 SSL Web 网站

普通的 HTTP Web 网站是使用 HTTP 协议以未加密的明文形式传输网页信息的，用户的敏感信息很容易被窃取。若为 HTTP Web 网站绑定 SSL 证书，则可以将其改造为能在 Web 服务器与客户机的浏览器之间实现加密数据传输的 SSL Web 网站（或 HTTPS Web 网站）。

1. 在 Web 服务器上下载、安装根证书

CA 在颁发证书时，要调用根证书的签名私钥对用户进行数字签名，以确认用户的合法性。为此，作为用户方的 Web 服务器需要首先从证书服务器下载并安装根证书。

其步骤如下：

步骤 1：在 Web 服务器的浏览器地址栏中输入证书服务器的地址“http://证书服务器的名称或 IP 地址/certsrv/”（如 http://192.168.1.1/certsrv），打开证书服务器的【欢迎使用】页面→单击【下载 CA 证书、证书链或 CRL】链接，打开【下载 CA 证书、证书链或 CRL】页面→单击【下载 CA 证书】链接→在弹出的【您想打开或保存此文件吗?】对话框中，单击【保存】按钮→弹出【另存为】对话框→设置下载文件的保存位置及文件名（默认的文件名为 certnew.cer）→单击【保存】按钮→系统开始下载直至完成，如图 14-16 所示。

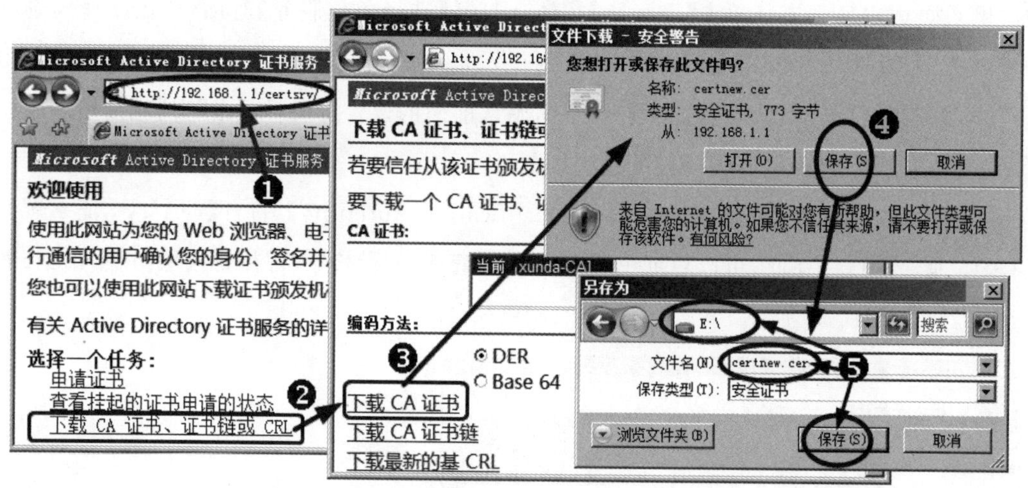

图 14-16 下载 CA 证书

提示：当单击“下载 CA 证书”不能下载时，应禁用“IE 增强的安全设置”。设置方法是：在【服务器管理器】窗口中单击【配置 IE ESC】→在打开的【Internet Explorer 增强的安全设置】对话框中单击【禁用】单选按钮→单击【确定】按钮。

步骤 2：右击下载的根证书文件→在弹出的快捷菜单中单击【安装证书】选项，弹出【打开文件-安全警告】对话框→单击【打开】按钮，打开【欢迎使用证书导入向导】对话框→单击【下一步】按钮，打开【证书存储】对话框→单击【将所有的证书放入下列存储】单选按钮→单击【浏览】按钮→打开【选择证书存储】对话框，选择【受信任的根证书颁发机构】→单击【确定】按钮→返回【证书存储】对话框，单击【下一步】按钮，如图 14-17 所示。

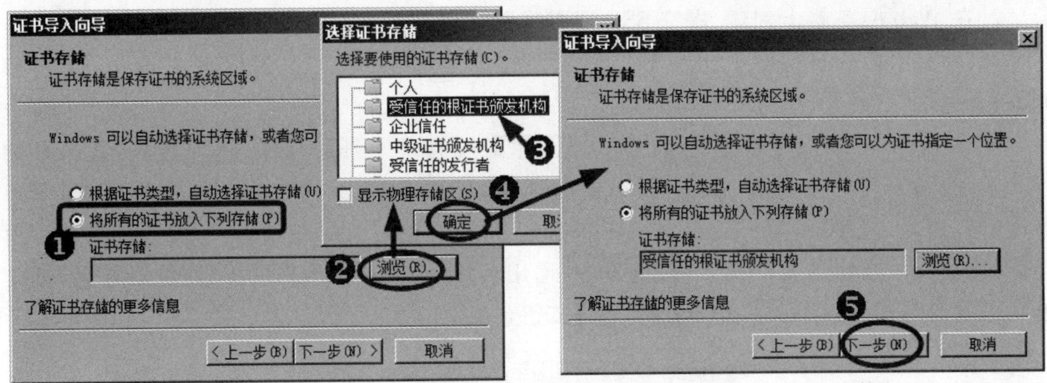

图 14-17　【证书存储】和【选择证书存储】对话框

步骤 3：打开【正在完成证书导入向导】对话框，单击【完成】按钮→弹出【安全性警告】提示框，单击【是】按钮→弹出【导入成功】提示框，单击【确定】按钮，如图 14-18 所示。

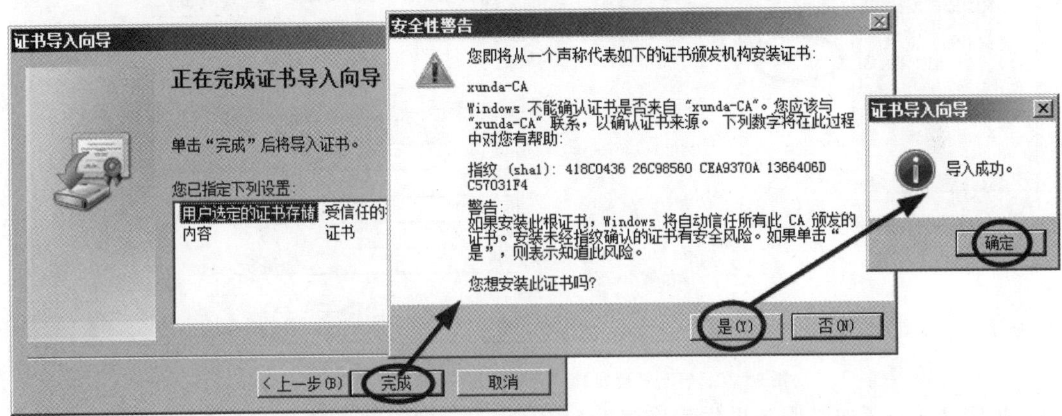

图 14-18　【正在完成证书导入向导】对话框及相关提示框

步骤 4：查看安装的证书。同时按下【Windows 徽标＋R】组合键→在打开的【运行】对话框中输入"certmgr. msc"命令→打开【certmgr-[证书-当前用户\受信任的根证书颁发机构\证书]】窗口，在左窗格中展开【受信任的根证书颁发机构】节点→单击【证书】子节点，此时，在右窗格中可以看到新安装的证书了，如图 14-19 所示。

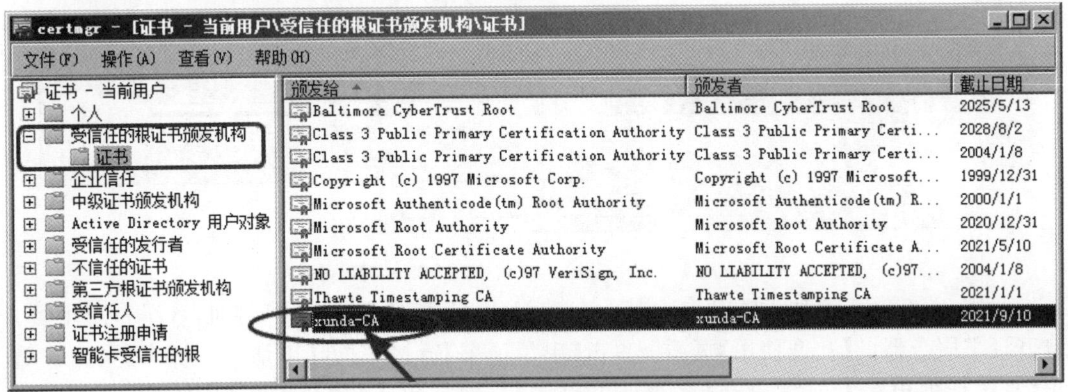

图 14-19　查看安装的证书

2. 在 Web 服务器上创建、提交 SSL 证书申请文件

在获得根证书的基础上，要继续获得 SSL 证书，需要向 CA 提交证书申请，其步骤如下：

步骤 1：在 Web 服务器的桌面上单击【开始】→【管理工具】→【IIS 管理器】→在打开的【IIS 管理器】窗口的左窗格中单击服务器名称（如：SERVER2）→在中间窗格中双击【服务器证书】，切换出【服务器证书】界面→在右窗格中单击【创建证书申请】，打开【可分辨名称属性】对话框→填写申请者的私人信息，其中“通用名称”必须填写本机的 IP 地址或域名，其他项则可以自行填写，填完后，单击【下一步】按钮，如图 14-20 所示。

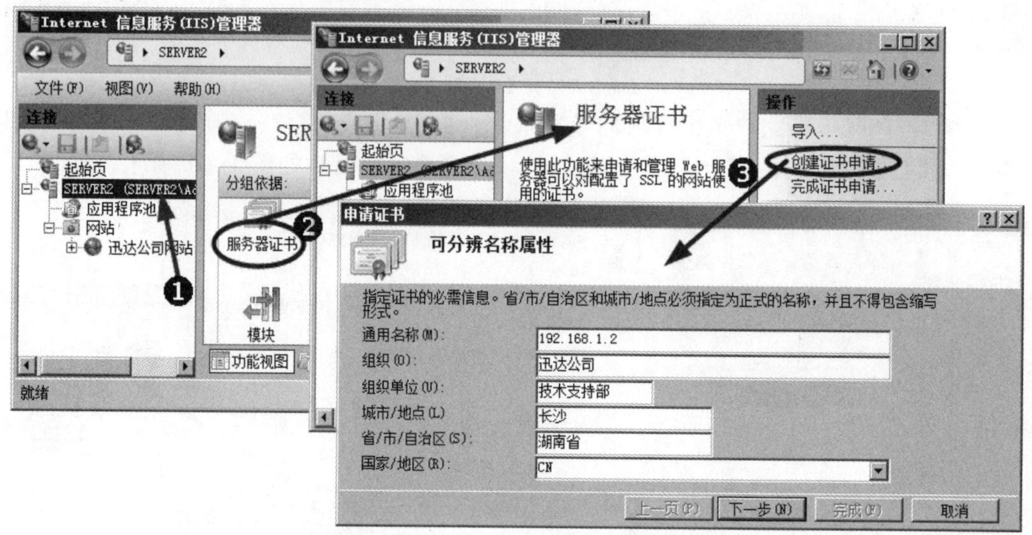

图 14-20 【IIS 管理器】窗口和【可分辨名称属性】对话框

步骤 2：打开【加密服务提供程序属性】对话框，在【加密服务提供程序】下拉列表中选择加密服务提供程序（这里选默认的）→在【位长】下拉列表中选择密钥的位长→单击【下一步】按钮，打开【文件名】对话框→输入或通过“浏览”按钮选择证书申请文件的保存路径及名称→单击【完成】按钮，如图 14-21 所示。

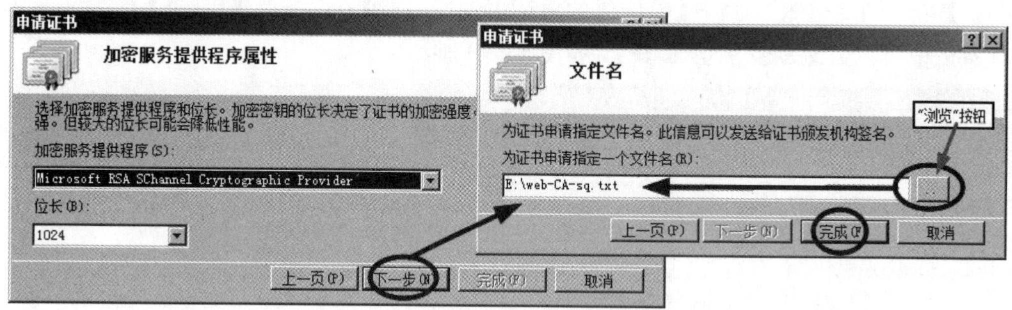

图 14-21 【加密服务提供程序属性】和【文件名】对话框

步骤 3：在浏览器地址栏中输入“http://CA 服务器的名称或 IP 地址/certsrv/”地址，打开证书服务器的【欢迎使用】页面→单击【申请证书】链接，打开【申请一个证书】页面→单击【高级证书申请】链接，打开【高级证书申请】页面→单击【使用 base64 编码的 CMC 或 PKCS＃10 文件提交一个证书申请……文件续订证书申请】链接，如图 14-22 所示。

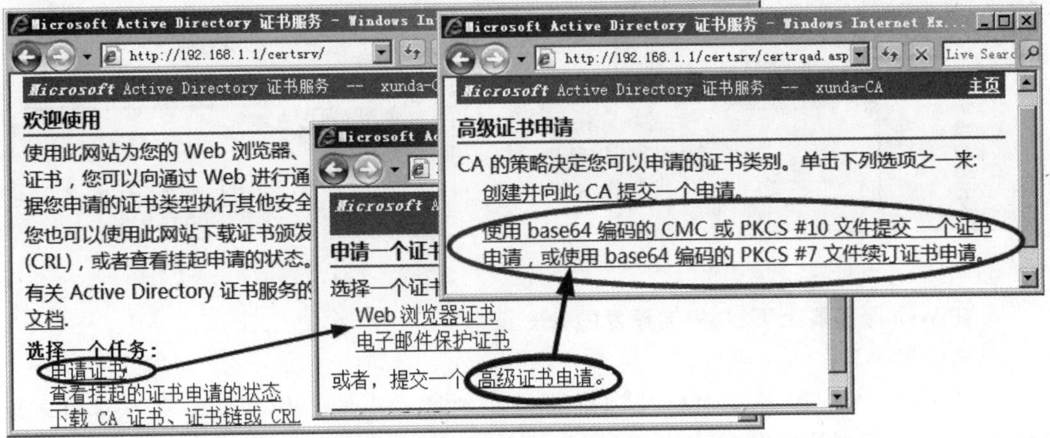

图 14-22　【欢迎使用】【申请一个证书】和【高级证书申请】页面

步骤 4：打开【提交一个证书申请或续订申请】页面，将步骤 2 中保存的证书申请文件“E:\xunda-CA-sq.txt”使用记事本打开并将其内容复制后粘贴到【保存的申请：】编辑框内→单击【提交】按钮，如图 14-23 所示。

步骤 5：打开【证书正在挂起】页面，等待 CA 服务器的管理员颁发证书，如图 14-24 所示。

图 14-23　【提交一个证书申请或续订申请】页面

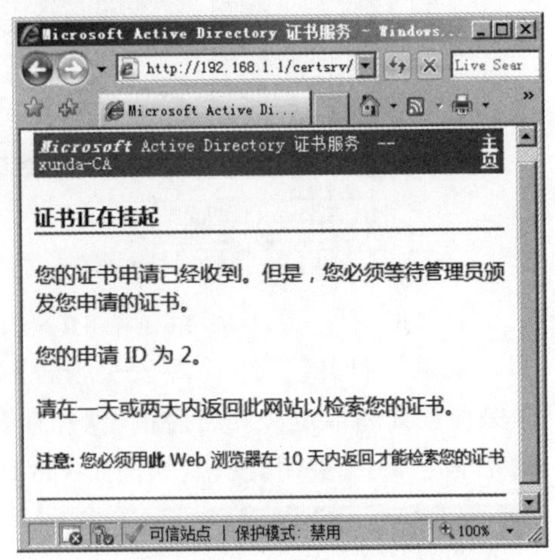

图 14-24　【证书正在挂起】页面

3. 在 CA 服务器上给 Web 服务器颁发 SSL 证书

在 CA 服务器上颁发证书给申请者的步骤如下：

步骤 1：在 CA 服务器桌面上单击【开始】→【管理工具】→【Certification Authority】，打开证书颁发机构窗口，在左窗格中单击【挂起的申请】→在右窗格中右击挂起的申请证书→在弹出的快捷菜单中选择【所有任务】→单击【颁发】选项，如图 14-25 所示。

步骤 2：在证书颁发机构窗口的左窗格中单击【颁发的证书】，在右窗格中可以查看已颁发的证书，如图 14-26 所示。

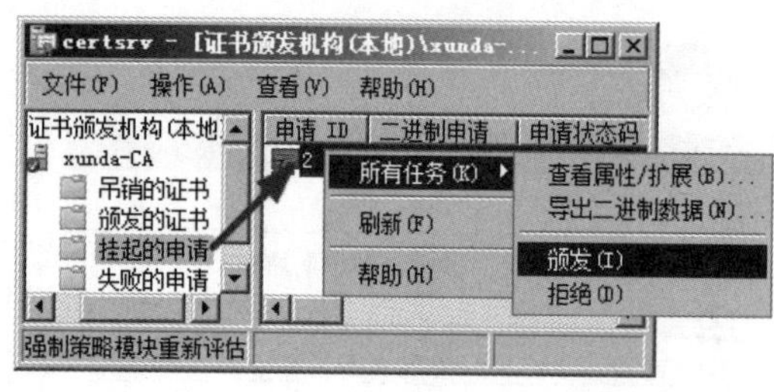

图 14-25 颁发证书

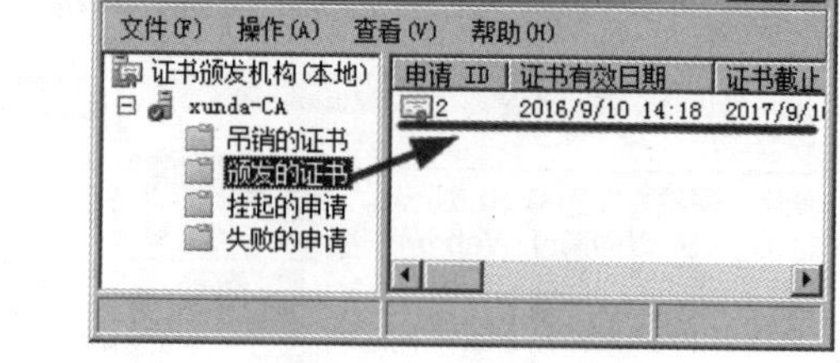

图 14-26 查看已颁发的证书

4. 在 Web 服务器上下载、安装颁发的 SSL 证书

具体步骤如下：

步骤 1：在 Web 服务器上打开浏览器→在地址栏中输入访问 CA 服务器的地址"http://CA 服务器的名称或 IP 地址/certsrv/"，打开 CA 服务器的【欢迎使用】页面→单击【查看挂起的证书申请的状态】链接，打开【查看挂起的证书申请的状态】页面→单击【保存的申请证书】链接，打开【证书已颁发】页面→选择【Base 64 编码】单选按钮→单击【下载证书】链接，如图 14-27 所示。

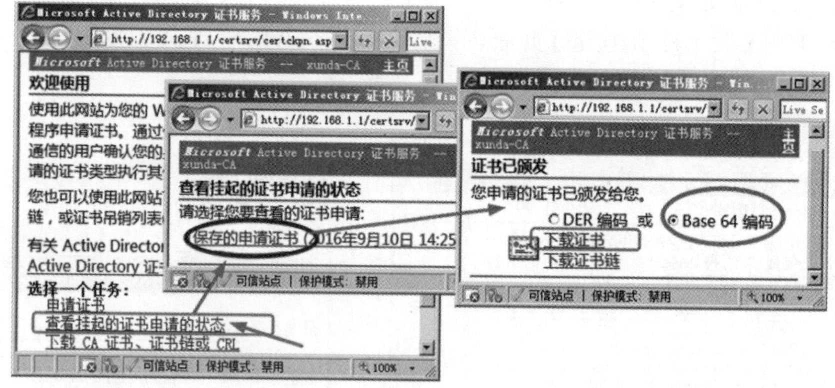

图 14-27 【欢迎使用】【查看挂起的证书申请的状态】和【证书已颁发】页面

步骤 2：打开【文件下载-安全警告】对话框，单击【保存】按钮→打开【另存为】对话框，选择保存位置和指定文件名后单击【保存】按钮→系统开始下载证书文件到本地计算机上，下载完毕后单击【关闭】按钮，如图 14-28 所示。

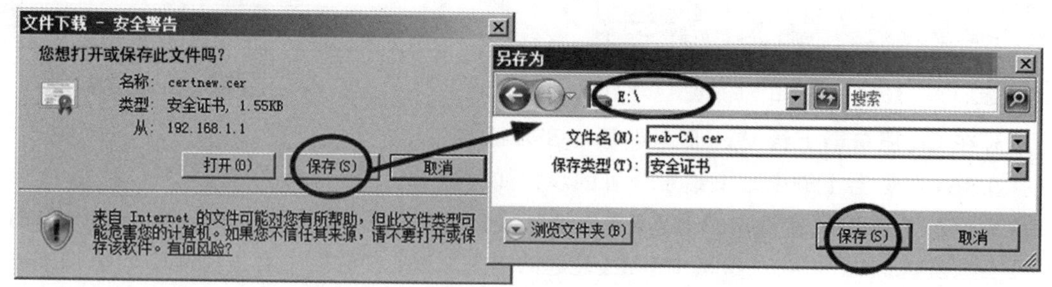

图 14-28 【文件下载-安全警告】和【另存为】对话框

步骤 3：在 Web 服务器桌面上单击【开始】→【管理工具】→【IIS 管理器】→在打开的【IIS 管理器】窗口的左窗格中单击服务器名→在中间窗格中双击【服务器证书】图标→在右窗格中单击【完成证书申请】，打开【完成证书申请】对话框→单击【浏览】按钮并找到前面下载的

证书文件→在【好记名称】编辑框中输入自定义的名称→单击【确定】按钮，上述操作完后，可以在中间窗格的“服务器证书”界面看到“web-CA”证书，如图 14-29 所示。

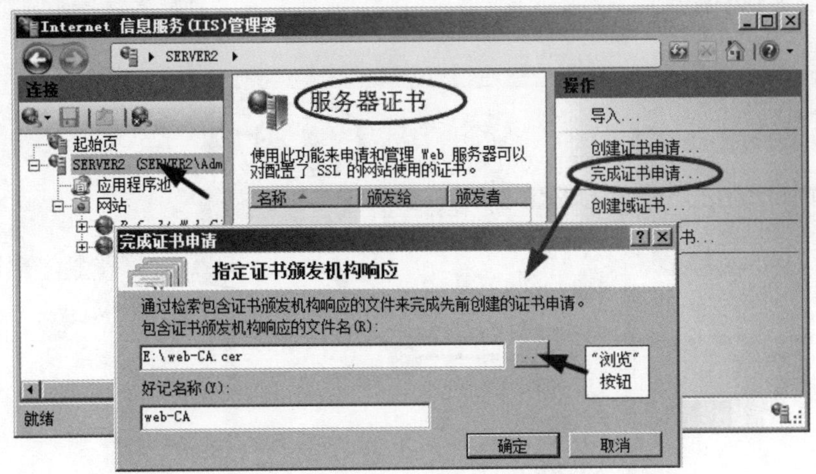

图 14-29　【IIS 管理器】窗口和【完成证书申请】对话框

5. 将 SSL 证书绑定到指定的网站

其步骤如下：

步骤 1：在【IIS 管理器】窗口的左窗格中单击【迅达公司网站】节点→在右窗格中单击【绑定】标签→打开【网站绑定】对话框，单击【添加】按钮→打开【添加网站绑定】对话框，在此，选择【类型】为“https”、【IP 地址】为“192. 168. 1. 2”、【端口】为“443”及【SSL 证书】为“web-CA”→单击【确定】按钮→单击【关闭】按钮，如图 14-30 所示。

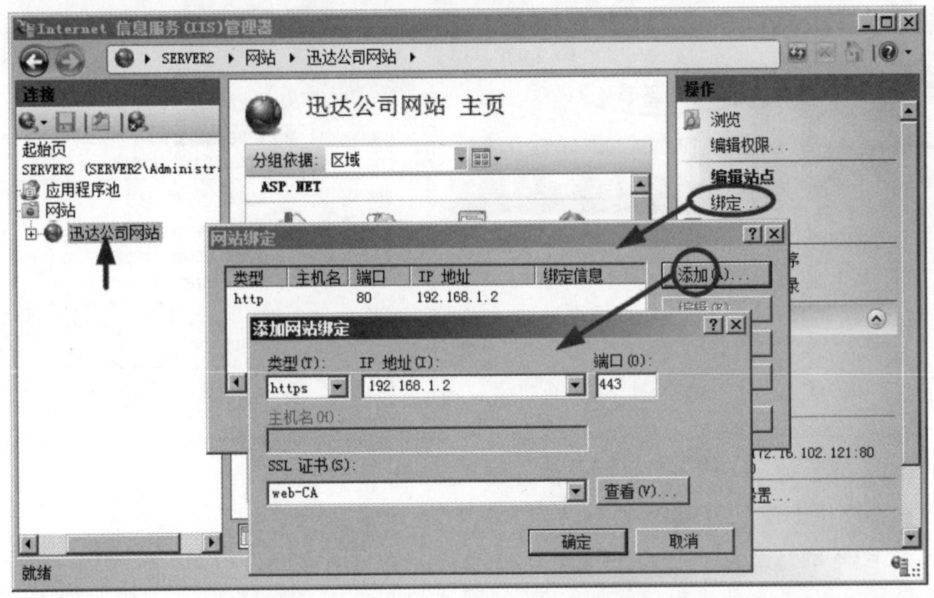

图 14-30　将 SSL 证书绑定到指定的网站

步骤 2：在左窗格中单击【迅达公司网站】节点→在中间窗格中单击【SSL 设置】图标，打开【SSL 设置】页面→勾选【要求 SSL】→在右窗格中单击【应用】标签，如图 14-31 所示。

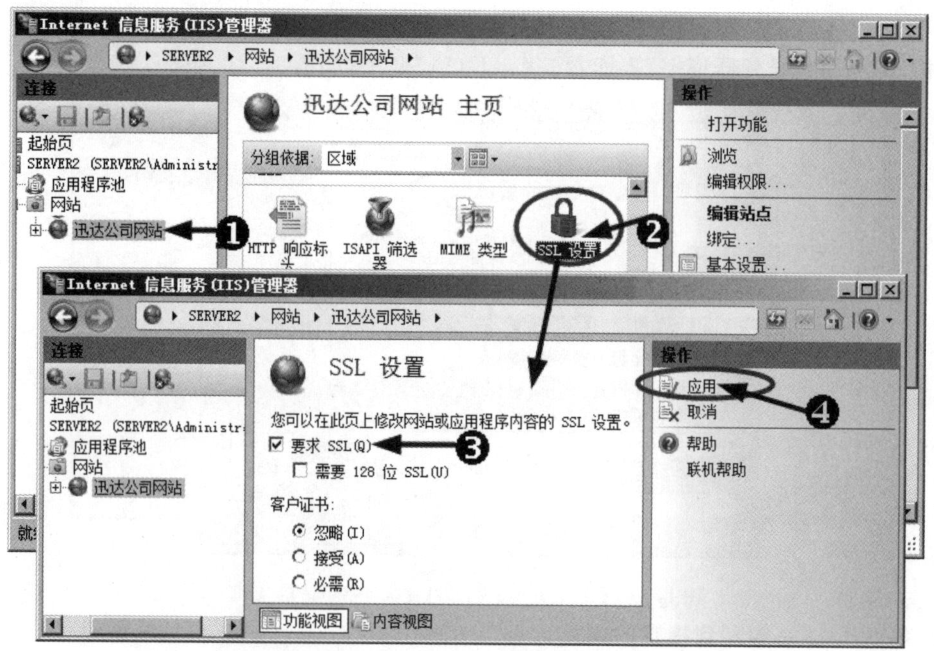

图 14-31 对指定网站进行 SSL 设置

步骤 3:查看证书。在左窗格中单击服务器名(SERVER2)→在中窗格中双击【服务器证书】图标→在切换出的新的中间窗格中选择已安装的证书(web-CA)→在右窗格中单击【查看】标签,打开【证书】对话框,在此,可以看到该证书的有关信息,如图 14-32 所示。

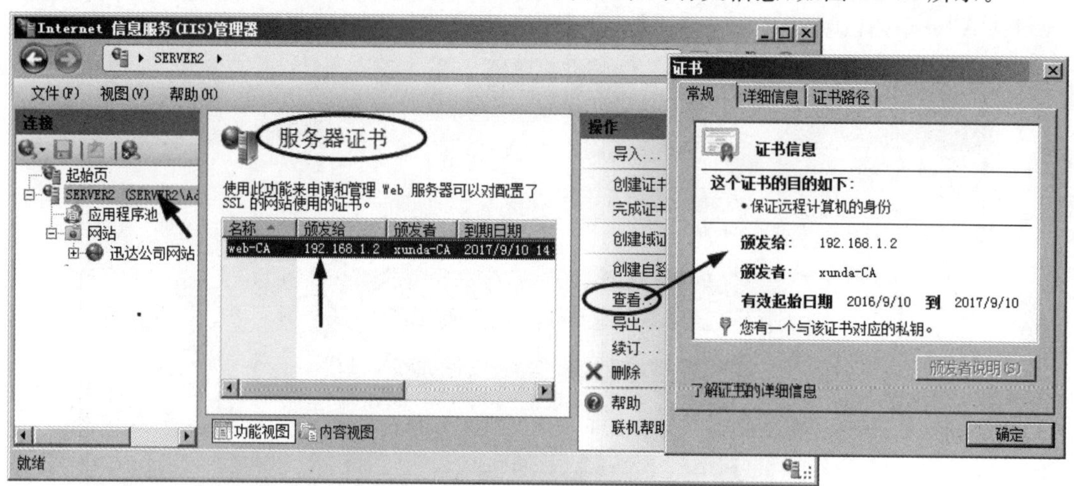

图 14-32 查看证书

6. 在客户机上使用 HTTPS 协议访问 SSL Web 网站

由于 Web 网站已经绑定了 SSL 证书,所以客户访问时不能再用 HTTP 协议,而应该改用 HTTPS 协议,并且如果想访问加密 Web 网站的客户机,需要先从证书服务器下载和安装根证书,才能在 Web 服务器与客户机之间实现加密数据传输,否则,虽然客户机也可以访问 SSL Web 网站,但二者之间传输的数据未加密。如图 14-33 所示是安装根证书前的访问结果。

在客户机上访问具有加密效果的 SSL Web 网站的步骤如下：

步骤 1：在客户机上从证书服务器下载、安装根证书。其方法与本任务中“1. 在 Web 服务器上下载、安装根证书”的方法相同，在此不再赘述。

步骤 2：访问 SSL Web 网站。在 Web 网站的主目录中放置用于测试的首页文件→在客户机打开浏览器→在地址栏中输入格式为“https://服务器 IP 地址或网站域名”的地址→按回车键后便可成功访问网站，此时在浏览器工具栏中可以看到门锁图标，表明屏幕上显示的网页信息在传输过程中已被加密，会在到达目的地后解密并显示出来，如图 14-34 所示。

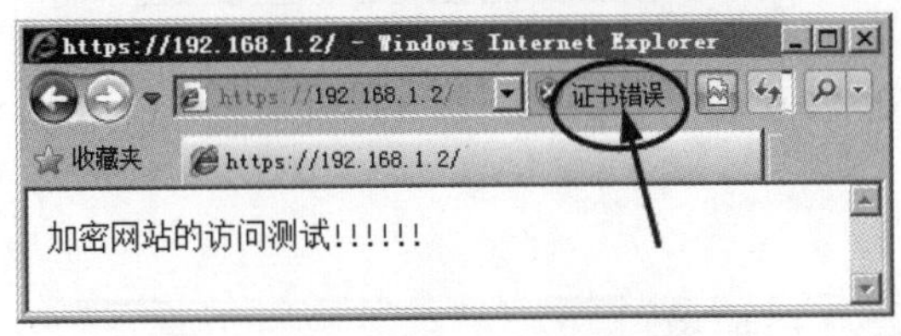

图 14-33　安装根证书前的访问结果

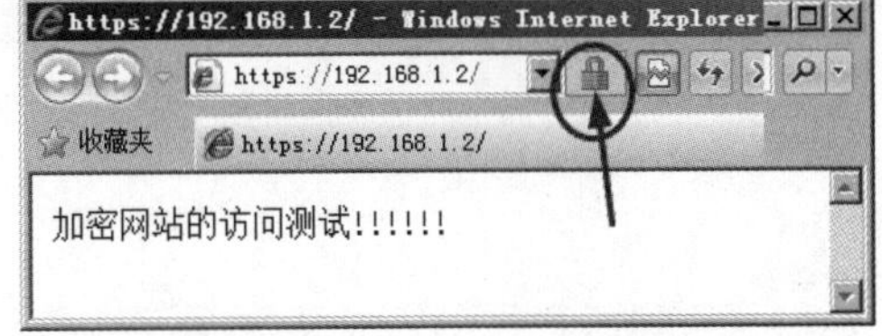

图 14-34　安装根证书后的访问结果

7. 导出、导入 Web 网站的证书

为了保护数字证书及私钥的安全，需要对证书进行备份，以便在不同电脑上使用同一张数字证书，或者重新安装电脑系统后能够重新安装证书。

- 导出证书的过程如下：

进入 Web 服务器“IIS 管理器”窗口→在左窗格中单击服务器名(SERVER2)→在中间窗格中双击【服务器证书】图标→在切换出的【服务器证书】中间窗格中选择已安装的证书(web-CA)→在右窗格中单击【导出】标签→在打开的【导出证书】对话框中，单击【‥】(浏览)按钮→在弹出的对话框中指定导出证书文件存放的位置及名称→在【密码】和【确认密码】编辑框中，输入以后导入时的密码→单击【确定】按钮完成导出，如图 14-35 所示。

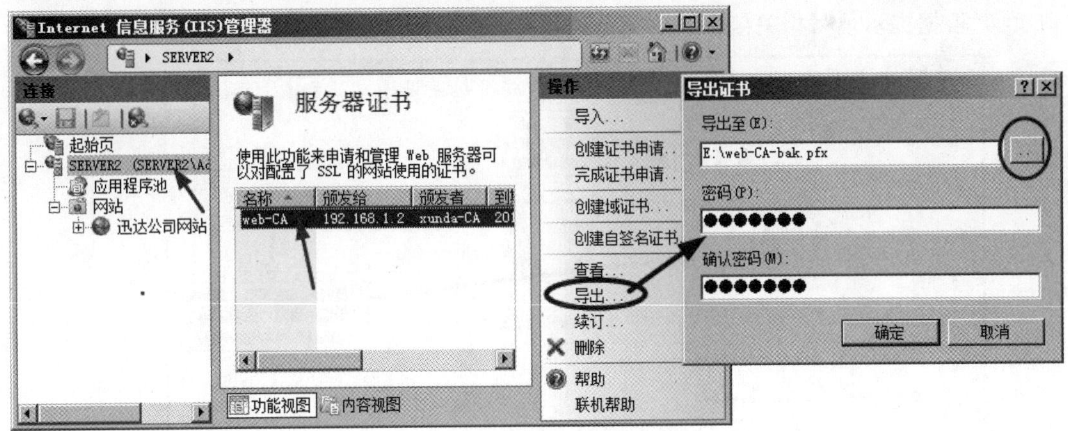

图 14-35　导出证书的过程

- 导入证书的过程如下：

进入 Web 服务器“IIS 管理器”窗口→在左窗格中单击服务器名(SERVER2)→在右窗格中单击【导入】标签→弹出【导入证书】对话框，单击【‥】(浏览)按钮，在弹出的对话框中选定之前导出的证书文件→在【密码】编辑框中，输入导出时设置的密码→勾选【允许导出此证书】复选框，单击【确定】按钮，完成导入，如图 14-36 所示。

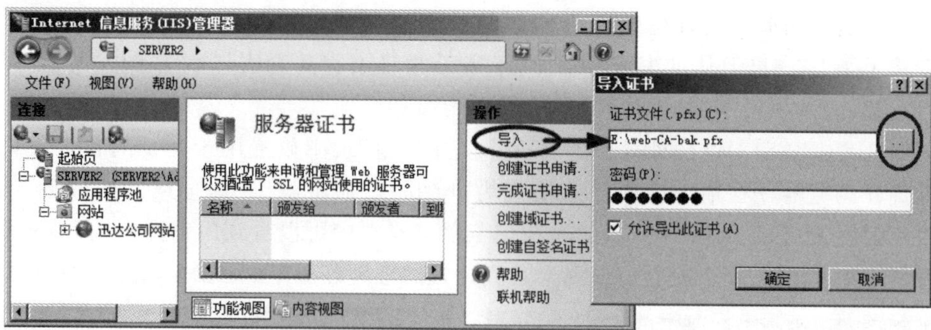

图 14-36　导入证书的过程

任务 14-3　使用证书实现邮件数字签名和加密

要实现电子邮件的安全收发，就得将收发邮件工具(如，Outlook)与用于电子邮件安全的证书实施绑定，进而对邮件进行加密和数字签名。若要对邮件进行数字签名，则需要一个属于你自己的数字证书；若要对邮件进行加密，则需要拥有对方的数字证书。

1. 申请、下载和安装数字证书

下面以沃通(WoSign)公司(中国最大的国产品牌数字证书颁发机构，国内市场占有率超过 70%)提供的免费电子邮件证书为例，说明证书申请、下载和安装的步骤：

步骤 1：进入沃通官网(https://www.wosign.com)主页→将鼠标依次指向【产品介绍】→【客户端证书产品】→在弹出的子栏目中单击【电子邮件加密证书】→在打开的页面中单击【立即申请】图标→在打开的页面中单击【申请免费电子邮件加密证书】选项卡→打开证书申请页面，根据提示填写相关信息→填写完成后单击【提交申请】按钮，如图 14-37 所示。

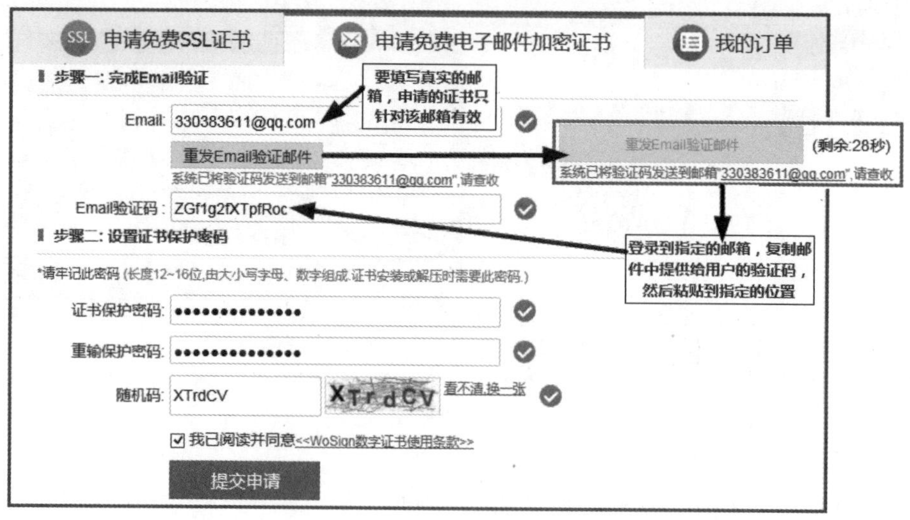

图 14-37　【申请免费电子邮件加密证书】页面

步骤 2：提交申请表后，对于免费证书，证书服务器将立即自动颁发，并弹出如图 14-38 所示的页面供用户下载证书→单击【……(点击下载)】链接。

图 14-38　下载证书页面

步骤 3:弹出【来自网页的消息】对话框,单击【确定】按钮→在弹出的对话框中单击【保存】下拉按钮→选择【另存为】选项→在打开的【另存为】对话框中,选择下载文件的保存位置→单击【保存】按钮,系统开始下载直至完成。如图 14-39 所示。

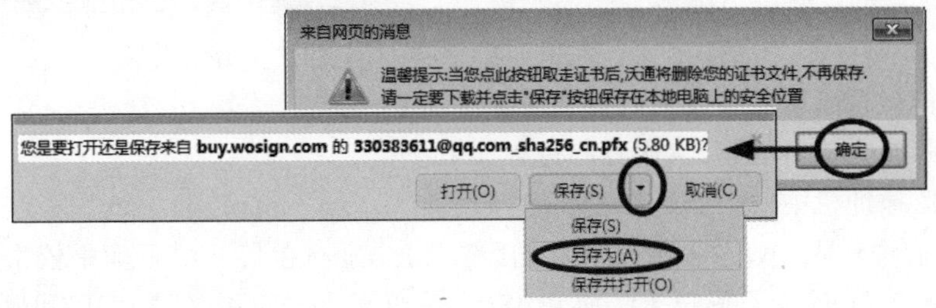

图 14-39　【来自网页的消息】对话框和【保存】下拉按钮

步骤 4:双击下载的证书文件(如,330383611@qq.com_sha256_cn.pfx)→打开【欢迎使用证书导入向导】对话框,单击【下一步】按钮→打开【要导入的文件】对话框,单击【下一步】按钮→打开【密码】对话框,在【密码】编辑框内输入申请证书时设置的证书保护密码→勾选【标志此密钥为可导出的密钥。这将允许您在稍后备份或传输密钥】和【包括所有扩展属性】复选项→单击【下一步】按钮,如图 14-40 所示。

步骤 5:打开【证书存储】对话框,单击【浏览】按钮→在打开的【选择证书存储】对话框中选择【个人】→单击【确定】按钮→单击【下一步】按钮→打开【正在完成证书导入向导】对话框,单击【完成】按钮→弹出【导入成功】提示框,单击【确定】按钮。如图 14-41 所示。

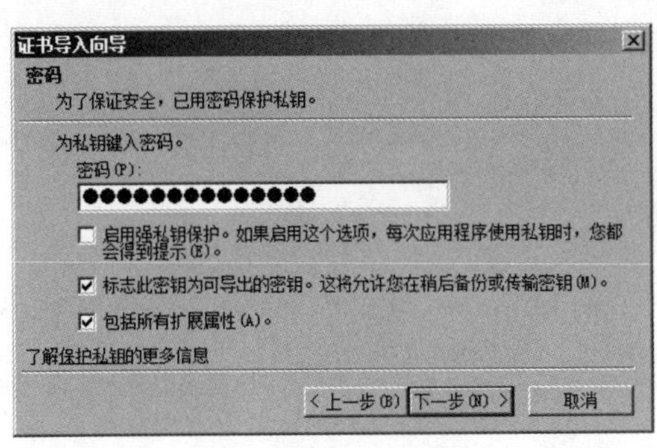

图 14-40　【密码】对话框

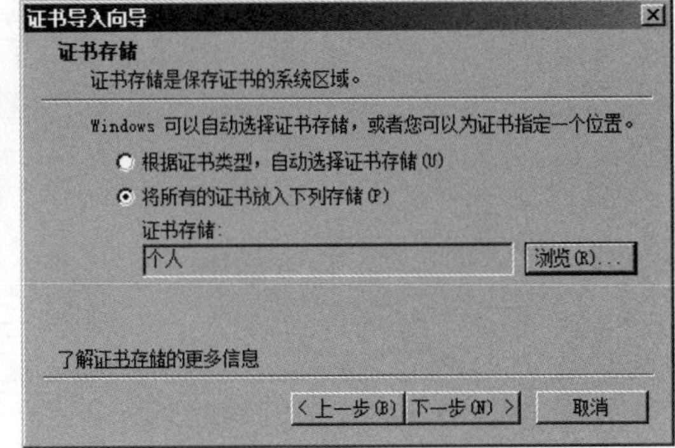

图 14-41　【证书存储】对话框

步骤 6:同时按下【Windows 徽标＋R】组合键→在打开的【运行】对话框中输入"certmgr.msc"命令,系统弹出【certmgr-[证书-当前用户\个人\证书]】窗口,在左窗格中展开【个人】节点→单击【证书】子节点,此时,在右窗格中可以看到共导入了三个证书,其中,"CA 沃通根证书""CA 沃通 Email 客户端证书 G2"需要分别移至"受信任的根证书颁发机构"和"中级证书颁发机构"的【证书】节点中。移动的方法是:在右窗格中右击需移动的证书名称→在弹出快捷菜单中选择【剪切】，然后【粘贴】到目的地的【证书】节点中，如图 14-42 所示。

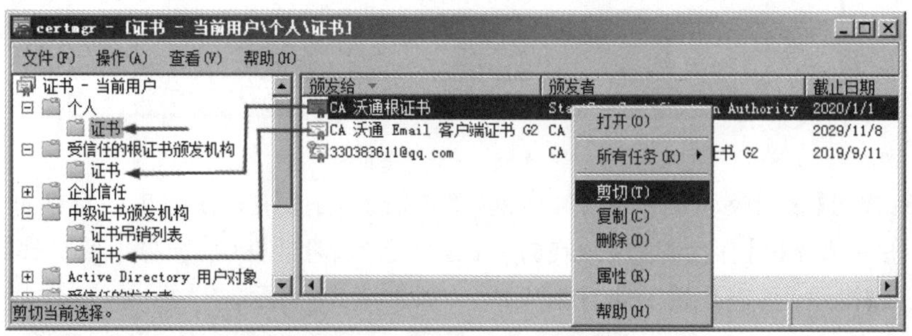

图 14-42 【certmgr-[证书-当前用户\个人\证书]】窗口

2. 在邮箱帐号所属服务器开启有关服务协议

以 QQ 邮箱为例，说明开启服务的过程如下：

在浏览器地址栏中输入 QQ 邮箱服务器地址"https://mail.qq.com"→在打开的【登录 QQ 邮箱】页面中输入 QQ 号及密码→单击【登录】按钮→在打开的页面中依次单击【设置】→【帐户】→在打开的【帐户】页面中移动垂直滚动条，找到【POP3/IMAP/SMTP/Exchange/CardDAV/CalDAV 服务】区域，单击【POP3/SMTP 服务】和【IMAP/SMTP 服务】后的【启动】按钮，使之变为"已启动"状态（期间需要通过手机验证获取并输入"授权码"）→修改成功后单击【保存更改】按钮，如图 14-43 所示。

图 14-43 开启【POP3/SMTP 服务】【IMAP/SMTP 服务】页面

3. 在 Outlook 2007 中添加邮件帐户

若使用 Outlook 2007 工具收发邮件，则需要在该工具中添加邮件帐户，其步骤如下：

步骤 1：单击【开始】→【所有程序】→【Microsoft Office】→【Microsoft Office Outlook 2007】→在打开的 Outlook 2007 主窗口中依次单击【工具】→【帐户设置】菜单项→在打开的【电子邮件帐户】对话框上单击【电子邮件】选项卡→单击【新建】按钮，如图 14-44 所示。

步骤 2：打开【选择电子邮件服务】对话框，选择【Microsoft Exchange、POP3、IMAP 或 HTTP】单选项→单击【下一步】按钮，如图 14-45 所示。

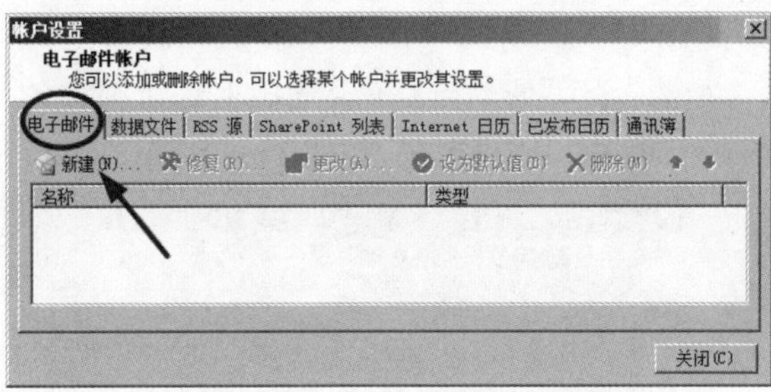

图 14-44　【电子邮件帐户】对话框

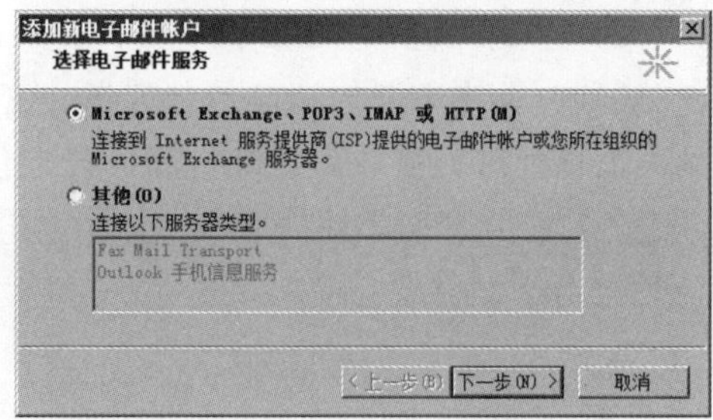

图 14-45　【选择电子邮件服务】对话框

步骤 3：在打开的【自动帐户设置】对话框中勾选【手动配置服务器设置或其他服务器类型】→单击【下一步】按钮，如图 14-46 所示。

步骤 4：打开【选择电子邮件服务】对话框，选择【Internet 电子邮件】单选项→单击【下一步】按钮，如图 14-47 所示。

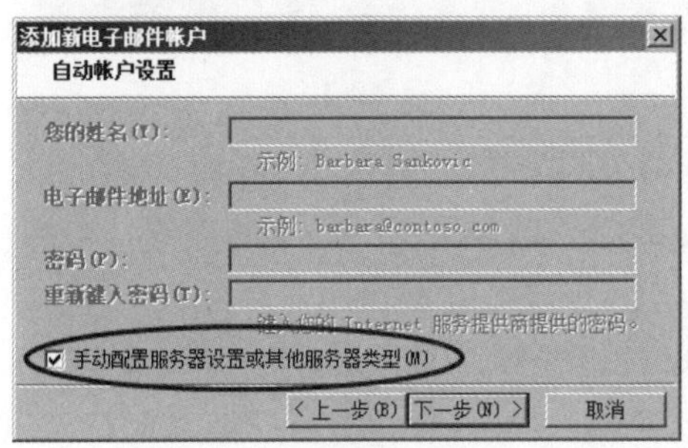

图 14-46　【自动帐户设置】对话框

图 14-47　【选择电子邮件服务】对话框

步骤 5：打开【Internet 电子邮件设置】对话框，填写用户、服务器和登录等信息，填写完后单击【其他设置】按钮，如图 14-48 所示。

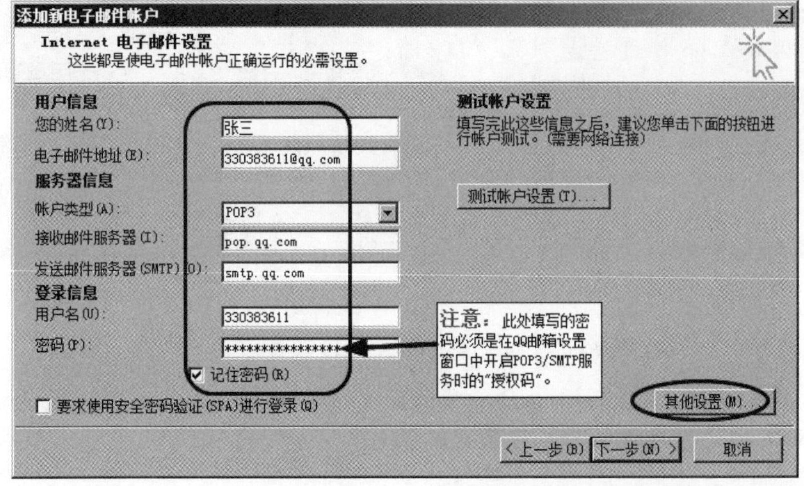

图 14-48　【Internet 电子邮件设置】对话框

步骤 6：打开【Internet 电子邮件设置】对话框→单击【发送服务器】选项卡→勾选【我的发送服务器(SMTP)要求验证】→单击【使用与接收邮件服务器相同的设置】单选按钮，如图 14-49 所示。

步骤 7：单击【高级】选项卡→在切换出的对话框中勾选【此服务器要求加密连接(SSL)】→填写收/发服务器的端口号→选择加密连接类型为“SSL”→勾选【在服务器上保留邮件的副本】，以便邮件接收后在邮件服务器上仍有保留→单击【确定】按钮，如图 14-50 所示。

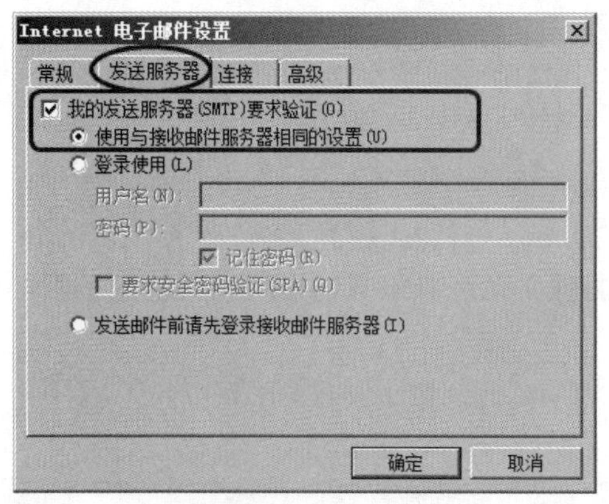

图 14-49 【发送服务器】选项卡

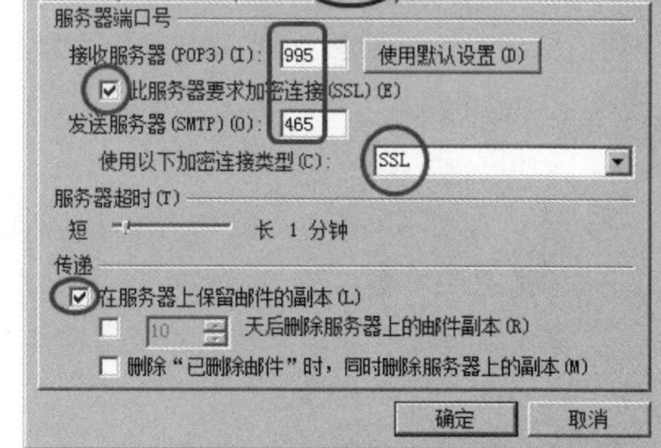

图 14-50 【高级】选项卡

步骤 8：系统返回图 14-48 所示的【Internet 电子邮件设置】对话框，单击【测试帐户设置】按钮，打开【测试帐户设置】对话框，系统开始测试(此时要确保与 Internet 的连通)，若测试任务的状态均显示“已完成”，则表明设置正确→单击【关闭】按钮，如图 14-51 所示。

步骤 9：系统返回图 14-48 所示的【Internet 电子邮件设置】对话框，单击【下一步】按钮，在弹出的【祝贺您！】对话框中单击【完成】按钮，系统返回【电子邮件帐户】对话框，在此，可以看到新建的帐户。重复以上步骤可添加其他帐户，如图 14-52 所示。

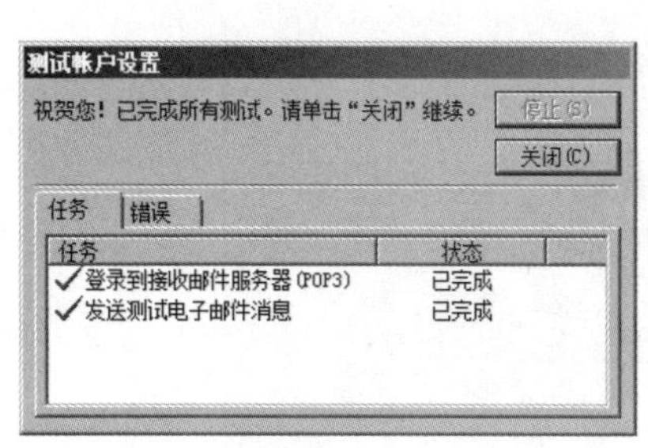

图 14-51 【测试帐户设置】对话框

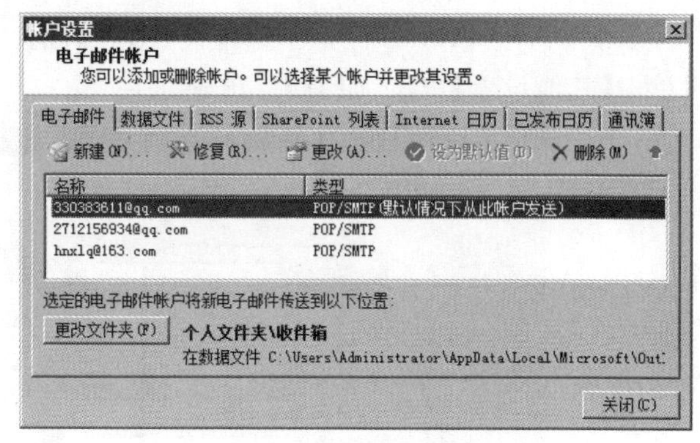

图 14-52 【电子邮件帐户】对话框

提示：在以上添加邮件帐户的过程中，不同的邮件帐户，所选择或填写的参数会有所不同。

4. 为 Outlook 2007 中的帐户绑定各自的证书

配置步骤如下：

步骤 1：进入 Outlook 2007 主窗口→依次单击【工具】→【信任中心】菜单项，打开【信任中心】窗口→在左窗格中选择【电子邮件安全性】→在右窗格中单击【设置】按钮，如图 14-53 所示。

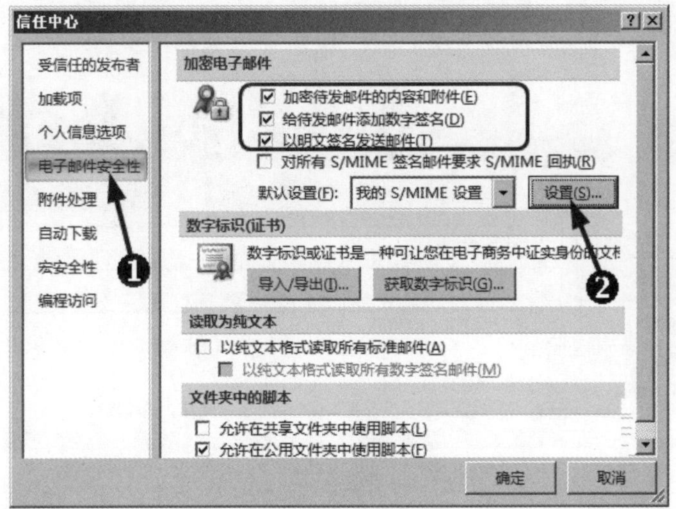

图 14-53　【信任中心】窗口

步骤 2:打开【更改安全设置】对话框,在【安全设置名称】下拉列表中选择邮件帐户对应证书的安全设置名称,如图 14-54 所示。

步骤 3:单击【选择】按钮→在打开的【选择证书】对话框中选择要使用的证书(其中,第 1 个【选择】按钮是选择签名证书,第 2 个【选择】按钮是选择加密证书)→单击【确定】按钮后完成证书的绑定,如图 14-55 所示。按照相同的方法为其他帐户绑定使用的证书。

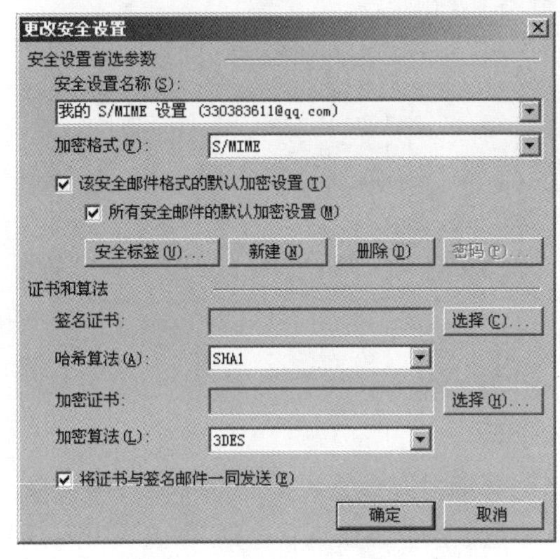

图 14-54　【更改安全设置】对话框

图 14-55　【选择证书】对话框

5. 发送、接收数字签名邮件(发件人:张三,收件人:李四)

• 发送数字签名邮件的过程为:

在发件人所在的计算机上启动"Outlook 2007"→在工具栏上单击【新建】按钮→打开邮件发送窗口,单击【帐户】下拉按钮→在弹出的列表框中选择发件人→填写收件人、主题、邮件内容等→在工具栏中单击"数字签名"标签使其出现背景框(表示使数字签名生效)→单击【发送】按钮,完成数字签名邮件的发送,如图 14-56 所示。

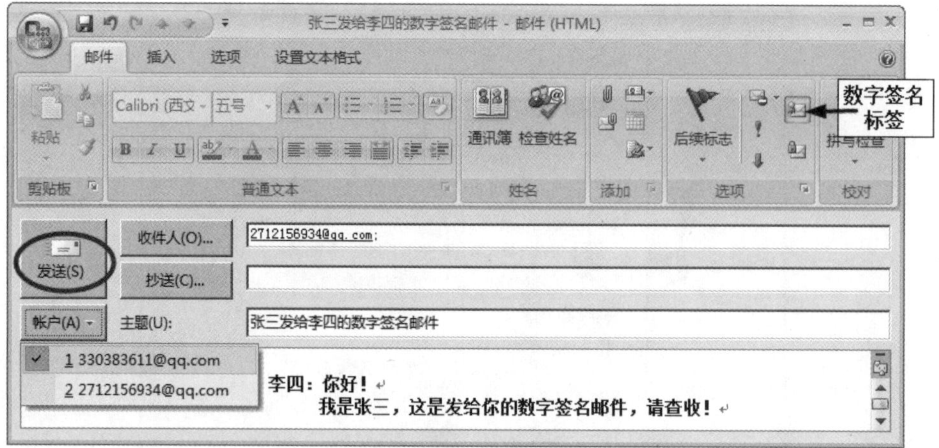

图 14-56　发件人撰写、发送数字签名邮件

- 接收、查看数字签名邮件的过程为：

在收件人所在的计算机上启动“Outlook 2007”→单击工具栏中的【发送/接收】按钮，当收件人收到并打开有数字签名的邮件时，将看到“数字签名”的标记（红飘带），由于签名信息并未加密，接收方可在右边的阅读窗格中直接阅读其内容，如图 14-57 所示。

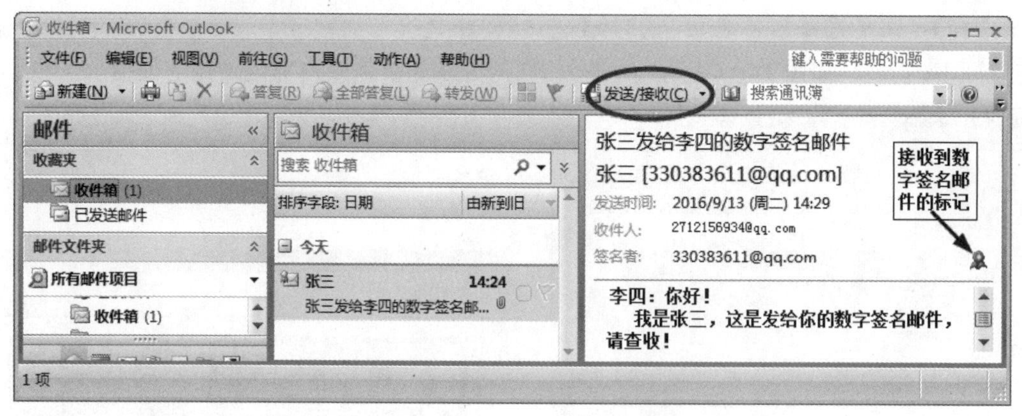

图 14-57　收件人接收、阅读经过数字签名的邮件

6. 发送、接收加密邮件（发件人：李四，收件人：张三）

要发送加密电子邮件，需要有对方的公钥证书。获取对方公钥证书的方法是让对方发送一封数字签名邮件，接收数字签名邮件的用户只要把该用户加入到自己的“联系人”中，就可以自动保存发件人的公钥证书。由于此前李四用户已获得张三用户的数字签名邮件，也就获得了张三用户的公钥证书，此时，李四可以给张三发送加密邮件了。

- 发送加密邮件的过程如下：

步骤 1：获取对方的公钥证书。在图 14-58 所示的右窗格中右击“张三[330383611@qq.com”]→在弹出的快捷菜单中选择【添加联系人】→单击【张三[330383611@qq. com]】菜单项→在打开的窗口中输入联系人的其他有关信息→输入完成后单击【保存并关闭】按钮。如图 14-58 所示。

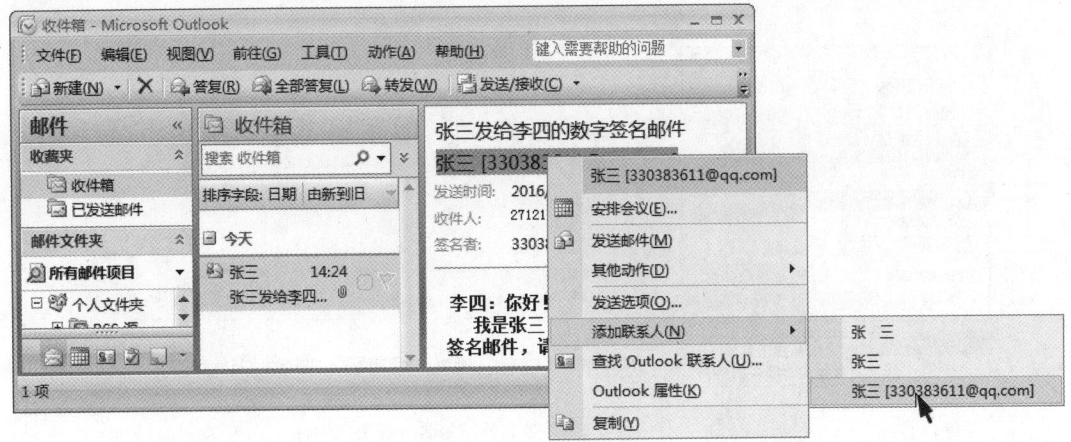

图 14-58　添加联系人

提示：在计算机中查看对方公钥证书的方法是：在桌面上单击【开始】→【运行】→在打开的【运行】对话框中输入“certmgr. msc”→打开【证书】窗口，在左窗格中单击【其他人】节点下的【证书】，此后，在右窗格中就可以看到对方的证书了。

步骤 2：在 Outlook 2007 主窗口中，单击工具栏中的【新建】按钮→打开邮件发送窗口→填写收件人、主题、邮件内容→在工具栏中单击“数字签名”标签和“加密”标签使其出现背景框→单击【发送】按钮，如图 14-59 所示。

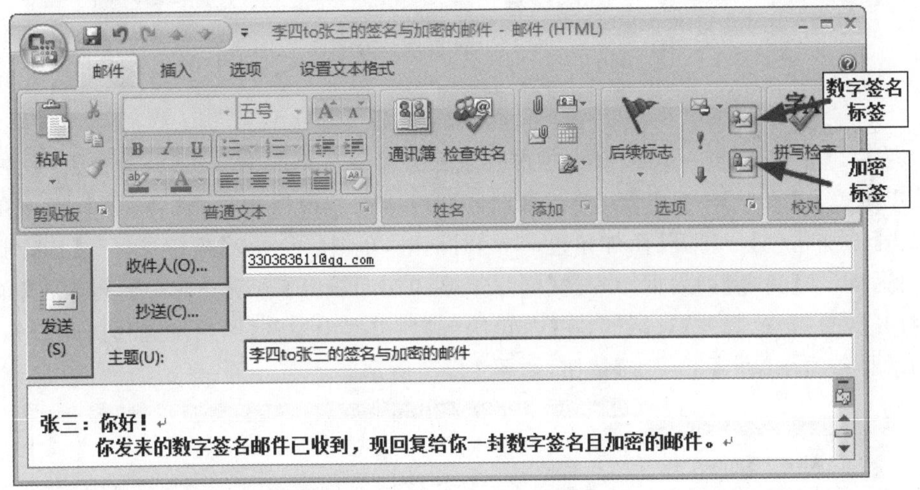

图 14-59　发件人撰写、发送加密邮件

- 接收、查看加密邮件的过程如下：

在收件人所在计算机的“Outlook 2007”主窗口中单击工具栏中的【发送/接收】按钮，在收件箱内查看加密邮件时，邮件在右边的“阅读窗格”中无法显示，只有在中间窗格中双击接收到的加密邮件，在弹出的窗口中才可阅读邮件的内容，如图 14-60 所示。

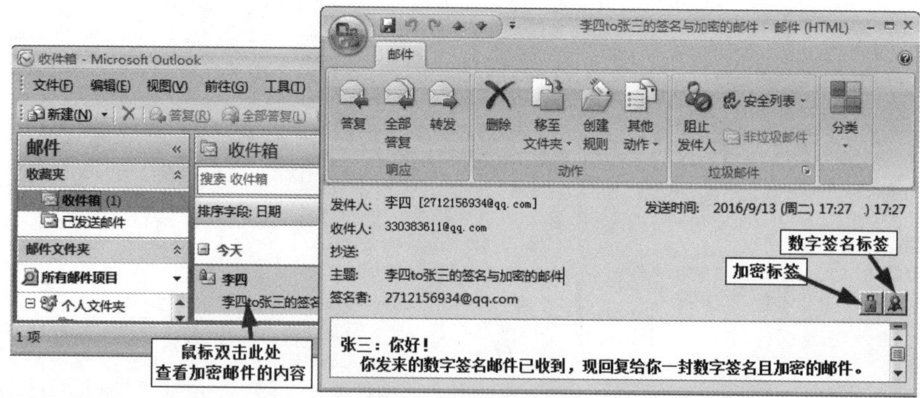

图 14-60 收件人接收、阅读带有数字签名且加密的邮件

任务 14-4 配置并启用 VPN 服务器

利用 Windows Server 2008 提供的“路由和远程访问”服务可以在企业内部搭建基于软件的 VPN 服务器，下面以图 14-61 所示结构为例，介绍如何搭建 VPN 服务器。

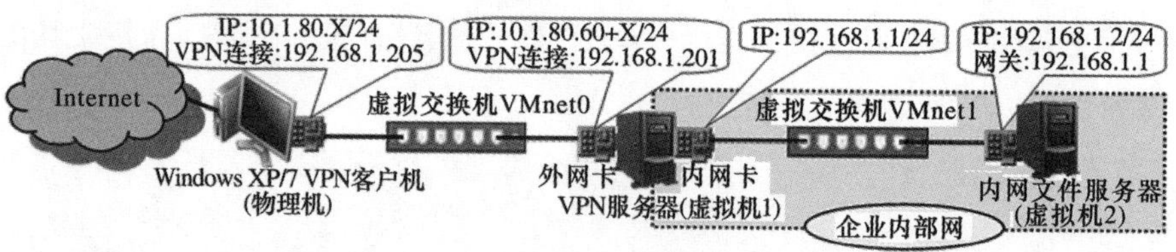

图 14-61 VPN 服务示意图

步骤 1：以管理员 Administrator 身份登录服务器→在桌面上右击【计算机】→在弹出的快捷菜单中单击【管理】→打开【服务器管理器】窗口，在左窗格中单击【角色】节点→在右窗格中单击【添加角色】→打开【添加角色向导】对话框，单击【下一步】按钮→打开【选择服务器角色】对话框，在【角色】列表框中勾选【网络策略和访问服务】选项→在导航栏单击【角色服务】→打开【选择角色服务】对话框，在【角色服务】列表框中勾选【路由和远程访问服务】及其关联的子服务项→单击【下一步】按钮，如图 14-62 所示。

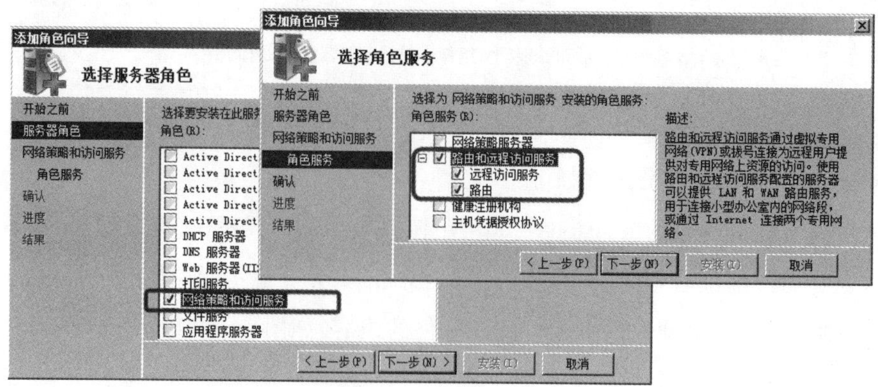

图 14-62 【选择服务器角色】和【选择角色服务】对话框

步骤 2:在打开的【确认安装选择】对话框中单击【安装】按钮,系统开始安装,安装完成后单击【关闭】按钮→依次单击【开始】→【管理工具】→【路由和远程访问】→打开【路由和远程访问】窗口,在左窗格中右击计算机名称(如,SERVER1)→在弹出的快捷菜单中选择【配置并启用路由和远程访问】,如图 14-63 所示。

步骤 3:在打开的【路由和远程访问服务器安装向导】对话框中单击【下一步】按钮→在打开的【配置】对话框中选择【自定义配置】→单击【下一步】按钮,如图 14-64 所示。

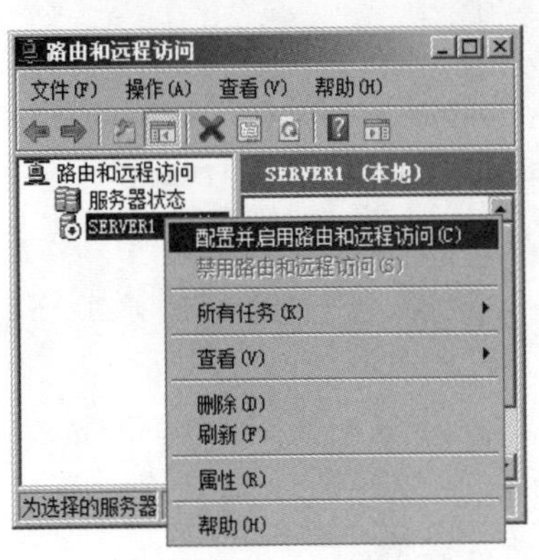

14-63　选择【配置并启用路由和远程访问】

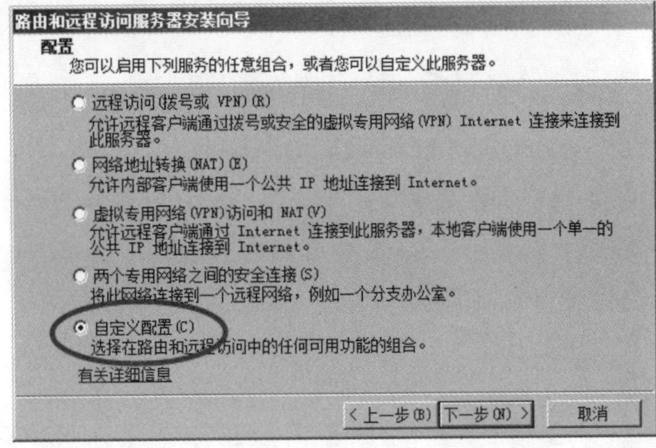

图 14-64　选择【自定义配置】

步骤 4:在打开的【自定义配置】对话框中勾选【VPN 访问】复选框→单击【下一步】按钮,如图 14-65 所示。

步骤 5:在打开的【正在完成路由和远程访问服务器安装向导】对话框上单击【完成】按钮→在弹出的【启动服务】提示框中,单击【启动服务】按钮,如图 14-66 所示。

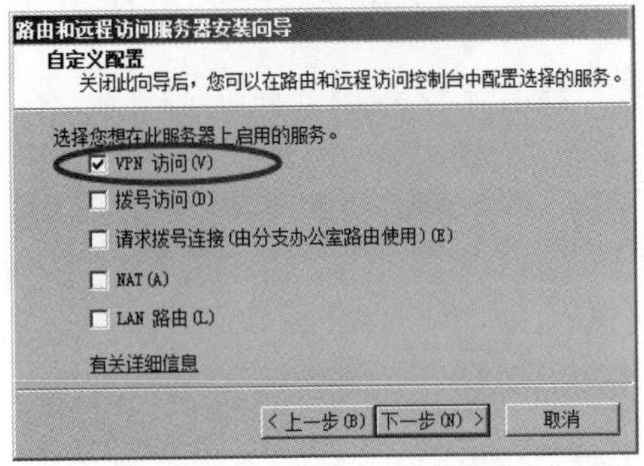

图 14-65　勾选【VPN 访问】复选框

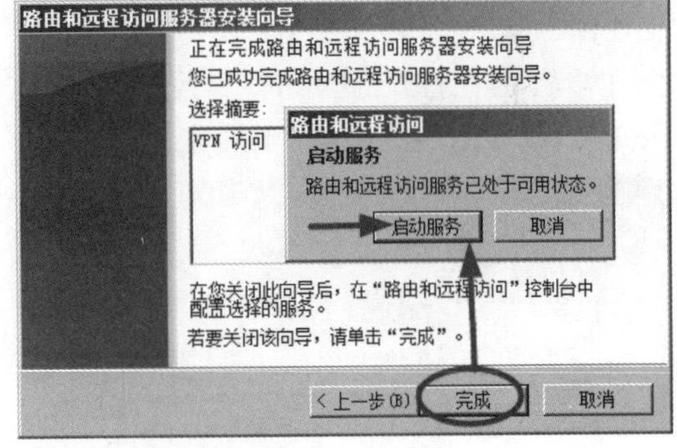

图 14-66　安装完成对话框

步骤 6:VPN 启动完成后系统自动返回【路由和远程访问】窗口,在左窗格中右击服务器名称→在弹出的快捷菜单中选择【属性】→在打开的服务器属性对话框中单击【IPv4】选项卡→单击【静态地址池】单选按钮→单击【添加】按钮,如图 14-67 所示。

步骤 7:弹出【新建 IPv4 地址范围】对话框,在【起始 IP 地址】和【结束 IP 地址】编辑框中分别输入起止 IP 地址→单击【确定】按钮,系统返回图 14-67 对话框,单击【确定】按钮完成初步配置,如图 14-68 所示。

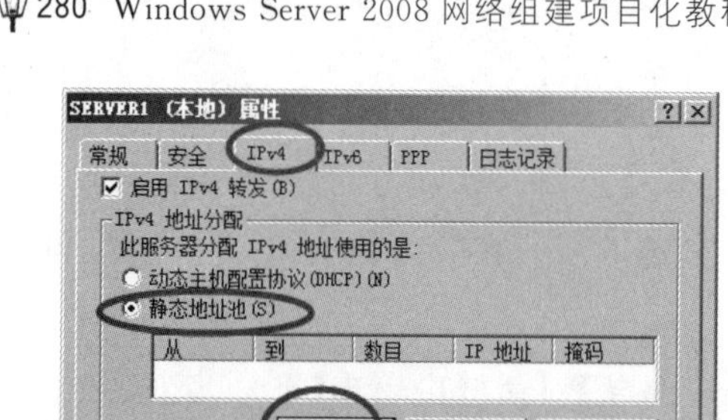

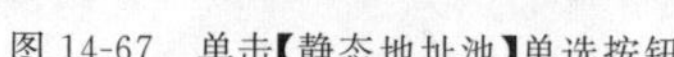
图 14-67 单击【静态地址池】单选按钮

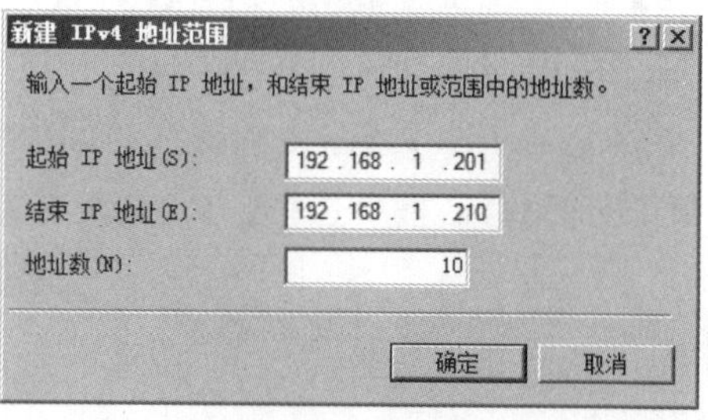

图 14-68 【新建 IPv4 地址范围】对话框

提示：静态地址池中的 IP 地址必须与 VPN 服务器内网卡的 IP 地址在同一子网，每个远程连接到 VPN 服务器的客户机都会自动分配到地址池中的一个 IP 地址，并且 VPN 服务器会固定占用地址池中的第一个 IP 地址。

任务 14-5 赋予用户远程访问 VPN 服务器的拨入权限

基于安全的考虑，系统默认所有用户都没有权限访问 VPN 服务器，为此，需要对访问者指定并赋予拨入权限，其配置步骤如下：

步骤 1：在 VPN 服务器桌面上右击【计算机】→在弹出的快捷菜单中选择【管理】→在打开的【服务器管理器】窗口的左窗格中依次展开【配置】→【本地用户和组】节点→单击【用户】节点→在右窗格中右击指定的用户名称(如，vpn-1)→在弹出的快捷菜单中选择【属性】，如图 14-69 所示。

步骤 2：在打开的【vpn-1 属性】对话框中单击【拨入】选项卡→单击【允许访问】单选按钮→单击【确定】按钮，如图 14-70 所示。

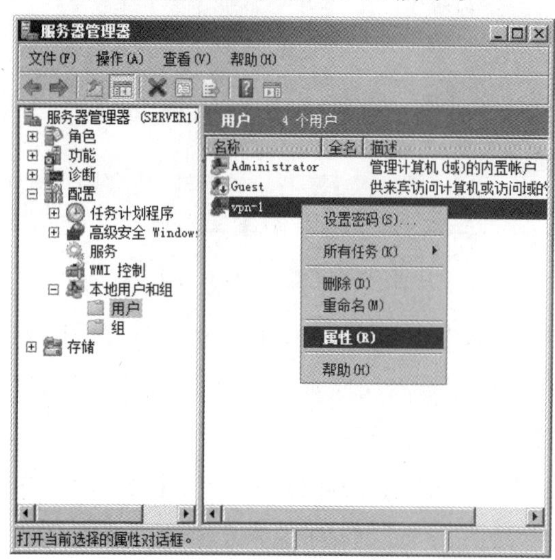

图 14-69 【服务器管理器】窗口

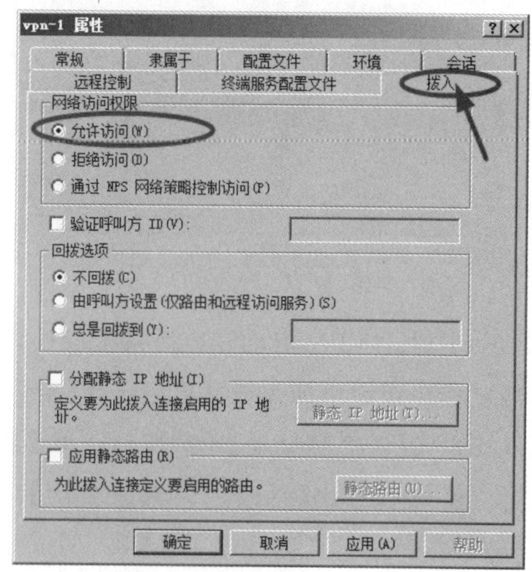

图 14-70 【拨入】选项卡

任务 14-6　使用 VPN 客户端访问内部网络

要实现 VPN 客户端能访问公司内部网络，需要在 VPN 客户机中创建 VPN 连接并拨入 VPN 服务器。

1. 在客户端创建 VPN 连接

以 Windows 7 系统的客户机为例，创建 VPN 连接的步骤如下：

步骤 1：在客户机桌面上右击【网络】图标→在弹出的快捷菜单中选择【属性】选项→在打开的【网络和共享中心】窗口中单击【设置新的连接或网络】，打开【设置连接或网络】对话框→在【选择一个连接选项】列表框中双击【连接到工作区】，如图 14-71 所示。

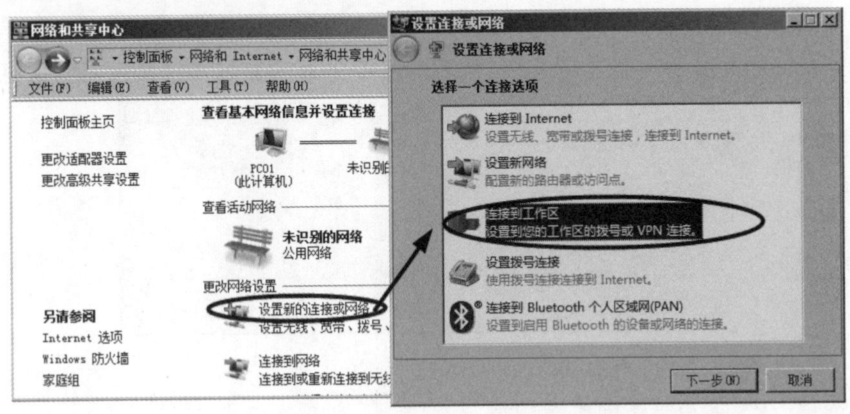

图 14-71　先后选择【设置新的连接或网络】【连接到工作区】

步骤 2：打开【您想如何连接？】对话框，单击【使用我的 Internet 连接(VPN)】，打开【您想在继续之前设置 Internet 连接吗？】对话框→单击【我将稍后设置 Internet 连接】，如图 14-72 所示。

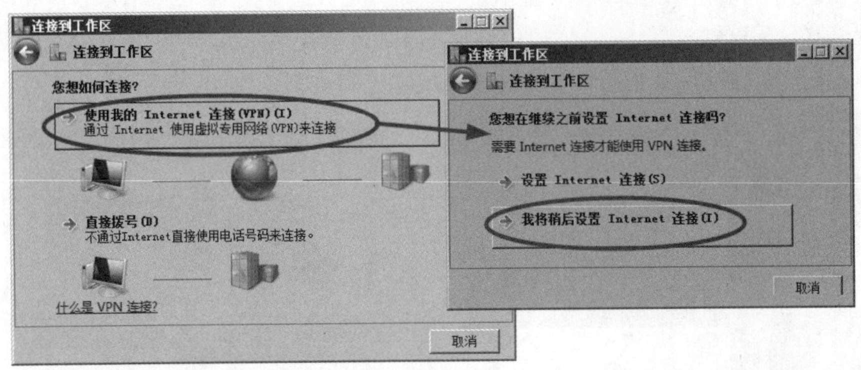

图 14-72　先后选择【使用我的 Internet 连接(VPN)】【我将稍后设置 Internet 连接】

步骤 3：打开【键入要连接的 Internet 地址】对话框，在【Internet 地址】编辑框内输入 VPN 服务器的 IP 地址或主机名(若输入 IP 地址，则应该是公司 VPN 服务器连接 Internet 的网卡的 IP 地址)→在【目标名称】编辑框内输入一个连接名称(如“进入公司内部网络”)→单击【下一步】按钮，如图 14-73 所示。

步骤 4：打开【输入您的用户名和密码】对话框，输入访问 VPN 服务器的用户名和密码→单击【创建】按钮，如图 14-74 所示。

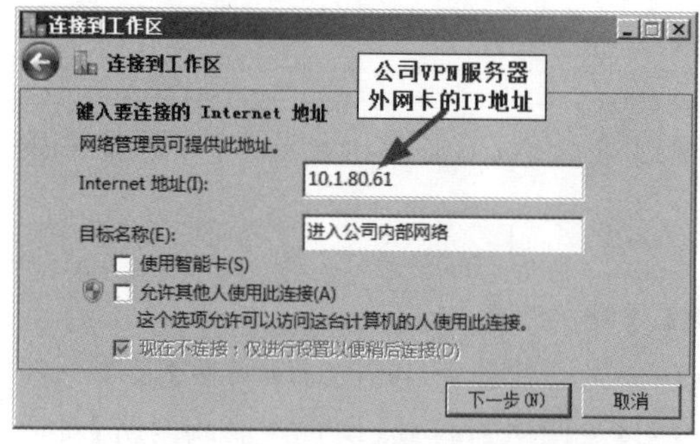

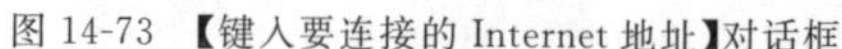

图 14-73 【键入要连接的 Internet 地址】对话框

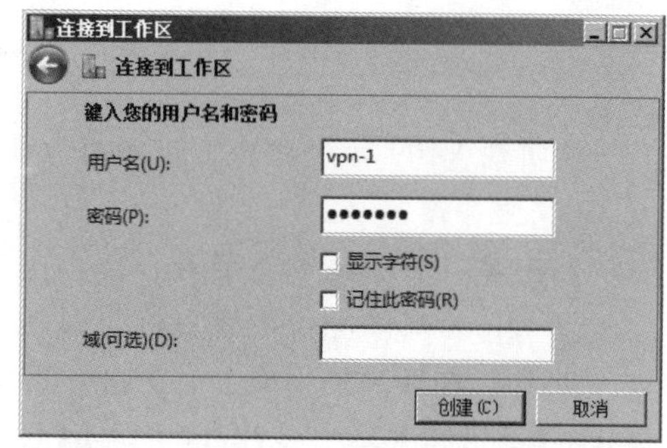

图 14-74 【输入您的用户名和密码】对话框

步骤 5：系统开始连接 VPN 服务器，若连接成功，则弹出【您已经连接】对话框，单击【关闭】按钮，如图 14-75 所示。若连接失败，会显示连接失败的提示及错误代码等信息。

图 14-75 【您已经连接】提示框

2. 从远程 VPN 客户端访问内部网络

访问步骤如下：

步骤 1：让 VPN 客户机连上 Internet（如，宽带 ADSL、专线或局域网接入）→在 VPN 客户机桌面的右下角单击【网络】图标→在弹出的对话框中单击【进入公司内部网络】选项→单击弹出的【连接】按钮，如图 14-76 所示。

步骤 2：在打开的【连接 进入公司内部网络】对话框中输入被授予拨入权限的用户名和密码→单击【连接】按钮，开始与 VPN 服务器建立连接，如图 14-77 所示。

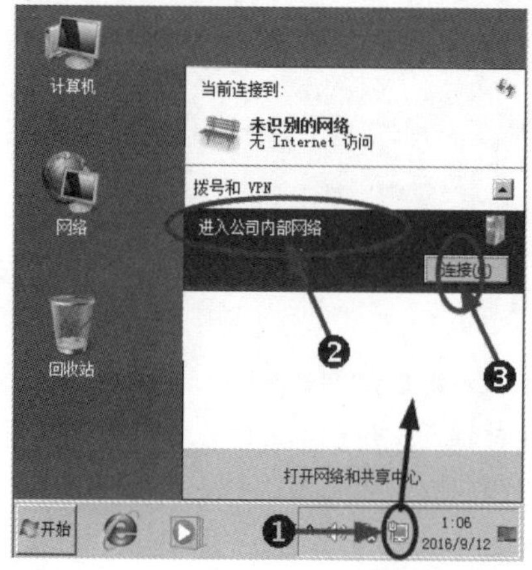

图 14-76 在桌面右下角单击【网络】图标

图 14-77 输入远程访问用户名和密码

步骤 3：查看连接状态。成功建立 VPN 连接以后，单击桌面右下角的【网络】图标→在弹出的对话框中右击【进入公司内部网络】→在弹出的快捷菜单中单击【状态】→打开【进入公司内部网络 状态】对话框，单击【详细信息】选项卡，如图 14-78 所示。由此可见，当连接成功后，由于 VPN 建立了新连接，使得 VPN 客户机、VPN 服务器以及文件服务器同属于一个子网（如，192.168.1.0）。这就实现了出差在外的员工利用身边的电脑，通过采用 VPN 技术与公司内部网络连成一个子网，如同在公司内部一样访问网络中的共享资源了。

步骤 4：访问内网共享资源。在 VPN 客户机的桌面上单击【计算机】图标→在打开的【计算机】窗口的地址栏中输入“\\IP 地址或服务器名”（如：\\192.168.1.2）→按【Enter】键→弹出【Windows 安全】对话框，单击【使用其他帐户】→输入共享资源所在主机的用户名及密码→单击【确定】按钮，若验证通过，则可访问共享资源了。访问共享资源的身份验证如图 14-79 所示。通过 UNC 路径成功访问共享资源如图 14-80 所示。

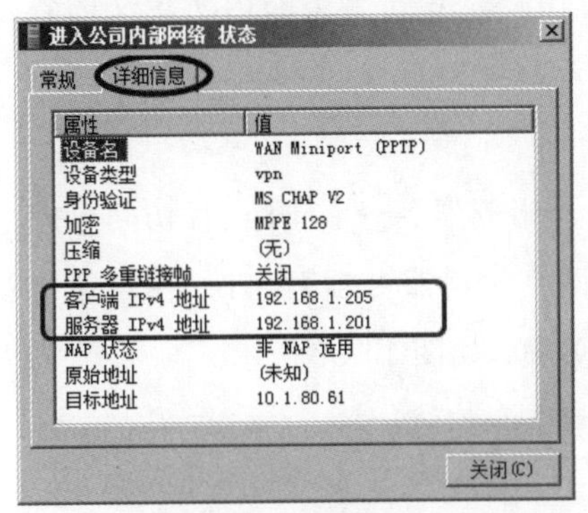

图 14-78　VPN 连接状态

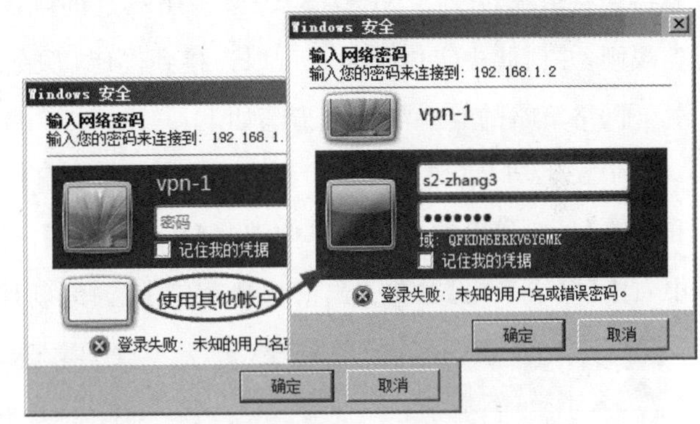

图 14-79　访问共享资源的身份验证

提示：为了避免出现成功连接 VPN 服务器后客户端不能访问 Internet 的问题，用户还需要对创建的“进入公司内部网络”做简单的配置。其方法是：单击桌面右下角的【网络】图标→在弹出的对话框中右击【进入公司内部网络】→在弹出的快捷菜单中单击【属性】→在打开的【进入公司内部网络 属性】对话框中单击【网络】选项卡→选择【Internet 协议版本 4（TCP/IPv4）】选项→依次单击【属性】→【高级】按钮→在打开的【高级 TCP/IP 设置】对话框的【IP 设置】选项卡中取消选择【在远程网络上使用默认网关】复选框，如图 14-81 所示。

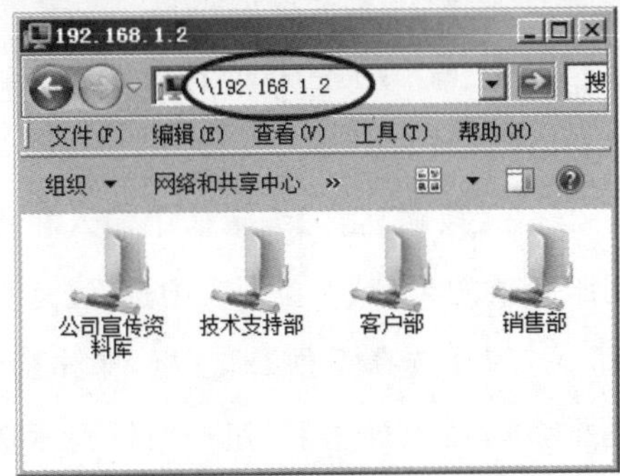

图 14-80　通过 UNC 路径成功访问共享资源

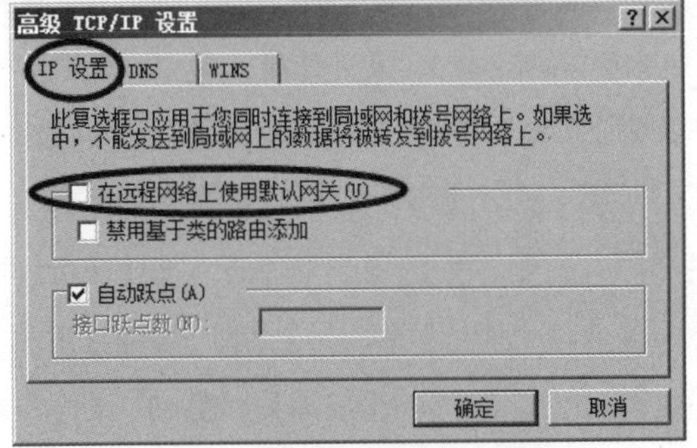

图 14-81　【高级 TCP/IP 设置】对话框

任务 14-7 通过网络策略增强 VPN 连接的安全性

在以上任务的执行中，对 VPN 服务器的访问只是依据单一条件的身份信息(用户名+密码)，便可从能连上互联网的任何地点的客户机上成功访问到远程的 VPN 服务器及其内部网络。一旦身份信息失窃，内部网络就会遭遇威胁。为了进一步增强 VPN 连接的安全性，引入了网络策略机制。网络策略是存储在网络策略服务器(NPS)中的授权 VPN 客户远程访问的一系列限制规则的集合，网络策略服务器可以包含多个网络策略，每个网络策略又由条件、访问权限、约束和设置等规则类型构成。当客户发起 VPN 连接请求时，VPN 服务器会将请求转发给 NPS，NPS 会按照一定的顺序比对用户是否符合策略内所定义的各类规则，并据此决定用户是否可以连接到 VPN 服务器。

网络策略的建立与使用步骤如下：

步骤 1：进入【路由和远程访问】窗口→在左窗格中展开服务器名→右击【远程访问日志和策略】→在弹出的快捷菜单中选择【启动 NPS】，打开【网络策略服务器】窗口→在左窗格中右击【网络策略】→在弹出的快捷菜单中选择【新建】菜单项，如图 14-82 所示。

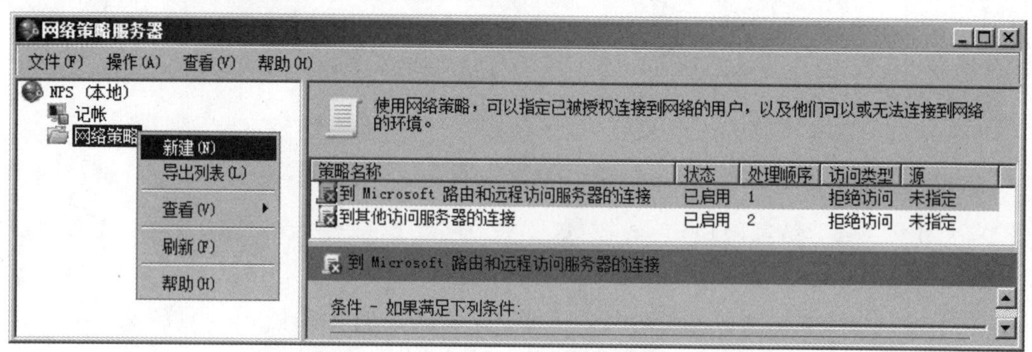

图 14-82 【网络策略服务器】窗口

提示：此处启动的是简化版的网络策略服务器，若要使用完整版的网络策略服务器，应在图 14-62 中的【角色服务】列表框中勾选【网络策略服务器】服务项。从【网络策略服务器】窗口的右窗格可见，系统已内置了两个网络策略，且均为拒绝访问的策略。

步骤 2：打开【指定网络策略名称和连接类型】对话框，在【策略名称】编辑框中输入相应名称(如，限制拨入的用户和登录时间)→在【网络访问服务器的类型】下拉列表中选择【远程访问服务器(VPN-Dial up)】类型→单击【下一步】按钮→打开【选择条件】对话框，单击【用户组】条件项目→单击【添加】按钮，打开【用户组】对话框，单击【添加组】按钮→根据提示选择允许访问的组帐号(如，客户部，事先要创建此组)，如图 14-83 所示。

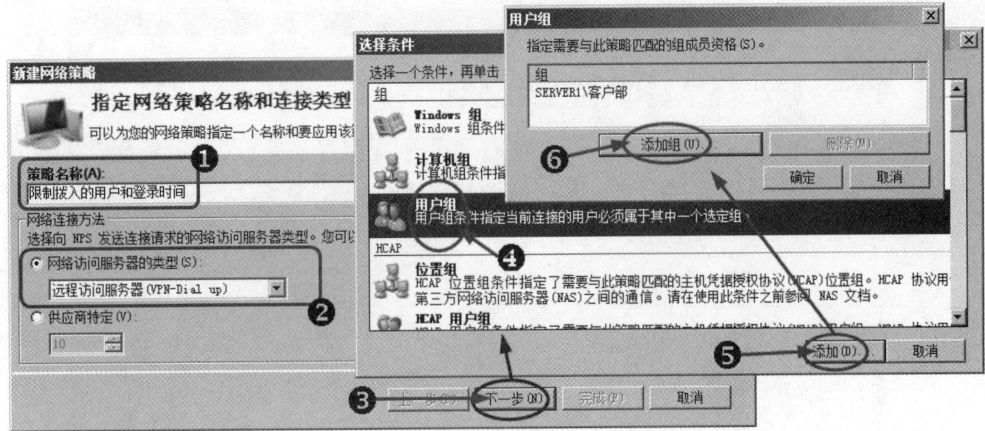

图 14-83　添加【用户组】条件

步骤 3：按上一步骤的流程继续添加【NAS 端口类型】条件项目，条件项目添加完后单击【下一步】按钮，如图 14-84 所示。

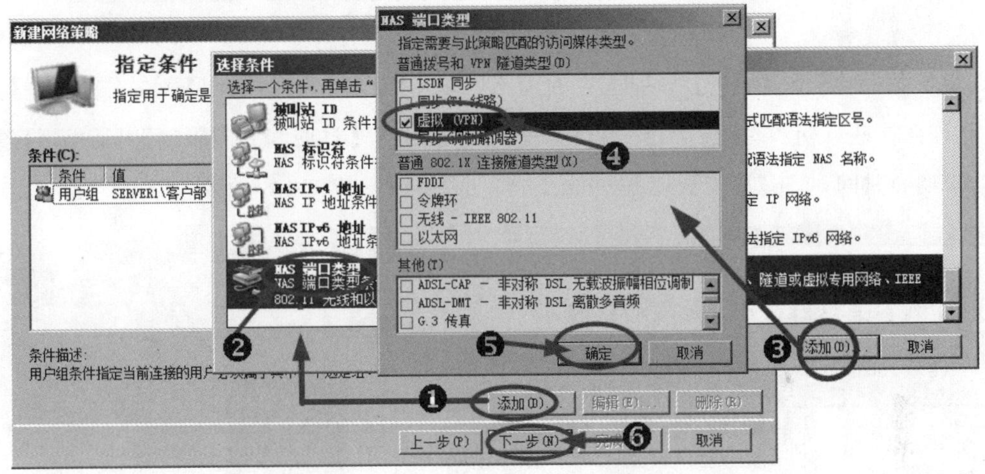

图 14-84　添加【NAS 端口类型】条件

步骤 4：打开【指定访问权限】对话框，单击【已授予访问权限】单选按钮→单击【下一步】按钮，如图 14-85 所示。

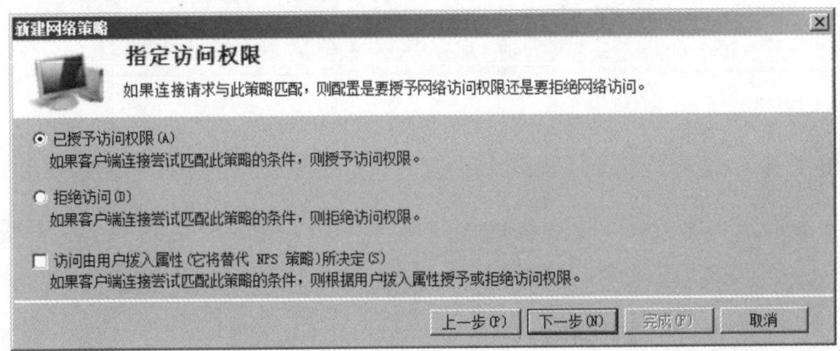

图 14-85　【指定访问权限】对话框

步骤 5：打开【配置身份验证方法】对话框，确保勾选前两项→单击【下一步】按钮，如图 14-86 所示。

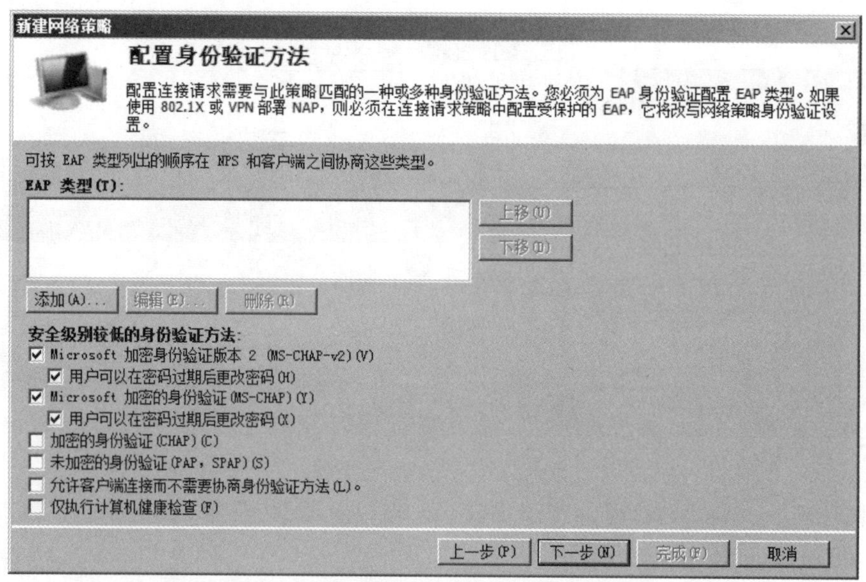

图 14-86 【配置身份验证方法】对话框

步骤 6:打开【配置约束】对话框，在左窗格中单击【日期和时间限制】→在右窗格中勾选【仅允许在这些日期和时间访问】→单击【编辑】按钮，打开【日期和时间限制】对话框，设置允许的日期和时间，单击【确定】按钮→单击【下一步】按钮，如图 14-87 所示。

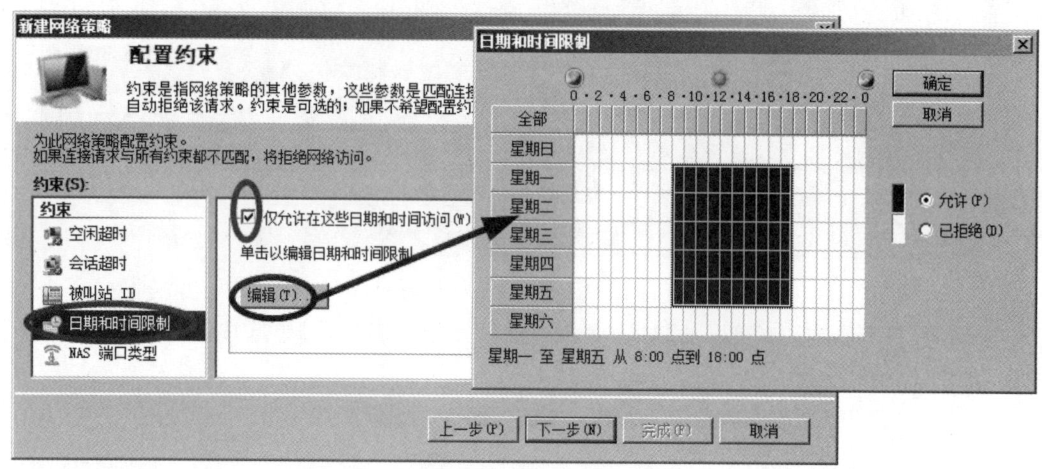

图 14-87 配置访问的日期和时间

提示:条件与约束的区别，当条件与连接请求不匹配时，NPS 会继续比对其他策略，以寻找连接请求的匹配项;当约束与连接请求不匹配时，NPS 便不再比对其他策略，将直接拒绝连接请求。

步骤 7:打开【配置设置】对话框，在左窗格中单击【加密】→在右窗格中勾选前三项，取消【无密码】勾选→单击【下一步】按钮，如图 14-88 所示。

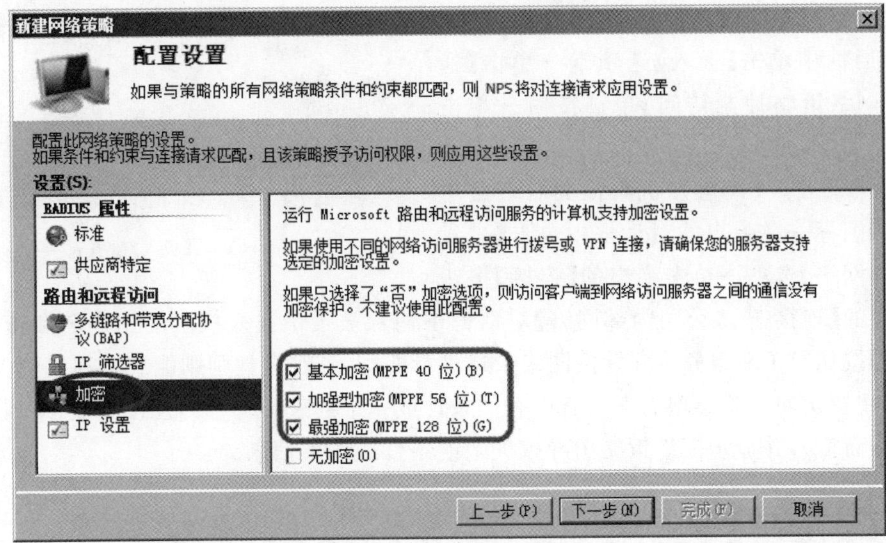

图 14-88　【配置设置】对话框

步骤 8：打开【正在完成新建网络策略】对话框→单击【完成】按钮，新建完成后的界面如图 14-89 所示。若新建的网络策略项没有位于最上方，则右击该网络策略项，在弹出的快捷菜单中单击【上移】来将其移至最上方，以便让该网络策略有最高级别的处理顺序，若要修改某网络策略的设置，则右击该网络策略项，在弹出的快捷菜单中选择【属性】进入修改界面。

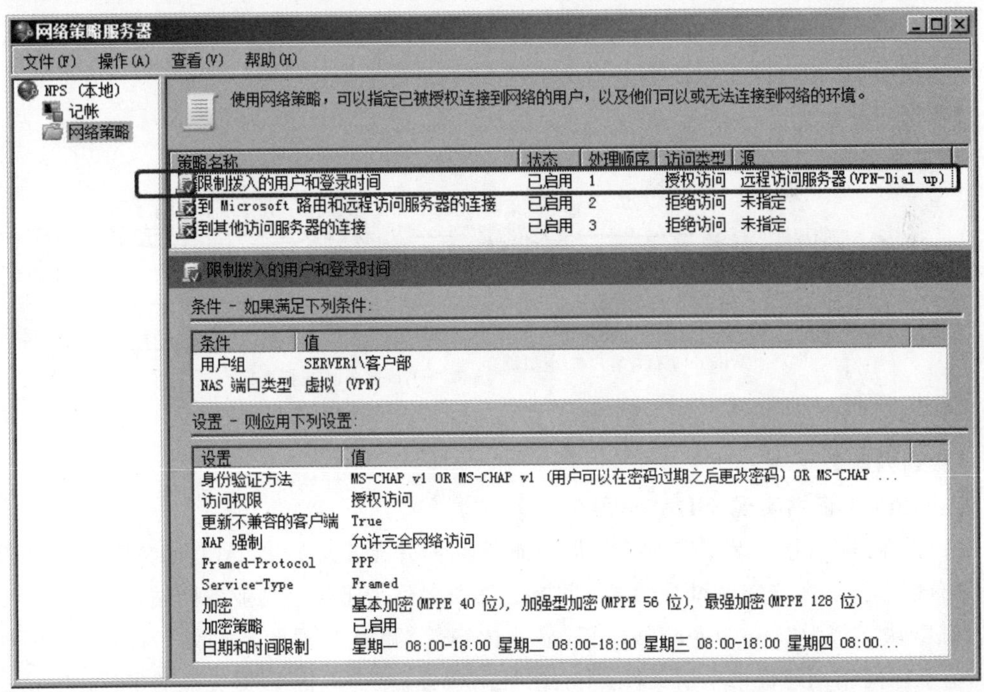

图 14-89　【网络策略服务器】窗口

步骤 9：在 VPN 服务器桌面上右击【计算机】→在弹出的快捷菜单中选择【管理】→在打开的【服务器管理器】窗口的左窗格中依次展开【配置】→【本地用户和组】节点→单击【用户】节点→在右窗格中右击用户名称(如，vpn-1，该用户事先已建立并加入“客户部”组)→在弹出的快捷菜单中选择【属性】→在打开的【vpn-1属性】对话框中单击【拨入】选项卡→单击【通过 NPS 网络策略控制访问】单选按钮→单击【确定】按钮，如图 14-90 所示。

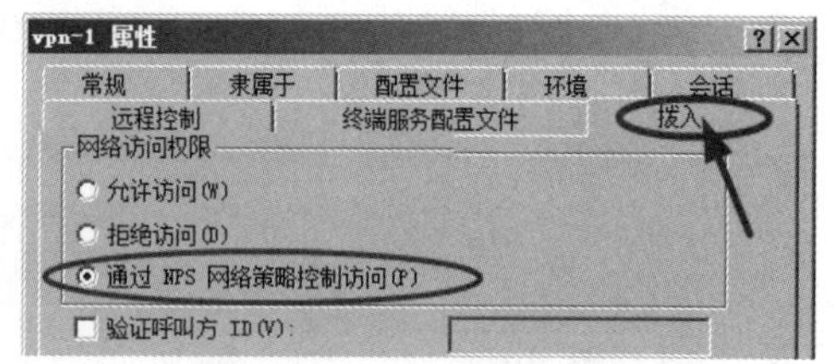

图 14-90 【拨入】选项卡

步骤 10：在 VPN 客户机桌面的右下角单击【网络】图标→在弹出的对话框中单击【进入公司内部网络】选项→单击弹出的【连接】按钮→在打开的【连接 进入公司内部网络】对话框中输入被授予拨入权限的用户名和密码→单击【连接】按钮，VPN 服务器开始按网络策略进行匹配，若符合规则则能成功连接到 VPN 服务器(对授权访问策略类型而言)，若所有的条件或一个约束不符合则连接失败(对授权访问策略类型而言)，并显示网络策略中导致失败的条件或约束信息。

项目实训 14-1 证书服务器的搭建及应用

【实训目的】

能进行证书服务的安装，能在 Web 服务器上设置 SSL。会申请、安装、导入和导出免费个人数字证书。会用证书和 Outlook 软件收发数字签名和加密的邮件。

【实训环境】

每人 1 台 Windows XP/7 物理机，2 台 Windows Server 2008 虚拟机，1 台 Windows XP/7 虚拟机，虚拟机网卡连接至虚拟交换机 VMnet1。

【实训拓扑】

证书服务器实训示意图如图 14-91 所示。

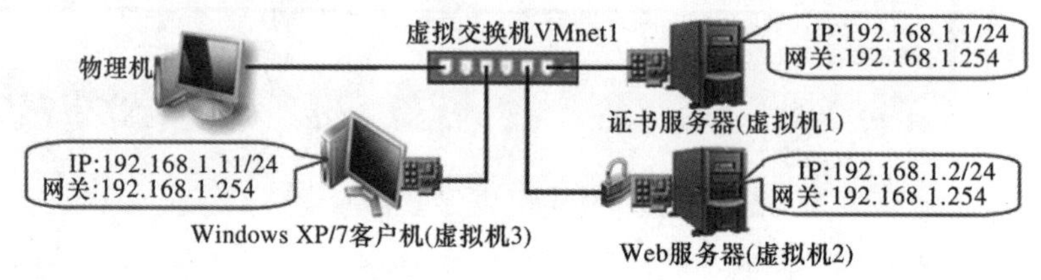

图 14-91 证书服务器实训示意图

【实训内容】

1. 使用 CA 证书实现 SSL Web 服务

(1)在虚拟机 1 上安装支持 Web 注册的证书服务，并配置独立根 CA(其他参数取默认值)。

(2)在虚拟机 2 安装 Web 服务器，并配置站点名称为迅达公司业务网站、主目录为“E:\web1”、默认文档为“xunda-web. html”(显示内容为“迅达公司业务网站”)的一个 Web 网站。基于该网站创建证书申请文件，然后向证书服务器(虚拟机 1)提交证书申请。

(3)在证书服务器上为 Web 网站颁发证书。

(4)在 Web 服务器上下载、安装证书服务器颁发的证书。

(5)在 Web 服务器上为 Web 网站绑定 SSL 证书。

(6)在客户机上访问 SSL Web 网站。

2. 使用证书实现 QQ 邮箱邮件数字签名和加密收发

(1)在物理机上访问沃通官网(https://www.wosign.com),下载、安装免费电子邮件证书(注意:在填写申请信息时,电子邮箱要填写自己实际的 QQ 邮箱地址),下载完后查看该证书是否自动导入。

(2)启动 Outlook,在其中设置 QQ 邮箱帐号,并使该帐号绑定数字证书。

(3)在浏览器地址栏中输入 QQ 邮箱服务器地址"https://mail.qq.com",开启 POP3/SMTP 服务。

(4)两位同学相互配合,在双方均完成以上操作的基础上,首先相互给对方的 QQ 邮箱发一封带数字签名的邮件;然后双方接收对方发送的数字签名邮件,并将对方加入联系人中;最后双方给对方发一封加密电子邮件并接收对方邮件。

项目实训 14-2　VPN服务的配置与访问

【实训目的】

会将安装了 Windows Server 2008 的计算机配置为 VPN 服务器,能够在客户端配置 VPN 连接后远程访问内网的资源。

【实训环境】

每人 1 台 Windows XP/7 物理机,2 台 Windows Server 2008 虚拟机,虚拟机 2 准备好共享文件夹。

【实训拓扑】

VPN 服务实训示意图如图 14-92 所示。

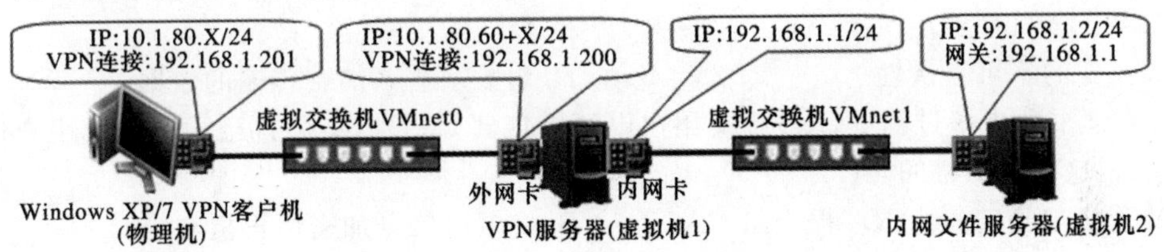

图 14-92　VPN 服务实训示意图

【实训内容】

1. 在启动虚拟机 1 之前添加第 2 块网卡,按图 14-92 所示配置 TCP/IP 参数,并将虚拟机的网卡正确地连接到相应类型的虚拟交换机。

2. 安装与配置 VPN 服务器

(1)在虚拟机 1 中,安装"网络策略和远程访问",并将服务器配置为 VPN 服务器,设置 VPN 静态地址池范围为 192.168.1.200～192.168.1.205。

(2)在 VPN 服务器上创建名为 vpnA、vpnB 的两个用户和名为 vpngroup 的组,将 vpnA 用户加入到 vpngroup 组中。将 vpnA 用户拨入权限设置为"通过 NPS 网络策略控制访问"。

(3)在 VPN 服务器上添加一个网络策略,名称为"允许拨入的用户和时间段",约束条件是只允许 vpngroup 组内用户在上班时间(周一～周五的 9:00～18:00)拨入 VPN 服务器。

3. 启动虚拟机 2(文件服务器),在其中创建"公司资料"共享文件夹。

4. VPN 客户端的配置与访问

(1)在客户机(虚拟机 3)上,创建名称为"访问公司内部网络"的 VPN 连接。

(2)在客户机使用 vpnA 用户连接到 VPN 服务器,查看 VPN 连接双方获得的 IP 地址。

(3)在客户机通过 VPN 连接访问内网文件服务器的共享文件夹。

(4)修改客户机上的系统时间为 19:00 或以 vpnB 身份拨入 VPN 服务器,结果如何?如何调整 VPN 服务器的配置,使 vpnB 用户也能访问公司的网络?

项目习作 14

一、选择题

1. 在公钥加密技术中,分别需要公钥和私钥两种密钥,公钥和私钥的关系是(　　)。

A. 双方密钥可相同也可不同　　B. 双方密钥可随意改变

C. 公钥和私钥之间可以相互推算　　D. 密钥互不相同,可以相互加密和解密

2. 在公钥加密系统中,小张希望给小李发一个经过数据加密的文件,要想达到这个目的,小张需要使用(　　)。

A. 小张的公钥　　B. 小张的私钥　　C. 小李的公钥　　D. 小李的私钥

3. 下面关于 PKI 主要目的的描述中正确的是(　　)。

A. 数据的机密性可以通过数字签名来实现

B. 数据的有效性可以通过数字签名来实现

C. 数据的机密性可以通过数据加密来实现

D. 数据的有效性可以通过数据加密来实现

4. 迅达公司通过互联网向提供商订购大批货物,并希望能货到付款。提供商的采购员在通过提供商网站提交订购清单时,对方要求提供迅达公司的数字签名。此时,迅达公司的数字签名的作用是(　　)。

A. 数据的完整性　　B. 数据的机密性

C. 操作的不可否认性　　D. 用数字签名加密传输的数据

5. 在证书的申请过程中,RA 提交用户申请信息到 CA 时,会用自己的私钥对用户申请信息签名,这样做的目的是(　　)。

A. 保证申请信息由 RA 提交给 CA　　B. 将申请信息加密后再提交给 CA

C. 使 CA 获得 RA 的私钥　　D. 让 CA 将自己的私钥发送给 RA

6. 为了能够在 IIS 服务器的某个 Web 站点上启用安全通道(SSL),需要(　　)。

A. IIS 所在的服务器必须同时是 CA

B. 取消身份验证方法中的“启用匿名访问”选项

C. IIS 所在的服务器必须能够实时连接到 CA

D. 在该 Web 站点上安装相应的证书

7. VPN 的全称是(　　)。

A. 虚拟局域网　　B. 虚拟专用网　　C. 虚拟实验网络　D. 虚拟工业网

8. 下列中(　　)是 VPN 服务系统的组成部分。

A. VPN 服务器　　B. VPN 客户机　　C. 隧道协议　　D. Internet 网络

二、简答题

1. 简述数据加密和数字签名的含义。

2. 在安装微软的证书服务时,企业 CA 和独立 CA 有什么区别?

3. 简述部署 SSL Web 网站的作用。

4. 简述 VPN 服务系统的组成和工作过程。

教学情境 4
综合案例

名人名言

你的时间有限，所以不要为别人而活。不要被教条所限，不要活在别人的观念里。不要让别人的意见左右自己内心的声音。最重要的是，勇敢地去追随自己的心灵和直觉，只有自己的心录和直觉才知道自己的真实想法，其他一切都是次要。

——史蒂夫·乔布斯

项目15 综合项目——迅达公司网络组建

15.1 项目背景与需求分析

迅达公司是业界领先的电子商务服务公司，内设销售部、客户服务部、技术支持部和财务部，员工约300人。公司目前拥有80台计算机，以工作组模式构建局域网，并实现资源共享。作为专用服务器，公司现仅运行一台提供电子商务运营的Web网站服务器和一台实现共享上网的NAT服务器。服务器运行的操作系统是Windows Server 2003企业版，客户端主要操作系统为Windows XP和Windows 7。内网带宽是1 GB，公司申请了一条40 MB光纤接入Internet。

为了满足市场的需要，公司决定重新部署企业网络。从规模上，公司预计从现有的80台计算机增加到200台来构建内部局域网，并在以下功能上获得提升和完善。

- 将服务器运行的操作系统升级为Windows Server 2008。
- 为了缩小广播域，减少内部网络流量，实现服务器和客户机隔离，计划将内部网络划分为四个子网，服务器在一个子网，客户机在另外三个子网。出口带宽增加至100 MB。
- 由于客户机数量近200台，手动分配IP地址易发生冲突，需要自动分配IP地址。
- 为了工作的方便，公司相关资料文档等要共享到一台专门的服务器(文件服务器)中进行集中管理控制。考虑到信息资料的安全问题，不同帐户访问共享资源的权限要有所不同；在共享存储区内对存储容量要进行限制；对于重要的资料要实现自动定期备份。
- 为了提高公司的知名度，除原来电子商务网站外，还需要增加一个宣传公司的Web站点，并在其首页链接流媒体发布点。原电子商务网站注册的域名“www. xunda. com”。Web服务器放置在公司机房，允许公司内部用户和其他人通过输入域名的方式匿名访问。
- 公司需要开通一个FTP站点，以便公司员工在局域网内和互联网上均能对文件服务器中的文档资料实现上传、下载，网络管理员通过它对服务器进行本地和远程的维护更新。
- 为了加强员工特别是与长期客户之间的交流，需要搭建一台邮件服务器。基于安全的考虑，与客户的电子信函及电子合同协议等重要信息需要通过电子证书的认证并实现加密传输。分支机构与总部之间的通信需要有加密功能的专用的VPN通道。
- 集中管理所有服务器的帐户和其他部分重要帐户及共享资源，并通过域名的方式在本地和远程访问、管理和维护公司的服务器群。

15.2 项目的规划设计

通过收集客户的需求并进行分析之后，本项目总体规划如图 15-1 所示。

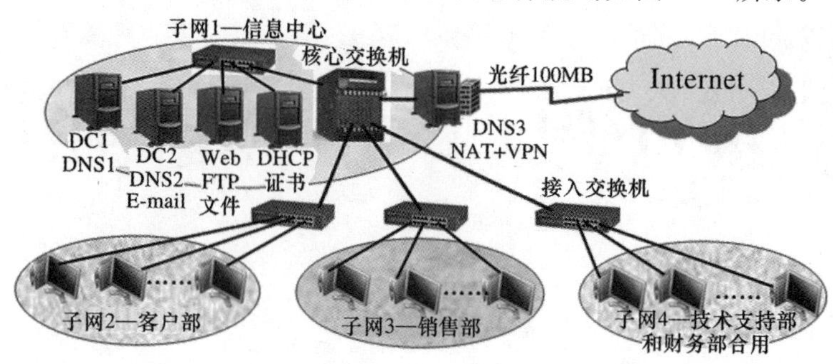

图 15-1　迅达公司网络结构示意图

本项目既涉及网络设备和服务器的采购、综合布线等硬件平台的搭建，也涉及 Windows 系统软件和应用软件等软件平台的升级与构建。下面重点介绍构建 Windows 系统管理和实施网络服务平台的主要步骤及注意事项。

15.2.1　网络操作系统及管理模式的设计

根据项目需求分析，本项目共需 5 台服务器，均需要安装 Windows Server 2008，近 200 台客户机可以采用 Sysprep 命令和 Ghost 工具进行批量安装 Windows 7 和常用软件。服务器按其功能命名，客户机按使用者命名。

根据公司网络规模以及集中管理的要求，采用单域网络结构即可满足企业需求。为此，配置两台域控制器(DC1 和 DC2)来保证域的可靠性，第一台域控制器兼做 DNS1，第二台为额外域控制器兼做 DNS2。两台域控制器的域名均为 xunda. com。在安装活动目录(AD)的过程中要安装 DNS 服务，以此保证域名解析服务正常运行。

15.2.2　域、组织单位及域帐户的设计

域控制器作为整个域的核心服务器，承担对公司所有员工的帐户(包括系统帐户和邮箱帐户)和安全策略的集中管理。在域内按照部门划分组织单位，即创建客户部、销售部、技术支持部和财务部 4 个 OU，用于管理各部门的用户帐户、组及共享资源。为每个员工在所属部门 OU 中创建一个域用户帐户，帐户名为该员工的姓名的全拼音字母，初始密码为“123abc!”，并要求域用户帐户在下次登录时更新密码。为每个部门创建一个全局组，并将部门的用户帐户归于相应的全局组中。

域的安全策略方面，设置密码策略、帐户锁定策略和审核策略。

其中，密码策略要求：密码长度最小值为 7 个字符，密码必须符合复杂性要求；

帐户锁定策略：帐户锁定阈值为 5、帐户锁定时间为 30 分钟；

审核策略：启用帐户登录事件和对象访问的审核。

15.2.3　IP 地址、DHCP 及软路由器的设计

局域网分成四个子网，所有服务器使用子网 1 的 IP 地址，并手动配置静态 IP 地址；在 DHCP 服务器上创建三个作用域，分别为子网 2(客户部)、子网 3(销售部)和子网 4(技术支

持部和财务部合用)中的计算机动态分配 IP 地址。

DHCP 和软路由器共用一台服务器,加入到 xunda.com 域。该服务器安装四块网卡,每块网卡连接一个子网。

各个子网间通过软路由器(实际应用中是核心交换机)实现互联互通。

15.2.4 DNS 服务器的设计

本项目规划 DNS1、DNS2 和 DNS3 共三台 DNS 服务器。

DNS1 与 DC1 共用一台服务器,其功能角色是保障内网用户能通过域名访问公司的所有服务器。在创建 Windows 域时已经自动创建了区域"xunda.com",还需添加 3 条主机记录 www、mail 和 ca,2 条别名记录 www1、ftp 及相应的指针记录,1 条邮件交换记录。

DNS2 与 DC2、E-mail 共用一台服务器,DNS2 是 DNS1 的辅助 DNS。

DNS3 的功能角色是保障外部 Internet 用户能通过域名访问公司内部的部分服务器。需创建区域"xunda.com",其中包含的资源记录是所有对外发布的服务器的解析记录。

此外,在 DNS1、DNS2 和 DNS3 上均要设置转发器。其中,DNS1、DNS2 的转发地址为 DNS3 的 IP 地址;DNS3 的转发器 IP 地址指向由 ISP 提供的公网中的 DNS。此设置的目的一方面是使内网用户能够通过域名访问互联网中的服务器,另一方面是减少出口流量。

15.2.5 Web、E-mail、流媒体和证书服务器的设计

根据企业的要求,要建立电子商务业务网站和企业形象宣传网站两个 Web 站点,为了节约成本,将 2 个 Web 站点、1 个 FTP 站点运行在一台服务器上。使用 Windows Server 2008 自带的 IIS 搭建 Web 站点。

采用 Exchange Server 2007 产品搭建 E-mail 邮件服务器,安装前加入到"xunda.com"域。邮箱及收发邮件的大小需要配额,并能实现邮件的群发效果。

流媒体和证书服务合用一台服务器。使用微软的 Windows Media Services 2008 搭建流媒体点播发布点。使用 Windows Server 2008 自带的 Active Directory 证书服务搭建证书服务器,支持用户通过 Web 页面提交证书申请。

15.2.6 文件服务器和 FTP 服务器的设计

文件服务与 Web、FTP 服务共用一台服务器,用于存储公司的公用文件以及各部门或用户的共享文件。将该服务器的硬盘划分为三个 NTFS 分区,C 盘为系统盘(≥20 GB);D 盘(≥2 TB)提供用户访问,存放各种公用文档;E 盘(≥1 TB)存放 Web、FTP 站点访问资源。

对于 D 盘上的文件采用完全备份+增量备份的策略,按任务计划自动执行。还可考虑运用磁盘镜像、RAID-5 技术对磁盘数据进行保护。在共享文件夹添加对域帐户的审核选项。

对 D 盘启用磁盘配额,将磁盘空间限制为 100 MB、警告等级设为 90 MB;对各部门经理帐户设置配额项,将磁盘空间限制为 500 MB、警告等级设为 490 MB;将总经理帐户加入到 Administrators 组中,磁盘空间无限制。

使用 Windows Server 2008 自带的 IIS 搭建 FTP 服务器,其配置要求为:

- 创建用户:为网络管理员创建 1 个用户,用于 2 个 Web 站点主目录中资料的更新和文件服务器中大容量共享资源的上传、下载;为各部门设置一个用户,用于文件服务器中各部门共享资料的上传、下载;启用匿名用户,用于互联网用户下载公司公开资料。
- 设置用户属性:主要对各用户访问的主目录或虚拟目录的权限和配额进行设置。

15.2.7 Internet 接入、NAT 和 VPN 连接的设计

NAT 服务、VPN 服务及 DNS3 共用一台服务器，通过 NAT 和租用的光纤专线，使公司局域网内的计算机接入 Internet。该服务器安装两块网卡，内网卡的 IP 地址为 192.168.1.3，外网卡的 IP 地址由 ISP 提供。在 NAT 服务器上设置端口映射，将 www、www1、ftp、mail 和 ca 服务发布到 Internet，实现从公网访问私网服务器。搭建 VPN 服务，使分支机构或出差在外的员工能访问内网的某些主机。启用 Windows Server 2008 的高级防火墙及包过滤功能保护内网安全。

15.3 综合项目施工任务书

一、项目实施目的

通过一个以企业为背景的网络项目的实训，综合运用本课程知识和技术，使学生学会在 Windows Server 2008 环境下，掌握一个中小型企业网的设计细节和实施流程，为今后构建和实施综合性网络系统平台、大数据应用平台和云计算数据中心打下基础。

二、项目施工方式与要求

1. 项目实训前必须仔细阅读《综合项目施工任务书》，明确实训的目的、要求和任务，制订好上机步骤。

2. 每人配备一台笔记本电脑（至少 8 GB 内存容量，推荐 16 GB）。

3. 本项目任务适合在本课程结束后，采用集中安排不少于 24 课时或两个实训周实施。

三、项目施工规划与环境

在本项目（必作题部分）中，由 1 台物理机（能接入互联网）、5 台虚拟机及 4 台虚拟交换机构成一个独立的网络，设备及 IP 地址分配见表 15-1。

表 15-1 设备及 IP 地址分配

<table>
<tr><th>物理机</th><th>虚拟机</th><th>OS</th><th>内存</th><th>服务器</th><th>IP 地址</th><th>网卡连接的虚拟交换机</th></tr>
<tr><td rowspan="9">Win7/8
10.1.80.X/24
内存≥16 GB
通过校园网的
NAT 服务能
连接互联网</td><td rowspan="3">虚拟机①</td><td rowspan="3">Win2008</td><td rowspan="3">800 MB</td><td rowspan="3">DHCP
辅助 DNS
软路由器 1</td><td>网卡 1:192.168.1.1/24</td><td>VMnet1</td></tr>
<tr><td>网卡 2:192.168.2.1/24</td><td>VMnet2</td></tr>
<tr><td>网卡 3:192.168.3.1/24</td><td>VMnet3</td></tr>
<tr><td rowspan="2">虚拟机②</td><td rowspan="2">Win2008</td><td rowspan="2">800 MB</td><td rowspan="2">DHCP 中继代理
软路由器 2</td><td>网卡 1:192.168.3.2/24</td><td>VMnet3</td></tr>
<tr><td>网卡 2:192.168.4.1/24</td><td>VMnet4</td></tr>
<tr><td rowspan="2">虚拟机③</td><td rowspan="2">Win2008</td><td rowspan="2">800 MB</td><td rowspan="2">主 DNS
NAT+VPN</td><td>内网卡:192.168.1.3/24</td><td>VMnet1</td></tr>
<tr><td>外网卡:10.1.80.X+60/24</td><td>VMnet0</td></tr>
<tr><td>虚拟机④</td><td>Win2008</td><td>800 MB</td><td>Web+FTP</td><td>网卡:192.168.1.4/24</td><td>VMnet1</td></tr>
<tr><td>虚拟机⑤</td><td>WinXP/7</td><td>512 MB</td><td colspan="3">用于测试的流动客户机，在外网测试时，其网卡应连接至 VMnet0 虚拟交换机，在内网测试时，其网卡应先后连接至 VMnet1、VMnet2、VMnet3、VMnet4 虚拟交换机，以作为不同子网内客户机角色对搭建的服务器进行验证</td></tr>
<tr><td rowspan="2">选作题</td><td>虚拟机⑥</td><td>Win2008</td><td>1 GB</td><td>DC+DNS+证书</td><td>网卡:192.168.1.6/24</td><td>VMnet1</td></tr>
<tr><td>虚拟机⑦</td><td>Win2008</td><td>8 GB</td><td>E-mail</td><td>网卡:192.168.1.7/24</td><td>VMnet1</td></tr>
</table>

注：由于表格空间有限，表中 Win2008 指 Windows Server 2008，WinXP/7 指 Windows XP/7

中小型企业网络施工示意图(拓扑结构)如图 15-2 所示。

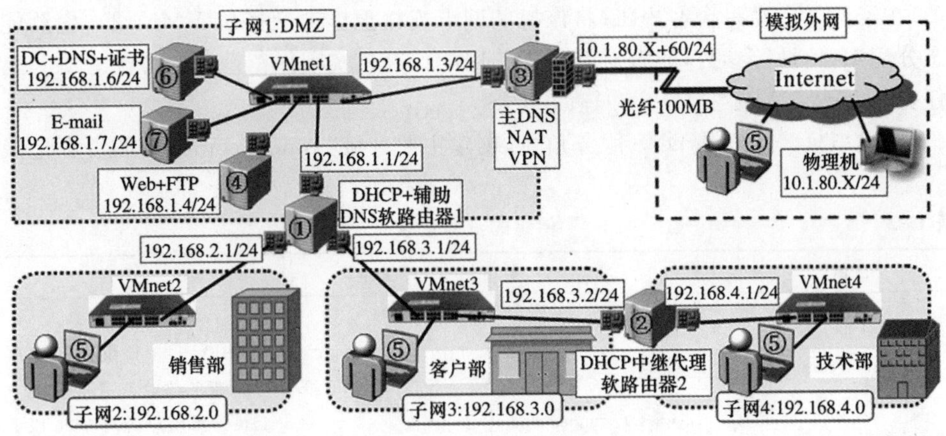

图 15-2　中小型企业网络施工示意图(拓扑结构)

四、项目施工任务

任务 1:配置网络和软路由器,实现四个内部子网及外网的互联互通

(1)在虚拟机①～虚拟机④上按表 15-1 或图 15-2 添加所需数量的网卡并将各网卡连接至相应的虚拟交换机,配置各网卡的 IP 地址和子网掩码等参数。

(2)在虚拟机①上,安装“网络策略和访问服务”服务角色,设置“配置并启用路由和远程访问”中的“LAN 路由”服务项目,添加静态路由使其数据包能到达子网 4 和外网(目标网络号和子网掩码均为 0.0.0.0 时表示是默认路由,此处将到达外网的路由设为默认路由)。

(3)在虚拟机②上,安装“网络策略和访问服务”服务角色,设置“配置并启用路由和远程访问”中的“LAN 路由”服务项目,添加静态路由使其数据包能到达子网 1、子网 2 和外网(其中,将达到外网的路由设为默认路由)。

(4)在虚拟机③上使用 route 命令添加 3 条永久静态路由,使其数据包能到达子网 2、子网 3、子网 4。在安装 Windows 系统的主机上添加的静态路由、显示路由的命令格式分别为:

route -p add 目标网络号 mask 目标网络的子网掩码 下一跳的 IP 地址

route print

(5)在虚拟机④上使用 route 命令分别添加能到达子网 2、子网 3、子网 4 和外网的永久静态路由(其中,将到达外网的路由设为默认路由)。

任务 2:配置 DHCP 及中继代理,为子网 2、子网 3、子网 4 中的客户机自动分配 IP 地址等参数

(1)在虚拟机①中安装 DHCP 服务角色,按不同部门创建 3 个作用域,并按表 15-2 所示配置其他参数。

表 15-2　　**DHCP 服务器配置参数表**

作用域名称	销售部	客户部	技术部
地址池	192.168.2.10～ 192.168.2.200/24	192.168.3.10～ 192.168.3.200/24	192.168.4.10～ 192.168.4.200/24
总经理的计算机 IP 保留	192.168.2.58		
作用域选项:003 路由器	192.168.2.1	192.168.3.1	192.168.4.1
服务器选项:006DNS 服务器	首选 192.168.1.3,备用 192.168.1.1		

(2)在虚拟机②中添加“DHCP 中继代理程序”协议。

(3)在子网 2 启动一台客户机(将该机的网卡连接至虚拟交换机 VMnet2),检测能否实现动态分配 IP 地址等参数,能否对总经理使用的计算机实现保留地址的分配。

任务 3:安装与配置主 DNS 和辅助 DNS

(1)在虚拟机③上安装 DNS 服务角色,创建主要区域“xunda.com”,添加资源记录见表 15-3。

表 15-3　创建的资源记录

区域	域名	IP 地址	备注
1 个正向区域 xunda.com	www.xunda.com	192.168.1.3 10.1.80.X+60	192.168.1.3 是供内网用户访问 Web 服务的地址,10.1.80.X+60 是供外网用户访问 Web 服务的地址,该地址为虚拟机③上外网卡的 IP 地址
2 个反向区域 1.168.192.in-addr.arpa.dns 80.1.10.in-addr.arpa.dns	www1.xunda.com	192.168.1.3 10.1.80.X+60	
	ftp.xunda.com	192.168.1.3 10.1.80.X+60	

(2)在虚拟机①上安装 DNS 服务角色,创建辅助区域“xunda.com”。

(3)在虚拟机③的主 DNS 上配置区域复制,使主 DNS 中的记录自动复制到辅助 DNS 中。

(4)在主 NS 和辅助 DNS 上分别设置转发器,转发的 IP 地址是公网上的 DNS 服务器(如,8.8.8.8)。

任务 4:创建与配置 Web 站点

在虚拟机④上安装 IIS 组件,按表 15-4 所规划的参数创建两个 Web 站点。

表 15-4　Web 站点配置参数

站点	业务 Web 站点	宣传 Web 站点
IP 地址	192.168.1.4/24	192.168.1.4/24
TCP 端口	80	80
主目录	E:\xunda\ web1	E:\xunda\ web2
域名/主机名	www.xunda.com	www1.xunda.com
首页文件名	yewu.htm	xuanchuan.htm

任务 5:创建与配置 FTP 站点

(1)在虚拟机③上按照表 15-5 所规划的参数创建本地组和本地用户。

表 15-5　本地组和本地用户

部门	本地用户	所属本地组
网络管理员	admin1、admin2	administrators
客户部	zhang3	khb_group
销售部	li4	xsb_group
技术部	wang5	jsb_group

(2)在虚拟机③中按照表 15-6 所规划的参数创建目录结构并设置访问权限。

表 15-6　目录结构及权限分配表

资源用途	目录结构	访问者	NTFS 权限/共享权限
共享文件夹	D:\xunda\doc	内网和 VPN 用户可以访问	可读可写
迅达公司的公共资源库	E:\xunda\public	匿名用户(所有用户)可访问	只读
迅达公司客户部的资料库	E:\xunda\客户部	客户部组成员可访问	可读可写
迅达公司销售部的资料库	E:\xunda\销售部	销售部组成员可访问	可读可写
迅达公司技术部的资料库	E:\xunda\技术部	技术部组成员可访问	可读可写
业务 Web 站点的主目录	E:\xunda\web1	只有网络管理员 admin1 可访问	可读可写
宣传 Web 站点的主目录	E:\xunda\web2	只有网络管理员 admin2 可访问	可读可写

(3)在虚拟机③上安装 IIS FTP 服务角色并启用 FTP 服务。

(4)在虚拟机③中按表 15-7 所规划的参数创建 FTP 站点及虚拟目录。

表 15-7　FTP 站点及虚拟目录

FTP 站点或虚拟目录名称	物理路径	访问者
迅达公司 FTP 站点	E:\xunda\public	匿名用户(所有用户)可访问
客户部(虚拟目录)	E:\xunda\客户部	客户部组成员可访问
销售部(虚拟目录)	E:\xunda\销售部	销售部组成员可访问
技术部(虚拟目录)	E:\xunda\技术部	技术部组成员可访问
维护业务 Web 站点(虚拟目录)	E:\xunda\web1	只有网络管理员 admin1 可访问
维护宣传 Web 站点(虚拟目录)	E:\xunda\web2	只有网络管理员 admin2 可访问

(5)在 E 盘启用磁盘配额,将磁盘空间限制为“100 MB”、警告等级设为“90 MB”;对部门经理帐户设置配额项,将磁盘空间限制为“500 MB”、警告等级设为“490 MB”;总经理无限制。

(6)(选作题)对“xunda”文件夹采用正常备份+增量备份策略,按任务计划自动执行备份。

任务 6:配置 NAT 服务器,使内部各子网中的客户机均能访问外网,且外网用户能访问内网中的服务器

(1)在虚拟机③上安装“网络策略和访问服务”服务角色,设置“配置并启用路由和远程访问”中的“网络地址转换(NAT)”服务。

(2)在虚拟机③的外网卡上针对内网中的 Web 服务器、FTP 服务器、DNS 服务器(端口为 UDP53)和远程登录的服务器配置端口映射,以便让外网用户能通过域名访问内网中的服务器(外网用户只能通过访问虚拟机③上外网卡的 IP 地址,进而通过端口映射访问内网中的各种服务器)。

任务 7:配置 VPN 服务器

(1)在虚拟机③上使用“路由和远程访问”工具,创建 VPN 服务器,VPN 连接的地址范围为:192.168.1.201～192.168.1.205。

(2)创建 1 个用户(远程连接的专门用户),并设置用户拨入属性。

(3)在模拟公网的客户机(物理机)上,新建“虚拟专用网络连接(VPN)”。

(4)测试 VPN 服务:在客户机上启动 VPN 连接,输入用户名与密码,测试客户机能否连接 VPN 服务器,并使用 UNC 路径"\\192.168.1.3\doc"访问内网中的共享文件夹"E:\xunda\doc"。

(5)在虚拟机④上创建具有管理员级别的账户,并用此账号在外网中的主机上通过远程桌面连接登录到内网中的虚拟机④。

任务 8(选作题):安装配置域控制器(DC)

(1)在虚拟机⑥上安装活动目录,创建一个域森林根域,域名为"xunda.com"。在安装活动目录的过程中,选择在这台计算机上安装 DNS 服务。

(2)按照表 15-8 的要求创建企业的组织单位(OU)、域组和域用户。

表 15-8　组织单位(OU)、域组和域用户

部门	OU 名称	域组(名称/类型)	域用户
客户部	客户部	khb/全局组	在每个部门的 OU 中创建 2 个用户(技术部 OU 中含总经理 1 人、各部门中含部门经理 1 人),按员工姓名的全拼音字母命名用户。初设密码为"123abc!",并把域用户加入对应的域组
销售部	销售部	xsb/全局组	
技术部	技术部	jsb/全局组	

任务 9(选作题):配置域安全策略和防火墙

(1)在域控制器上,为公司的每台服务器创建一个域管理员用户,并将所有服务器加入到域(xunda.com);

(2)在域控制器上,设置密码策略:密码长度最小值为 7,密码必须符合复杂性要求。

(3)设置帐户锁定策略:帐户锁定阈值为 5、帐户锁定时间为 30 分钟。

(4)设置审核策略:启用帐户登录事件和对象访问的审核。

(5)在域控制器上通过防火墙设置禁止在本机上使用浏览器上网。

任务 10(选作题):安装与配置证书服务器

(1)在虚拟机⑥上安装证书服务,并配置独立根 CA。

(2)在 Web 服务器上提交证书申请,在证书服务器上颁发证书,在 Web 服务器上下载并安装证书。

(3)将"业务 Web 站点"绑定 SSL 证书。

任务 11(选作题):安装与配置邮件服务器

(1)将虚拟机⑦服务器加入到域,重启后以域管理员身份登录,安装 Exchange Server 2007 系列组件。

(2)在邮件服务器上创建 user1、user2 两个用户邮箱,配置 user1 用户的邮箱限制为 10 GB,user2 用户的邮件大小限制为 20 MB,并将两个用户加入同一通讯组。

(3)在客户端使用浏览器进行邮件收发和群发。

五、项目施工检查、验收与报告

1.项目实训指导教师应对学生的设计过程进行指导,以便及时发现和解决问题,督促和检查项目实训的进度和质量,并严格进行检查、分析、登记。学生须在规定的时间内完成设计;每次实训前必须点名,一次缺席就不能够获得"优",三次缺席成绩为"不及格"。

2.项目实训时将各种问题与结果记录下来,并进行必要的保存。

3.项目实训任务完成后,要组织现场验收,验收演示的内容如下:

(1)将客户机接入内部任意子网,测试能否自动分配到 IP 地址等参数(包括保留地址的分配);

(2)将客户机接入内部子网,测试能否通过域名访问内网和外网上任意一个 Web 网站和内网的 FTP 站点,对 FTP 站点的访问权限设置是否符合设计要求;

(3)将客户机接入(模拟的)外网,测试能否使用域名访问内网的 Web 网站和 FTP 站点;能否远程登录到内网中 Web 网站所在的服务器;能否通过 VPN 连接访问到内网中的共享资源。

4.填写提交《综合项目实训报告书》,要求如下:

(1)每个学生必须独立完成填写;

(2)书写规范、语言通顺、图表清晰、数据完整、结论明确;

(3)填写主要内容包括:项目实训的目的、拓扑结构、完成每个实训任务的主要或关键步骤、收获和体会;

(4)填写完成后通过网络空间或其他网络手段提交。

参考文献

[1] 夏笠芹. Windows 网络操作系统[M]. 大连:大连理工大学出版社,2009.

[2] 夏笠芹. Windows Server 2003 系统管理与网络服务[M]. 2 版. 大连:大连理工大学出版社,2011.

[3] 夏笠芹. Windows Server 2008 网络组建项目化教程[M]. 3 版. 大连:大连理工大学出版社,2013.

[4] 戴有炜. Windows Server 2008 R2 网络管理与架站[M]. 北京:清华大学出版社,2011.

[5] 戴有炜. Windows Server 2008 R2 安装与管理[M]. 北京:清华大学出版社,2011.

[6] 蔡芳艳. 服务器配置与应用(Windows Server 2008 R2)[M]. 2 版. 北京:电子工业出版社,2015.

[7] 张琦. Windows Server 2008 系统管理员实用全书[M]. 北京:电子工业出版社,2010.

[8] (美)赫尔姆. 配置 Windows Server 2008 活动目录(MCTS 教程)[M]. 刘晖彭爱华汤雷译. 北京:清华大学出版社,2011.

[9] 吕强. Windows Server 2008 服务器完全技术宝典[M]. 北京:中国铁道出版社,2010.

[10] 赖默. Windows Server 2008 活动目录应用指南[M]. 薛赛男,译. 北京:人民邮电出版社,2010.

[11] 张金石. 网络服务器配置与管理——Windows Server2008 R2 篇[M]. 2 版. 北京:人民邮电出版社,2015.